Susan E. Harris

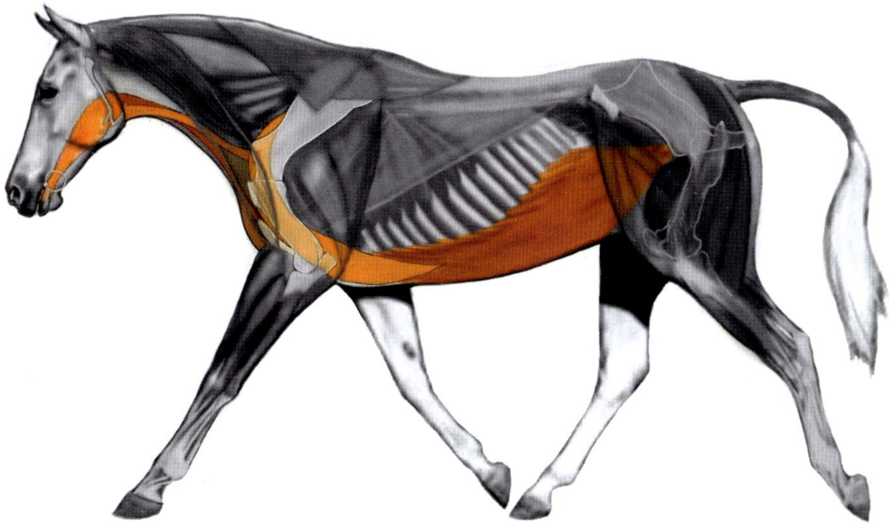

PFERDE in Bewegung

Gangarten · Balance · Anatomie

Müller Rüschlikon

Einbandgestaltung: R2 I Ravenstein, Verden

Titelfoto: Christiane Slawik

Bildnachweis: Kerstin Diacont: S. 30 li, 84, 114 li; Archiv Diacont: S. 30 li (Johanna Koch), 53 (Julia Jung), 100, 114 re, 137 (Anja Gebauer), 125 (Bettina Meints-Korinth); Archiv Susan Harris: S. 3, 31, 75, 115, 179; Archiv Dr. Gerd Heuschmann: S. 5, Ulrich Neddens: S. 9, 47, 58, 65, 83, 86, 88, 92, 93, 101, 108, 113, 123, 131, 135, 139, 140, 150, 158, 182, 192, 193, 219, 221; Martina Strähle: S. 80; Archiv Sonja Waggershauser: S. 4, 6

Alle Zeichnungen in diesem Buch wurden von Susan E. Harris erstellt.

ISBN 978-3-275-02060-7

Postfach 103743, 70032 Stuttgart
Ein Unternehmen der Paul Pietsch Verlage GmbH & Co. KG
Lizenznehmer der Bucheli Verlags AG, Baarerstr. 43, CH-6304 Zug

1. Auflage 2016

Sie finden uns im Internet unter www.mueller-rueschlikon-verlag.de

Gesamtleitung: Claudia König
Fachlektorat: Kerstin Diacont
Übersetzung: Sonja Waggershauser
Innengestaltung: Kerstin Diacont
Druck und Bindung: Gorenjski tisk storitve, Kranj
Printed in Slovenia

Originally published in English as:
Horse Gaits, Balance and Movement,
Copyright © 1993 by Susan E. Harris
by Howell Book House
MacMillan Publishing Company
866 Third Avenue
New York, New York

Mehr Informationen über
Susan E. Harris, Centered Riding©
und Anatomy in Motion™
finden Sie unter
http://www.anatomyinmotion.com

Schreiben Sie an:
pferde-in-bewegung@
mueller-rueschlikon-verlag.de
Die Autorin beantwortet gerne
Ihre Fragen

Niemals oben ohne! Auf einigen Bildern sehen Sie Reiter ohne Helm. Wir fanden diese Bilder so aussagestark, dass wir auf sie nicht verzichten wollten. Wir empfehlen natürlich beim Reiten immer einen Helm zu tragen.

Vorwort von Sonja Waggershauser

Seit vielen Jahren habe ich allen Reitschülern Susan E. Harris' Buch »Horse Gaits, Balance and Movement«, wie es im Original heißt, empfohlen. Leider kann nicht jeder so gut Englisch, um Susans Botschaft wirklich zu verstehen. Wie schön, dass es dieses tolle Buch nun komplett überarbeitet in deutscher Fassung gibt.
Susan ist nicht nur eine überaus brillante und charmante Reitlehrerin, sie ist auch Autorin und Künstlerin. Durch diese einzigartige Mischung ist sie in der Lage, ihr Fachwissen an Reiter weiterzugeben. Ihr kreativer und kompetenter Zugang zu Pferd und Reiter macht sie zu einer der beliebtesten Reitlehrerinnen Amerikas, so ist sie wiederholt in die »Top 50 Riding Instructors in America«-Liste der Amerikanischen Reitlehrervereinigung gewählt worden. Ihre Begeisterung und Bewunderung für Pferde lässt dieses Buch lebendig werden.

Vor Jahren, als ich Susan auf einem Centered-Riding-Kurs traf, wartete ich als unterrichtender Reitlehrer auf mein Feedback von ihr. Doch anstatt viel zu sagen, hielt sie mir ein gezeichnetes Bild von mir unter die Nase! Ich war wirklich sprachlos, sie bringt mit ihren Zeichnungen viel mehr rüber, als man in Worte fassen könnte!
So denke ich, ist es ein großer Nutzen dieses Buchs, die herkömmlichen Fachbegriffe der Reiterei über diese wunderschönen Zeichnungen von Susan begreiflich zu machen.

Da es im Englischen nicht die gleichen Fachbegriffe wie im Deutschen gibt, haben wir teilweise Umschreibungen aus dem Englischen für deutsche Fachbegriffe verwendet. Das ist für in der Fachsprache versierte Leser etwas gewöhnungsbedürftig; ich denke aber, dass vielen Reitern so komplizierte Zusammenhänge verständlich gemacht werden.

Wie immer beim Reiten lernt man viel mit dem Blick über den Zaun. Ich meine, es gibt wenige Bücher, die so grundlegend und zugleich wohlwollend daherkommen und zudem so viel Pferdesprache enthalten. Es war mir eine große Ehre, dieses Buch zu übersetzen und meine Ideen mit einbringen zu dürfen.

Sonja Waggershauser

Sonja Waggershauser ist Centered Riding Ausbilderin der Stufe 3, außerdem ist sie staatlich geprüfte Pferdewirtin, Pferdefachwirtin sowie IPZV Trainer C. Sie betreibt mit ihrer Familie den Bachäckerhof bei Ravensburg, Baden-Württemberg.
www.bachaeckerhof.de

Vorwort von Dr. Gerd Heuschmann

Susan Harris ist eine Frau, die wir sicher als eine Vorreiterin in der modernen Bewegung »pro Pferd« und für gutes, lehrekonformes Reiten ansehen können.
Es ist mir eine große Ehre, ein Vorwort für das neueste Werk meiner lieben Kollegin und Freundin zu schreiben.
Susan machte bereits vor vielen Jahren mit »Anatomy in Motion™« auf sich aufmerksam. Ihre große künstlerische Begabung kombiniert mit großem Wissen um die klassische Reitlehre ließen sie und ihre Arbeit bekannt werden. Susans bemalte Pferde finden mittlerweile weltweit Nachahmer – zum Wohle der Pferde!
In ihrem neuesten, sehr strukturierten Werk geht es um Basiswissen, welches mit der Anatomie des Pferdes beginnt. Susan leitet die Betrachtung der einzelnen Gangarten über in die Systematik der klassischen Reitlehre und erklärt Begriffe wie beispielsweise Qualität der Grundgangarten. Außerdem leitet sie die Systematik der Ausbildung über das Verständnis von »Gleichgewicht«, »Stellung«, »Biegung« und vielen wertvollen Elementen, wie den »Seitengängen«, her. Auch wie Reiten nicht aussehen sollte, wird von ihr klar und eindeutig aufgezeigt.

Ein wundervolles Werk! Lesenswert für alle Pferdemenschen, die es besser machen wollen!

Danke dafür!

Alles Liebe und viel Erfolg für dieses tolle Buch

Gerd Heuschmann

Vorwort von Susan E. Harris

Dieses Buch wurde erstmals 1993 in englischer Sprache veröffentlicht. Seit damals habe ich viel Zeit mit Unterrichten, Reisen und Reiten verbracht, ich habe unzählige Pferde beobachten können und mit vielen verschiedenen Pferden sowie unterschiedlichsten Reitern gearbeitet. Die von mir entwickelte Vorführung Anatomy in Motion™: The Visible Horse (Körper in Bewegung: Das »durchsichtige« Pferd), führte mich um die ganze Welt – von Australien über Japan nach Island und Europa. Bei meiner Anatomy in Motion™-Show zeichne ich sowohl die Muskeln als auch das Skelett auf ein lebendiges Pferd, um Pferde-Anatomie in der Bewegung aufzuzeigen.

Ich lehre auch Centered Riding®, eine besondere Art zu reiten und zu unterrichten, welche von Sally Swift entwickelt wurde. Sie basiert auf Körperbewusstsein, funktioneller Anatomie und gutem Gebrauch sowohl des Pferdekörpers als auch des Reiterkörpers.

Durch diese beiden Methoden habe ich gelernt, dass die Bewegungsqualität und Reaktionswilligkeit des Pferdes verbessert wird, wenn der Reiter die richtige, gute Bewegung und den richtigen biomechanisch funktionellen Körpergebrauch bei Pferd und Reiter versteht und dieses Wissen auch umsetzt, um beide Körper, seinen und den des Pferdes, besser zu nutzen. Ich hoffe, dass die deutsche Übersetzung dieses Buches Reitern, Reitlehrern, Trainern, Turnierreitern – unabhängig von Pferderassen und Reitweisen – hilfreich sein wird. Insbesondere liegt mir der Durchschnittsreiter am Herzen, der lange Freude an einem gesunden Pferd haben möchte und der die gemeinsame Harmonie zu schätzen weiß.

Gute Bewegung und der sinnvolle Einsatz des Körpers (von Pferd und Reiter) sind die Grundlage jeden Reitens. Die besten Reiter und Reitlehrer aller Disziplinen sind diejenigen, die die Strukturen des Pferdes, sein natürliches Gleichgewicht und seine natürliche Bewegung verstehen. Und diese wissen auch, wie das Pferd sich bewegen soll, um die geforderten Aufgaben der jeweiligen Disziplin gut zu erfüllen.

Ob Dressurpferd, Reitpony, Isländer oder Springpferd – sie alle sind zwar verschieden, doch die anatomischen und biomechanischen Grundstrukturen sind die gleichen. Wie auch beim Menschen gibt es verschiedene Typen und Temperamente, doch das grundsätzliche Wesen des Pferdes als Flucht- und Bewegungstier ist bei allen Pferden ähnlich.

Jedes Pferd, egal ob internationaler Champion, talentiertes Nachwuchspferd oder altes Pony auf der Weide, kann seinen Körper mehr oder weniger gut einsetzen und bewegt sich in einem natürlichen Gleichgewicht. Diese natürlichen Anlagen haben Auswirkungen auf seine Gesundheit und seine Fitness und darauf, ob es leichtrittig oder schwerfällig ist oder wie gut es sich auf einem Turnier präsentieren kann. Ich möchte betonen, dass es jedes Pferd verdient hat, sich bei seiner Arbeit wohlzufühlen und gesund zu bleiben.

Heutzutage gibt es viele Wege, Pferde einzusetzen und an ihnen Freude zu finden. Unglücklicherweise hat unser Wissen über Anatomie und Biomechanik nicht immer mit unserer Begeisterung für neue Betätigungsfelder und Turnierdisziplinen in der Pferdewelt mitgehalten. Viele Reiter nehmen Reitstunden, trainieren eifrig und nehmen auch an Turnieren teil, haben aber noch nie etwas über die Bewegungslehre des Pferdes oder über die Hintergründe verschiedener Trainingsmethoden gehört. Diese zu kennen, macht gutes Reiten aus und vereinfacht das Training, es macht vieles verständlich und vermeidet Frustration bei Pferd und Reiter. Enorm viele Probleme zwischen Pferd und Reiter entstehen nur dadurch, dass wir reiten wollen und vom Pferd verlangen, dass es gemäß unseren Vorstellungen reagiert, ohne dass wir etwas von seinen Bewegungsabläufen und (Balance-)Schwierigkeiten unter dem Reiter verstehen.

Manche Fehler sind meist einfach zu erkennen, beispielsweise bei einem Reiter, der im Trab nicht aussitzen kann, oder bei einem Pferd, das auf der linken Hand nicht galoppieren kann. Allerdings beginnen auch viele »Verhaltensprobleme« genau hier. Ein Pferd, das sich widersetzt oder sich schlecht bewegt, ist nicht »böse« – meist ist es verunsichert, hat Schmerzen oder Probleme, unter dem Reiter im Gleichgewicht zu gehen. Und da es ein Tier ist, kann es uns all dies nur durch sein Verhalten mitteilen.

Pferde werden häufig glücklicher, kooperativer und einfacher zu reiten, wenn der Reiter ein grundlegendes Verständnis der Pferdebewegung hat und seinen Körper gezielt einsetzen kann, um seinem Pferd zu helfen, sich besser zu bewegen. Im Verlauf einer positiven Entwicklung beim (richtigen) Training sollte das Pferd kräftiger, gesünder und geschmeidiger werden, zugleich rittiger und hübscher anzusehen.

In der konkurrenzbetonten Pferdewelt von heute glauben leider zu viele Trainer an »mehr ist besser« und »das Extreme gewinnt«. Dies kann zu unzweckmäßigen und langfristig gesundheitsschädlichen Trainingsmethoden führen, die keineswegs auf den Grundlagen einer natürlichen Bewegung oder eines sinnvollen Körpereinsatzes aufgebaut sind. Erfolge sind dabei oft nur durch Zwang erreichbar. Diese Probleme werden schlimmer, wenn extreme, nicht-funktionelle Bewegungsabläufe in Mode kommen, von Richtern belohnt werden und in der Folge dann von Züchtern, Trainern und Reitern im Wettlauf um Erfolg, Ruhm und Geld verbreitet werden. Dies führt zu missbräuchlichem Reiten und kann die Zukunft einer ganzen Pferderasse oder Reitsportdisziplin negativ beeinflussen. Jede Reitdisziplin hat leider ihre Launen, ihre Modeerscheinungen und ihre dunklen Seiten, also kann hier keiner selbstgefällig sein.

Ich hoffe, dass dieses Buch Reitern, Trainern und Reitlehrern dazu verhelfen wird, ihr Schaffen auf der Basis der korrekten Bewegung aufzubauen. Zudem hoffe ich, dass ich einige Leitbilder im Hinblick auf Trends und Trainingsmethoden geben kann.

Korrektes, funktionelles Training, basierend auf den klassischen Prinzipien der Reiterei, beginnt mit einem Verständnis der Biomechanik des Pferdes und einer Verbesserung seiner Bewegungen; jedes Pferd, egal in welcher Disziplin, kann von dieser Art der Dressurarbeit – klassisch und klug – nur profitieren.

»Dressurarbeit« nur mit Zwang und ohne Verstand kann weder Ziel führend, noch Erfolg versprechend sein. Sie führt zu Missverständnissen und Frustration und kann die Bewegungsfähigkeit des Pferdes sogar zerstören. Ganz so wie es der griechische Reitmeister Xenophon schon 350 vor Christi im ältesten Pferdebuch der Welt sagte: *»Nichts von Schönheit kann jemals mit Gewalt erreicht werden, da es ohne Verständnis getan wird; es ist nicht schöner als ein Tänzer, welcher durch Peitschen und Stacheln gezwungen ist, seinen Tanz vorzuführen.«*

Keiner lernt ohne Hilfe und Anregung, daher möchte ich meine großartigen Lehrer erwähnen, die mir auf meinem Weg geholfen haben, und ihnen danken. Meine ersten Reitlehrer haben mir damals sowohl das »Warum« als auch das »Wie« erklärt und ihren Unterricht auf gesunden und klar umrissenen Theorien aufgebaut.

Danke an Sally Swift, die mir viel über das Bewusstsein beigebracht hat, die Körper-Geist-Verbindung und den guten Gebrauch des Körpers – bei Pferden und Menschen. Centered Riding hat mein Leben bereichert und ich entdecke auch heute immer wieder Neues darin.

Mein besonderer Dank gilt Sonja Waggershauser, einer Centered Riding-Kollegin, die eine wunderbare Arbeit geleistet hat, indem sie meine Ideen vom Englischen ins Deutsche übersetzt hat; an Claudia König, die das Buch herausgegeben hat und an Dr. Gerd Heuschmann, von dem ich so viel gelernt habe. Er wies mich als erster darauf hin, dass mein Buch ins Deutsche übersetzt werden sollte und er war so freundlich, ein Vorwort dafür zu schreiben.

Und vor allem danke ich allen Pferden, die ich geliebt habe und von denen ich lernen durfte.

SUSAN E. HARRIS
Cortland, NY, 2016

1. Warum sollte ich über die Gangarten, die Balance und die Bewegung meines Pferdes Bescheid wissen?

Weil sich Pferde bewegen! Das ist es, was sie am Besten können und das ist auch der Grund, warum wir sie gerne reiten, mit ihnen arbeiten, sie zum Fahren einsetzen oder ihnen einfach nur zuschauen möchten. Allein die Bewegung ist es, welche die Entwicklung der Pferde vom fuchsgroßen Eohippus vor 55 Millionen Jahren zum heutigen Reitpferd auslöste. Schnelle und effektive Bewegung ermöglichte ihnen die erfolgreiche Flucht vor Raubtieren und damit das Überleben. Diese Beweglichkeit hat die Menschheit seit jeher fasziniert. Sie hat das Pferd für uns Menschen wertvoll gemacht: als Lastenträger, zum Reisen, für die Arbeit, im Krieg oder im Sport. Das Pferd veränderte das Leben vieler Menschen. Über Jahrhunderte inspirierte seine elegante und kraftvolle Bewegung viele Künstler, Poeten und Schriftsteller. »Und Gott nahm den Westwind und schuf das Pferd …«, steht beispielsweise im Koran geschrieben. Heutzutage, wo viele Menschen das Reiten als Freizeitbeschäftigung oder zu Sportzwecken betreiben, ist die Bewegungsqualität des Pferdes die herausragende Eigenschaft. Das ist es, was das Pferd für uns einzigartig macht.

Pferde sind von Natur aus Bewegungstiere. Ein Fohlen kann wenige Stunden nach seiner Geburt im Schritt gehen, traben und galoppieren. Das Pferd weiß, wie es Pferd sein kann, auch ohne menschliche Hilfe. Sobald wir jedoch reiten, fahren, das Pferd trainieren oder beurteilen, stellen wir fest, dass sich nicht alle Pferde gleich gut bewegen. Manche sind talentiert und sportlich, andere sind in ihren Bewegungen eingeschränkt. Manche sind für eine bestimmte Aufgabe oder eine spezielle Bewegungsanforderung besonders geeignet. Manche sind einfach zu trainieren und zu reiten, andere schwieriger.

Vom Eohippus zum modernen Pferd.

Ein Pferd, das sich freilaufend wunderschön präsentiert.

Pferd und Reiter in Harmonie.

Wenn wir ein Pferd reiten, verlangen wir von ihm etwas, was die Natur nicht vorgesehen hat. Unsere Pferde machen dies erstaunlich gut, dennoch verändert das Reitergewicht nicht nur die Balance des Pferdes, sondern auch ihren Bewegungsablauf und ihre natürlichen Gänge. Versuchen Sie einmal, ein Gewicht mit etwa 15 bis 20 Prozent Ihres eigenen Körpergewichts auf Ihren Schultern zu tragen, dazu noch, wenn dieses Gewicht lebt und Kontrollansprüche geltend macht. Der Reiter (der sich vielleicht im Gleichgewicht befindet, vielleicht aber auch nicht) bringt nicht nur eine gewichtsmäßige Zusatzbelastung auf den Pferderücken, er will auch noch lenken … Er erwartet, dass das Pferd sich in einer von ihm bestimmten Gangart, in einem bestimmten Tempo und in eine bestimmte Richtung bewegt. Und es soll auch noch eine für das Geritten-Werden zweckmäßige Haltung einnehmen, sich selbst tragen. Es darf nicht losgehen, anhalten oder abwenden, wann und wo es will.

Meistens kann das Pferd erst einmal nicht verstehen, warum wir wollen, dass es sich versammeln, vorwärts oder seitwärts bewegen soll, ein spezielles Hindernis überwinden oder eine bestimmte Dressurlektion ausführen soll. Manche Reiter können besser mit ihren Pferden kommunizieren als andere, aber kein Reiter spricht die »Pferdesprache« perfekt. Es ist der Gutmütigkeit und dem Wohlwollen der Pferde zu verdanken, dass sie uns so gut herumtragen wie sie es tun, und dass sie trotz der Missverständnisse und Schwierigkeiten zwischen Mensch und Tier immer weitermachen.

Wenn wir Pferde reiten und trainieren, haben wir eine Verantwortung. Wir müssen dies im Einvernehmen mit ihren psychischen und körperlichen Voraussetzungen und Möglichkeiten machen. Ein guter Bewegungsablauf ist effizient, leicht, bequem und mühelos für Pferd und Reiter. Und er sieht elegant und schön aus. Ein fehlerhafter Bewegungsablauf ist unschön anzusehen, unbequem und schlecht zu sitzen und schadet dem Pferd. Gute Bewegung unter dem Reiter macht ein Pferd stärker, geschmeidiger, gesünder und lässt es seine Arbeit leichter verrichten. Fehlerhafte Bewegung schadet Gelenken, Sehnen und Muskeln und macht das Pferd steif und ungelenk. Falsches Training kann das schönste und talentierteste Pferd ruinieren. Egal, in welcher Disziplin wir die Pferde zu Höchstleistungen auffordern, ihr volles Potential hinsichtlich der Bewegungsqualität wird sich nur durch richtiges, zweckmäßiges Training entfalten. Dies erfordert neben »gutem Reiten« auch einiges an

Alle Pferde bewegen sich natürlich; aber nicht alle Pferde bewegen sich gleich gut.

Wissen sowohl vom Reiter als auch vom Trainer. Gutes Reiten und zweckmäßiges Training ist schwer, wenn nicht gar unmöglich, wenn man nicht versteht, wie sich das Pferd bewegt und welche Maßnahmen des Trainers gute und schlechte Bewegungsabläufe hervorrufen. Der Reiter muss sich mit den Gangarten des Pferdes befassen, mit dem Gleichgewicht und der Biomechanik, damit er seinem Pferd helfen kann, ihn bestmöglich zu tragen.

Wenn man Pferde züchtet, vorstellt, richtet oder kaufen möchte, ist das Gangpotential von größter Wichtigkeit. Erfolg beim Turnier schafft Bekanntheit und kann einen großen Einfluss darauf haben, nach welchen Richtlinien die Pferde gezüchtet, geritten und trainiert werden. Einige Hunderassen haben großen Schaden genommen, weil die Züchter nach extremen äußerlichen Eigenschaften selektiert und dabei funktionelle Aspekte ignoriert haben. Das Ergebnis war eine ererbte Tendenz in Richtung funktioneller Abnormitäten wie etwa Hüftfehlbildungen, die zu Arthritis und frühem Verschleiß geführt haben. Ähnliche falsche Auswahlkriterien in der Zucht haben einigen Pferderassen geschadet, jedoch steuert in der Regel das Verlangen nach Leistung die Pferdezüchter zurück in Richtung eines funktionellen Gebäudes. Nur wenige Leute behalten ein lahmes Pferd nur, weil es hübsch anzusehen ist.
Es gibt über 200 Pferderassen und -typen sowie viele verschiedene Pferdesportarten, Disziplinen und Reitweisen. Ein Pferd bleibt jedoch immer ein Pferd – mit all seinen biomechanischen Grundprinzipien und seinen natürlichen Bedürfnissen, egal ob es sich um ein Rennpferd, ein Dressurpferd, ein schweres Kutschpferd oder ein Pony handelt. Wenn wir verstehen, wie sich das Pferd von Natur aus bewegt und wie sein Körper funktioniert, können wir falsche und schädliche Belastungen vermeiden. Wir können unserem Pferd dabei helfen, uns mit der besten Haltung und Beweglichkeit zu tragen, derer es fähig ist. Erinnern wir uns daran, dass ein Pferd ohne einen Reiter immer noch ein Pferd ist, ein Reiter ohne ein Pferd jedoch einfach ein Mensch – ohne die Kraft und Schnelligkeit des Pferdes.

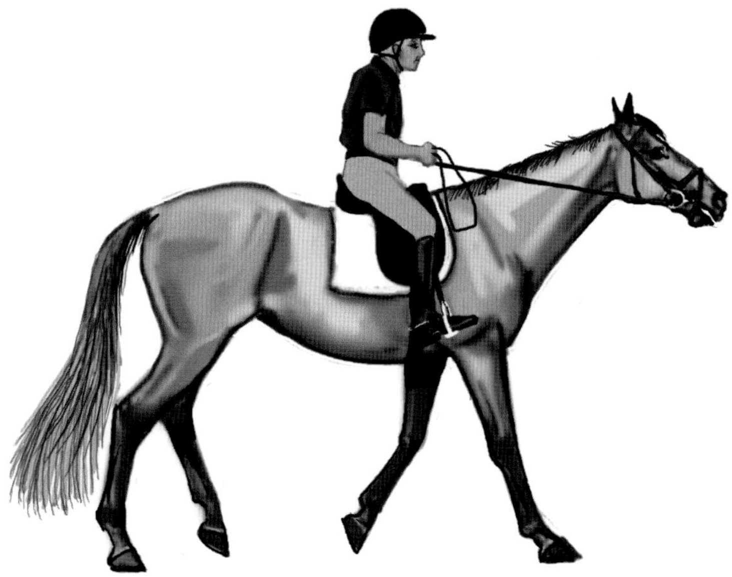

Pferde bewegen sich mühelos alleine, mit einem Reiter jedoch kann dies anders aussehen.

Pferd und Reiter bewegen sich in Harmonie (links), im Gegensatz zu widersprüchlichen, unschönen und schädigenden Bewegungsabläufen (rechts).

2. Die Grundstruktur und Anatomie des Pferdes

Um zu verstehen, wie sich Pferde bewegen, müssen wir wissen, wie es unter der Pferdehaut aussieht. Die Knochen bilden das Stützgerüst und die Hebel; die Muskeln bewegen die Knochen. »Exterieur« ist die Bezeichnung für die Gesamtheit des Pferdekörpers. Grundlagenwissen über Anatomie verhilft uns dazu, die wichtigsten Abläufe zu verstehen und darüber hinaus zu begreifen, was wir am Pferd sehen können. Es ist jedoch nicht notwendig, die medizinischen Namen der Knochen und Muskeln zu lernen, um ein grundlegendes Verständnis des Bewegungsapparates und der Gänge des Pferdes zu bekommen. Wenn Sie die anatomischen Details als zu kompliziert empfinden, können Sie dieses Kapitel einfach überfliegen und die Zeichnungen als Orientierung nutzen. Je mehr Sie allerdings über den Körperbau des Pferdes und seine Physiologie lernen, umso besser können Sie verstehen, was während der Bewegung passiert und welche Belastungen und Anstrengungen zu Verletzungen oder anderen Erkrankungen führen können.

Das Skelett des Pferdes

Das Skelett des Pferdes besteht aus ungefähr 205 Knochen. Es setzt sich zusammen aus dem Achsenskelett, das durch Schädel, Wirbelsäule, Rippen und Brustbein gebildet wird, sowie dem Gliedmaßenskelett, das durch das Becken und die Extremitäten gebildet wird. Die langen Knochen (am Bein) sind Hebel, die den Körper unterstützen und bewegen. Die kurzen Knochen (wie die in den Gelenken) fangen Erschütterungen auf. Die platten Knochen, wie die Rippen, das Becken und die Schädelknochen, schützen die lebenswichtigen Organe und bieten eine große Befestigungsfläche für die Muskulatur. Die Knochen der Wirbelsäule schützen das Rückenmark. Die Knochen werden von Bändern zusammengehalten, die Muskeln sind mit Sehnen an den Knochen befestigt.

Die Gelenke

Gelenke sind die Verbindungen von Knochen. Die Gelenke sind mehr oder weniger beweglich; manche, wie die Gelenke im Schädel, erlauben nur wenig oder gar keine Bewegung. Bänder halten die Knochen mit starkem, dehnbarem Bindegewebe zusammen. Das Gewebe um ein Gelenk bildet eine Gelenkkapsel; diese dichtet das Gelenk ab und wird durch Gelenkflüssigkeit geschmiert. Die Gelenkflächen sind von Gelenkknorpeln überzogen; diese sind geschmeidig und glatt, so dass sie gleitfähig sind. Knorpelgewebe ist weicher als ein Knochen. Es dient zum Vermindern von Erschütterungen und Reibung.

Das Achsenskelett

- **Die Kiefergelenke** sind für das Öffnen und Schließen des Mauls und für das Kauen zuständig.
- **Das Atlanto-Okzipitalgelenk** (Genick) ist das Gelenk zwischen dem Schädel und dem ersten Halswirbel (Atlas). Es erlaubt die Beugung nach vorn und hinten, die Streckung des Kopfes und auch etwas seitliche Bewegung. Die seitliche Bewegung wird durch den Jochfortsatz des Hinterhauptbeines begrenzt (zwei Knochenfortsätze am Schädelansatz, genau unterhalb des Atlas). Kommt die Nasenlinie hinter die Senkrechte,

Das Exterieur des Pferdes

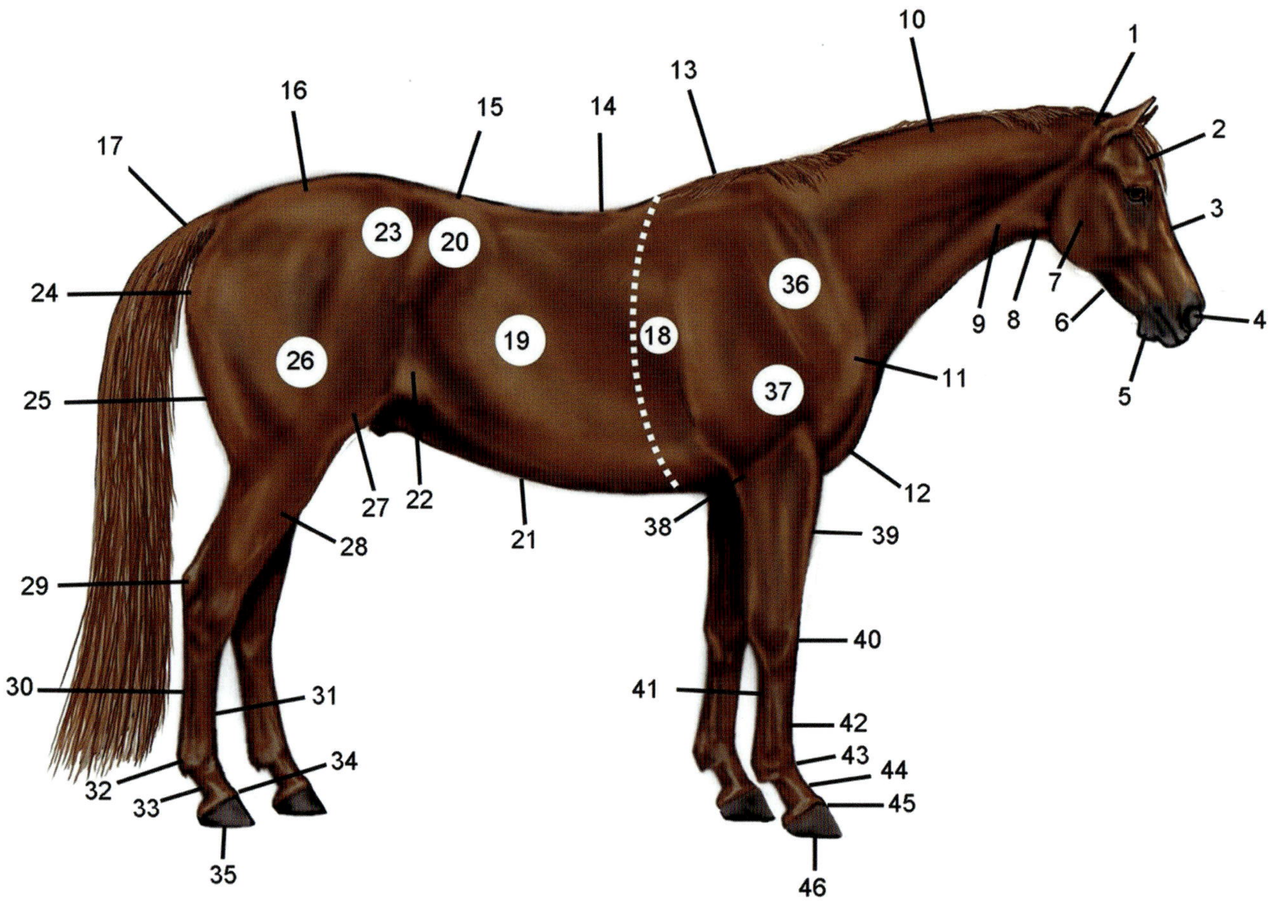

Kopf, Hals und Brust

1. *Genick*
2. *Stirn*
3. *Nasenrücken*
4. *Nüstern*
5. *Kinn*
6. *Kiefer*
7. *Wange*
8. *Ganasche*
9. *Drosselrinne*
10. *Mähnenkamm*
11. *Buggelenk*
12. *Brust*

Rücken und Rumpf

13. *Widerrist*
14. *Rücken*
15. *Lende*
16. *Kruppe*
17. *Schweifrübe*
18. *Brustumfang*
19. *Rippenbogen*
20. *letzte Rippe*
21. *Bauch*
22. *Flanke*

Hinterhand und Hinterbein

23. *Hüfthöcker*
24. *Sitzbeinhöcker*
25. *Hinterbacke*
26. *Hinterhand*
27. *Kniegelenk*
28. *Unterschenkel*
29. *Sprunggelenk*
30. *Beugesehne*
31. *Hintermittelfuß (Röhrbein)*
32. *Fesselgelenk*
33. *Fessel*
34. *Kronrand*
35. *Huf*

Vorderbein

36. *Schulter*
37. *Oberarm*
38. *Elle*
39. *Unterarm*
40. *Karpalgelenk (Vorderfußwurzelgelenk)*
41. *Beugesehne*
42. *Vordermittelfuß (Röhrbein)*
43. *Fesselgelenk*
44. *Fessel*
45. *Kronrand*
46. *Huf*

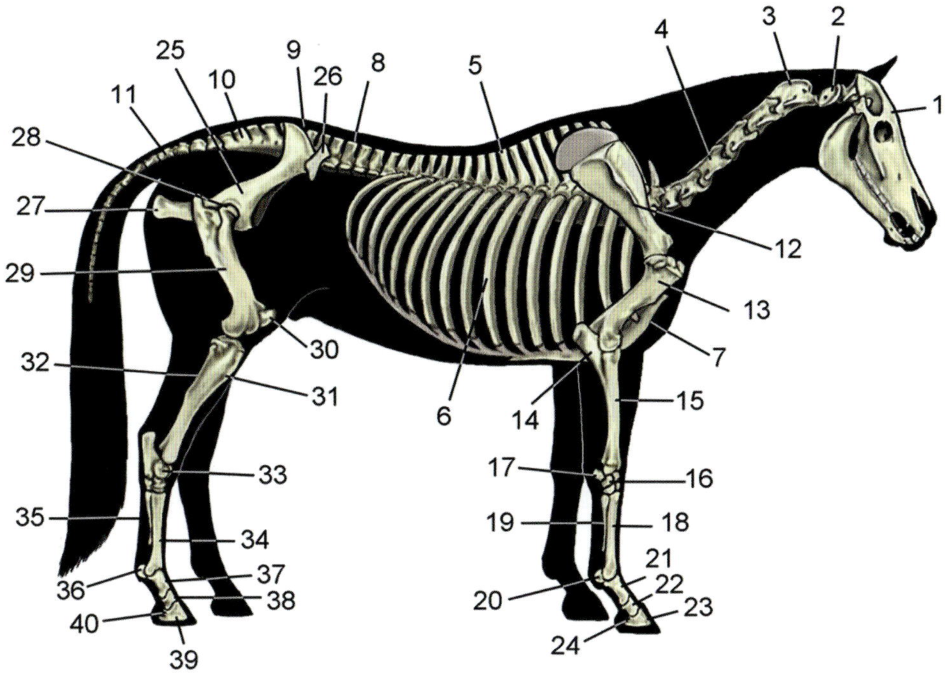

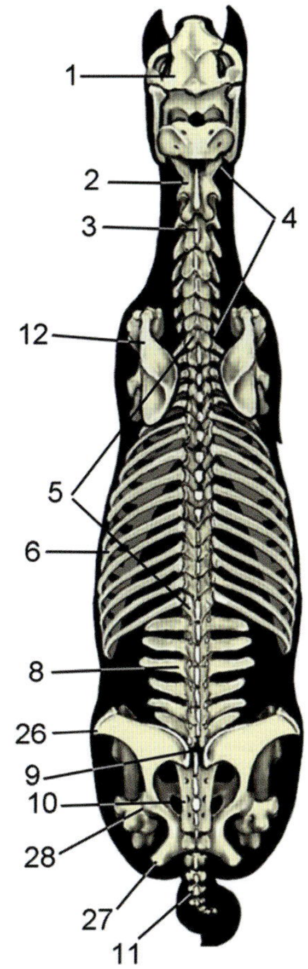

Das Skelett

Achsenskelett

1. *Schädel*
2. *Atlas (1. Halswirbel)*
3. *Axis (2. Halswirbel)*
4. *Halswirbel (7)*
5. *Rückenwirbel (18)*
6. *Rippen (18 Paare)*
7. *Sternum (Brustbein)*
8. *Lendenwirbel (5 oder 6)*
9. *Lumbosakral-Gelenk (Lumbosakraler Übergang)*
10. *Kreuzbein (5 verbundene Wirbel)*
11. *Schwanzwirbel (18–23)*

Gliedmaßenskelett Vorderbein:

12. *Scapula (Schulterblatt)*
13. *Oberarmknochen*
14. *Ulna (Elle)*
15. *Radius (Speiche)*
16. *Karpalgelenk*
17. *Erbsenbein*
18. *Vordermittelfußknochen (Röhrbein)*
19. *Griffelbein*
20. *Gleichbein*
21. *Fesselbein*
22. *Kronbein*
23. *Hufbein*
24. *Strahlbein*

Gliedmaßenskelett Hinterbein:

25. *Becken*
26. *Hüfthöcker*
27. *Sitzbeinhöcker*
28. *Hüftgelenk*
29. *Femur (Oberschenkelbein)*
30. *Patella (Kniescheibe)*
31. *Schienbein*
32. *Wadenbein*
33. *Sprunggelenk*
34. *Hintermittelfußknochen (Röhrbein)*
35. *Griffelbein*
36. *Gleichbein*
37. *Fesselbein*
38. *Kronbein*
39. *Hufbein*
40. *Strahlbein*

klemmen diese Bandstrukturen gegen den Atlas und verhindern jegliche seitliche Bewegung des Genicks.

- **Die Gelenke der restlichen Halswirbel** erlauben die Auf- und Ab-Bewegung des Kopfes (vertikal), die Links-rechts-Bewegung (lateral) und Drehbewegungen des Halses.
- **Die Rücken- und Lendenwirbel** haben nur sehr eingeschränkte Möglichkeiten, sich nach oben, unten und seitlich zu bewegen. Dies resultiert aus ihrer Form und ihrer Verbindung untereinander. Der Pferderücken ist steifer als der anderer Tiere. Das ist einer der Gründe, warum wir auf Pferden reiten können.
- **Das Lumbosakral-Gelenk** befindet sich zwischen dem letzten Lendenwirbel und dem Kreuzbein (Kruppe), welches fest mit dem Becken verbunden ist. Das Lumbosakral-Gelenk ist eine Art Verbindung, welche durch die Beweglichkeit in der Lende und zusammen mit den Hinterbeinen und der Hinterhand eine Versammlung ermöglicht, die für das Gleichgewicht und die Bewegung wichtig ist. Wenn das Pferd seine Hinterhand einsetzt, wie zum Beispiel im Renngalopp, in der Versammlung oder im Sliding Stop, kann das Lumbosakral-Gelenk sich um bis zu 30 Grad öffnen. Im Kreuzdarmbeingelenk gibt es dagegen wenig Beweglichkeit.
- **Die Schwanzwirbel (Gelenke im Schweif)** erlauben eine freie Beweglichkeit des Schweifs nach oben, unten und zur Seite. Die Bewegung und Position des Schweifs reflektiert die Position sowie Verspannung oder Entspannung des Rückens.
- **Die Rippenbögen** können sich aufgrund der Beweglichkeit der langen, dünnen Rippen und des Rippenknorpels beim

Die Gelenke

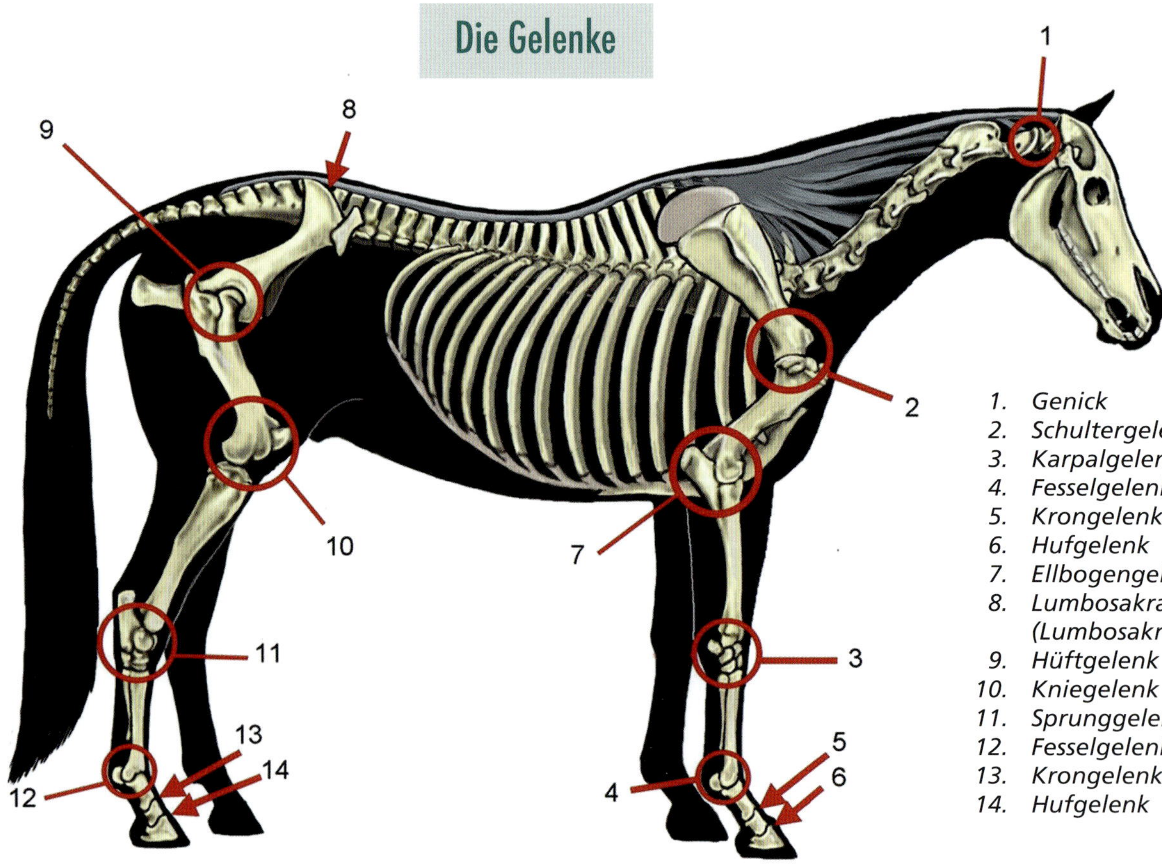

1. *Genick*
2. *Schultergelenk*
3. *Karpalgelenk*
4. *Fesselgelenk*
5. *Krongelenk*
6. *Hufgelenk*
7. *Ellbogengelenk*
8. *Lumbosakralgelenk (Lumbosakraler Übergang)*
9. *Hüftgelenk*
10. *Kniegelenk*
11. *Sprunggelenk*
12. *Fesselgelenk*
13. *Krongelenk*
14. *Hufgelenk*

Atmen auf und ab bewegen. Die ersten 8 Rippen sind am Brustbein befestigt, belastbarer und wenig beweglich (Tragerippen). Die letzten 10 Rippen sind an weiteren Rippen befestigt. Sie sind kleiner und beweglicher (Atmungsrippen). Der Rippenbogen kann sich geringfügig drehen, was wichtig für das Biegen ist.

Das Gliedmaßenskelett

Die Gelenke der Vordergliedmaße

- **Schulterverbindung:** Schulter und Rumpf haben keine knöcherne Verbindung miteinander, sie sind durch einen Muskelverbund, den so genannten »Schultergürtel«, miteinander verbunden. Bei der Bewegung nach vorne und hinten gleitet die Schulter frei über den Rippenbögen. Die Schultern können sich leicht nach innen oder außen neigen, dadurch kann sich das Vorderbein seitlich nach außen abstellen (Abduktion) oder nach innen stellen (Adduktion), wie in den Seitengängen.
- **Das Schultergelenk** ist das Gelenk zwischen dem Schulterblatt (Scapula) und Oberarmknochen (Humerus). Eine Beugung und Streckung ist hauptsächlich nach vorne und hinten möglich, wobei das ganze Vorderbein bewegt wird. Zusätzlich ist auch etwas seitliche Bewegung möglich.
- **Das Ellbogengelenk**, zwischen dem Oberarmknochen (Humerus) und Elle und Speiche (Ulna und Radius), biegt und streckt sich nur nach vorne und hinten.
- **Das Karpalgelenk (Vorderfußwurzelgelenk)** wird durch das untere Ende der Speiche (Radius), die Karpalknochen (sieben Knochen in zwei Reihen) und dem oberen Teil des Vordermittelfußknochens gebildet. Es beugt und streckt sich lediglich nach vorne und hinten oder nach oben oder unten (nicht seitwärts).
- **Das Fesselgelenk** befindet sich zwischen dem Röhrbein (Vordermittelfußknochen) und dem Fesselbein. Am hinteren Teil des Gelenks befinden sich zwei Sesambeine, an denen die oberflächliche und tiefe Beugesehne vorbeiläuft. Das Fesselgelenk bewegt sich nur nach oben und unten oder vor und zurück. Es gleicht Erschütterungen aus, indem es das Gewicht des Pferdes nach unten abfedert.
- **Das Krongelenk**, zwischen dem Fesselbein und dem Kronbein, hat sehr wenig Bewegungsfreiheit – hauptsächlich nach vorne oben und zurück.
- **Das Hufgelenk**, zwischen dem Kronbein und dem Hufbein, hat sehr wenig Bewegungsspielraum – hauptsächlich nach oben und unten, oder vor und zurück.
- **Das Strahlgelenk** befindet sich zwischen Strahlbein, Hufbein und Kronbein, es lässt sehr wenig Bewegung zu, polstert aber die tiefe Beugesehne, die unter dem Strahlbein verläuft und am Hufgelenk ansetzt. Bei jedem Schritt fängt es die Erschütterung auf.

Hintergliedmaßen

- **Das Hüftgelenk** befindet sich zwischen Becken und Oberschenkelbein (auf 2/3 Höhe zwischen Hüfthöcker und Sitzbeinhöcker). Es ist ein ausgeprägtes Kugelgelenk. Die gesamte Hinterbeinbewegung läuft über dieses Gelenk. Die Bewegung erfolgt hauptsächlich vor und zurück, aber eine geringe seitliche Beweglichkeit ist möglich.
- **Das Kniegelenk** befindet sich zwischen dem Oberschenkelknochen (Femur) und dem Unterschenkelknochen (Tibia). Die Kniescheibe befindet sich vorne am Kniegelenk. Bewegung ist nach vorne und zurück, beziehungsweise oben und unten möglich.
- **Das Sprunggelenk (Tarsalgelenk)** wird aus sechs Knochen gebildet, es befindet sich unterhalb (distal) des Schienbeins und oberhalb (proximal) des Hintermittelfußknochens. Es kann nur nach oben und unten, beziehungsweise vor und zurück gebeugt und gestreckt werden. Sprunggelenk und Kniegelenk sind reziproke Gelenke; das bedeutet, wenn ein Gelenk sich beugt oder streckt, muss das andere es gleichtun.
- **Fesselgelenk:** wie im Vorderbein.
- **Krongelenk:** wie im Vorderbein.
- **Hufbein:** wie im Vorderbein.
- **Strahlbein:** wie im Vorderbein.

Die Hauptbänder

Die Bänder, welche Knochen zusammenhalten und Gelenkkapseln bilden, bestehen aus starkem, geringfügig elastischem Bindegewebe. Darüber hinaus haben manche Bänder spezielle Funktionen.

- **Das Nackenband** ist ein gewaltiges System von Bändern im Halsbereich. Es besteht aus dem Nackenstrang, einem gurtartigen Band, das vom Widerrist, bis zum Schädel verläuft, und der flächigen Nackenplatte, einer Reihe von Gurtbändern, die jeweils mit den Halswirbeln verbunden sind. Das Nackenband verbindet und stützt Kopf und Hals; am Widerrist verbindet es sich mit dem Rückenband. Dieses Band ermöglicht dem Pferd, Kopf und Hals als Balancierstange zu benutzen. Kopf und Hals beeinflussen damit das Gleichgewicht des restlichen Pferdekörpers. Außerdem hilft das Nackenband, den relativ schweren Kopf am Ende des langen Halses zu tragen.
- **Das Rückenbandsystem**, welches vom oberen Ende des Kopfes bis zu den Schwanzwirbeln verläuft, besteht aus dem Nackenband, dem Rückenband (das an den Spitzen der Dornfortsätze von Rücken-, Lenden- und Kreuzbeinwirbeln entlangläuft, und die Knochen des Rückens verbindet), sowie den Bändern der Wirbelsäule, der Kruppe und des oberen Beckens. Alle zusammen spielen eine entscheidende Rolle für die Art, wie das Pferd Rücken, Hals und Kopf in der Bewegung einsetzt, und wie es das Gleichgewicht unter dem Reitergewicht hält. Seitenbänder halten die Knochen in einem Gelenk zusammen (z.B. im Knie). Mit »lateral« bezeichnet man die Bänder außen und mit »medial« die Bänder innen an der Gliedmaße.
- **Kapselbänder** bilden eine Gelenkkapsel.
- **Die Fesselträger** sind wichtig für die Stabilisierung des Beines und zur Stoßdämpfung in der Bewegung.

Die Muskeln

Muskeln bewegen die Knochen und helfen bei anderen vitalen Funktionen wie z. B. dem Atmen, der Verdauung oder dem Herzschlag. Die Skelettmuskeln bewegen die Knochen. Die Muskeln sind durch Sehnen an den Knochen befestigt. Sehnen kann man sich wie feste, starke Kabel aus Bindegewebe vorstellen. Die Faszie ist ein dünnes, starkes Bindegewebe, welches Muskelbündel und ganze Muskeln umschließt. Die Faszie ist so stark, dass manche Muskeln an der Faszie befestigt sind. Ein Muskel arbeitet durch Zusammenziehen bzw. Verkürzung der Muskelfasern, gefolgt von einer Entspannung, bei der sich die Muskelfasern wieder zu ihrer normalen Länge ausdehnen. Muskeln können lediglich an Knochen ziehen; sie können sie nicht schieben. Daher arbeiten die meisten Muskeln im Paar. Ein Muskel oder eine Muskelgruppe beugt ein Gelenk (Beugemuskel) und eine gegenüberliegende Gruppe (Streckmuskel) streckt das Gelenk. Muskeln können auch einen Körperteil stabilisieren, und viele Muskeln können für eine Bewegung koordiniert zusammenarbeiten.

Muskeln bestehen aus langen, schlanken Muskelfasern, die wiederum aus winzigen Muskelfibrillen gebildet werden. Muskelfasern bündeln sich zu einem Muskelfaserbündel. Manche Muskeln bestehen nur aus einem Muskelfaserbündel; andere setzen sich aus mehreren Muskelfaserbündeln zusammen, die gemeinschaftlich arbeiten. Muskeln besitzen motorische Nerven, welche die Muskelbewegung aktivieren, und sensorische Nerven, die den Grad der Anspannung im Muskel bestimmen. Muskeln werden durch Blutgefäße versorgt. Die Energie für die Muskelzellen (Glykogen, Triglyceride) wird in den Muskeln gespeichert.

Das Zusammenziehen der Muskelfasern erfolgt in winzigen Proteinfäden (Myosin und Aktin). In diesen Fäden wird durch einen Nervenimpuls eine chemische Reaktion ausgelöst. Diese wiederum bringt die Muskelfasern dazu, sich zusammenzuziehen oder zu entspannen. Da die Skelettmuskeln in Lagen übereinander angeordnet sind, kann ein Diagramm nicht alle Muskeln aufzeigen. Das folgende Diagramm zeigt einige der wichtigsten Muskeln, die für die Körperbewegung zuständig sind, sowohl tiefe Skelettmuskeln als auch oberflächliche Muskeln.
(Siehe Abbildungen auf den Seiten 20 / 21 / 22)

Die Hauptbänder

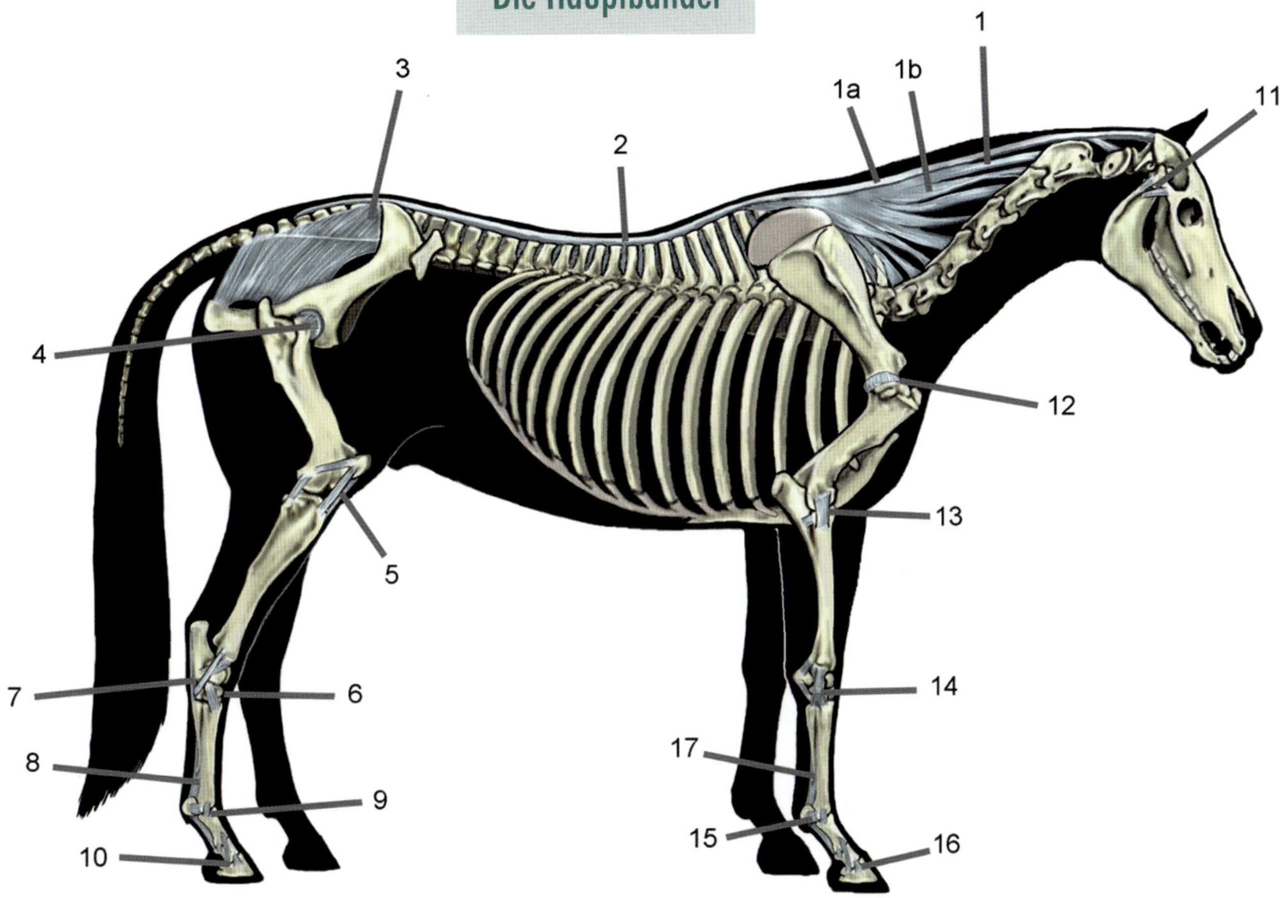

1. *Nackenband (Ligamentum Nuchae), Nacken-Rückenbandsystem*
1a. *Nackenstrang (Funiculus nuchae)*
1b. *Nackenplatte (Lamina nuchae)*
2. *Rückenband (Nacken-Rückenbandsystem)*
3. *breites Beckenband (Lig. sacrotuberale latum) Nacken-Rückenbandsystem*
4. *Kapselband des Hüftgelenkes*
5. *Laterales und mediales Kniescheibenband (Lig. patellae laterale und mediale)*
6. *Laterales Seitenband des Sprunggelenks (Lig. collaterale tarsi laterale)*
7. *Fußwurzelband*
8. *Fesselträger*
9. *Seitenband Fesselgelenk*
10. *Fesselbein-Strahlbein-Hufbein-Band*
11. *Bänder des Kiefergelenks*
12. *Kapselband des Schultergelenks*
13. *mediales Seitenband des Ellbogengelenkes (Lig. collaterale mediale cubiti)*
14. *mediales Seitenband des Vordermittelfuß-Zehengelenkes (Lig. collaterale mediale articulationis metacarpophalangeae)*
15. *seitliches Gleichbeinband*
16. *Seitenband Hufgelenk*
17. *Fesselträger*

Muskelaufbau und Funktion

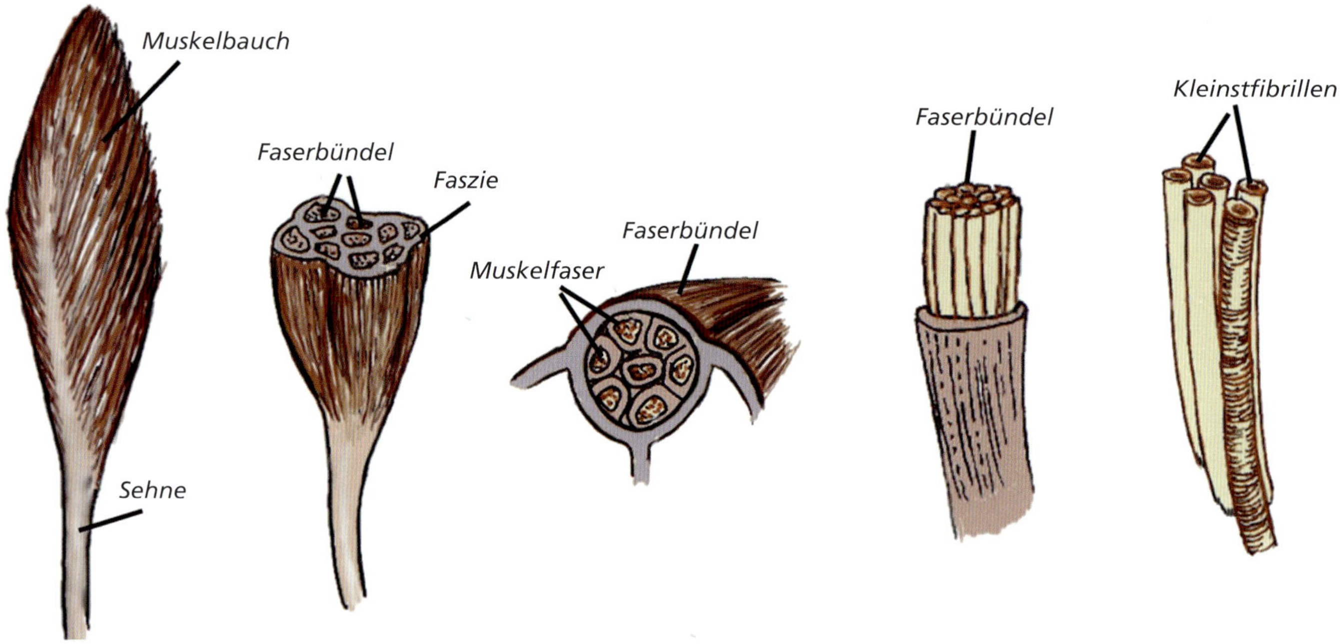

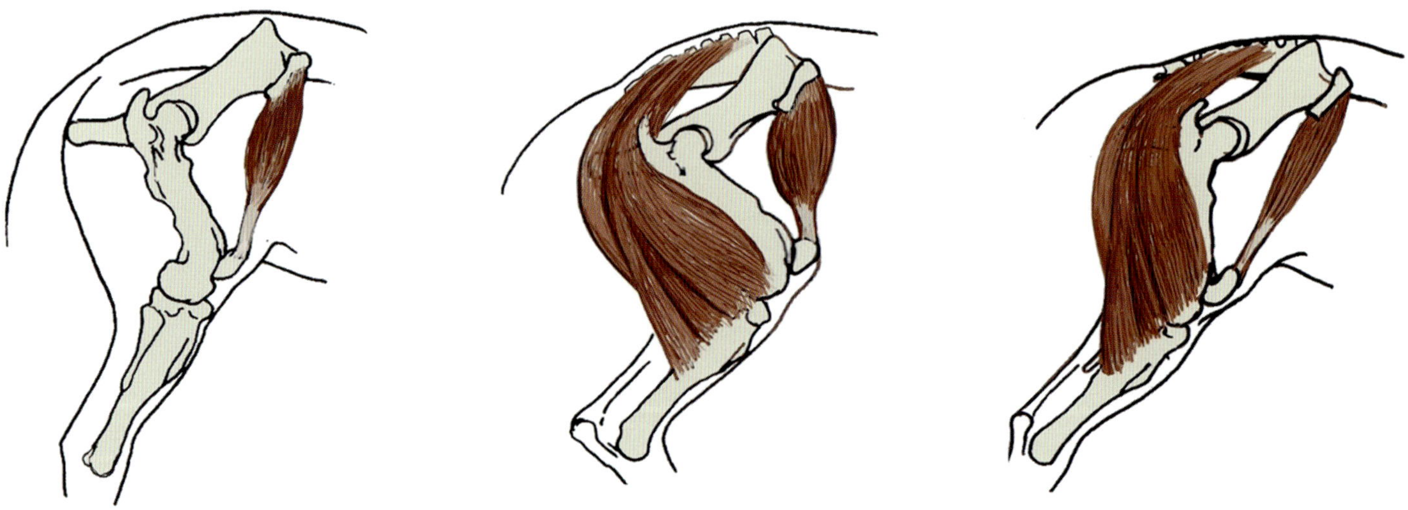

Muskeln sind durch Sehnen an den Knochen befestigt.

Eine Muskelgruppe zieht sich zusammen, um ein Gelenk zu beugen (Beugemuskel), und eine gegenüberliegende Gruppe zieht sich zusammen, um es zu strecken.

Die Oberflächenmuskulatur

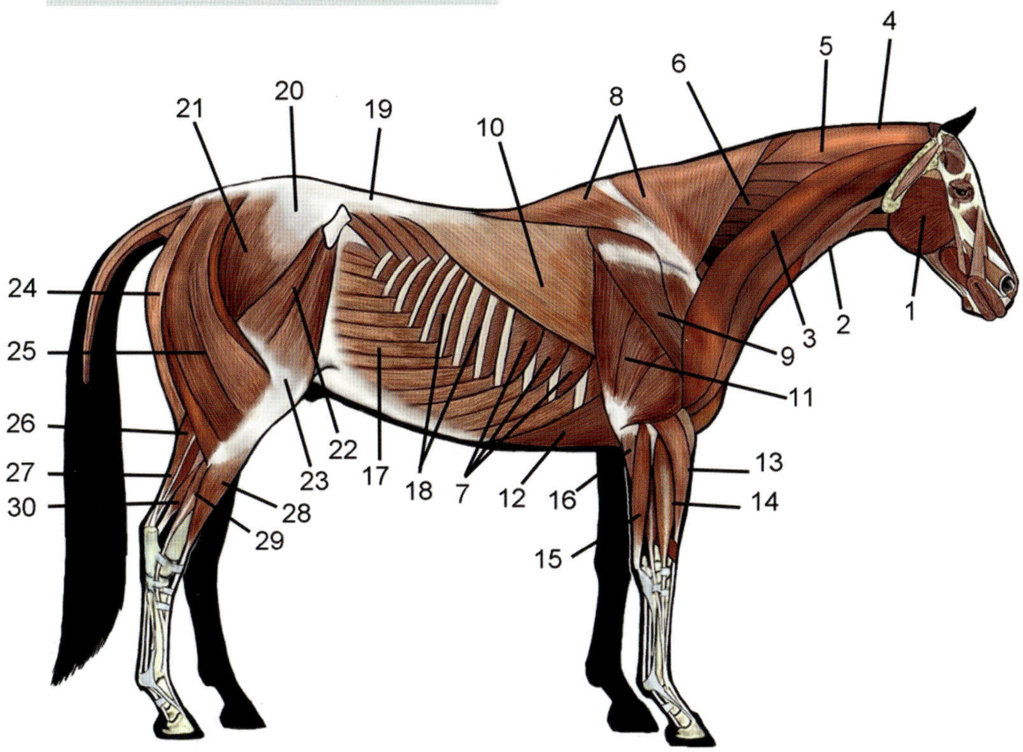

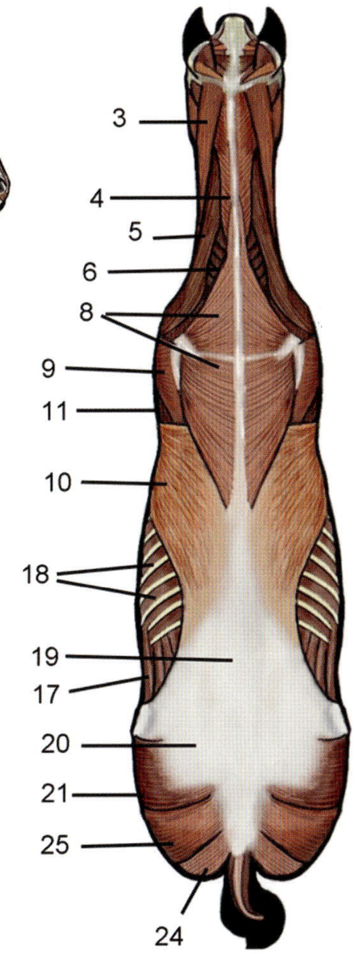

1. *Äußerer Kaumuskel (Masseter)*
2. *Sternocephalicus (Brustbein-Kopfmuskel, senkt den Kopf)*
3. *Brachiocephalicus (Oberarm-Kopfmuskel, beugt den Hals, senkt den Kopf)*
4. *Rhomboideus (Rautenförmiger Muskel, Scheitelpunkt des Nackens, streckt Hals und Kopf)*
5. *Splenius (Riemenmuskel, streckt und stützt Kopf)*
6. *Serratus ventralis (Halsportion des ventralen gesägten Muskels, Schultergürtelmuskel)*
7. *Serratus ventralis (Brustkorbportion des ventralen gesägten Muskels, Schultergürtelmuskel)*
8. *Trapezius (rotiert die Schulter)*
9. *Deltoideus (rotiert die Schulter)*
10. *Latissimus dorsi (breiter Rückenmuskel)*
11. *Triceps (streckt Ellbogen, rotiert Schulter)*
12. *Pectoralis profundus (tiefer, aufsteigender Brustmuskel, Schultergürtelmuskel)*
13. *Extensor carpi radialis (Strecker des Vorderfußwurzelgelenks)*
14. *Extensor digitalis communis (gemeinsamer Zehenstrecker)*
15. *Flexoris carpi ulnaris (beugt Vorderbein)*
16. *Flexoris digitalis profundi (tiefer Zehenbeuger)*
17. *Obliquus externus abdominis (äußerer schiefer Bauchmuskel, Unterstützt die Atmung, beugt die Rippen seitlich)*
18. *Intercostales externi (äußerer Zwischenrippenmuskel, unterstützt die Atmung)*
19. *Fascia lumbordorsalis (Bindegewebe)*
20. *Fascia glutaea (Bindegewebe)*
21. *Gluteus superficialis (oberflächlicher Kruppenmuskel, streckt das Hinterbein)*
22. *Tensor fasciae latae (beugt das Kniegelenk)*
23. *Fascia latae (Bindegewebe)*
24. *Semitendinosus (halbsehniger Muskel, Oberschenkel, streckt Hinterbein)*
25. *Biceps femoris (zweiköpfiger Oberschenkelmuskel, streckt Hinterbein)*
26. *Gastrocnemius (Wadenmuskel, streckt Sprunggelenk)*
27. *Tendo achillis (Achilles Sehne)*
28. *Extensor digitalis longus (langer Zehenstrecker)*
29. *Extensor digitalis lateralis (lateraler Zehenstrecker)*
30. *Flexor digiti longus (Beuger der Zehe)*

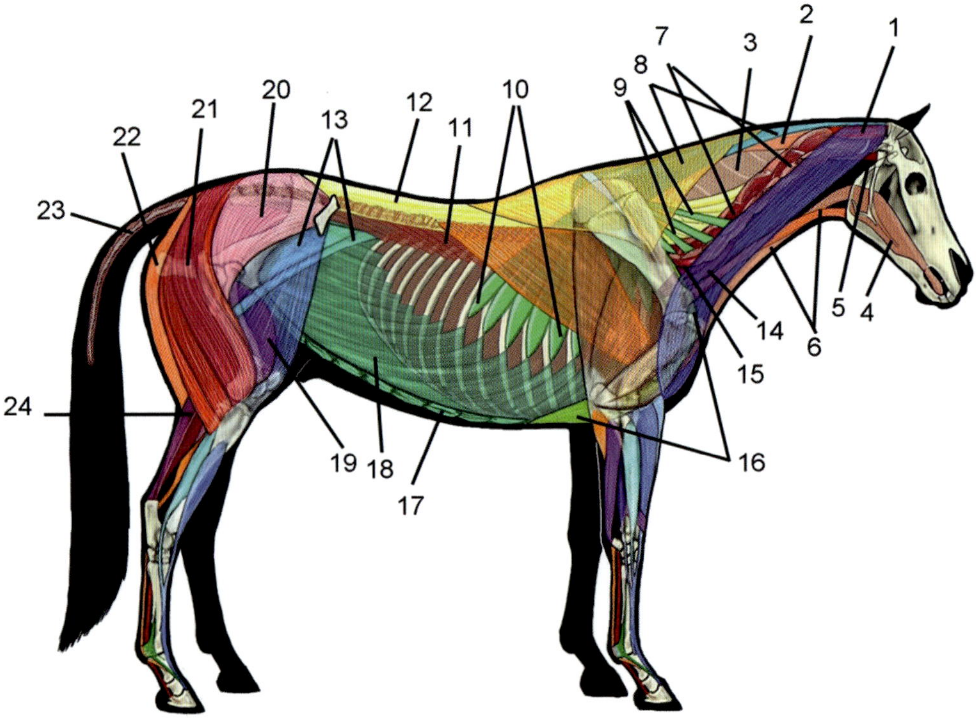

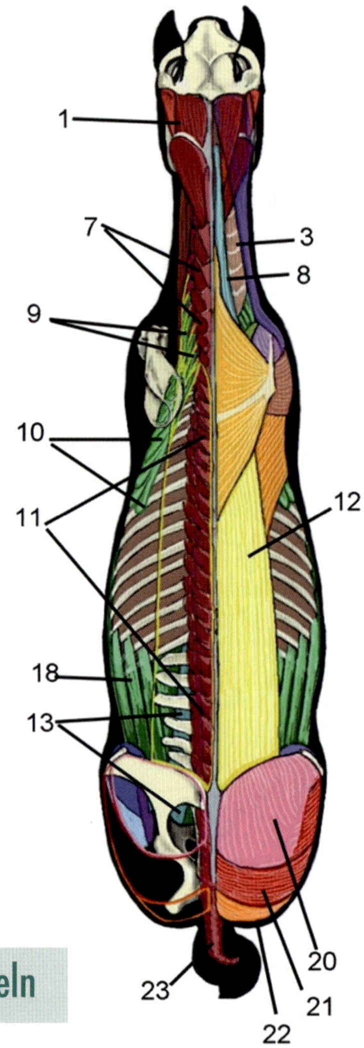

Die tiefen Muskeln

1. *Longus capitis (Langer Kopfmuskel, streckt Kopf)*
2. *Splenius (hebt und streckt Kopf und Hals)*
3. *Complexus (hebt und streckt Kopf und Hals, biegt Kopf seitwärts)*
4. *Lingua (Zunge)*
5. *Rectus capitis (Kopfmuskel, beugt Kopf am Genick)*
6. *Omohyoideus und Sternohyoideus (Schulterzungenbeinmuskel und Brustbein-Zungenbeinmuskel)*
7. *Musculi multifidi (verbindet die tiefen Knochen der Halswirbelsäule)*
8. *Rhomboideus (hebt Kopf und Hals, rotiert Schulterblatt)*
9. *Serratus ventralis, Halsteil (Schultergürtelmuskel)*
10. *Serratus ventralis, Brustteil (Schultergürtelmuskel)*
11. *Longissimus dorsi (Langer Rückenmuskel)*
12. *Supraspinatus (Muskelkette die die Wirbel miteinander und mit den Rippen verbindet)*
13. *Iliopsoas Muskel (aktiviert die Hinterhand, beugt Lumbosakralgelenk)*
14. *Scalenus (Schultergürtelmuskel)*
15. *Longus colli (verbindet Halsansatz mit Brustwirbelsäule)*
16. *Pectoralis profundus (Schultergürtelmuskel)*
17. *Rectus abdominis (Bauchmuskel)*
18. *Obliquus abdominis (Bauchmuskel)*
19. *Vastus lateralis (Oberschenkel Gruppe) beugt Hinterbein, zieht Hinterbeine nach vorne*
20. *Gluteus maximus (Medius und Minimus) streckt Hüfte und Hinterbein*
21. *Biceps femoris (Oberschenkel-Gruppe) streckt Hinterbein*
22. *Semitendinosus (Oberschenkel-Gruppe) streckt Hinterbein*
23. *Coccygeus-Muskel (bewegt Schweif)*
24. *Gastrocnemius, streckt Sprunggelenk*

Der Stützapparat

Bestimmte Sehnen und Bänder an den Vorder- und Hintergliedmaßen bilden den Stützapparat. Dieser hält die Knochen übereinander, selbst wenn die Muskeln entspannt sind, dadurch ist das Pferd in der Lage, auch im Stehen zu schlafen. Diese Strukturen nehmen zusammen mit den Muskeln der Vorder- und Hinterbeine Erschütterungen auf, sie speichern Energie bei jedem Schritt und tragen zu einer Federbewegung bei, sobald ein Bein den Boden verlässt. Sie arbeiten außerdem als Begrenzung, damit keine Gliedmaße überdehnt oder über den normalen Bewegungsradius hinaus belastet wird.

Der Stützapparat

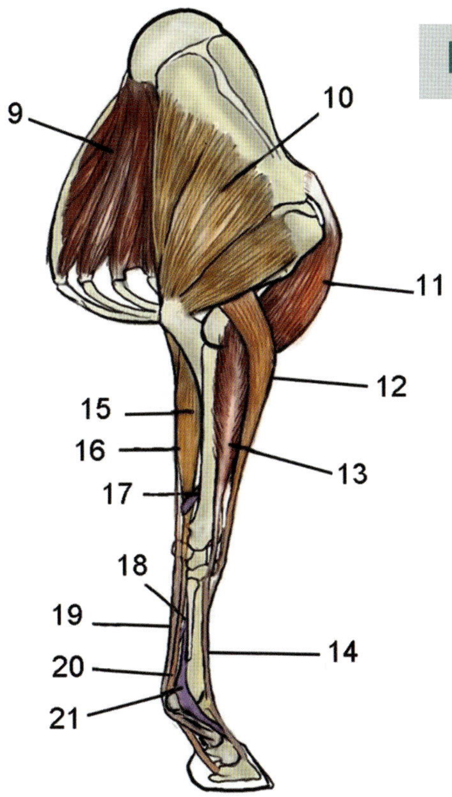

Stützapparat des Vorderbeins

9. *Serratus ventralis-Muskel*
10. *Triceps-Muskel*
11. *Biceps brachii-Muskel*
12. *Extensor carpi radialis-Muskel*
13. *gemeinsamer Zehenstrecker*
14. *gemeinsame Strecksehne*
15. *tiefer Zehenbeuger*
16. *Strecker des Vorderfußwurzelgelenks*
17. *Unterstützungsband der oberflächlichen Beugesehne*
18. *Unterstützungsband der tiefen Beugesehne*
19. *oberflächliche Beugesehne*
20. *tiefe Beugesehne*
21. *Fesselträger*

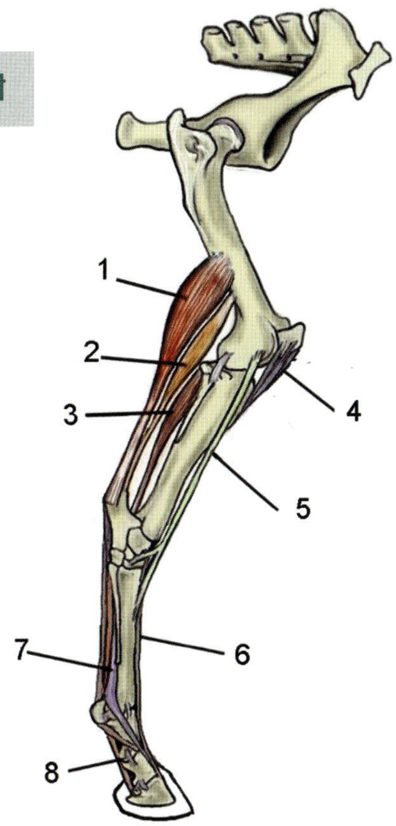

Stützapparat des Hinterbeins

1. *Wadenmuskel (Gastrocnemius)*
2. *oberflächliche Beugesehne*
3. *tiefe Beugesehne*
4. *Kniescheibenbänder (3)*
5. *Wadenbeinmuskel (Peroneus tertius)*
6. *gemeinsame Strecksehne*
7. *Fesselträger*
8. *Strahlbeinbänder*

Aufbau des Unterschenkels

Der Unterschenkel (bzw. der Unterarm) hat keine Muskeln unterhalb des Karpal- bzw. des Sprunggelenks, lediglich Knochen, Gelenke, Sehnen und Bänder. Die Sehnen im Unterschenkel sind mit Muskeln weiter oben im Bein verbunden, diese aktivieren die Bewegung in der unteren Gliedmaße. Diese Strukturen spielen eine wichtige Rolle beim Beugen und Strecken des Beines, als Stoßdämpfer und als Kontroll- und Stützeinrichtung von Vorder- und Hinterbein. Beugung und Streckung der Gelenke und Gliedmaßen werden auf einen gesunden Rahmen begrenzt. In der Belastungsphase des Tritts speichern sie zudem Energie, die dann für einen Federeffekt sorgt, wenn der Huf wieder abfußt.

Die Sehnen und Bänder im Unterschenkel bzw. Unterarm des Vorder- und Hinterbeins sind im Wesentlichen gleich, obwohl das Vorderfußwurzelgelenk (Karpalgelenk) und das Sprunggelenk (Tarsalgelenk) ziemlich unterschiedlich aufgebaut sind.

Strukturen des Hufs

Der Pferdehuf ist ein einzigartiger Mechanismus. Sein spezieller Aufbau trägt das Gewicht des Pferdekörpers, wirkt stoßdämpfend, verhindert das Ausrutschen und unterstützt die Durchblutung, d.h. er hilft, das Blut das Bein hinauf zum Herz zu pumpen. Ausreichend Bewegung ist ein wichtiger Faktor, um Huf und Pferd gesund zu erhalten.

Die äußere Schicht des Hufs wird von unempfindlichen Lamellen (Harthorn) gebildet, haarigen Eiweißröhrchen, die sich mit den empfindlicheren Lamellen (Weichhorn) verzahnen, die direkt am Hufbein ansetzen. Die Knochen des Hufes sind innerhalb der harten, aber nachgiebigen Struktur dieser äußeren Hufschicht aufgehängt. Die Kronlederhaut befindet sich unterhalb des Kronrands. Die Lamellen der Hufwand wachsen aus der Lederhaut nach unten, wie ein Fingernagel aus dem Nagelbett.

Die Sohle des Hufs ist konkav. Die äußere Schicht ist unempfindlich; eine empfindliche, gut durchblutete Sohlenlederhaut liegt näher am Hufbein. An der Hufunterseite markiert die weiße Linie die Trennung zwischen Hufwand und Sohle. Die

Strukturen der unteren Gliedmaße

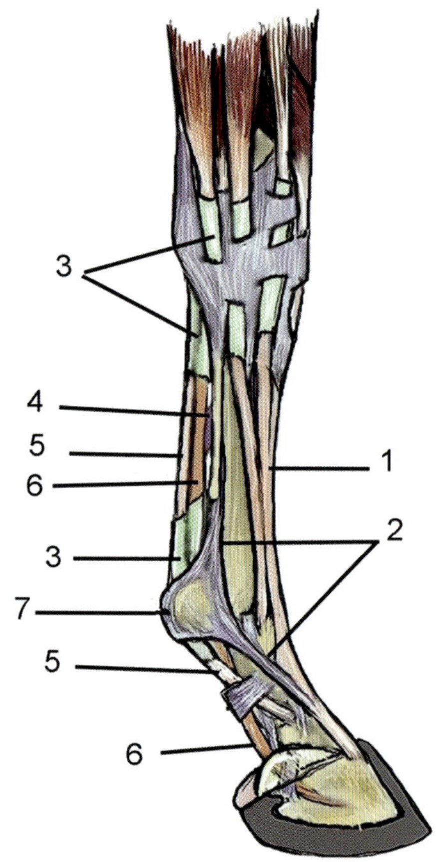

Sehnen und Bänder am Unterarm und Fuß

1. *Gemeinsame Strecksehne*
2. *Fesselträger*
3. *Sehnenscheide*
4. *Unterstützungsband der tiefen Beugesehne*
5. *Oberflächliche Beugesehne*
6. *Tiefe Beugesehne*
7. *Fesselringband (Annular ligament)*

Der Aufbau des Hufs

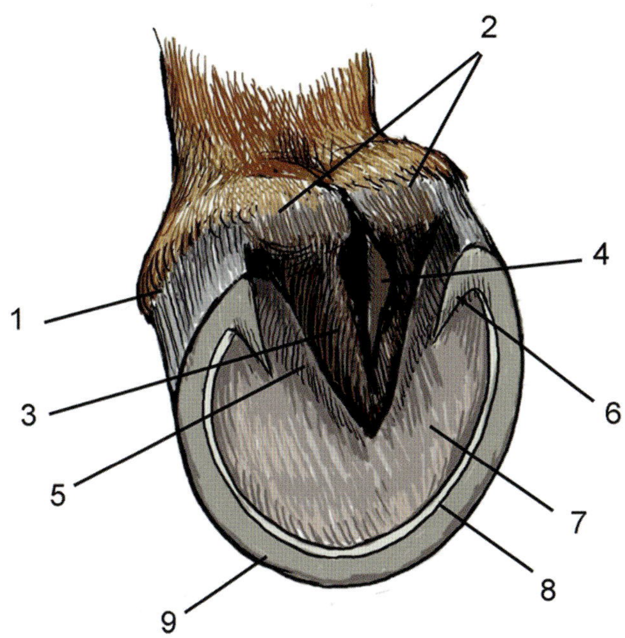

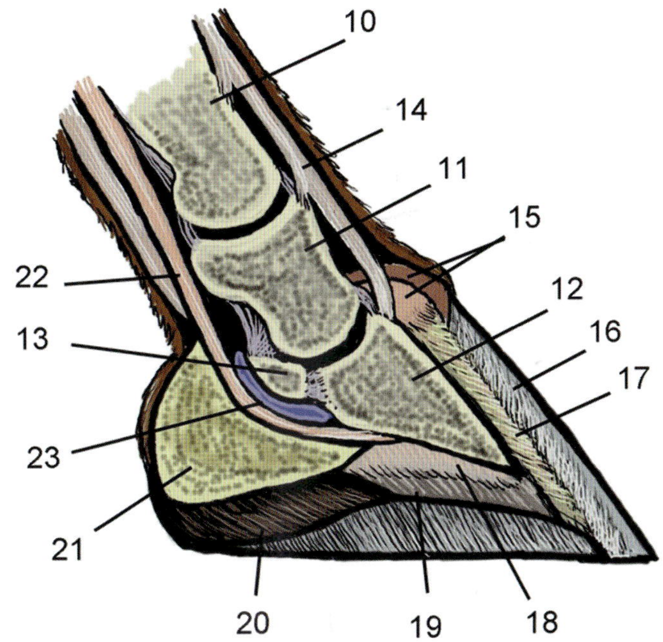

Äußerer Aufbau des Hufs

1. *Kronrand*
2. *Trachten*
3. *Strahl*
4. *Strahlfurche*
5. *Seitliche Strahlfurche*
6. *Eckstreben*
7. *Sohle*
8. *Weiße Linie*
9. *Hufwand*

Innerer Aufbau des Hufs

10. *1. Phalanx (Fesselbein)*
11. *2. Phalanx (Kronbein)*
12. *3. Phalanx (Hufbein)*
13. *Strahlbein*
14. *gemeinsame Strecksehne*
15. *Kronlederhaut*
16. *Hufwand*
17. *Wandlederhaut*
18. *Sohlenlederhaut*
19. *Sohle*
20. *Strahl*
21. *Stahlpolster*
22. *Tiefe Beugesehne*
23. *Hufrollen-Schleimbeutel (Navicular bursa)*

Hufwand krümmt sich auf beiden Seiten nach innen und bildet die v-förmigen Eckstreben, welche dabei helfen, den Huf beim Auffußen auszudehnen (Hufmechanismus).

Der Strahl ist eine V-förmige Struktur im hinteren Hufteil. Die Spitze des Strahls ragt in die Hornsohle. In der Mitte des Stahls befindet sich die Strahlfurche. Die zwei seitlichen Strahlfurchen befinden sich an der Seite des Strahls zur Hufsohle hin. Die Ballen werden von äußeren Knorpeln gebildet, die von der Unterseite des Hufbeins aus wachsen. Der Strahl gibt Halt und wirkt stoßdämpfend, besonders beim unbeschlagenen Pferd.

Im Huf, oberhalb des äußeren Strahls, liegen die Strahllederhaut und die Strahlpolster, welche die wichtigsten Blutgefäße des Hufs beinhalten. Mit jedem Schritt des Pferdes werden Strahl und Strahlpolster vom Gewicht des Pferdes zusammengepresst; der Huf wird geweitet, insbesondere im Bereich der Trachten. Wenn der Huf unbelastet ist, zieht er sich wieder zusammen. Dieser Vorgang pumpt Blut durch den Huf und über das Bein zurück zum Herz.

Tief im Inneren des Hufs läuft die tiefe Beugesehne über das Strahlbein und setzt an der Unterseite des Hufbeins an. Bei jedem Schritt drückt diese Sehne das Strahlbein gegen das Hufbein. Beide, die Sehne und das Strahlbein, werden von einem Schleimbeutel geschützt. Die Strecksehne setzt vorne oben am Hufbein an.

3. Der Bewegungsablauf Wie sich ein Pferd bewegt

Eine Bewegung wird durch den Wunsch, vorwärts zu gehen, eingeleitet. Bewegung in allen Gangarten erfolgt mit mehreren aneinander gereihten Fußfolgen. Eine Fußfolge ist eine komplette Bewegungsphase, bei der alle vier Beine ihre Bewegung abschließen und das ganze Pferd in Bewegung setzen. Ein Schritt dagegen ist die Bewegung eines Beines. Jedes Bein führt fünf verschiedene Bewegungen während einer Bewegungsphase aus: Auffußen, Stützen, Stemmen, Abfußen und Vorschwingen.

- Unter **Auffußen** versteht man den Moment, in dem der Fuß auf den Boden aufgesetzt wird und beginnt, das Gewicht des Pferdes zu tragen.
- Die **Stützphase** beginnt, wenn das Pferd sich über dem aufgefußten Bein weiter nach vorne bewegt und sein Schwerpunkt über den Huf kommt. Das Fesselgelenk ist durchgetreten, Beugesehnen und Muskeln sind gespannt.
- In der **Stemmphase** ziehen die Beugemuskeln und Sehnen das Bein zurück in die normale, belastbare Lage, und der

Der Bewegungsablauf

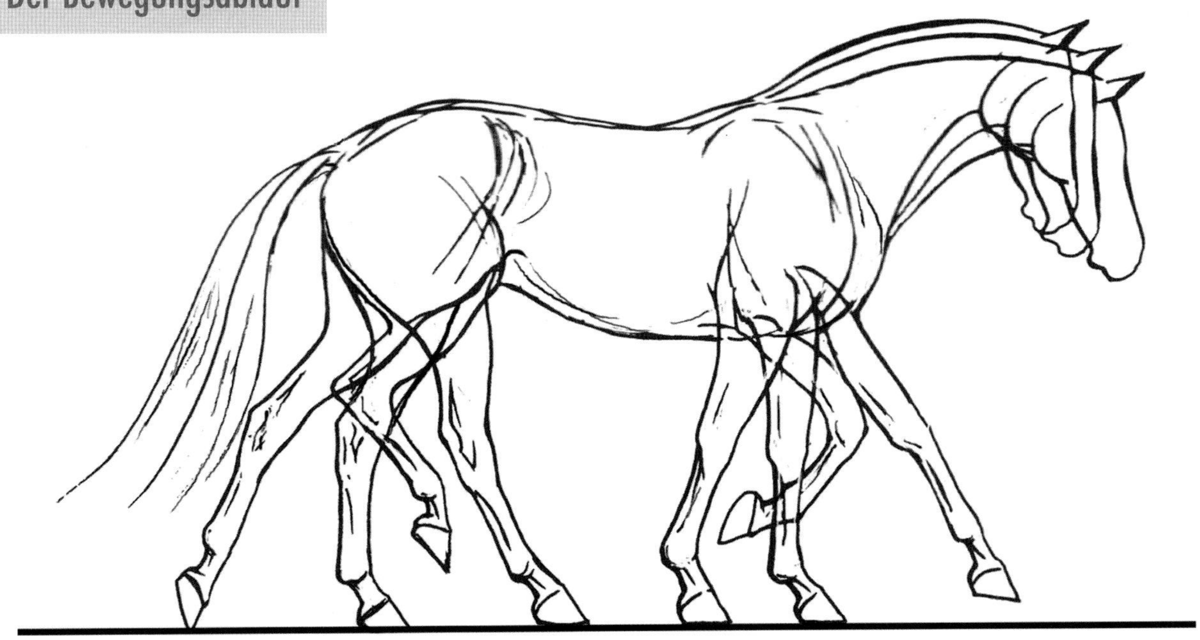

Schwerpunkt des Pferdes bewegt sich nach vorne über den Huf.

- Beim **Abfußen** hebt sich der Huf vom Boden ab und das Gewicht verlagert sich zur Zehe. Die tiefe Beugesehne ist gestreckt, da sie das Hufbein dreht. Die Gelenke des Beines beugen sich, um den Huf anzuheben.
- Beim **Schwingen** wird das Bein angewinkelt, schwingt durch die Luft und wird zum Aufsetzen (Auffußen) nach vorne gestreckt.

Wenn das Pferd sich bewegt, egal in welcher Gangart, setzt es jeden Muskel seines Körpers ein. Manche Muskeln haben mehrere Aufgaben. Es ist irreführend, nur einen Muskel zu erwähnen (zum Beispiel: zu sagen »Das Hinterbein wird vom Iliopsoas-Muskel nach vorne gebracht«), da viele Muskeln zusammen das Hinterbein nach vorne bringen, und der Iliopsoas-Muskel auch noch andere Funktionen hat. Jedoch wollen wir diese Ausführung einfach halten, in dem wir nur auf die Hauptmuskeln und Strukturen schauen, die in der Fortbewegung benutzt werden, und nur die jeweilige Hauptrolle in der Bewegung des Pferdes beachten. Eine komplette Beschreibung der Biomechanik des Pferdes kann alleine schon ein ganzes Buch füllen!

Wenn ein Pferd losläuft, sieht es aus, als ob die Vorderbeine zuerst losgehen. Die Bewegung startet jedoch tatsächlich hinten (der Motor der Bewegung sitzt hinten). Die Vorderbeine müssen allerdings zuerst abfußen, um den Hinterbeinen nicht im Weg zu stehen. Ein Pferd hat einen »Hinterradantrieb«; es zieht sich nicht mit seinen Vorderbeinen nach vorne, sondern schiebt mit den Hinterbeinen vorwärts. Um den Bewegungsablauf während einer Bewegungsphase zu erfassen, macht es Sinn, mit den Hinterbeinen zu beginnen, weil von dort die Kraft kommt.

Bewegung beginnt in den Hinterbeinen. Ein Hinterbein wird angehoben, gebeugt und nach vorne gebracht (geschwungen), dann kommt der Huf auf den Boden auf (Auffußen). Das Bein nimmt das Gewicht auf (Stützen); das Bein tritt gegen den Boden, während der Schwerpunkt des Pferdes sich nach vorne bewegt (Stemmphase); die Muskeln strecken das Bein, und durch das Drücken gegen den Boden bewegt sich das Pferd vorwärts (manchmal auch aufwärts). Das Abfußen beginnt damit, dass das Bein senkrecht unter der Hinterhand steht und endet damit, dass der Fuß den Boden verlässt. Das Bein wird gebeugt und schwingt für den nächsten Schritt nach vorne.

Die Vorderbeine (und das andere Hinterbein) werden ebenfalls angehoben, gebeugt, nach vorne geschwungen und auf den Boden aufgesetzt (Auffußen); das Gewicht der Vorhand wird gestützt (Stützphase), dann wird das Bein gestreckt und gegen den Boden gestemmt (Stemmphase und Abfußen), bis es wieder den Boden für den nächsten Schritt verlässt. Die Fußfolge und der Rhythmus der einzelnen Tritte, die Körperhaltung, das Gleichgewicht, und die Art und Weise, wie die Beine bewegt werden, kann mit jeder Gangart variieren, aber die Grundbewegung des einzelnen Beins ist die gleiche.

Das ganze Pferd wird vorwärts bewegt, indem Pferdekörper und Hals den Schub der Hinterhand nach vorne übertragen. Die Bewegungsenergie wird dabei hauptsächlich über den Rücken »geleitet«, insbesondere über den Longissimus dorsi (den langen Rückenmuskel). Die Position und die Ausgleichsbewegungen von Kopf und Hals haben dabei immensen Einfluss auf den Rücken und das Gleichgewicht des ganzen Pferdes. Dies bedeutet: Kopf- und Halshaltung beeinflussen die Rückentätigkeit. Und umgekehrt: Richtige Rückentätigkeit führt zu zweckmäßiger Kopf- und Halshaltung.

Die Hinterhand

Die Muskeln der Hinterhand stellen die Kraft des Pferdes bereit. Die Muskelgruppe, die von der Hüfte zum Kniegelenk verläuft, und die Muskeln, die vorne am Oberschenkelknochen (Femur) ansetzen (Quadriceps, Vastus, Tensor fascia latae) beugen das Hinterbein und bringen es nach vorne unter den Körper. Die Iliopsoas-Muskeln, die unterhalb der Lendenwirbel (Lumbar vertebrae) zum Becken und zu beiden Oberschenkelknochen (Femur) verlaufen, bringen die Hinterbeine nach vorne und beugen die Lende am Lumbosakral-Gelenk (sie kippen das Becken). Diese Muskeln spielen die Hauptrolle beim »Untertreten« der Hinterhand. Die Muskelgruppe, die oberhalb von Becken und Oberschenkelknochen (Gluteals, Rectus femoris,

Der Bewegungsablauf des Hinterbeines

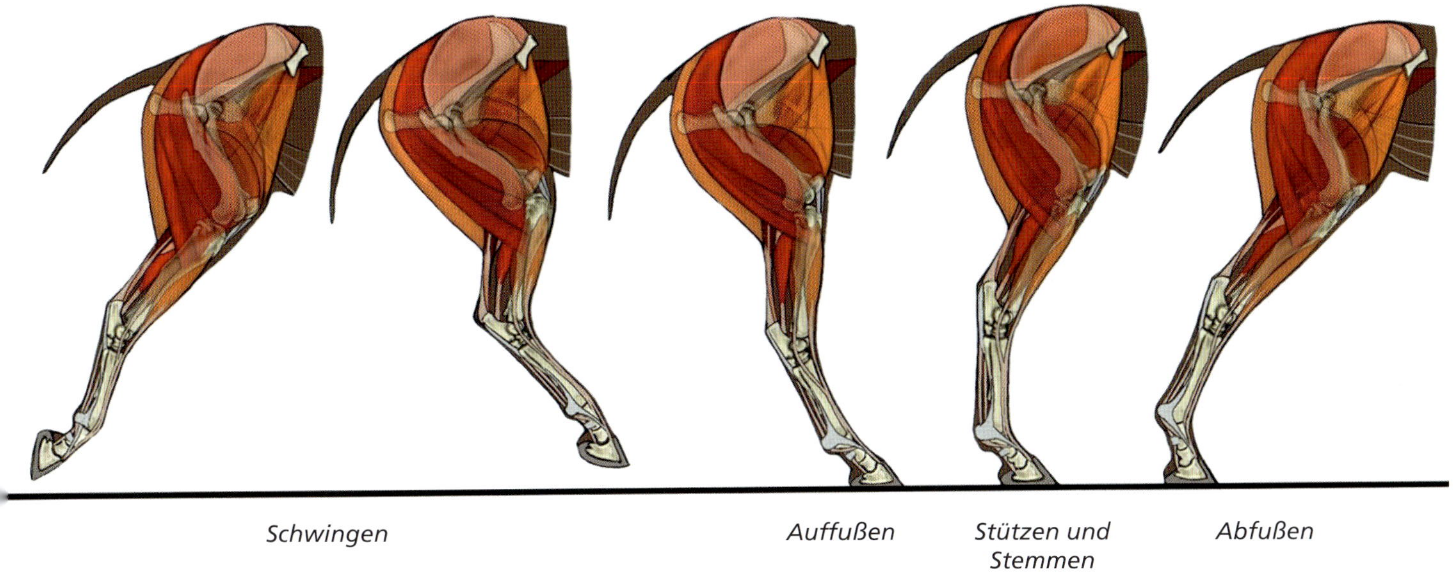

Der Bewegungsablauf des Vorderbeines

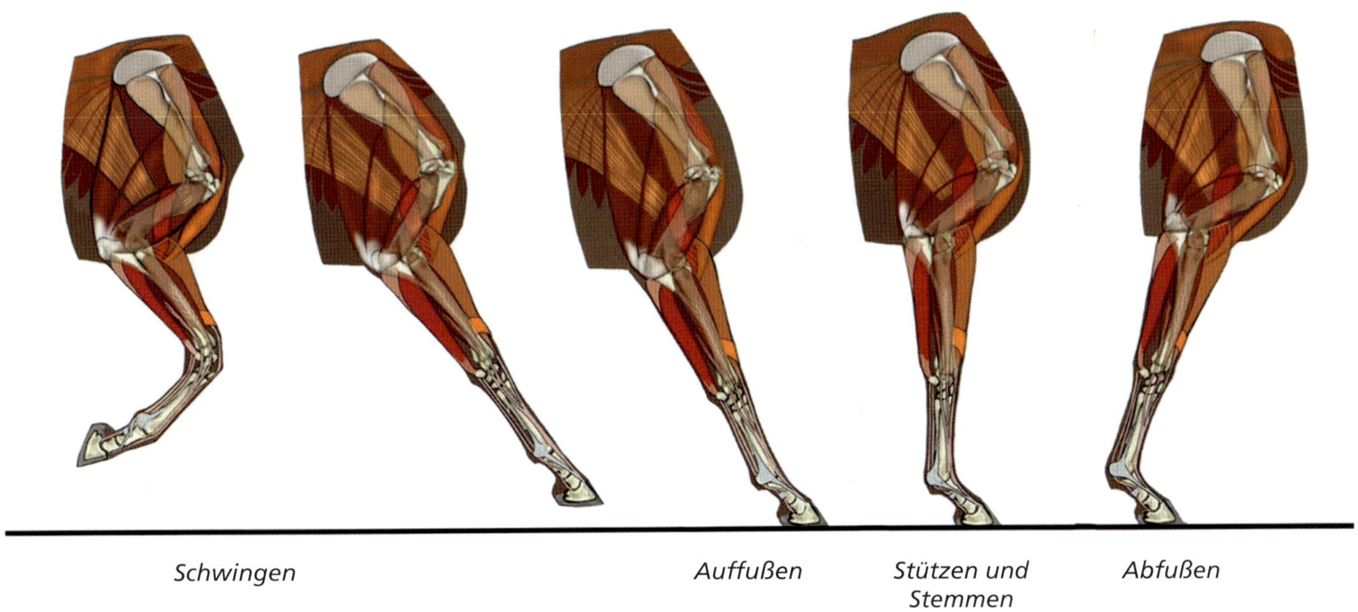

Semitendinosi, Semimembranosis) nach hinten verläuft, streckt das Hinterbein und drückt das Bein gegen den Boden. Damit bewegt sie das ganze Pferd vorwärts und nach oben. Die vorgenannten sind die kräftigsten Muskeln im Pferdekörper. Sie sind auch die Muskeln für das Ausschlagen. Also aufgepasst, wenn man hinter dem Pferd steht!

Das Untertreten

Wenn das Hinterbein nach vorne unter den Pferdekörper schwingt, spricht man vom »Untertreten«. Je mehr das Hinterbein nach vorne unter den Pferdekörper tritt, desto größer sind Kraft und Schrittlänge und umso besser ist das Gleichgewicht des Pferdes. Gutes Untertreten ist ein Indiz für gute sportliche Bewegungen.
Manche Pferde, besonders Rennpferde, Distanzpferde und Jagdpferde, bewegen sich mit langen, flachen Tritten und schwingen die Hinterbeine weit, jedoch mit wenig Beugung in den Gelenken nach vorne. Diese Art der Bewegung ist effizient für Geschwindigkeit, und auch, um große Distanzen zurückzulegen. Wir sprechen hier von der Schubkraft.

Von »Hankenbiegung« reden wir, wenn das Pferd die Lende am Lumbosakral-Gelenk beugt, die Kruppe senkt und das Becken kippt und dabei die Hinterbeine gut unter den Pferdekörper bringt. Es verlagert sein Gewicht nach hinten auf die Hinterbeine, indem es alle Gelenke der Hinterbeine (die Hanken) anwinkelt und diese wie eine Sprungfeder benutzt. Dadurch wird die Vorderhand entlastet. Das Pferd kann sich mit mehr Versammlung, Sprungkraft und Aufrichtung bewegen. Es benutzt seine Hinterbeine, um einen größeren Anteil seines Gewichts zu tragen. Das Ergebnis ist »Tragkraft«.

Die Bewegung der Hinterbeine sollte gleichmäßig sein. Die Strecke vor und hinter dem in der Stützphase senkrechten stehenden Bein sollte gleich lang sein. Wenn ein Pferd seine Hin-

Gutes Untertreten der Hinterhand.

Engagement der Hinterhand in der Pirouette.

terbeine weit nach hinten schwingt, aber nicht gleich weit vortritt, spricht man vom »Auseinanderfallen« des Pferdes. Dies ist ein ernst zu nehmender Fehler im Bewegungsablauf. Pferde mit flacher Kruppe, solche, die im Hohlkreuz laufen oder auch ihr Lumbosakral-Gelenk nicht richtig einsetzen, fallen oft auseinander. Dieses falsche Tragen des Reitergewichts kann zu Stress und Rückenschmerzen beim Pferd führen. Es ist dann unter dem Reiter nicht im Gleichgewicht und kann sich nicht elastisch und kraftvoll bewegen.

Der Rücken, die Lende und das Lumbosakral-Gelenk.

Bei jedem Schritt, den die Hinterbeine unter den Pferdekörper machen, dehnt sich die Pferdelende (wölbt sich nach oben). Diese Dehnung findet hauptsächlich im Bereich des Lumbosakral-Gelenks statt, wo das Kreuzbein und die Kruppe am letzten Lendenwirbel zusammentreffen. Dies ist eine Schlüsselstelle im Pferdekörper: hier kippt das Pferd im Becken ab, senkt damit die Kruppe und kann in der Folge die Hinterbeine besser unter den Pferdekörper nach vorne bringen. Besseres Gleichgewicht, mehr Kraft und längere Tritte sind das Ergebnis. Der Pferderücken und die Lendenpartie sind bei Weitem nicht so beweglich wie die von Hund oder Katze, die ihren ganzen Rücken biegen können, um die Hinterbeine beim Rennen vor ihre Vorderbeine zu bringen. Wenn Pferde so beweglich wären, könnten sie kaum einen Reiter auf ihrem Rücken tragen!

Die Pferdelende und das Lumbosakral-Gelenk dehnen sich besonders stark im Galopp, wenn das Pferd die Hinterbeine für eine große Anstrengung einsetzt, wie z. B. bei einem Sprung oder einem Buckler, zudem in der Versammlung, beim Durchparieren zum Halten aus Trab oder Galopp oder beim Sliding Stop des Westernpferdes. Die richtig eingesetzte Lendenpartie ermöglicht eine ungehinderte Übertragung der Kraft aus der Hinterhand über den Pferderücken nach vorne. Sie erlaubt dem Pferd, sich auf der Hinterhand auszubalancieren. Ein Pferd, das

Der Muskelkreis: »The Visible Horse™« aus der »Anatomy in Motion™«-Show.

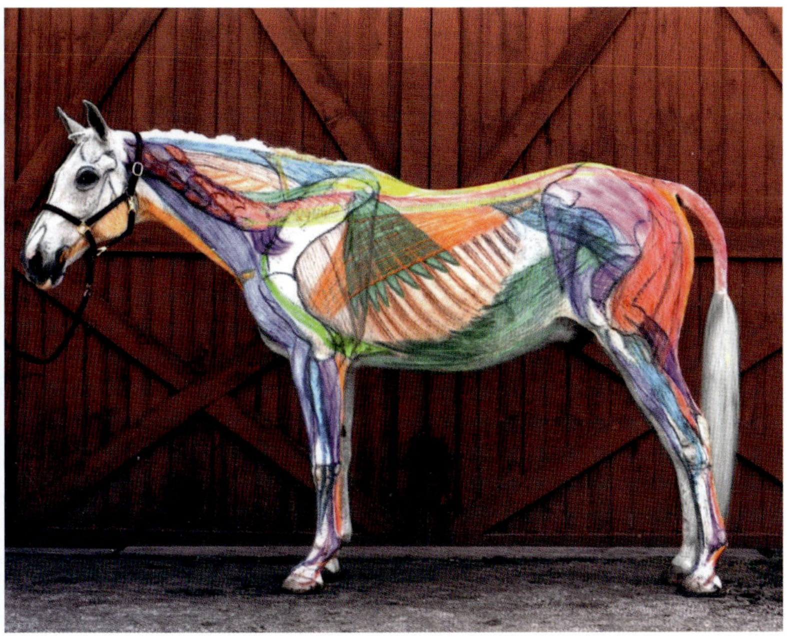

Der Muskelkreis in der Bewegung: The Visible Horse™.

Untertreten der Hinterbeine und Hankenbeugung

Das Lumbosakral-Gelenk wird geöffnet und das Pferd tritt im Galopp weit unter den Körper.

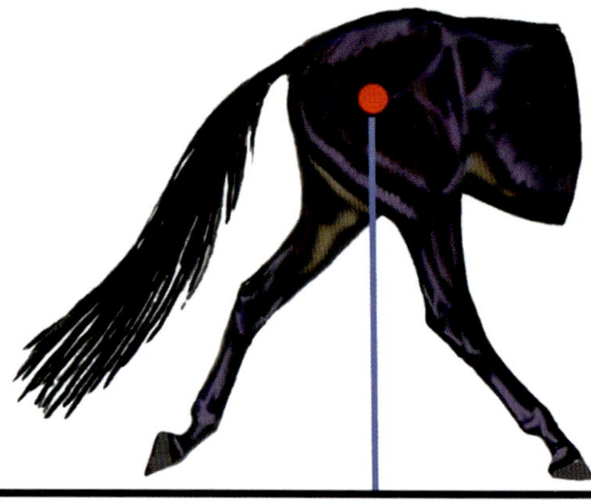

Viel Raumgriff in der Hinterhand: Die Hinterbeine schwingen vor und zurück, ohne viel Beugung im Gelenk.

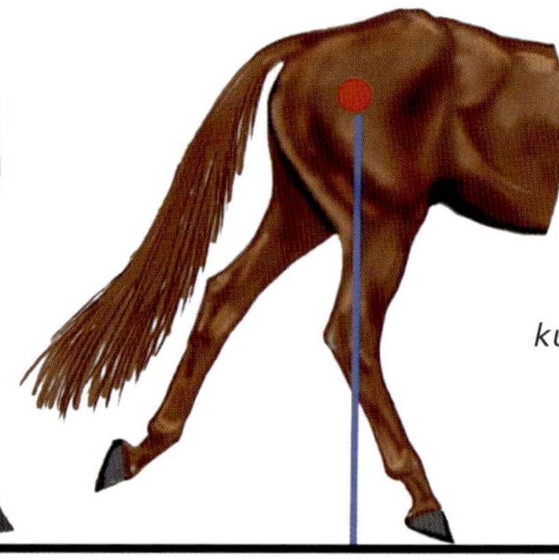

Flache Kruppe, Hohlkreuz, kurze Tritte »nach hinten heraus«: Das Hinterbein schwingt mehr zurück als nach vorne.

Hankenbeugung der Hinterhand in einer Galopp-Pirouette.

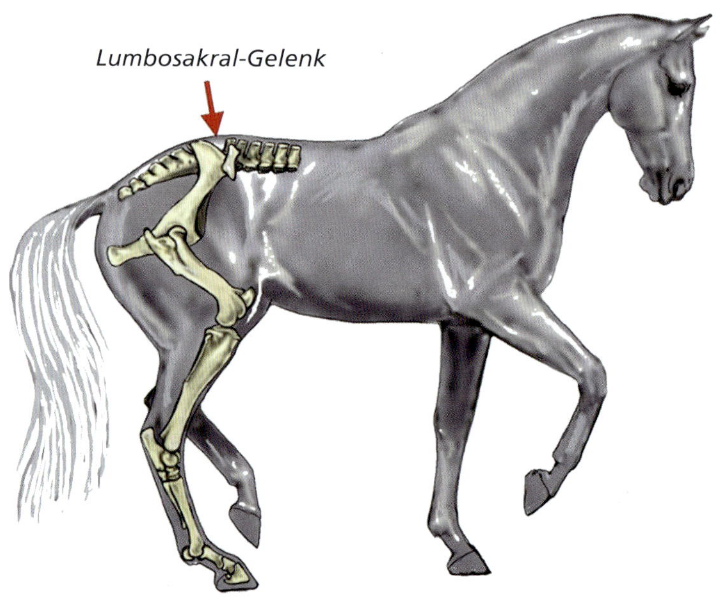

Hankenbeugung in der Piaffe, die Hinterhand ist gesetzter, wobei alle Gelenke der Hinterbeine gebeugt sind.

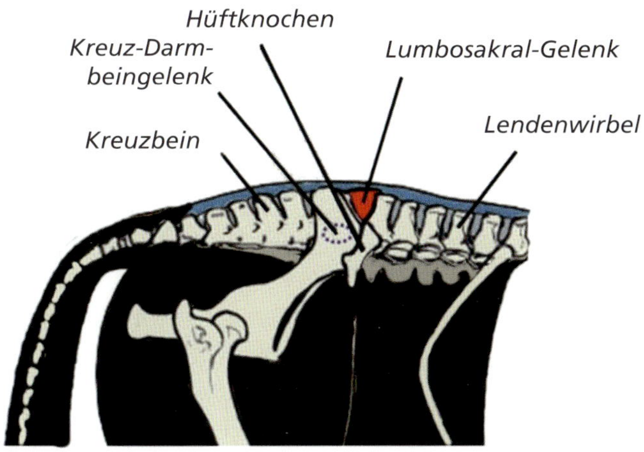

Anatomie des Lumbosakral-Gelenks.

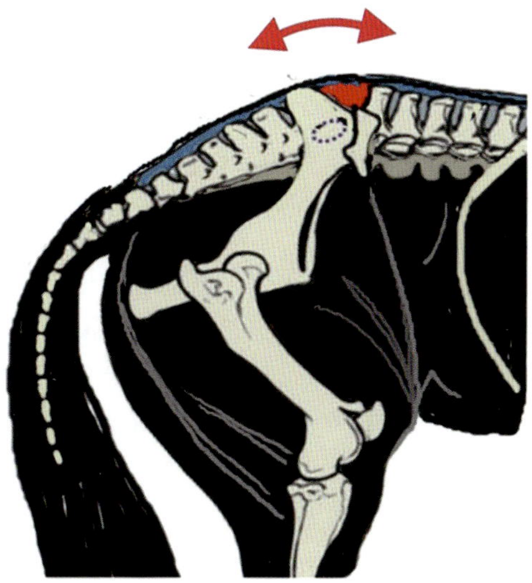

Das Beugen des Lumbosakral-Gelenks kippt die Kruppe und bringt die Hinterbeine unter den Körper.

Das Lumbosakral-Gelenk

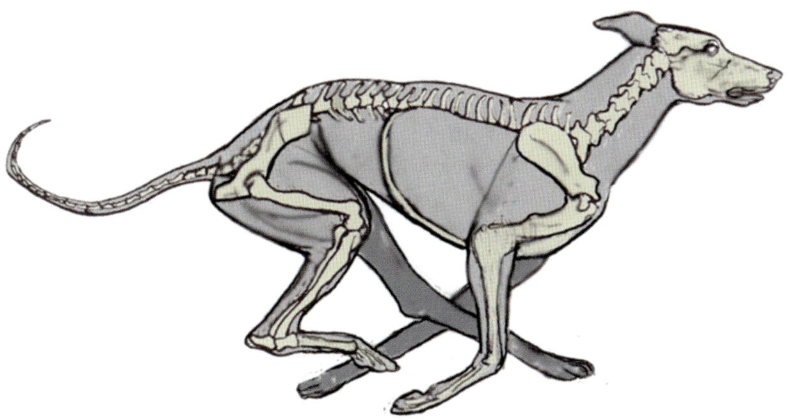

Bei Hunden sind Lende und Lumbosakral-Gelenk so biegsam, dass sie die Hinterbeine vor die Vorderbeine bringen können.

sich im Hohlkreuz, mit steifem Rücken oder festgehaltener Lendenpartie bewegt, mit wenig Dehnung bzw. Öffnung im Lumbosakral-Gelenk, kann sich nicht kraftvoll, ausbalanciert und elastisch bewegen. Sein Gleichgewicht unter dem Reiter ist instabil.
Die Psoas-Muskeln (Psoas minor, Psoas major, Iliacus, Iliopsoas) und die Bauchmuskeln (Rectus abdominus, Transverse abdominus, Exterior und Interior oblique) sind die wichtigsten Muskeln, welche die Lendenpartie des Pferdes dehnen (damit den Rücken nach oben bringen, aufwölben) und die Hinterbeine nach vorne ziehen.

Die Hinterhand schiebt das ganze Pferd mithilfe von Wirbelsäule, Rumpf und Rückenmuskulatur vorwärts. Der Pferderücken kann mit der Antriebswelle eines Fahrzeuges verglichen werden, die die Schubkraft von den Hinterrädern auf den Rest des Fahrzeugs überträgt. Eine Reihe von kurzen Muskeln (Multifidus, Spinalis) führen seitlich und oben an der gesamten Wirbelsäule entlang. Sie verbinden sowohl die Wirbel miteinander als auch den Rücken mit der Oberseite der Rippen. Dadurch entsteht eine tiefe, kraftvolle Muskelverbindung vom Schweif bis zum Genick, welche die Energie aus der Hinterhand über den Rücken ins ganze Pferd übermittelt.

In den meisten Gängen und Bewegungen arbeiten die Rückenmuskeln abwechselnd, da das Pferd zuerst mit einem Hinterbein vorwärts tritt und dann mit dem anderen. Wenn ein Hinterbein vorschwingt, auftritt und sich abstützt, hebt sich der Rücken auf der gleichen Seite an, und er senkt sich, wenn das Bein nach hinten gestreckt wird, abfußt und angehoben wird. Diese wechselseitige Bewegung kann man sehen, wenn man die Pferdehüfte von hinten beobachtet, während das Pferd sich von einem weg bewegt. Sie kann auch gut vom Reiter gefühlt werden. Der Rippenbogen bewegt sich dabei und

Wölben und Strecken des Rückens

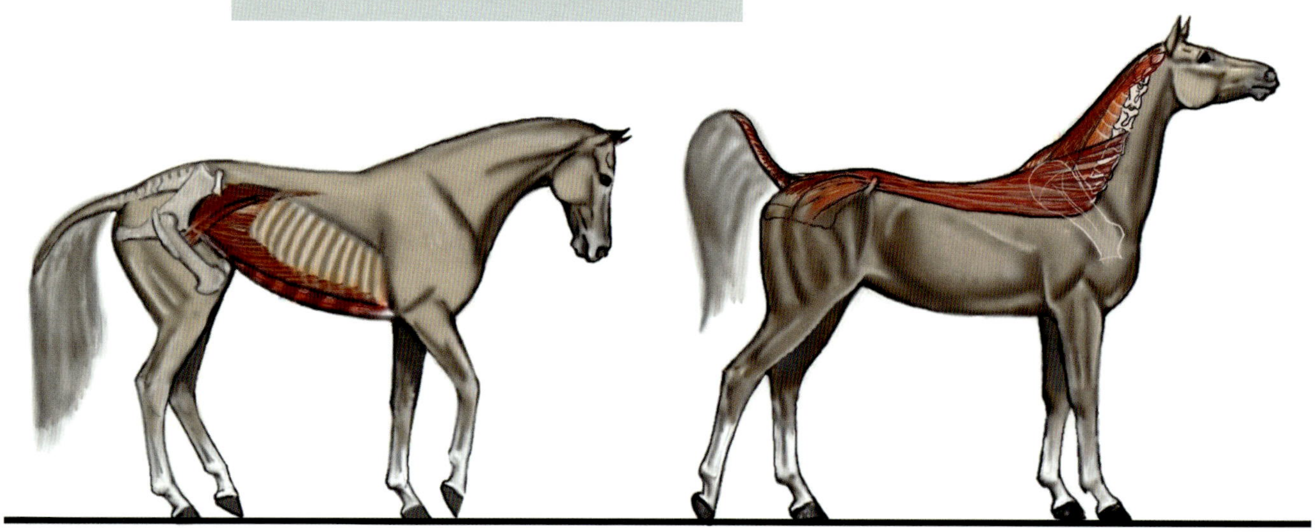

Lenden-Darmbeinmuskel (Iliopsoas) und Bauchmuskeln wölben den Rücken.

Die Rücken- und Halsmuskulatur streckt den Rücken.

rotiert ganz leicht weg vom aktiven Hinterbein, wenn dies nach vorne kommt. Dies kann man am besten im Schritt und Galopp beobachten.

Das Heben und Aufwölben des Rückens in der Bewegung wird »Bascule« genannt. Es ist besonders deutlich über einem Sprung zu sehen, wenn das Pferd sich vorwärts-abwärts streckt, oder wenn das Pferd sich in korrekter Versammlung bewegt. Die stärkste Wölbung erfolgt im Bereich des Lumbosakral-Gelenks. Die Bauchmuskeln (insbesondere der Rectus abdominus-Muskel) und die Psoas-Muskeln sind die Hauptbeteiligten beim Anheben des Rückens. Das Senken von Kopf und Hals (wie z.B. über einem Sprung) kann dazu beitragen, den Rücken anzuheben und zu wölben, da das Nackenband über den Widerrist nach vorn zieht, damit das Rückenband dehnt und so dabei hilft, den Rücken anzuheben. Kommt der Rücken nach oben, werden die Rückenmuskeln (besonders der lange Rückenmuskel, Longissimus dorsi) gedehnt. Diese Dehnung ist jedoch nicht starr und gleichmäßig, sondern eher in Form eines wechselseitigen An- und Abspannens des langen Rückenmuskels zu sehen, je nachdem, welches Hinterbein gerade nach vorn schwingt. Ständig angespannte oder zusammengezogene Rückenmuskeln verursachen ein Hohlkreuz, führen zu einem Hängebauch und verhindern so, dass die Hinterbeine gut nach vorne unter den Körper treten können. Eine gute Rückentätigkeit mit wechselseitig losgelassener Muskulatur ermöglicht dem Pferd eine zweckmäßige Haltung, stabiles Gleichgewicht und schwungvolle Bewegungen.

Wenn die Vorhand angehoben wird, kann der Rücken als Hebel benutzt werden, das Pferd »setzt sich« dabei auf seine gebeugten Hinterbeine (Hankenbeugung). Es läuft praktisch im »Kniebeuge-Gang«, wenn man es mit dem Menschen vergleicht. Die starken Nackenmuskeln verbinden sich mit denen

Abwechselndes Anheben der Hüfte und Rotation des Rippenbogens in der Bewegung

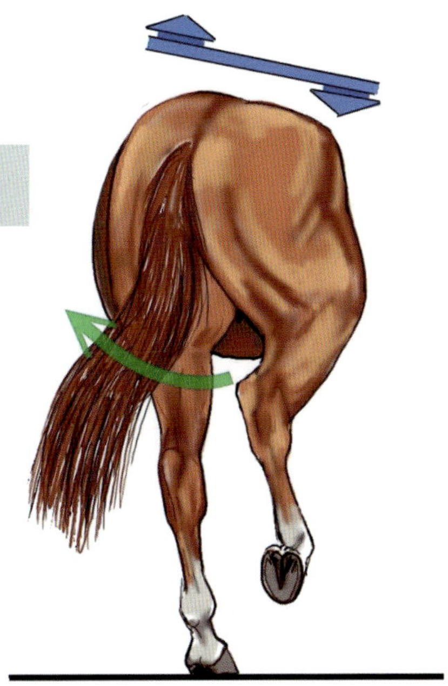

Abwechselndes Anheben der Hüfte in der Bewegung.

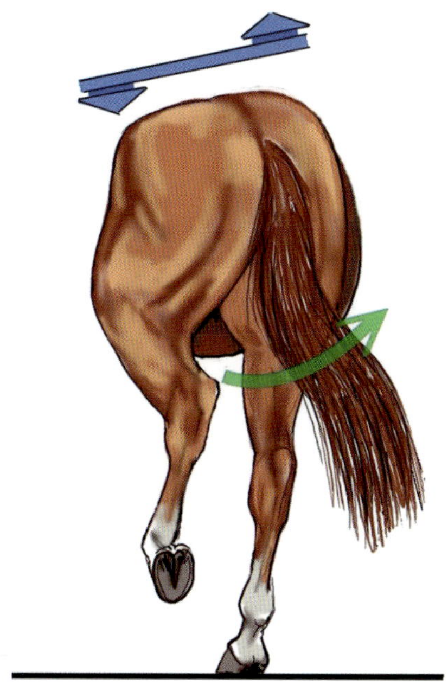

Der Rippenbogen rotiert nach außen über das stützende Hinterbein.

Oberer Muskelstrang vom Hinterbein zum Genick

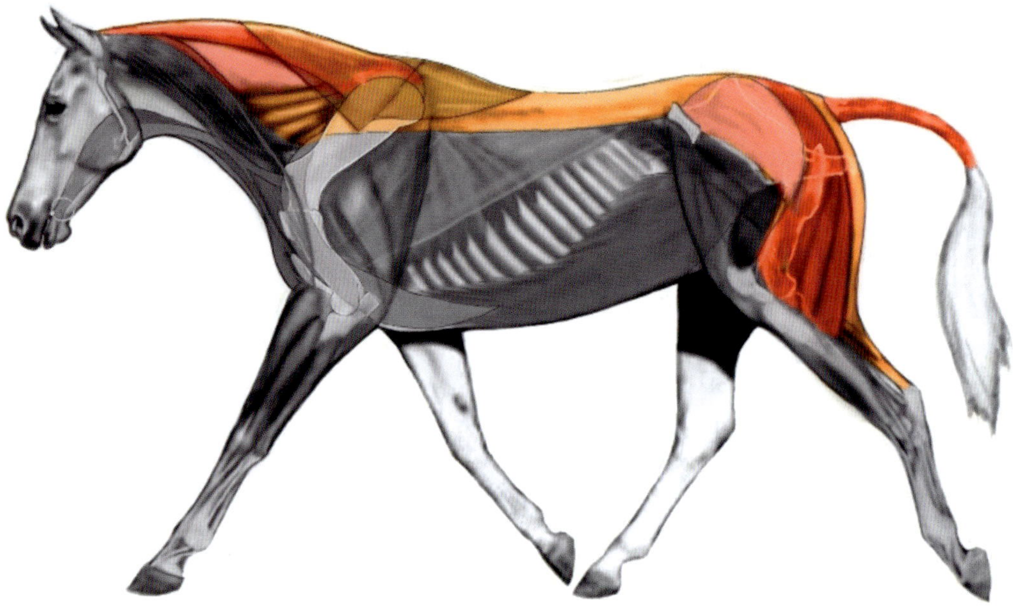

Die obere Muskelkette verläuft vom Hinterbein über den Rücken und Hals zum Genick.

des Rückens und bilden eine zusammenhängende Muskelkette. (In Verbindung mit dem Nacken-Rückenband bildet diese Muskelkette den Spannungsbogen.) Der Reiter sitzt praktisch auf diesem Spannungsbogen. Deswegen hat der Sitz des Reiters (ob gut oder schlecht) immense Auswirkungen auf die Rückentätigkeit des Pferdes sowie in der Folge auf die Beweglichkeit aller Teile des Pferdekörpers.

Die Kruppe und der Schweif

Die Kruppe ist der höchste Teil der Hinterhand; sie wird vom Kreuzbein und den Gesäß- und Oberschenkelmuskeln gebildet. Das Kreuzbein ist am Kreuzdarmbein fest mit dem Becken verbunden. Wenn sich das Lumbosakral-Gelenk öffnet, wölbt sich die Kruppe (kippt das Becken des Pferdes) und bringt die Hinterbeine nach vorne unter den Körper. Wenn sich das Lumbosakral-Gelenk schließt, wird die Kruppe flacher, der Rücken und die Lende verlängern sich und bringen damit die Hinterbeine nach hinten heraus. Die Hauptmuskeln der Kruppe sind Oberschenkel- und Gesäßmuskeln (Biceps femoris, Semitendinosis und Semimenbranosis).

Der Schweif ist die Verlängerung der Wirbelsäule. Er hat eine Muskelreihe oben, unten und seitlich, die es dem Pferd ermöglicht, den Schweif in alle Richtungen zu bewegen. Der Schweif ist ein Indikator für die Entspannung des Rückens; ein eingeklemmter oder zu stark aufgestellter Schweif ist ein Zeichen für einen verspannten Pferderücken. Ein losgelassenes Pferd mit schwingendem Rücken trägt den Schweif locker pendelnd. Wenn das Pferd sich biegt bzw. abwendet, wird der Schweif in der Regel leicht in die Richtung der Biegung mitgenommen. Ein Pferd, das seinen Schweif ständig auf die gleiche Seite schief stellt, hat höchstwahrscheinlich chiropraktische Probleme oder ist extrem steif auf einer Seite.

Hals und Kopf

Der Pferdehals wird häufig als »Balancierstange« bezeichnet. Kopf und Hals des Pferdes haben ein relativ hohes Gewicht im Verhältnis zum gesamten Pferd. Der Kopf sitzt am Ende eines langen, beweglichen Halses, der als recht langer Hebel am Körper ansetzt. Die Art, wie das Pferd seinen Kopf und Hals trägt, wie auch jede Bewegung, die es damit macht (Anheben, Senken, Biegen, Verlängern, Verkürzen oder auch Stellen im Genick), haben eine starke Wirkung auf den ganzen Körper des Pferdes, insbesondere das Gleichgewicht und die Rückenbewegung. Pferde heben Kopf und Hals, um ihr Gewicht nach oben und hinten zu verlagern; oder sie senken den Kopf, um sich besser auszubalancieren. Ein Pferd, welches stolpert, streckt möglicherweise seinen Kopf ruckartig nach vorne und unten, um durch Dehnung der Oberlinie und Anheben des Widerristes die Balance wieder zu finden.

Eine Muskelkette (Longissimus dorsi, Spinalis dorsi, Trapezius, Rhomboideus, Complexus, splenius) verläuft über den Rücken des Pferdes von der Kruppe bis zum Nacken. Diese Muskeln, zusammen mit dem Nacken-Rücken-Band und den tiefen Halsmuskeln (besonders Multifidius, Longus colli, Scaleneus und Brachiocephalus) »halten das gesamte Pferd zusammen« und sind an allen Ausgleichs-Bewegungen von Kopf und Hals beteiligt. Dieser Verbund aus Muskeln und Bändern bildet die so genannte »Oberlinie«, welche stark durch Sitz und Hilfengebung des Reiters beeinflusst wird.
Die langen Muskeln der Unterseite des Halses (Brachiocephalis, Sternocephalis, Omohyoid, Omothyroid and Longus colli) dienen dazu, den Pferdehals zu senken, zu dehnen und seitwärts zu drehen sowie die Vorderbeine anzuheben. Der Splenius und der proximale Teil des Serratus heben und verlängern den Hals und drehen ihn von einer Seite zur anderen. Die Muskeln am Halsansatz und des Schultergürtels (siehe auch »Schultergürtel«) heben den Widerrist und den Halsansatz an und wölben den Hals. Diese Funktion ist für die korrekte Versammlung wichtig.

Freie Kopf- und Halsbeweglichkeit braucht das Pferd sowohl für ungehinderte Sicht als auch für Balance und Haltung. Das Pferd muss die Position von Kopf und Hals schnell ändern können, um Dinge sowohl in weiter, mittlerer als auch geringer Distanz rasch erkennen zu können. Beim Reiten und Trainieren müssen wir bedenken, dass wir das Gleichgewicht des Pferdes beeinträchtigen und seine Sicht einschränken, wenn wir eine unzweckmäßige oder starre Kopf- und Halshaltung fordern.

Die Muskeln von Kiefer und Genick sind bedeutsam für die so genannte Durchlässigkeit des Pferdes. Sie können – je nach Spannungszustand – die Beweglichkeit des Genicks fördern oder behindern und beeinflussen damit auch die Reaktion des Pferdes auf die reiterlichen Hilfen. Sind sie entspannt und beweglich, hat dies ein weiches und ansprechbares Pferdemaul zur Folge sowie eine zweckmäßige und freie Kopfhaltung.
Beißt das Pferd die Zähne zusammen und verspannt die Kiefermuskulatur, sind Genick und Maul starr und fest (das Pferd ist hart im Maul). Diese »Hartmäuligkeit« wird in der Regel durch falsche, harte Zügeleinwirkung und unzweckmäßige Trainingsmethoden verursacht, die zu Schmerz, Spannung und Widerstand beim Pferd führen. Wenn Genick und Kiefer entspannt und geschmeidig sind, kaut das Pferd sanft mit geschlossenem Maul. Dies entspannt und öffnet die Speicheldrüsen und produziert Speichel, welcher vom sanften Kauen zu Schaum wird. Ein verspanntes Maul ist ein »trockenes« Maul; das Pferd beißt sich fest und reagiert nicht auf die Zügelhilfen.

Das erwünschte, »richtige« Kauen ist ein Kauen mit geschlossenem Maul und wenig Schaum. Aufgeregtes Kauen mit »Zähneklappern« und offenem Maul dagegen ist ein Zeichen von Nervosität oder Frustration, nicht jedoch von Entspannung. Sowohl das feste, trockene Maul als auch das übermäßige, nervöse Kauen mit extremer Speichelentwicklung sind Warnsignale, die darauf hinweisen, dass die Kommunikation des Reiters mit dem Pferd nicht besonders gut ist.

Ausgleichsbewegungen von Kopf und Hals

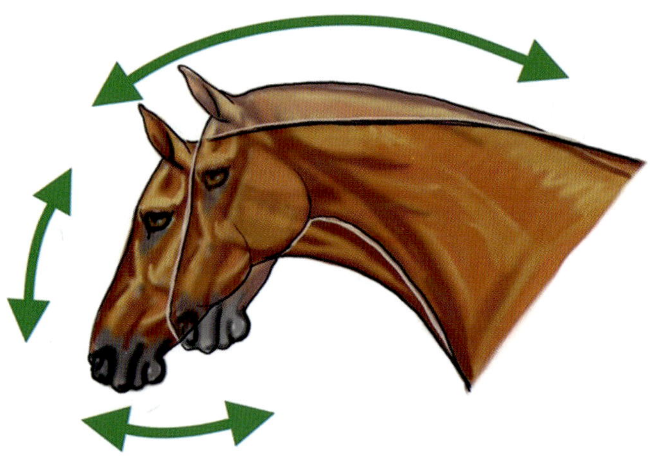

Ausgleichsbewegungen im Schritt, Tab und Galopp

Die kurzen, extrinsischen, tiefen Muskeln des Genicks verbinden den Schädel mit Atlas und Axis (die ersten beiden Knochen der Halswirbelsäule). Wenn diese Muskeln entspannt und geschmeidig sind, erlauben sie dem Pferd, das Genick loszulassen sowie Kopf und Hals frei zu tragen. Nur so kann es sensibel und weich auf die Reiterhand reagieren. Starre, feste Muskeln verursachen ein steifes Genick: Das Pferd fühlt sich damit unwohl und leistet Widerstand. Pferde, die mit Hilfszügeln gearbeitet werden, entwickeln feste, angeschwollene Muskeln über dem Atlas; die Muskeln vor dem Schulterblatt (vor allem im Rhomboideus) sind dagegen unterentwickelt – ein deutliches Zeichen von unzweckmäßigem Training und falschem Muskelaufbau.

Die untere Muskelkette

Die Sternohyoideus- und Omohyoideus-Muskeln verlaufen vom Zungenansatz (am Zungenbein) zum Brustbein und Halsansatz. Der Sternomandibular-Muskel ist ein langer, schlanker Muskel, der vom Unterkiefer (Mandible) zum Brustbein (Sternum) verläuft, und das Maul mit Hals und Brust verbindet. Über Brustmuskeln und Bauchmuskeln (in erster Linie die Rektusabdominis) führt die »untere Muskelkette« schließlich vom Pferdemaul bis zum Becken. Hier im Becken sitzt praktisch der »Motor« der Bewegung.

Wenn das Pferd sich bei gut vortretenden Hinterbeinen mit Kopf und Hals nach vorne zur Reiterhand hin dehnt und sanft

Die untere Muskelkette

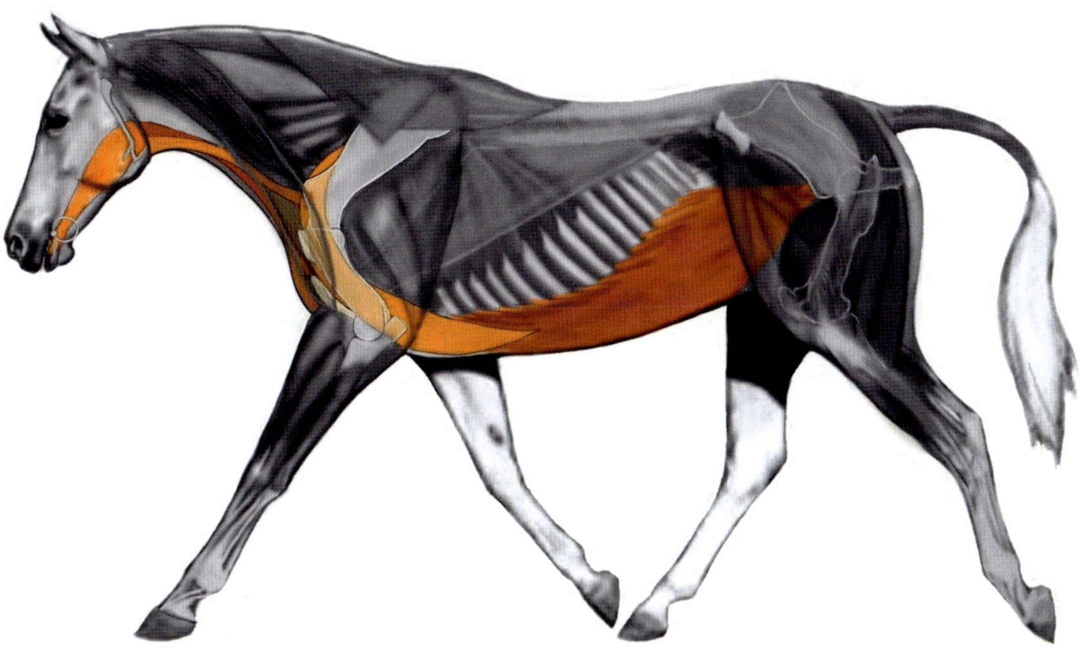

Die untere Muskelkette verläuft von der Zunge am Unterhals entlang über die Brust- und Bauchmuskeln zum Becken.

abkaut (»den Zügel annimmt«), wird die untere Muskelkette aktiviert. Ein steifes Genick und Kinn jedoch, ein Hinter-dem-Zügel-Verkriechen, oder ein Reiter, der mit einer Hand oder beiden Händen »am Zügel hängt«, hemmt die korrekte Arbeit der unteren Muskelkette und des Hinterbeins. Ein guter Dressurausbilder weiß: Ziehen am inneren Zügel oder zu starkes Abstellen des Pferdes nach innen behindern das Untertreten des inneren Hinterbeines. Ein Pferd muss ein »glückliches«, entspanntes Maul haben, um seinen gesamten Körper gut einzusetzen. Schmerz, Verspannung oder die Angst vor Schmerz durch harte Zügeleinwirkung verhindern »gute«, d.h. fließende und geschmeidige Bewegung. Und sind natürlich schlecht für die Pferd-Reiter-Beziehung.

Das Pferd kann seinen Körper nur dann zweckmäßig unter dem Reiter benutzen und gute sportliche Leistung bringen, wenn sowohl obere als auch untere Muskelkette funktionell richtig und ungehindert eingesetzt werden. Die »gute Zusammenarbeit« der beiden aktiviert den so genannten »Spannungsbogen« (das wird später in diesem Kapitel erklärt), und trägt zu einer korrekten, allgemeinen Muskelentwicklung bei.

Die Vorderbeine

Während die Hinterbeine aktiv sind und das Pferd vorwärts schieben, werden auch die Vorderbeine gebeugt, nach vorne gebracht, gestreckt und in der Stützphase auf den Boden ge-

Obere und untere Muskelkette in Bewegung

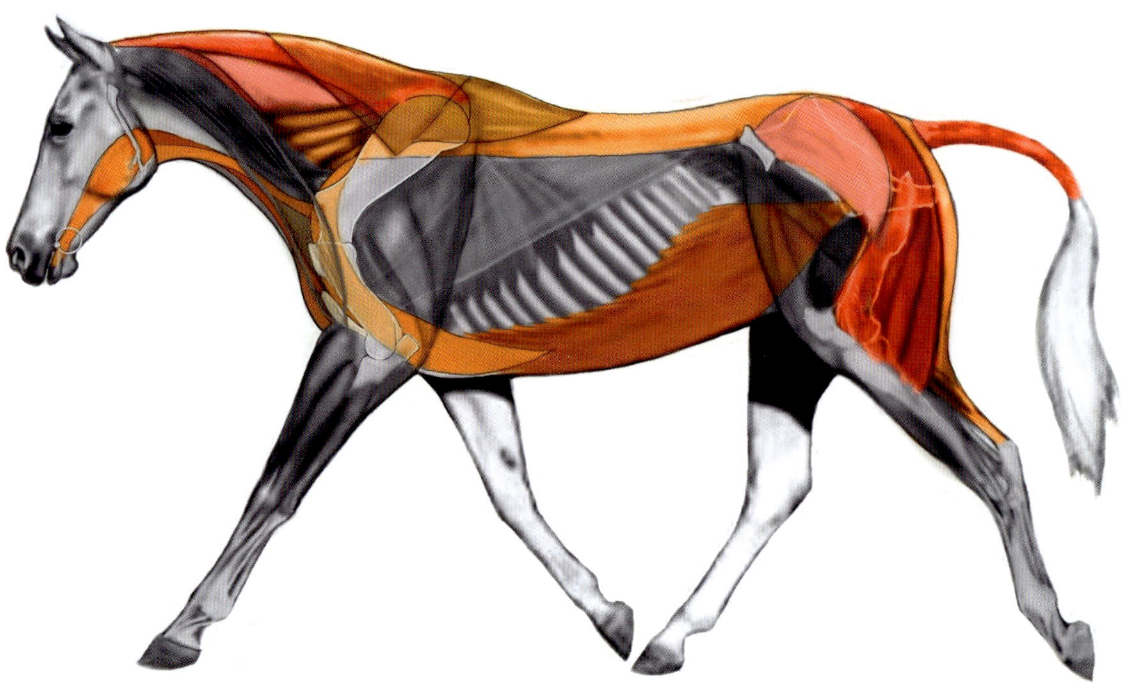

Untere und obere Muskelkette arbeiten in der Bewegung zusammen.

setzt. Danach strecken sie sich nach hinten, bis sie den Boden verlassen, werden schließlich gebeugt und für den nächsten Schritt nach vorne gebracht. Der Halteapparat der Vorderbeine nimmt die Energie während der Belastungsphase auf und speichert sie. Diese Energie wird wieder freigegeben, wenn das jeweilige Bein den Boden erneut verlässt. Das Speichern und wieder Freigeben der Energie sorgt für eine »Federwirkung, welche die eigentliche Muskelarbeit bei der Bewegung des Beins vermindert und Ermüdungserscheinungen reduziert. Das Schulterblatt (Scapula) bewegt sich bei jedem Schritt kreisförmig um den »Mittelpunkt«: der obere Teil des Schulterblatts nach hinten, der untere nach vorn bzw. umgekehrt, der obere nach vorne und der untere nach hinten. Das Schulterblatt ist nicht knöchern mit den Rippen verbunden, sondern über die inneren Schultermuskeln, den so genannten Schultergürtel (dieser wird im nächsten Kapitel ausführlich besprochen). Wenn sich der untere Teil des Schulterblatts nach vorne bewegt, wird das Vorderbein angehoben, gestreckt und nach vorn geschwungen. Die Muskeln im Bereich von Hals, Schulter und Oberarm (Serratus ventralis, Rhomboideus, Trapezius, Biceps brachii und Triceps) sind für die Bewegung des Vorderbeins zuständig. Die Beuge- und Streckmuskeln des Unterarms und die dazugehörigen Sehnen stabilisieren das untere Bein und sorgen für das »Abfedern«, wenn der Fuß den Boden verlässt.

Die Muskeln des Schultergürtels

Die Vorderbeine sind mit einer Gruppe von Muskeln, dem so genannten »Schultergürtel«, mit Halsansatz und Rumpf verbunden. Diese Muskeln, die sich innen am Schulterblatt befinden, bewegen die obere Schulter und das Vorderbein und wirken stoßdämpfend während des Auffußens. Sie dienen weiterhin dazu, den Hals zu wölben sowie Halsansatz, Widerrist und Brustbein anzuheben. Außerdem können sie Rippenbogen und Widerrist leicht nach oben und zurück bewegen. Gemeinsam mit der aktiven Hinterhand und aktiven Bauchmuskeln ist diese Bewegung wesentlich für echte Versammlung. Wenn das Pferd die Muskeln des Schultergürtels korrekt für Balance und

Die Muskeln des Schultergürtels

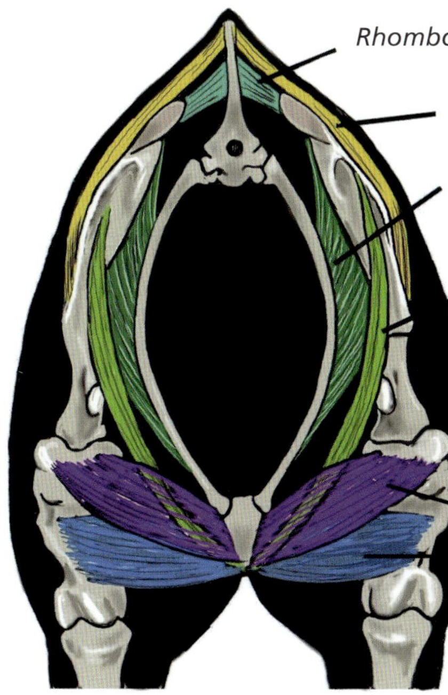

Versammlung einsetzt, kommt es »vor dem Reiter hoch«, wirkt größer und imposanter (der Reiter hat das Pferd »vor« sich und nicht »unter« sich). Nur durch anatomisch richtiges Training werden die Muskeln des Schultergürtels gestärkt und entwickelt. Die Kruppe kommt tiefer, die Schulter höher; das Pferd setzt sich hinten und hebt sich vorne.

Die Hauptmuskeln des Schultergürtels sind Serratus (sowohl proximale als auch ventrale Teile), Scaleneus, Longus colli, Rhomboideus und der Pectoralis profundus (ascendens). Dieser »aufsteigende Brustmuskel« verläuft von der Innenseite der vorderen Scapula (des vorderen Schulterblatts) bis zum Brustbein und setzt dort seitlich an. Der Sattelgurt liegt über diesem Muskel. Wenn dieser Brustmuskel sich entzündet und druckempfindlich wird, kann das dazu führen, dass sich das Pferd

Die Auswirkung der Schultergürtel-Muskeln in der Bewegung

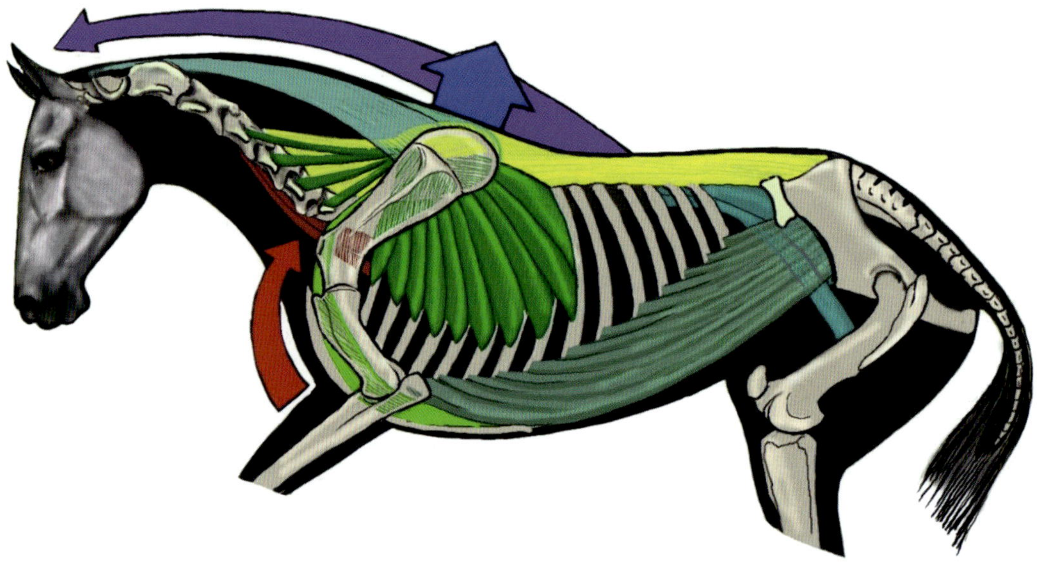

Wenn das Lumbosakral-Gelenk gebeugt wird und die Bauchmuskeln arbeiten, dann hebt der Schultergürtelmuskel den Widerrist und Rückenansatz und bringt das Gewicht nach oben und hinten.

gegen das Satteln wehrt (Sattelzwang). Massagen, die Verwendung eines weichen oder anatomisch geformten Gurtes, und schrittweises, sanftes Nachgurten kann solche Probleme vermeiden.

Die Bauchmuskeln

Die Bauchmuskeln vervollständigen den Muskelring. Sie verbinden den Beckenboden mit Rippen und Brustbein (Sternum). Die Bauchmuskeln halten und schützen die Eingeweide: Magen, Leber, Darm und andere innere Organe. Sie helfen beim Atmen, speziell im Galopp, und werden auch für das Anheben und Aufwölben des Rückens gebraucht. Bauch- und Rückenmuskeln stabilisieren zusammen den Rippenbogen und den Rumpf des Pferdes in der Bewegung.

Die primären Bauchmuskeln sind Rectus abdominus, External oblique, Internal oblique und Transverse abdominus.

Der Muskelkreis

Die an der Körperhaltung des Pferdes in der Bewegung beteiligten Hauptstrukturen bilden den »Muskelkreis«. Es sind:

- die **Hauptbänder von Hals und Rücken** (Nacken- und Rückenband, Bänder des Beckens)
- **Gesäß- und Oberschenkel-Muskeln** (Biceps femoris, Semitendinosis, Semimembranosis)
- **Rückenmuskeln** (Longissimus dorsi)
- **Oberer Halsmuskel** (Rhomboideus, Cervicaler Teil des Serratus ventralis, Trapezius, Cervicaler Teil des Longissimus dorsi)

Der Muskelkreis

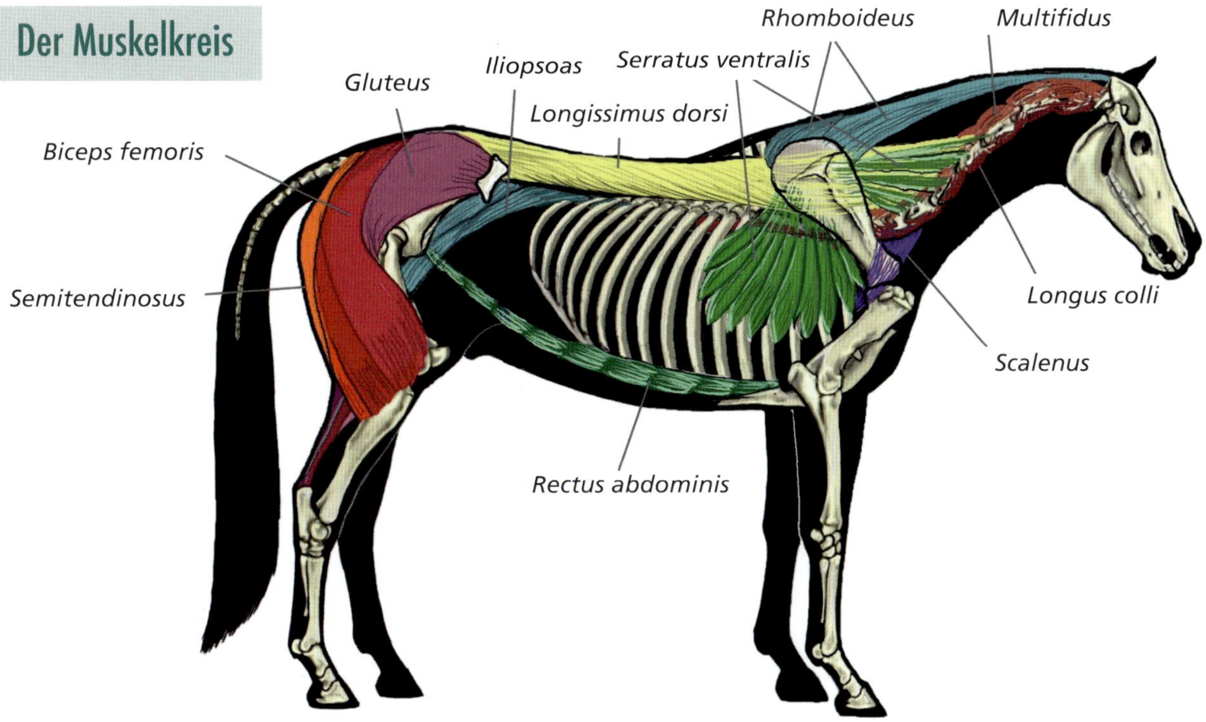

Der Muskelkreis besteht aus einer Reihe von Haltungsmuskeln, die das Gleichgewicht und die Bewegung des Pferdes beeinflussen, insbesondere wenn es einen Reiter trägt.

Der Muskelkreis in Bewegung

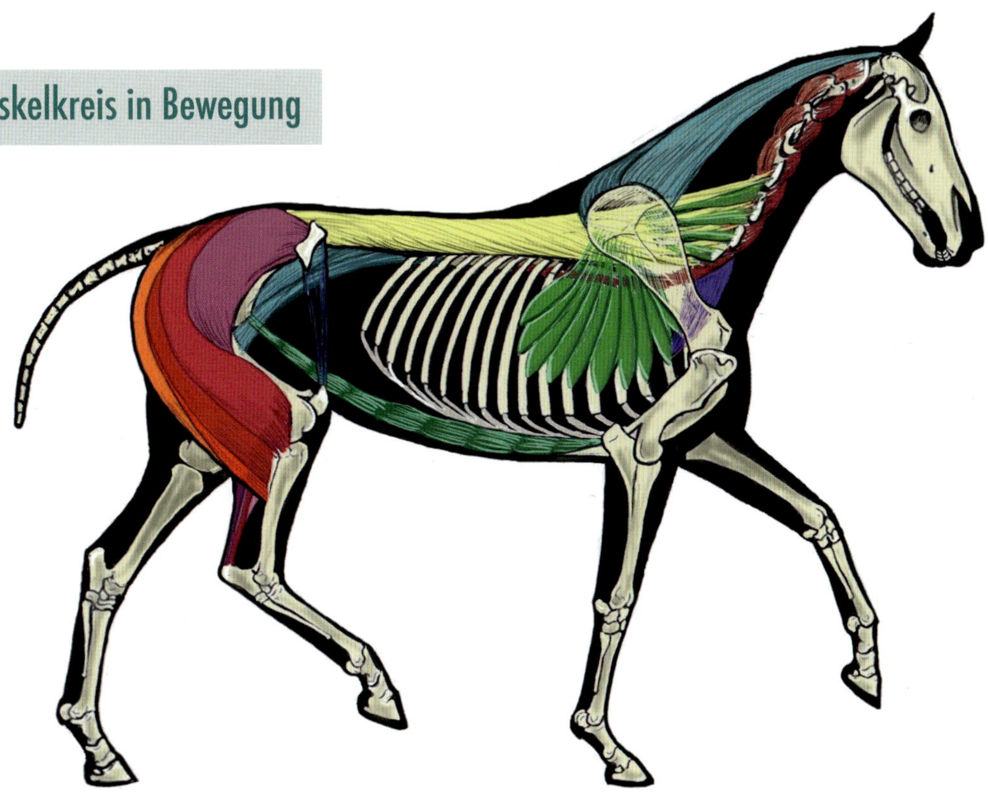

- **Muskeln vom Halsansatz** (Longus colli, Scaleneus)
- **Einige Muskeln in Oberkörper und Bauch** (Bauchteil von Serratus, Rectus abdominus, Iliopsosas)

Wenn die Muskeln des Muskelkreises ungestört zusammenarbeiten, ist das Pferd in der Lage, die Hinterbeine weit nach vorne unter seinem Körper zu schwingen. Es kann seinen Rücken aufwölben, Widerrist und Halsansatz anheben und sich kraftvoll und frei im Gleichgewicht bewegen. Wenn ein Pferd seinen »Muskelkreis« korrekt und zweckmäßig benutzt, arbeiten alle Muskeln harmonisch miteinander und die Bewegung sieht elegant und leicht aus; weder darf ein Muskel überanstrengt noch einer gar nicht beansprucht werden. Gutes Training in diesem Sinne bewirkt, dass sich alle Muskeln des Pferdes gleichmäßig entwickeln können. In der Folge kann sich das Pferd geschmeidiger und effizienter bewegen und den Reiter leichter tragen. Wenn die Muskeln im »Muskelkreis« ungleichmäßig arbeiten (zum Beispiel, indem man den Kopf in eine starre Position zwingt, oder wenn das Pferd im Hohlkreuz läuft und Muskelbereiche »festhält«), wird die Bewegung gespannt, steif, Kraft verschleißend und unharmonisch. Verspannte Bewegungen unter dem Reiter sind für beide – Reiter und Pferd – anstrengend und überdies langfristig äußerst schädlich für das Pferd.

Abwenden und seitwärts gehen

Obwohl es so aussieht und sich so anfühlt, als ob das Pferd seine Wirbelsäule gleichmäßig vom Genick bis zum Schweif biegen kann, ist das nicht wirklich möglich. Hals und Schweif sind die beweglichsten Teile der Wirbelsäule. In der eigentlichen Wirbelsäule (Brust- und Lendenwirbelsäule) ist jedoch nur wenig seitliche Bewegung möglich, und die Knochen des Kreuzbeins können sich seitlich überhaupt nicht bewegen. Die Muskeln, die entlang des Rippenbogens verlaufen (Intercostals und External oblique) können sich auf einer Seite zusammenziehen und damit den Körper ein kleines bisschen biegen. Wirbelsäule und Brustkorb können jedoch leicht angehoben werden und etwas rotieren. Der Pferdekörper sieht auf diese Weise so aus, als ob er sich mehr biegt, als es tatsächlich der Fall ist. Und für den Reiter fühlt es sich auch so an.
Der Hals ist sehr beweglich: Das Pferd kann seinen Kopf bis zur Flanke und bisweilen auch bis zur Kruppe bewegen. Diese Bewegung wird zum Teil durch Kontraktion der seitlichen Rumpfmuskeln ermöglicht (Intercostales, External oblique) und teilweise durch die der seitlichen Halsmuskeln (insbesondere Serratus ventralis).

Die Seitwärtsbewegung (Laterale) ist nicht Teil der normalen Vorwärtsbewegung, aber Pferde können sich schnell und leicht drehen, abwenden oder seitwärts ausweichen. Vorder- und Hinterbeine können seitwärts ausgreifen, abgespreizt werden, nach innen herein- und nach außen herausgeführt werden oder auch voreinander kreuzen. Die Gelenke der Beine sind jedoch nicht dafür ausgelegt, sehr viel seitliche Bewegung in Knie, Sprunggelenk, Elle, Karpal- oder Fesselgelenk zuzulassen, so dass die größte seitliche Bewegung hoch oben am Bein erfolgt.

Die Muskeln an der Innenseite der Vorderbeine und am oberen Rand des Schulterblattes (vor allem der Trapezius- und Rhomboideus-Muskeln) können das Schulterblatt (Scapula) neigen, wodurch das Vorderbein nach außen geführt werden kann (Abduktion). Die Brustmuskulatur, die vom Brustbein zum Humerus (Arm) und Radius (Unterarm) verläuft, bringt das Vorderbein nach innen bis und sogar über die Körpermitte hinaus (Adduktion). Um die Vorhand leichter seitlich bewegen zu können, muss das Pferd Schulterfreiheit erlangen, indem es sein Gewicht bis zu einem gewissen Grad auf die Hinterhand verlagert.

In der Hinterhand werden die großen Muskeln an der Außenseite von Oberschenkel und Hüfte (Glutealis, Rectus femoris) zur Abduktion (der nach außen gerichteten Bewegung des Hinterbeins) eingesetzt. Die inneren Muskeln der Hinterhand (Gracilis und Adductor femoris) bringen das Hinterbein nach innen (Adduktion).

4. Die Gangarten und Übergänge

Das Pferd hat von Natur aus verschiedene Gangarten mit unterschiedlichen Fußfolgen. Schritt, Trab und Galopp sind die natürlichen Gangarten der meisten Equiden, dies schließt Pferde, Esel und Zebras ein. Diese vorhandenen »Gänge« werden in der Regel durch Training entwickelt und hinsichtlich der Anforderungen an die veränderte Balance beim Tragen des Reitergewichts verbessert.
Die Gangarten sind durch die Fußfolge, d.h. die Reihenfolge, in der sich die Beine bewegen, definiert. Sie können durch Einwirkung des Reiters über Änderung des Gleichgewichts, der Geschwindigkeit, des Rhythmus, der Schrittlänge und der Art der Beinbewegung positiv oder negativ beeinflusst werden.
Jede Gangart kann gut oder schlecht ausgeführt werden. Eine »klare« Gangart ist eine, die geschmeidig und fließend ausgeführt wird, mit einem klaren Takt, frei in der Bewegung und ohne Unregelmäßigkeiten oder Einschränkungen. Unregelmäßige oder unreine Gänge können aufgrund von verletzungsbedingter Lahmheit, Krankheit, Kraftlosigkeit, aufgrund biomechanischer Probleme und – leider allzu oft – aufgrund von Beeinträchtigung durch den Reiter entstehen, oft im Zusammenhang mit fehlerhafter Zügeleinwirkung oder dem Gebrauch von Hilfszügeln. Fehlerhafte Gänge können ein vorübergehendes Problem sein, welches mit fortschreitender korrekter Ausbildung wieder verschwindet. Sie können jedoch auch zur Gewohnheit werden und dann die natürliche Eleganz der Bewegung des Pferdes zerstören. Unregelmäßige und fehlerhafte Gänge sind wenig effizient für die Fortbewegung, sie gehen einher mit einem gestörten Gleichgewicht und falschem Körpergebrauch.

Der Schritt

Der Schritt ist ein Viertakt mit gleichmäßigen Abständen zwischen dem Auffußen der vier Hufe. Man hört in regelmäßiger Folge vier einzelne Hufschläge, wenn der jeweilige Huf auf den Boden auftrifft. Zwei oder drei Füße sind immer auf dem Boden, was den Schritt zur stabilsten der Grundgangarten macht. Und für den Reiter am einfachsten zu sitzen.
Die Durchschnittsgeschwindigkeit im Schritt beträgt ca. 125 m pro Minute.

Die Fußfolge im Schritt ist folgende: (1) links hinten, (2) links vorne, (3) rechts hinten, (4) rechts vorne. Wenn ein Pferd aus dem Schritt antritt, scheint es so, als ob ein Vorderbein zuerst losgeht. Jedoch beschreibt man die Schrittfolge mit Beginn eines Hinterbeins, da die Kraft von den Hinterbeinen ausgeht. (Um eine klare Übersicht zu haben, beginnen alle Schrittfolgen in diesem Buch mit dem linken Hinterbein.)

Der Viertakt im Schritt sollte klar, deutlich und mit gleichmäßiger Schrittlänge sein, ohne Schlurfen, Stolpern, Beschleunigung oder Rhythmusänderung. In einem korrekten Schritt bewegt sich das Pferd mit einem schwingenden Rücken und gutem Untertreten der Hinterbeine. Die Hinterhufe sollen etwas über die Spur der gleichseitigen Vorderhufe hinaus vortreten. Dies nennt man Übertreten. Kopf und Hals des Pferdes bewegen sich bei jedem Schritt in einer Ausgleichsbewegung etwas vor und zurück; der Schweif ist entspannt und schwingt locker.

Der Schritt: eine Viertaktgangart ohne Schwebephase

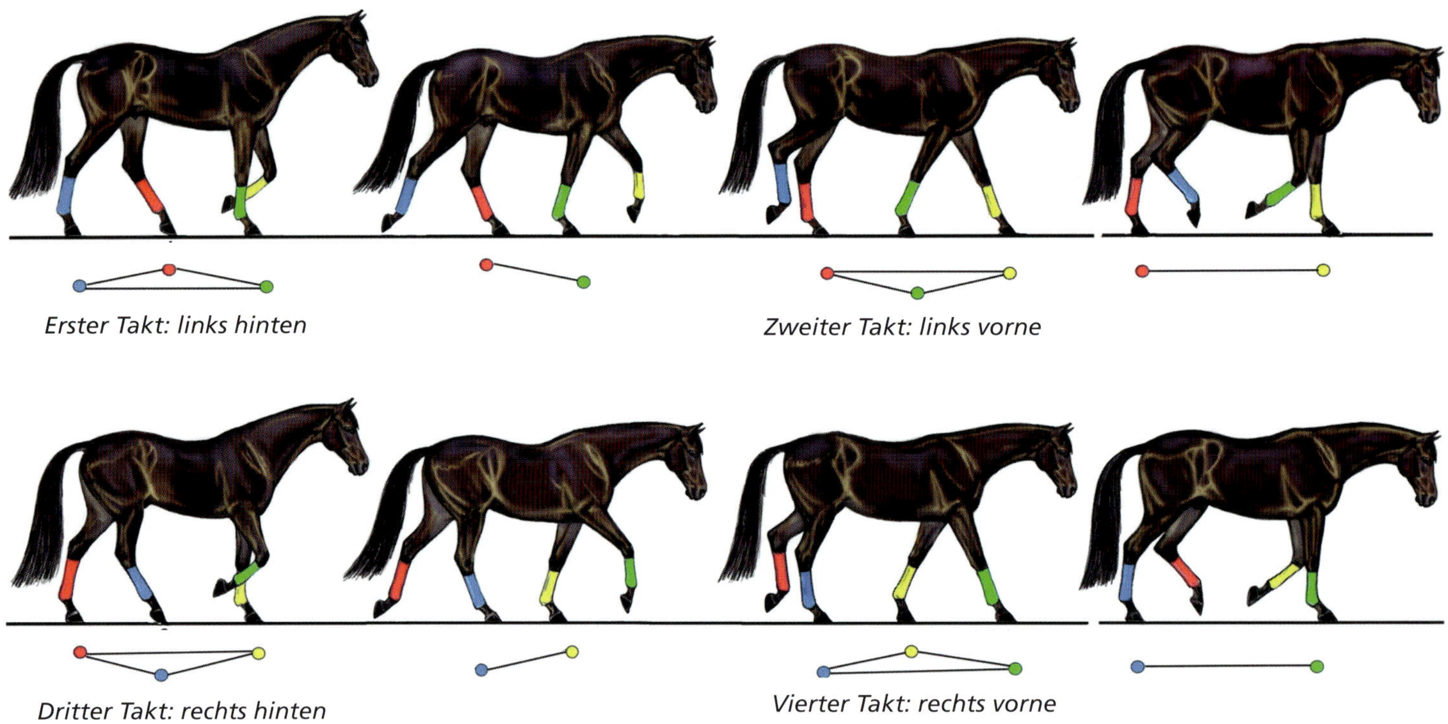

Die Tempi im Schritt

Es gibt mehrere Tempi des Schritts:

- **Freier Schritt:** ein entspannter Schritt mit langen Schritten, in welchem das Pferd die Oberlinie in einem großen Rahmen mit entspanntem Rücken und gesenktem Hals gut nach vorwärts dehnt. Er wird am durchhängenden Zügel oder langen Zügel geritten.
- **Mittelschritt:** ein Schritt mit mittlerer Dehnung der Oberlinie, »am Zügel« geritten. Das Pferd geht energisch, jedoch entspannt mit gleichmäßigen Schritten.
- **Versammelter Schritt:** ein Marschschritt, der Versammlung und Selbsthaltung zeigt, mit kürzeren, aber aktiven und energischen Schritten. Der Hals ist angehoben und gewölbt, die Nasenlinie leicht vor der Senkrechten. Die Hinterbeine treten mit guter Winkelung im Sprunggelenk aktiv vor; die Schritte sind kadenzierter als im Mittelschritt, aber weniger raumgreifend. Alle Gelenke werden mehr gebeugt. Der versammelte Schritt wird am Zügel geritten.
- **Starker Schritt:** ein taktklarer, gleichmäßiger und aktiver Schritt, bei dem das Pferd so viel Raumgriff wie möglich hat, ohne dabei zu eilen oder den Takt zu verlieren. Die Hinterhufe treten weiter über, sie erreichen den Boden deutlich vor den Hufabdrücken der Vorderhufe. Der Rahmen des Pferdes wird weiter und der Hals verlängert sich, die Nasenlinie bleibt dabei vor der Senkrechten.

Tempi im Schritt

Mittelschritt

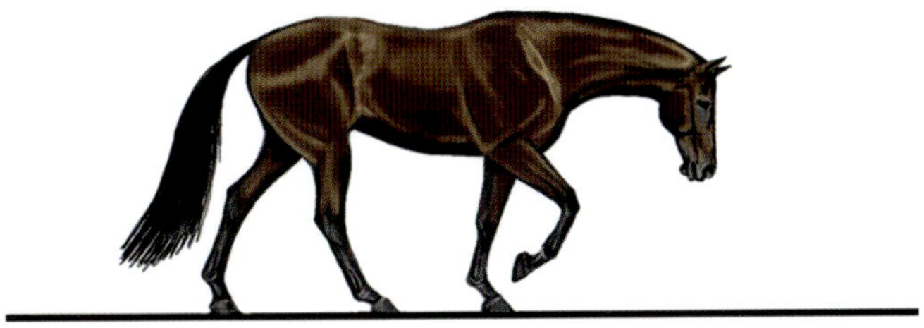

Freier Schritt

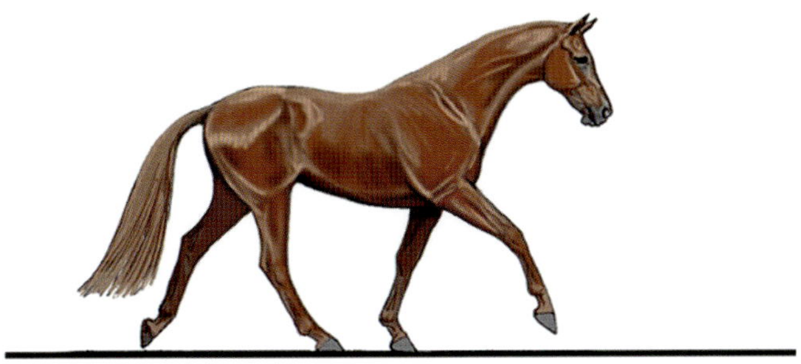

Starker Schritt

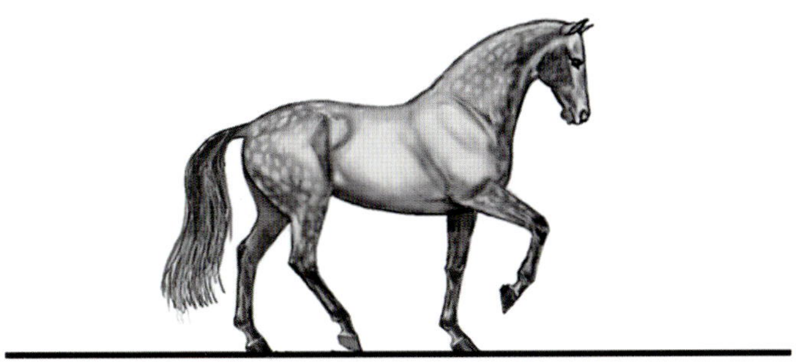

Versammelter Schritt

Guter Schritt.

Fehler im Schritt

Der Schritt wird gern als die Gangart bezeichnet, die am einfachsten zu ruinieren und am schwierigsten zu verbessern ist. Verspannungen, die von Training mit zu viel Zwang und Druck herrühren, zeigen sich meist in einem fehlerhaften Schritt. Schlechter Schritt kann in Momenten stärkerer Belastung immer wieder auftauchen, auch lange Zeit, nachdem der Trainer dachte, er hätte das Problem behoben.

Einige verbreitete Fehler im Schritt sind:

- **Lateraler oder »passiger« Schritt:** Vorder- und Hinterbein einer Seite bewegen sich fast gleichzeitig im gleichen Rhythmus. Der Viertakt wird dabei in Richtung Zweitakt verschoben; der Schritt wird fast zum Pass. Die Ursachen sind Verspannung, Steifheit, durchgedrückter Rücken oder herausgedrückter Unterhals, oft in Verbindung mit einer hohen Kopfhaltung. Die Passverschiebungen im Schritt kann man oft bei Pferden beobachten, die in schwierige Lektionen gezwungen

Fehler im Schritt

Lateraler (passiger) Schritt

Zackeln

Schleppender Schritt

werden, bevor sie dazu bereit sind, oder wenn der Schritt falsch bzw. zu früh verkürzt wird. Passartiger Schritt ist ein schwerer Fehler, da er die Rückenbewegung des Pferdes blockiert und schwierig zu beheben ist.

- **Schleppender Schritt:** ein langsamer, zögerlicher Schritt mit schlurfenden Hufen, dem es an Gleichgewicht und Vorwärtsbewegung fehlt. Das Pferd denkt dauernd ans Stehenbleiben.
- **Zackeln:** ein kurzer, festgehaltener und unregelmäßiger Trab, der anstelle des Schritts gezeigt wird. Schwierig zu kontrollieren und für den Reiter unbequem zu sitzen. Pferde zackeln häufig, wenn sie verspannt, aufgeregt oder verunsichert sind. Oder wenn sie hinter anderen Pferden hereilen oder zum Stall zurück wollen.

Der Trab

Der Trab ist eine diagonale Bewegung im Zweitakt mit Schwebephase. Die diagonalen Beinpaare kommen gleichzeitig beim ersten Takt auf den Boden auf, dann drückt sich das Pferd vom Boden ab und schwebt einen Moment in der Luft, bevor das andere diagonale Beinpaar für den zweiten Takt auf den Boden aufkommt. Die Fußfolge ist: (1) links hinten und rechts vorne zusammen, Schwebephase, (2) rechts hinten und links vorne zusammen, Schwebephase. Die Schwebephasen geben dem Trab seine typische Auf- und Ab-Bewegung.

Im Trab sollte man immer zwei klare Takte hören und sehen können. Rhythmus und Frequenz müssen gleichmäßig sein. Es sollten weder zusätzliche Hufschläge vorkommen, noch Unregelmäßigkeiten, schlurfende Tritte oder ein Verlust der Schwebephase. Die diagonalen Beine sollten gleich weit nach vorn geschwungen werden, mit dem hinteren Röhrbein parallel zum vorderen Röhrbein. Ein guter Trab zeichnet sich durch freie, gleichmäßige Tritte, aktiv vortretende Hinterbeine und einen geschmeidigen, schwingenden Rücken aus. Das Pferd sollte in der Lage sein, Takt, Gleichmaß der Tritte und Gleichgewicht zu halten, auch wenn die Tritte verlängert oder verkürzt werden, d.h. es sollte in jedem Tempo des Trabs (Arbeitstrab, Mitteltrab,

Der Trab: eine Zweitaktgangart mit Schwebephase

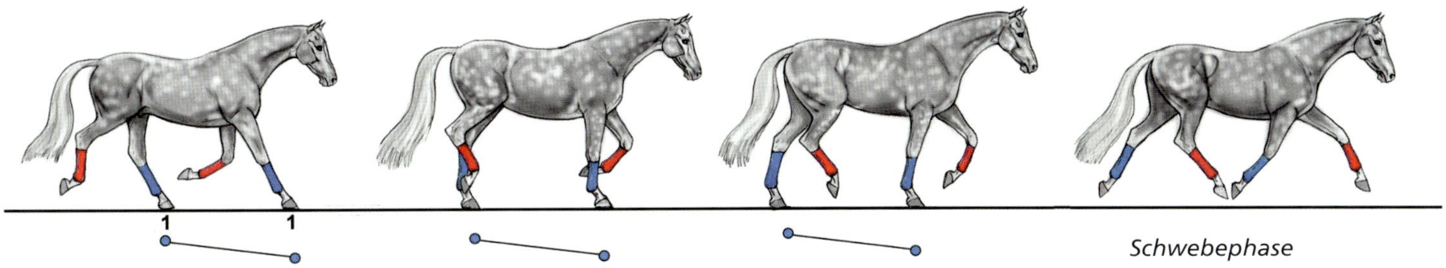

Erster Takt: links hinten und rechts vorne (rechte Diagonale)

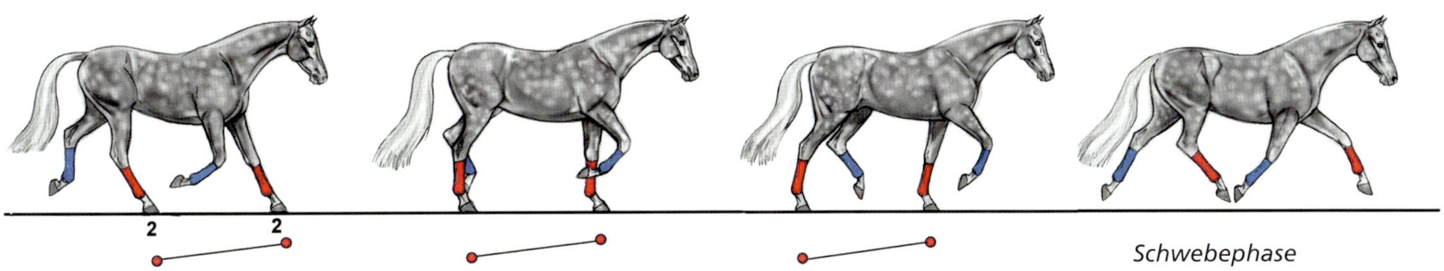

Zweiter Takt: rechts hinten und linke vorne (linke Diagonale)

versammelter und verstärkter Trab) unter dem Reiter ausbalanciert bleiben können.
Die Schwebephase ist am längsten im Mitteltrab und im starken Trab und deutlich kürzer im versammelten Trab, jedoch sollte sie nie ganz verloren gehen. Die Durchschnittsgeschwindigkeit im Trab beträgt 200 bis 300 Meter in der Minute.

Diagonale

Wenn ein Reiter leicht trabt, sitzt er ein und steht auf mit der Bewegung eines diagonalen Beinpaars. Diese Diagonale richtet sich nach dem Hinterbein – wenn er mit dem linken Vorderbein und rechten Hinterbein (Diagonale) aufsteht, dann sagt man, er trabt auf dem rechten Hinterbein. Es ist üblich auf dem »inneren« Hinterbein leicht zu traben, das heißt, der Reiter steht auf, wenn das innere Hinterbein nach vorne tritt. Jedoch ist es im Training meist sinnvoll auf der Diagonalen leichtzutraben, die die Bewegung am besten unterstützt.

Die Schubkraft des Hinterbeins, mit dem der Reiter aufsteht, hebt den Reiter bei jedem Abfußen nach oben; deshalb arbeitet dieses Hinterbein stärker. Der Reiter sollte die Diagonale bei jeder Richtungsänderung wechseln (umsitzen), und darauf achten, dass er das Pferd auf beiden Diagonalen im gleichen Maße arbeitet. Immer auf der gleichen Diagonale leicht zu traben, ohne zu wechseln, kann dazu führen, dass ein Hinterbein zu stark wird und das andere schwächer. Dies trägt dazu bei, dass das Pferd einseitig wird. Bei einem jungen Pferd, einem

Pferd mit wenig Kondition, einem schlecht ausbalancierten oder stark einseitigen Pferd, mag es manchmal sinnvoll sein, hauptsächlich auf einer Diagonalen leicht zu traben, bis das Pferd besser ausbalanciert ist und die Muskulatur gleichmäßiger entwickelt ist.

Tempi im Trab

- **Arbeitstrab:** ein Tempo zwischen dem versammelten Trab und dem Mitteltrab. Er wird geritten, wenn das Training des Pferdes noch nicht weit genug fortgeschritten ist, um es zu versammeln. Das Pferd sollte dabei »am Zügel« gehen und sich mit gleichmäßigen, elastischen Tritten in guter Balance bewegen. Die Hinterbeine sollen dabei aktiv vortreten.
- **Die Tritte im Trab verlängern:** Eine Variante des Trabs zwischen dem Arbeitstrab und dem Mitteltrab. Die Tritte werden verlängert, wenn das Pferd noch nicht bereit ist, einen korrekten Mitteltrab oder eine korrekte Trabverstärkung zu gehen. Das Pferd sollte dabei seine Tritte verlängern und seinen Rahmen erweitern, d.h. sich mit langen Tritten raumgreifender, aber nicht eiliger bewegen. Die Nasenlinie bleibt dabei immer vor der Senkrechten. Gleichgewicht und Takt (Gleichmaß der Tritte) bleiben erhalten.

- **Mitteltrab:** eine Bewegung mit mittlerer Rahmenerweiterung und »Rundung«, jedoch nicht so viel wie beim korrekten starken Trab. Das Pferd sollte mit verlängerten, aber gleichmäßigen Tritten und Schub aus der Hinterhand vorwärts gehen, dabei aber nicht eilen. Das Pferd geht in Anlehnung, der Kopf wird etwas tiefer als im Arbeitstrab oder im versammelten Trab getragen und die Nasenlinie bleibt deutlicher vor der Senk-

Das Leichttraben

Der Reiter trabt hier »auf dem rechten Hinterbein« (im Englischen sagt man: rechte Diagonale); er steht auf, wenn rechtes Hinterbein und linkes Vorderbein vorschwingen (blaue Bandagen) und sitzt ein, wenn linkes Hinterbein und rechtes Vorderbein vorschwingen (rote Bandagen).

rechten. Der korrekte Mitteltrab im Gleichgewicht ist gleichmäßig im Rhythmus und braucht für den Raumgriff und die Rahmenerweiterung ausreichende Schulterfreiheit, einen frei getragenen Hals, viel Schub aus der Hinterhand und einen frei schwingenden Rücken, um die Energie ungehindert nach vorne zu übertragen.

- **Starker Trab:** Das Pferd verlängert seine Tritte so weit wie möglich, ohne zu eilen oder die Trittfrequenz zu erhöhen. Die Hinterhand produziert enormen Schub und der Rahmen wird stark erweitert. Das Genick bleibt weich und beweglich, Vorder- und Hinterbein der jeweiligen Diagonale sollten aufeinander abgestimmt sein; hinteres und vorderes Röhrbein müssen in der Diagonale parallel sein, während sie vorschwingen, der Vorderhuf sollte an der Stelle auf den Boden aufkommen, wo er hinzeigt. Das Pferd darf »vorne nicht mehr versprechen, als es hinten hält«. Ein guter starker Trab zeichnet sich durch Rhythmus, Gleichgewicht, Leichtigkeit und Schwung aus. Übergänge vom starken zum versammelten Trab sollten weich, fließend, gut ausbalanciert und mit aktiver Hinterhand ausgeführt werden. Das Gewicht wird mehr auf die Hinterbeine verlagert.

- **Versammelter Trab:** Das Pferd bewegt sich in Aufrichtung mit gewölbtem Hals und elastischen, rhythmischen Tritten. Das Genick ist der höchste Punkt des Pferdehalses, das Pferd steht »am Zügel«, mit der Nasenlinie nahe, jedoch nie hinter der Senkrechten. Alle Gelenke der Hinterbeine sind gebeugt. Die Hinterhand entwickelt mehr Tragkraft als Schubkraft. Indem das Pferd sein Gewicht auf die Hinterbeine verlagert, kann es die Vorhand leichter machen und anheben, dadurch erhöht sich die Schulterfreiheit. Während die Schritte kürzer und höher werden, sind sie elastisch, federnd und kadenziert. Das Pferd bewegt sich mit Leichtigkeit und Selbsthaltung im versammelten Gleichgewicht.

- **Zügel aus der Hand kauen lassen im Trab:** eine Übung, in der das Pferd Gleichgewicht, Losgelassenheit, Gehorsam und Entspannung zeigt, während es sich im Trab nach vorwärts-abwärts dehnt und dabei eine elastische Verbindung mit

Tempi im Trab

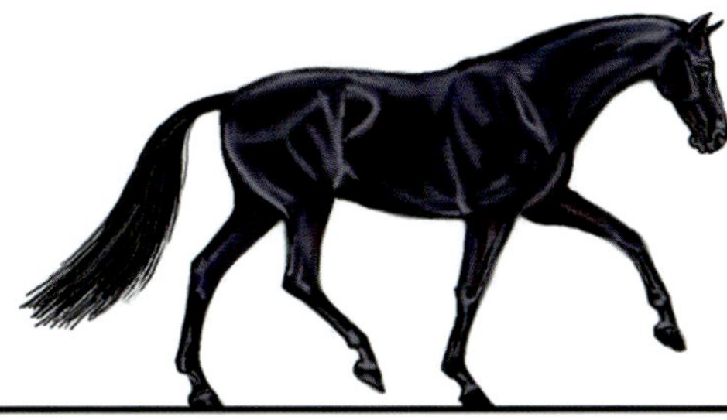

Arbeitstrab

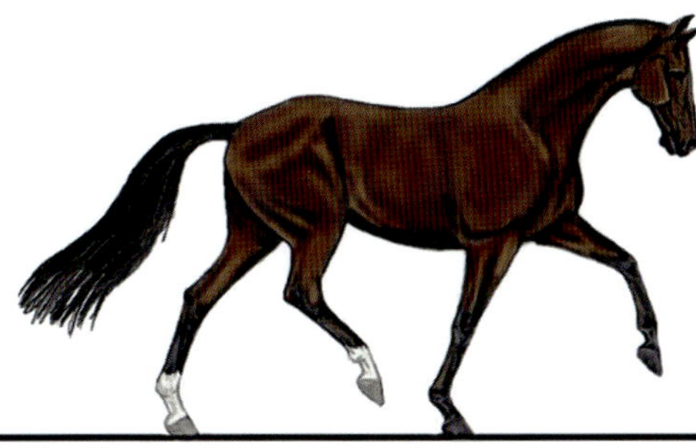

Mitteltrab

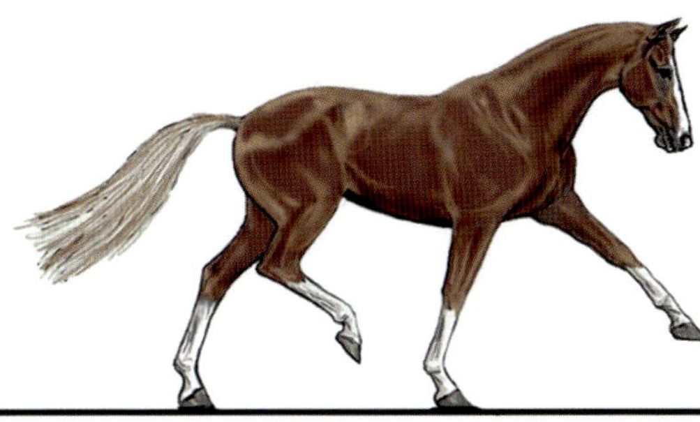

Starker Trab

Versammelter Trab

der Reiterhand beibehält. Die Hinterhand bleibt aktiv und der Rücken wird angehoben, während das Pferd seinen Hals so weit dehnt, dass das Maul sich etwa in Höhe des Buggelenks (Schultergelenk) oder etwas niedriger befindet. Das Pferd muss Takt, Gleichgewicht und Anlehnung beibehalten und in den Schultern »leicht« bleiben. Diese Übung aktiviert den »Muskelkreis« und zeigt, ob das Pferd »durchlässig« ist. Das Pferd nimmt die reiterlichen Hilfen im Idealfall willig an; das bedeutet, diese gehen durch den ganzen Körper hindurch.

Hoch versammelnde Varianten des Trabs

Piaffe und Passage sind Varianten des Trabs, für die das Pferd viel Kraft aufwenden muss. Sie erfordern ausgezeichnetes Gleichgewicht, ein hohes Maß an Tragkraft in der Hinterhand gute Losgelassenheit sowie Rhythmus, Leichtigkeit und Selbsthaltung. Das Pferd »setzt sich« praktisch auf die Hinterhand und federt aus den gebeugten Gelenken nach oben.

- **Die Piaffe:** eine stark versammelte, rhythmische und erhabene Bewegung mit deutlicher Winkelung in den Hanken, die den Eindruck eines Trabs auf der Stelle vermittelt. Der Pferderücken ist geschmeidig und elastisch; durch die Lastaufnahme der gebeugten Hinterbeine und aktiven Sprunggelenke wird die Hinterhand gesenkt. Das Ergebnis ist Freiheit, Leichtigkeit und Beweglichkeit in der Vorhand. Der Hals wird frei getragen und elegant gewölbt, mit dem Genick als höchstem Punkt. Das diagonale Beinpaar wird taktklar und federnd gehoben und wieder aufgesetzt. Die Hufspitze des angehobenen Vorderbeins sollte sich etwa in der Mitte des Röhrbeinknochens des anderen (stützenden) Vorderbeins befinden. Bei den Hinterbeinen befindet sich die Hufspitze des angehobenen Beins etwa in Höhe des Fesselgelenks des stützenden Hinterbeins.

In der Piaffe wird der höchste Grad an Versammlung erreicht. Kriterien für eine gute Piaffe sind: Perfektes Gleichgewicht in Selbsthaltung, gute Hankenbeugung bei ausreichender Ener-

Piaffe und Passage: hochgradig versammelnde Varianten des Trabs

Piaffe *Passage*

Piaffe mit guter Energie und Hankenbeugung.

gieentwicklung, Kadenz, Losgelassenheit, Rhythmus und Harmonie.

- **Fehler in der Piaffe sind:** unregelmäßige oder ruckartige Tritte, das Kreuzen der Vorder- oder Hinterbeine, das Zur-Seite-Schwingen der Vor- oder Hinterhand, Steifheit und der Verlust von Gleichgewicht oder Rhythmus.

- **Die Passage:** ist ein stark versammelter, kadenzierter, »erhabener« Trab. Hohe Tragkraft und Energieentwicklung der Hinterhand, deutliche Beugung der Hanken und federnde, elastische Bewegungen zeichnen sie aus. In der Passage zeigt sich der höchstmögliche Grad an Kadenz, Versammlung und Ausdruck im Trab. Der Schwerpunkt in der Passage liegt in der verlängerten Schwebephase. Der Hals wird frei getragen und elegant gewölbt, mit dem Genick als höchstem Punkt und der Nasenlinie vor der Senkrechten. Wie in der Piaffe sollte die Zehe des Vorderhufs die Röhrbeinmitte des stützenden Vorderbeins erreichen, und die Zehe des angehobenen Hinterhufs etwa die Höhe des Fesselgelenks des stützenden Hinterbeins.

- **Fehler in der Passage sind:** unregelmäßige Tritte, das Zur-Seite-Schwingen der Vorderhand oder der Hinterhand (Schaukeln), das Nachziehen der Hinterbeine, ruckartige Bewegungen und der Verlust des Gleichgewichts oder des Rhythmus.

Andere Arten von Trab:

- **(Western) Jog:** ein entspannter, langsamer Trab mit minimaler Schwebephase, üblicherweise am losen Zügel geritten. Ein klarer diagonaler Zweitakt und gleich- mäßiges Tempo sind auch hier gefragt. Schlurfen gilt als Fehler. Weitere Fehler sind Taktverlust oder nicht diagonale Tritte. Hals und Genick werden tiefer getragen als z.B. in einem Arbeits-trab, der Hals sollte jedoch trotzdem sanft gewölbt sein, der Rücken entspannt und das Genick weich und nachgiebig. Da er wenig Schwebephase hat, ist der Jog ein leichter, bequemer, Kraft sparender Trab, der von Reiter und Pferd über lange Strecken durchgehalten werden kann. Das Tempo des Jogs beträgt ungefähr 100 Meter in der Minute.

- **Showtrab (Hohe Aktion):** ein gut ausbalancierter Showtrab mit hoher Aktion, der von Niederländischen Kutschpferden (KWPN Tuigpaard) und anderen Rassen sowohl im Geschirr als auch unter dem Sattel gezeigt wird. Die Vorderbeine werden angehoben und gebeugt, so dass der Oberarm in die Waagerechte oder höher kommt, auch die Sprunggelenke zeigen eine starke Winkelung und hohe Aktion. Gutes Gleichgewicht, deutliche Beugung in allen Gelenken und aktive Hinterbeine sind Kriterien für den Showtrab.

- **Renntrab:** ein Trab, der in Renngeschwindigkeit auf das Äußerste verstärkt wird. Einige Trabrennpferde erreichen im Renntrab eine Geschwindigkeit von 48 Kilometer pro Stunde. Die Hinterbeine werden breiter geführt, so dass sie außen neben den Vorderbeinen vorbeitreten und auffußen können. So kann das Hinterbein auffußen, auch wenn das Vorderbein noch keinen Platz gemacht hat. Der Hals ist hoch und der Kopf gestreckt. Dieser Trab wird bei Trabrennpferden am Sulky gesehen; er sollte nicht verwechselt werden mit dem starken Trab, der in der Dressur bei Reitpferden verlangt wird.

Anderen Arten von Trab

Western Jog

Showtrab

Renntrab

Fehler im Trab

Fehler im Trab resultieren aus einem schlechten Gleichgewicht, oder dem Versuch, ein Pferd schneller oder langsamer zu machen, als es in seinem besten Arbeitstempo gehen kann. Das Traben mit einem Hohlkreuz oder mit einem steifen Rücken, mit flacher Kruppe und oder ein schlechter Gebrauch des Lumbosakral-Gelenks führt zu einem unkoordinierten, schlechten Trab. Die Hinterbeine arbeiten dann »nach hinten heraus«. Wenn man vom Pferd stärkere Versammlung oder deutlichere Verstärkung verlangt, als es im derzeitigen Trainingszustand ausführen kann, führt dies zu Stress, Steifheit und unregelmäßigem, unkoordiniertem Gang. Unkorrektes Reiten, besonders eine harte Zügelhand oder der Gebrauch von Hilfszügeln, kann zur »Zügellahmheit« führen. Zügellahmheit ist eine Taktstörung, bei der das Pferd mit dem Kopf nickt, als ob es lahmen würde. Dies ist meist schwierig zu korrigieren und kann zu physischen Schäden und tatsächlicher Lahmheit führen.

Verbreitete Fehler im Trab:

- **Fehlerhafter Takt:** das Pferd macht zu schnelle, zu langsame oder unregelmäßige Tritte. Steifheit, Verspannung und Verlust des Gleichgewichts sind die Folge. Das Pferd kann seine Hinterbeine nicht gut unter den Körper bringen. Die Entwicklung von Tragkraft ist nicht möglich. Nervosität, mangelnde Losgelassenheit und Angst vor Gleichgewichtsverlust führen oft zu Taktfehlern.

- **Steifer Trab, über dem Zügel:** Steifheit und Verspannung in Rücken, Hals und Genick haben zur Folge, dass die Rückenmuskulatur sich zusammenzieht und das Pferd im Hohlkreuz läuft. Der Rücken schwingt nicht mehr elastisch, sondern wird festgehalten. Das Ergebnis ist ein so genannter »Schenkelgänger« anstatt eines erwünschten »Rückengängers«. Der Kopf wird hoch getragen und das Genick ist steif. Dies erzeugt Widerstand und einen hölzernen, unkoordinierten Gang, der für Pferd und Reiter unangenehm ist. Diese Steifheiten können zu Rückenproblemen und überlasteten Sehnen und Gelenken führen.

- **Falsche Versammlung:** das Pferd bewegt sich zwar langsam, jedoch mit weggedrücktem Rücken. Bisweilen werden die Vorderbeine spektakulär nach oben vorne geworfen. Die Hinterhand ist allerdings nicht aktiv; die Muskeln des »Muskelkreises« arbeiten ungleichmäßig; der Kreis ist unterbrochen. Oft ist die Pferdenase dabei hinter der Senkrechten; das Pferd zeigt vielleicht einen »falschen Knick« (der höchste Punkt des Halses liegt beim zweiten oder dritten Halswirbel, oder noch weiter hinten, jedoch nicht im Genick). Oder der Unterhals wird herausgedrückt. Dem Gang fehlt es an Rhythmus und Rundheit. Die Hinterbeine nehmen keine Last auf, wie es bei echter Versammlung der Fall wäre. Falsche Versammlung schadet der Gesundheit des Pferdes und zerstört die Harmonie in den Gängen. Oft ist die Ursache das Verlangen nach echter Versammlung, bevor das Pferd durch richtiges und langsames Training die nötige Kraft in der Hinterhand entwickelt hat. Oder das Erzwingen der Versammlung mit falschen Reit- und Trainingsmethoden und mechanischer Krafteinwirkung.

- **Falsche Verstärkung:** das Pferd geht zwar oft spektakulär vorwärts, bewegt sich dabei jedoch steif und fehlerhaft, d. h. es fehlt an Schub, Elastizität und einer aktiven Hinterhand. Es macht ein Hohlkreuz, die Kruppe ist flach und die Hinterbeine schleifen oder schwingen nach hinten heraus, aber sie treten nicht unter den Körper. Das Pferd kann dabei seine Vorderbeine überstrecken, so dass die Zehe nach oben klappt (»Zehenklappen« oder »Gänsetritt«); dies wird durch extreme Spannung in der Schulter, im Ellenbogen oder in den Armmuskeln verursacht. Die Zehe zeigt nicht dahin, wo sie auf den Boden auftritt, und muss zurückgezogen werden, bevor der Huf auffußt. Die Nasenlinie kann hinter die Senkrechte kommen, das Pferd hat einen falschen Knick; der Widerrist und das Brustbein hängen nach unten. Das Gleichgewicht ist gestört und das Pferd »läuft in den Boden«, statt »bergauf«. Diese fehlerhafte Trabverstärkung wird oft bei Pferden gesehen, die hart gegen eine gewaltsam zurückhaltende Hand geritten werden. Diese Art des Reitens schädigt in kurzer Zeit gravierend Muskulatur und Gelenke, insbesondere Sprunggelenke, Rücken, Genick und Halswirbel.

- **Das Verschieben der Diagonale (Trennung der Diagonalen):** Dies passiert, wenn das Pferd das Gleichgewicht und die Koordination im Trab verliert, besonders wenn es sich im Hohlkreuz bewegt. Es gibt zwei Varianten:
  – **unregelmäßiger Trab (Vorderbein fußt vor dem Hinterbein auf):** das Pferd ist auf der Vorhand, die Hinterbeine treten nicht genug vor, so dass das Vorderbein vor dem Hinterbein auffußt.
  – **unregelmäßiger Trab (Hinterbein fußt vor dem Vorderbein auf):** gewöhnlich sieht man dies bei Pferden, die eilen und hektisch sind, mit hohem Kopf und weggedrücktem Rücken gehen. Das Hinterbein macht einen kleineren Schritt als das Vorderbein der Diagonale und kommt zuerst auf den Boden. (Dies darf nicht mit dem Renntrab verwechselt werden, bei dem auf Grund des großen Schubs und des weiten Vorgreifens das Hinterbein zuerst auf den Boden aufkommt.)

- **Verlust der Schwebephase:** das Pferd tritt ohne Schwebephase von einer Diagonalen zur anderen; das wird auch als »flacher« oder »gelaufener« Trab bezeichnet. Dies geschieht häufig, wenn man das Pferd zu einem langsameren Trab zwingt, als es eigentlich mit Koordination, Schwung und Hinterhandaktivität gehen kann.

- **Hinten weit treten:** im starken Trab fußen die Beine weit auseinander, anstatt dass sie weit nach vorne unter den Pferdekörper treten. Dies sieht man, wenn mehr Verstärkung gefordert wird, als das Pferd im Gleichgewicht gehen kann. Es ist ein Zeichen von Schwäche und dafür, dass das Pferd über seine Leistungsgrenze in den starken Trab getrieben wurde.

Der Galopp

Der Galopp ist eine schwunghafte Gangart im Dreitakt, mit einer ausgeprägten Schwebephase. Es ist eine Abfolge von »Sprüngen«, bei der Schwebephase sind alle vier Beine in der Luft. Die Fußfolge im Galopp ist: (1) hinten außen, (2) hinten innen und vorne außen zusammen (Diagonale), (3) vorne innen, gefolgt von einer Schwebephase.

Fehler im Trab

Über dem Zügel, das Pferd drückt den Rücken weg, die Hinterbeine sind nicht aktiv

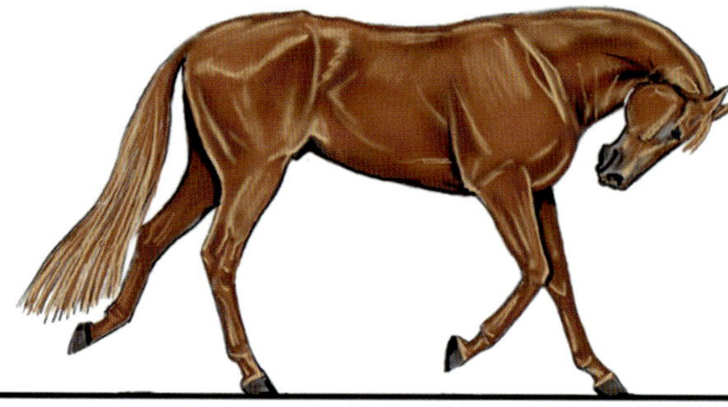

Hyperflexion oder Rollkur, die Hinterbeine gehen »nach hinten heraus«

Falsche Versammlung, »Zirkustrab«, die Vorderbeine werden herausgeworfen

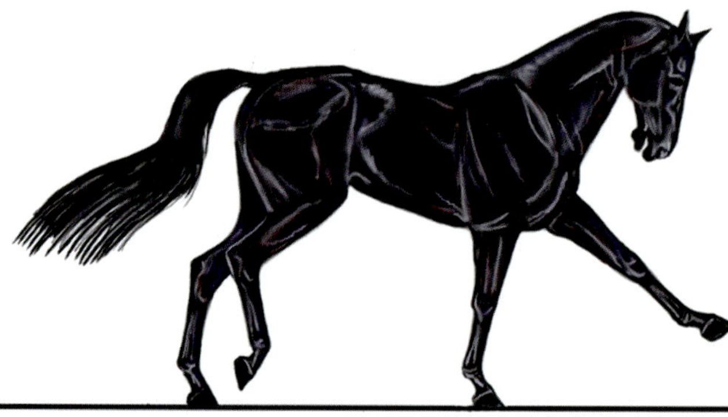

Falsche Verstärkung, »Zehenklappen«, Verschiebung der Diagonalen

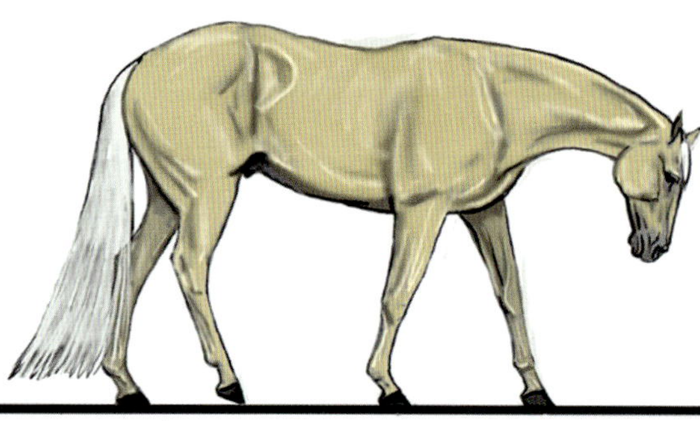

Auf der Vorhand, Verlust der Schwebephase, Verschiebung der Diagonalen (Vorderbein zuerst)

Renntrab, die Diagonale ist verschoben (Hinterbein zuerst)

Ein guter Galopp hat einen klaren Dreitakt. Er ist leicht und elastisch, mit regelmäßigen Sprüngen, aktiver Hinterhand und im Gleichgewicht; mit guter Schulterfreiheit soll er »bergauf« gesprungen werden. Der »Arbeitsgalopp« hat ein gewisses Maß an Versammlung, wenn man ihn mit dem natürlichen Galopptempo des Pferdes vergleicht. Der Galopp ist für den Reiter durch seine schaukelnde Bewegung recht bequem, wenn er tatsächlich gut »gesprungen« wird. Das Tempo im Galopp ist ungefähr 12,8 bis 16 Kilometer pro Stunde.

Galopparten

Der Galopp wird grundsätzlich in Links- oder Rechtsgalopp unterschieden. Im Rechtsgalopp ist die Fußfolge: (1) links hinten, (2) rechts hinten und links vorne zusammen (diagonales Beinpaar), (3) rechts vorne, gefolgt vom Sprung (Schwebephase). Im Linksgalopp ist die Fußfolge: (1) rechts hinten, (2) links hinten und rechts vorne zusammen (diagonales Beinpaar), (3) links vorne, gefolgt vom Sprung.

Das Pferd sollte normalerweise mit den inneren Vorderbeinen »führen«: Linksgalopp auf der linken Hand und Rechtsgalopp auf der rechten Hand. Das nennt man Handgalopp. Ein Galopp, bei dem die äußeren Vorderbeine führen, ist umständlich und macht es schwierig für das Pferd, in einer Kurve das Gleichgewicht zu halten. Ungewollt ausgeführt wird dies als falscher Galopp oder auch als Außengalopp bezeichnet. Gewollten Außengalopp in bestimmten Lektionen bezeichnet man als Kontergalopp.

Der Galopp

Der Galopp ist ein Dreitakt mit Schwebephase, es gibt Links- und Rechtsgalopp. Hier abgebildet ist der Linksgalopp mit dem optisch führenden linken Vorderbein.

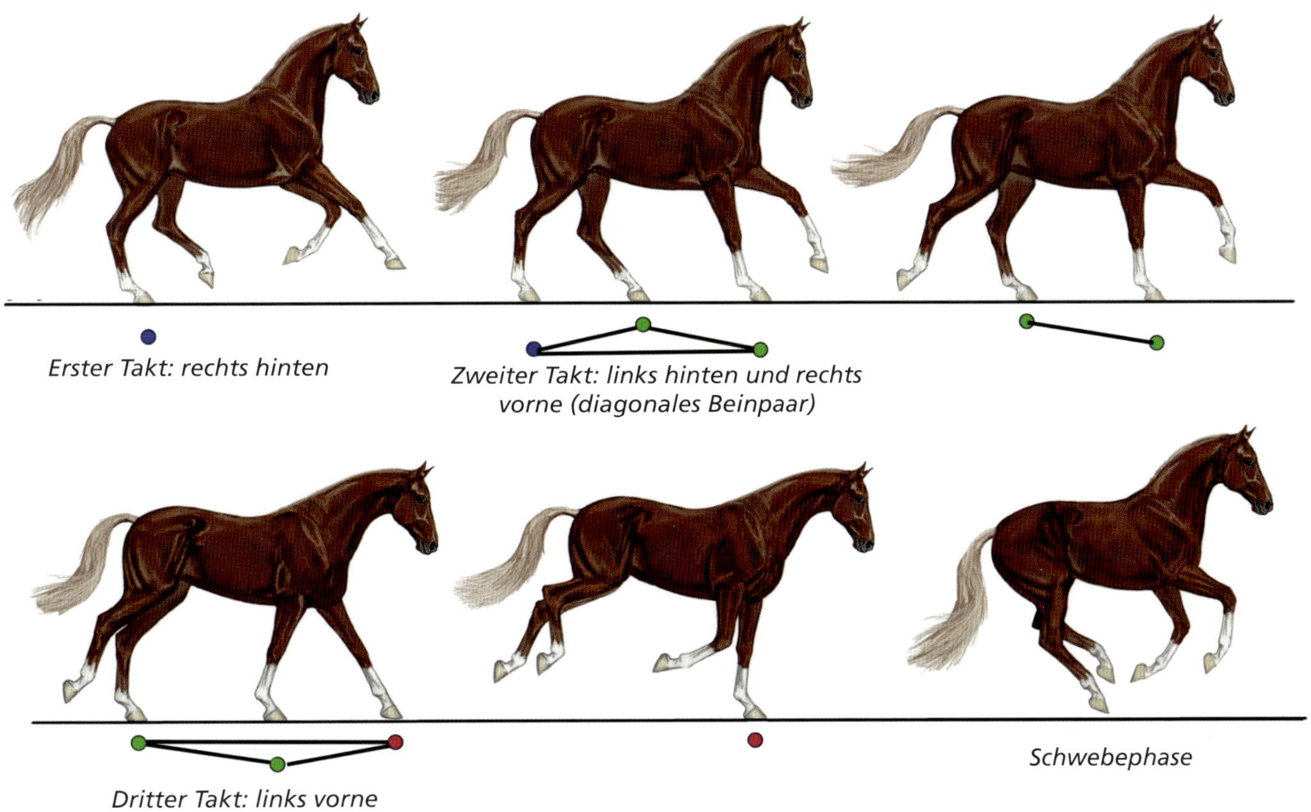

Ein gut bergauf gesprungener Galopp.

Den Übergang in den Galopp nennt man Angaloppieren. Das Pferd sollte auf leichten Impuls, ohne zu zögern und im Handgalopp angaloppieren. Es wird dabei ganz leicht nach innen gebogen, sodass es mit seinen Hinterbeinen korrekt in die Spuren der Vorderbeine treten kann.

Galoppwechsel

In der Natur wechseln die Pferde den Galopp, wenn sie die Richtung ändern wollen und ein scharfes Wendemanöver erwarten. Ein Pferd kann den Galopp über den Trab wechseln, über den Schritt oder mit einem fliegenden Galoppwechsel. Wenn ein Pferd über den Trab wechselt, pariert es der Reiter vom Galopp in den Trab, trabt drei oder mehr Tritte und galoppiert dann auf der neuen Hand an. Dies wird meist bei einem Richtungswechsel ausgeführt.

Beim einfachen Galoppwechsel pariert das Pferd vom Galopp in den Schritt, geht etwa drei bis vier Schritte und galoppiert auf der neuen Hand an. Dies erfordert mehr Genauigkeit, besseres Gleichgewicht und Geraderichtung als ein Galoppwechsel über den Trab.

Beim fliegenden Galoppwechsel wechselt das Pferd die Fußfolge während der Schwebephase des einzelnen Galoppsprungs. Dies erfordert eine ausgezeichnete Balance, gutes Timing und Koordination. Das Pferd muss sich aus der Biegung geraderichten, den Galopp wechseln und mit einer leichten Biegung auf der neuen Hand weitergaloppieren. Da der Wechsel in dem Moment stattfindet, in dem das Pferd abspringt, also die Hinterbeine vom Boden weg sind, ist es wichtig, dass das Pferd genügend »Sprungkraft« hat. Wenn der Galopp flach oder der Rücken weggedrückt wird, oder wenn es an Schwung fehlt, wird das Pferd nicht wechseln können.

In der Natur machen Pferde üblicherweise einen fliegenden Galoppwechsel, besonders wenn es schnell gehen soll (z.B. bei der Flucht). Im Galopp kann ein Pferd auf zwei Arten wechseln:

- **Hinterbeine zuerst:** Dabei wechseln Hinter- und Vorderbeine fast gleichzeitig während des Galoppsprungs, die Hinterbeine jedoch minimal früher. Dies ist der korrekte fliegende Galoppwechsel und wird als »sauberer Wechsel« bezeichnet.
- **Vorderbeine zuerst:** Dabei wechseln die Vorderbeine zuerst und die Hinterbeine während der Schwebephase des nächsten Galoppsprunges. Dies ist bei Rennpferden üblich, jedoch dauert es ein wenig länger, als wenn die Hinterbeine zuerst wechseln. Manchmal braucht das Pferd mehrere Sprünge, bevor die Hinterbeine den Wechsel vollendet haben. Das wird als »Nachspringen« bezeichnet.

Gut ausgebildete, d.h. korrekt versammelte und geradegerichtete Dressurpferde können den Galopp auf präzise Hilfen des Reiters wechseln. Fortgeschrittene Pferde können auch »à Tempi-Wechsel«, d.h. wiederholte Galoppwechsel alle drei, alle zwei Sprünge oder bei jedem Sprung ausführen. Auch Springpferde sollten Galoppwechsel nach Aufforderung des Reiters

»Richtiger« und »falscher« Galopp

Korrekter Fuß – Linksgalopp in der Wendung nach links

Falscher Fuß – Rechtsgalopp in der Wendung nach links

ausführen können, jedoch wechseln viele automatisch in einer Kurve. Von Reiningpferden wird ein gut durchgesprungener (sauberer) fliegender Galoppwechsel sowohl in langsamem als auch in schnellem Galopp verlangt.

Tempi im Galopp

- **Arbeitsgalopp:** Der Arbeitsgalopp ist gemeinhin das »Trainingstempo«, er liegt zwischen dem versammelten Galopp und dem Mittelgalopp. Im Arbeitsgalopp wird geritten, wenn das Training des Pferdes noch nicht so weit fortgeschritten ist, dass es sich versammeln kann. Das Pferd galoppiert im natürlichen Gleichgewicht, mit leichten, gleichmäßigen und aktiven Sprüngen. Es steht am Zügel, springt gut unter und beugt die Sprunggelenke.

- **Verlängern der Sprünge im Galopp:** das Pferd verlängert seine Sprünge und seinen Rahmen mit gleichmäßigen Sprüngen, dabei bleibt es im Gleichgewicht und fällt nicht auf die Vorhand. Dies ist eine Variante des Arbeitsgalopps. Galoppsprünge-Verlängern wird gefordert, wenn das Training des Pferdes noch nicht weit genug fortgeschritten ist für den Mittelgalopp.

Der fliegende Galoppwechsel – dargestellt von links nach rechts

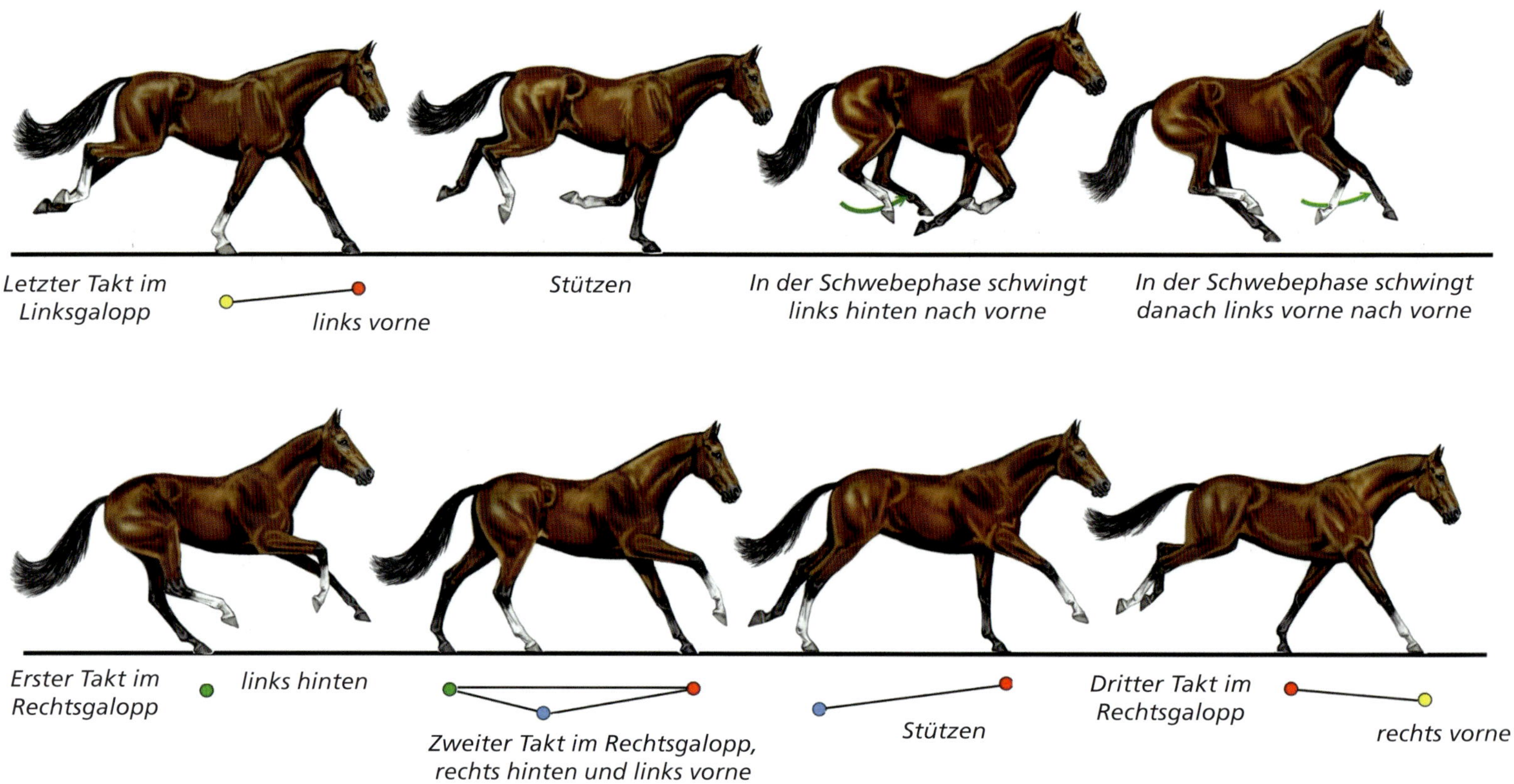

- **Mittelgalopp:** ein Tempo zwischen dem Arbeitsgalopp und starkem Galopp, bei welchem das Pferd die Sprünge deutlich verlängert, ohne zu eilen. Der Mittelgalopp soll mit deutlicher Schulterfreiheit, gleichmäßigen Sprüngen und guter Energie aus der Hinterhand »bergauf« gesprungen werden. Das Pferd bleibt am Zügel, die Nasenlinie befindet sich etwas vor der Senkrechten, Kopf und Hals werden etwas tiefer getragen als im Arbeitsgalopp oder im versammelten Galopp.

- **Starker Galopp:** Die Sprünge sind auf das Äußerste verlängert, mit so viel Raumgriff und Rahmenerweiterung wie möglich bei jedem Sprung. Das Pferd bleibt dabei ruhig (es darf nicht vorwärts stürmen), im Gleichgewicht, leicht in der Hand und geradegerichtet. Und es entwickelt großen Schub aus der Hinterhand.

- **Versammelter Galopp:** das Pferd galoppiert mit einem gut aufgerichteten, gewölbten Hals und leichter Vorhand, es bleibt »am Zügel«. Die Hinterbeine sind aktiv, die Hanken gut gewinkelt, so dass die Hinterhand Last aufnehmen kann. Dies erlaubt eine größere Beweglichkeit in den Schultern und der Vorhand (Schulterfreiheit). Die Sprünge im versammelten Galopp sind

Tempi im Galopp

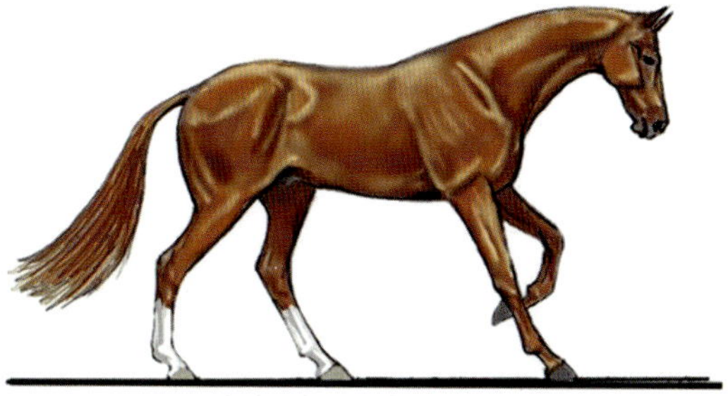

Arbeitsgalopp

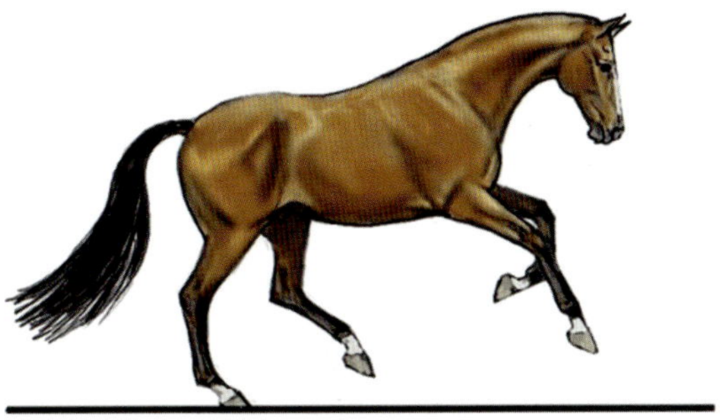

Mittelgalopp

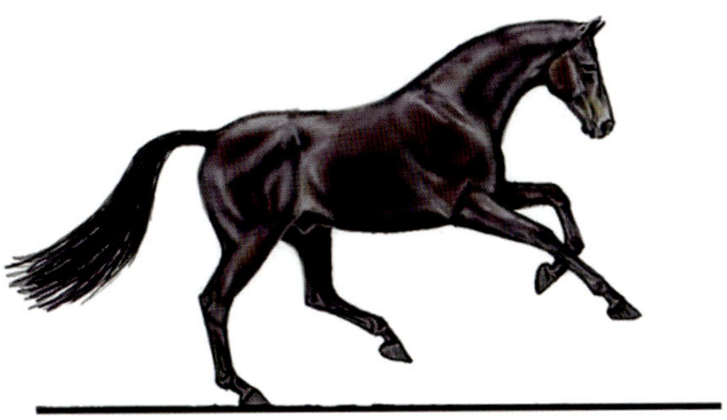

Starker Galopp

Versammelter Galopp

kürzer, dabei jedoch elastisch und kadenziert. Das Pferd galoppiert in freier Selbsthaltung mit Bergauf-Tendenz.

Andere Arten von Galopp

- **Western Lope:** ein langsamer, entspannter, ungezwungener Galopp mit minimaler Schwebephase, üblicherweise am losen Zügel geritten. Der Lope ist bequem für den Reiter, da er recht schwunglos geritten wird. Trotzdem soll sich das Pferd selbst tragen und nicht auf die Vorhand fallen. Der Dreitakt und die aktive Hinterhand sollten erhalten bleiben, der Hals wird jedoch meist tiefer und länger getragen als im Arbeitsgalopp oder versammelten Galopp. Eine extrem langsame, verkürzte Form des Lopes kann man in Western Pleasure-Wettkämpfen sehen.

Fehler im Galopp

- **Falscher Galopp** (oben beschrieben).

- **Kreuzgalopp:** Das Pferd »mischt den Galopp«, es galoppiert mit den Vorderbeinen auf einer Hand und mit den Hinterbeinen auf der anderen Hand. Die Fußfolge ist: (1) ein Hinterbein, (2) anderes Hinterbein und das gleichseitige Vorderbein (laterales Beinpaar), (3) anderes Vorderbein. Das Pferd hält den Rücken fest, ist unbequem zu sitzen. Kreuzgalopp erschwert das Reiten in der Wendung, da das innere Hinterbein nicht vortritt, um das Pferd zu unterstützen und die zweite Phase der Fußfolge ein laterales Beinpaar anstelle des diagonalen Beinpaars ist. Kreuzgalopp entsteht oft, wenn ein Pferd nur vorne umspringt und es versäumt, mit den Hinterbeinen nachzuspringen. Die Bewegung im Kreuzgalopp ist oft flach und »ohne Rücken«, das Pferd drückt den Rücken weg und es fehlt Sprungkraft.

- **Unregelmäßiger Viertaktgalopp (Vorderbeine zuerst):** Anstelle eines diagonalen Beinpaars, das den Boden zusammen erreicht, kommt das Vorderbein zuerst auf. Dies geschieht, wenn das Pferd »auseinanderfällt« und auf der Vorhand galoppiert, ohne genügend Engagement der Hinterhand. Der Galopp wird flach, das Pferd drückt den Rücken weg, die Schwebephase verschwindet mehr oder weniger. Der Viertaktgalopp ist ein üblicher Fehler bei Pferden, bei denen der Galopp oder Lope zu langsam geritten wird, als dass sie Gleichgewicht und Koordination erhalten können. Es sieht aus, als ob das Pferd »vorne galoppiert und hinten trabt«.

- **Unregelmäßiger Viertaktgalopp (Hinterbein zuerst):** Anstelle des diagonalen Beinpaars, das zusammen auf dem Boden aufkommt, macht das Hinterbein einen kurzen Tritt und kommt zuerst auf. Das Pferd läuft im Hohlkreuz und die Sprungkraft geht verloren. Das sieht man oft bei Pferden, die gezwungen werden, so langsam zu galoppieren, dass sie Gleichgewicht und Koordination nicht aufrechterhalten können, zudem bei einem lahmen Pferd oder bei Pferden mit Rückenproblemen.

- **Schiefer Galopp:** Das Pferd galoppiert leicht seitwärts. Die Hinterbeine fußen etwas versetzt neben der Spur der Vorderbeine auf. Oft wird das innere Hinterbein leicht nach innen gestellt, anstatt nach vorne unter den Körperschwerpunkt zu treten. Damit vermeidet das Pferd eine Lastaufnahme mit diesem nach innen versetzten Bein. Takt, Losgelassenheit und Sprungkraft leiden. Das Pferd wird schief und belastet ein Hinterbein oder eine Körperseite stärker.

- **Lateraler (Pass-)Galopp:** Die Hinter- und Vorderbeine der gleichen Seite bewegen sich fast gleichzeitig, ähnlich wie im Pass. Es gibt eine deutliche laterale Bewegung und die Schultern können von einer Seite zur anderen »rollen«. Dieser Fehler wird oft bei Pferden gesehen, die eine Pass-Tendenz haben. Er wird durch mangelnde Rückentätigkeit (Hohlkreuz) und Verspannungen verursacht.

Der Renngalopp

Der Renngalopp ist ein extrem schneller Galopp (aber nicht vergleichbar mit dem starken Galopp beim Dressurpferd). Renngalopp kann man als Serie von Sprüngen im Viertakt beschreiben. Wie im normalen Galopp gibt es eine Richtung (führender Fuß). Es ist die natürliche Fluchtgangart des Pferdes

Andere Arten von Galopp

Quarter Horse Hunter Galopp

Western Lope

Islandpferd im Galopp

Fehler im Galopp

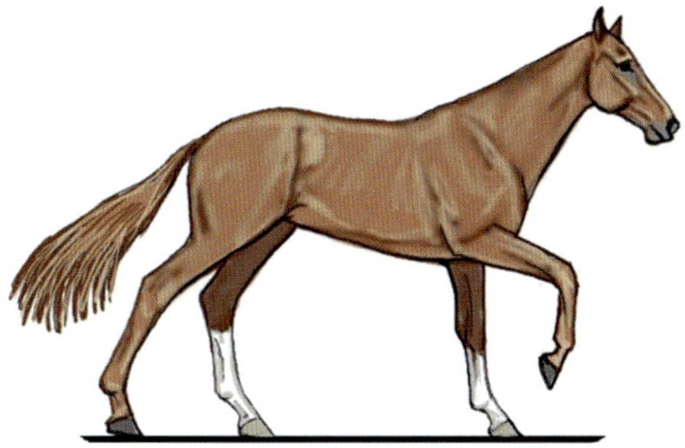

Kreuzgalopp

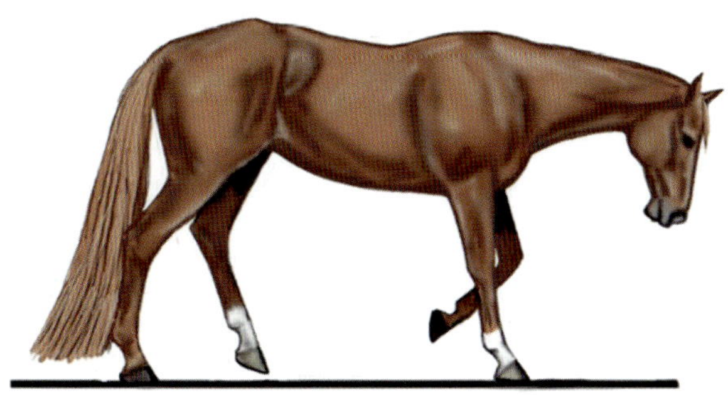

Vierschlaggalopp

Passgalopp

und wird von allen Pferden ausgeführt, wenn Höchstgeschwindigkeit notwendig ist. Die Fußfolge ist ähnlich der im Galopp, außer dass auf Grund der erhöhten Geschwindigkeit und der extremen Schubentwicklung aus der Hinterhand, das innere Hinterbein beim diagonalen Beinpaar zuerst auf dem Boden aufkommt. Dies führt zum Viertakt anstelle des Dreitakts. Die Fußfolge im Renngalopp ist: (1) äußeres Hinterbein, (2) inneres Hinterbein, (3) äußeres Vorderbein, (4) inneres Vorderbein, Sprung-/Schwebephase.

Die Fußfolge des Renngalopps auf der rechten Hand: (1) links hinten, (2) rechts hinten, (3) links vorne, (4) rechts vorne, Sprung. Die Fußfolge im Renngalopp auf der linken Hand: (1) rechts hinten, (2) links hinten, (3) rechts vorne, (4) links vorne, Sprung.

Der Renngalopp zeichnet sich durch großen Raumgriff und viel Schub aus der Hinterhand aus. Die Lende ist am Lumbosakral-Gelenk gebeugt. Das Pferd nutzt seine Bauchmuskeln (besonders den Rectus abdominus), um seine Hinterbeine bei jedem Sprung weit nach vorne zu bringen; dadurch atmet es im Rhythmus: ein Atemzug bei jedem Galoppsprung. Kopf und Hals schwingen vor und zurück in deutlichen Ausgleichsbewegungen. Das Gleichgewicht ist mehr vorwärts orientiert als in allen anderen Gangarten.
Das Tempo im Renngalopp variiert vom Jagdgalopp mit ca. 28,67 Kilometer pro Stunde, bis hin zu Geschwindigkeiten von 1000 Meter pro Minute (oder sogar schneller) bei Rennpferden in Höchstgeschwindigkeit.

Varianten im Renngalopp:

- **Cross-Country-Galopp:** ein gut ausbalancierter Renngalopp mit moderater Streckung, welcher über eine große Distanz gehalten werden kann. Das Pferd ist dabei in der Lage, sein Gleichgewicht zu halten oder zu ändern, wie es Richtungswechsel, Sprünge oder hügeliges Gelände vorgeben. Der Cross-Country-Galopp oder auch Jagdgalopp bezeichnet einen kontrollierten Galopp. Das Tempo des Cross-Country-Galopps rangiert von 350 bis 700 Meter pro Minute.

Die Fußfolge im Kreuzgalopp.

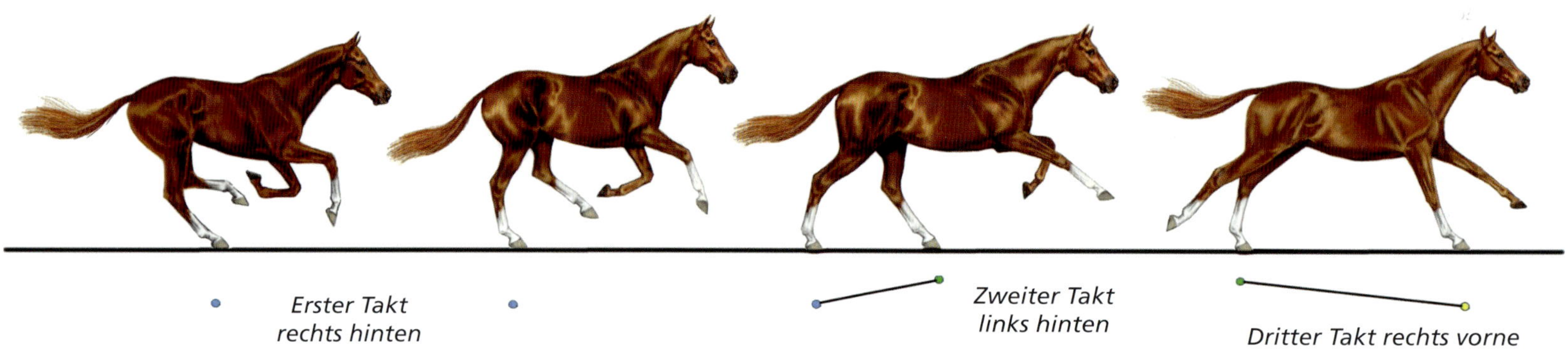

Renngalopp (linke Hand)

Dritter Takt (rechts vorne)

- **Renngalopp:** Der Renngalopp ist die schnellste Gangart, die ein Pferd gehen kann. Rennpferde können die Höchstgeschwindigkeit über kurze und mittlere Strecken (bis 1600 Meter) halten oder auch über lange Distanzen (2000 Meter). Pferderennen über noch längere Distanzen (wie das Jagdrennen) werden mit leicht geringerer Geschwindigkeit geritten. Der Rekord von »Secretariat« beim Kentucky Derby 1973 über 1 1/4 Meilen (2011,7 Meter) ist 1,5940 Minuten, eine Geschwindigkeit von 60,67 km/Stunde oder 1010 Meter in der Minute.

- **Sprint:** ein sehr schneller Renngalopp über eine kurze Strecke (400 Meter oder weniger). Die schnellste Zeit, die von Sprintern erreicht wird, liegt bei ca. 1200 Meter in der Minute.

Das Rückwärtsrichten

Das Rückwärtsrichten (wird beim Western-Reiten auch »Back Up« genannt) ist eine diagonale Bewegung im Zweitakt nach hinten, jedoch ohne Schwebephase. Jedes diagonale Beinpaar wird abwechselnd angehoben und auf den Boden gesetzt. Das Pferd sollte geradegerichtet sein und mit den Vorderbeinen in der Spur der Hinterbeine bleiben. Es sollte mit beweglichem Rücken, freier Schulter und gesenkter Hinterhand gelassen und folgsam rückwärts gehen. Jedes Bein wird einzeln angehoben und gewinkelt. Die Beine dürfen nicht steif zurückgezogen werden. Während des Rückwärtsrichtens steht es am Zügel und ist jederzeit bereit, aus der Rückwärtsbewegung heraus

Gut ausbalancierter Cross-Country-Galopp.

vorwärts zu gehen. Nach dem korrekten Rückwärtsrichten belastet das Pferd alle vier Beine gleichmäßig im Stehen oder tritt direkt auf die Hilfen des Reiters vorwärts an.

Schwerwiegende Fehler sind: das Vorwegnehmen des Rückwärtsrichtens durch das Pferd, Eilen, Widerstand im Genick oder Auf-die-Hand-Legen, schief zurücktreten, hinten breit treten, inaktive Hinterbeine und über den Boden schleifende Vorderbeine.

Pferde gehen in der Natur selten rückwärts; eher machen Sie eine Wendung, um aus einem Engpass herauszukommen. Auch kann das Rückwärtsrichten, besonders über eine größere Strecke (wie in der Reining), schlecht für die Hinterbeine des Pferdes sein, besonders für die Knie- und Sprunggelenke. Übermäßiges oder grobes Rückwärtsrichten kann das Pferd hinter das Gebiss bringen, zu Widerstand führen und den Vorwärtsdrang des Pferdes unterdrücken. Deswegen ist das Rückwärtsrichten schwieriger zu trainieren als die Vorwärts-Bewegungen. Es erfordert eine klare und feinfühlige Anwendung der Hilfen.

Übergänge

Zu den Übergängen gehören Wechsel von einer Gangart zur anderen, Paraden zum Halten oder Antreten aus dem Halten sowie Wechsel des Tempos und Balance innerhalb einer Gangart. In der Natur führen Pferde Übergänge problemlos und automatisch aus, wenn sie es für nötig halten. Unter dem Reiter werden sie zu einem Test für Losgelassenheit und Folgsamkeit eines Pferdes sowie für die reiterlichen Fähigkeiten.

Pferde führen in der Natur meist stufenweise Übergänge aus. Das heißt, sie bewegen sich aus dem Halten in den Schritt, dann in den Trab, Galopp usw. Doch auch abrupte Übergänge, z.B. ein Stopp aus dem Galopp, werden ausgeführt. Beim Rei-

Rückwärtsrichten

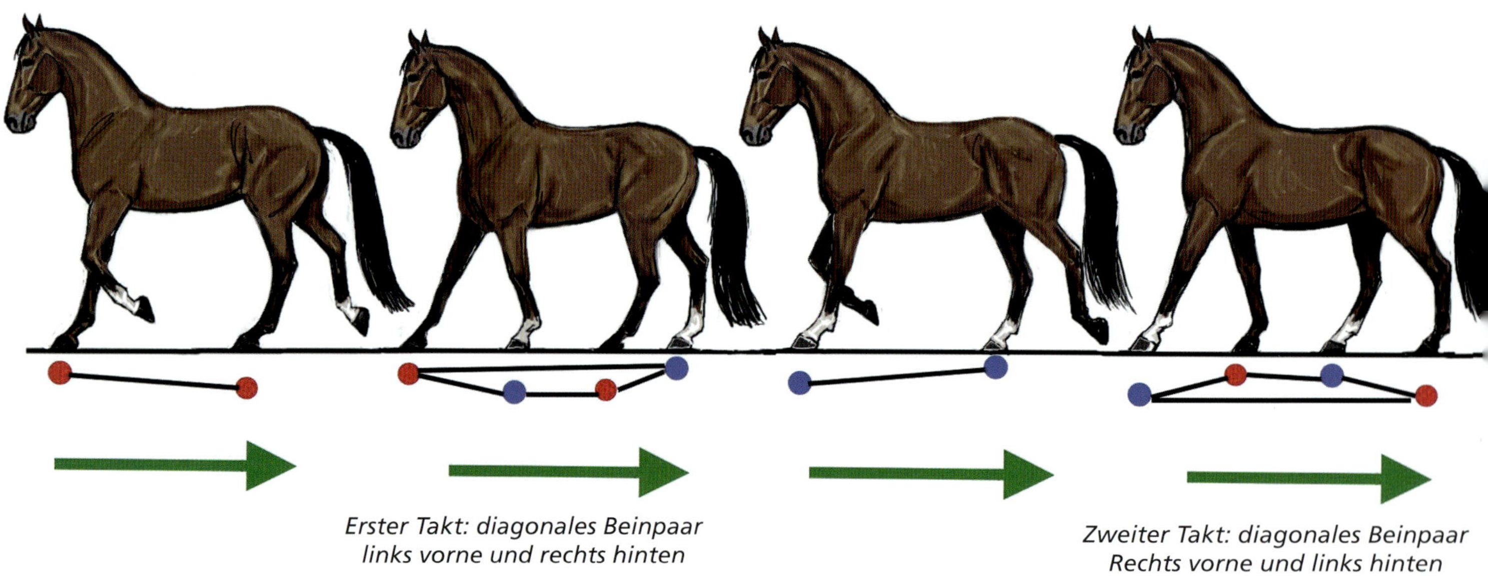

ten wollen wir oft, dass das Pferd Übergänge über zwei Gangarten ausführt, ohne Zwischenschritte zu machen: aus dem Halten zum Trab, vom Schritt zum Galopp oder vom Galopp zum Halten. Solche Übergänge sind schwieriger und erfordern mehr Gleichgewicht, Geschmeidigkeit und Präzision.

Die Hinterbeine sind in den Übergängen zuständig für die Kraftentwicklung und für das Halten des Gleichgewichts; das Pferd muss mit den Hinterbeinen mehr unter seinen Körper treten, um sich auszubalancieren. Beim Durchparieren muss das Pferd die Gelenke der Hinterbeine beugen und mehr Gewicht mit der Hinterhand aufnehmen. In einem Übergang mit gutem Gleichgewicht »setzt sich das Pferd« hinten. Bei Übergängen zur höheren Gangart drückt es sich mithilfe der Hinterbein-»Sprungfedern« nach vorne und oben.

Für einen geschmeidigen, unverzüglichen Übergang muss der Reiter das Pferd vorbereiten, korrekte Hilfen geben und diese im richtigen Moment anwenden (richtiges Timing). Er muss mit dem Pferd im Gleichgewicht bleiben, und sein Gleichgewicht je nach Tempo und Balance während des Übergangs anpassen. Durch Kippen des Reiters aus der senkrechten Grundhaltung nach vorne, hinten oder zur Seite wird das Pferd in den Übergängen gestört. Der Übergang kann nicht besser sein, als die Qualität der Gangart, die ihm vorausgeht.

Das Timing der Hilfen ist besonders wichtig. Wenn beispielsweise ein Reiter sein Pferd bittet, sein Hinterbein weiter unter den Körperschwerpunkt zu bringen, oder das Hinterbein seitlich über die Mittellinie unterzusetzen, so muss er dies in dem Moment machen, wenn das Hinterbein nach vorne schwingt. (Das Hinterbein kann nicht weiter vor treten oder übertreten, wenn es auf dem Boden steht und gerade Last aufnimmt.) Um größeren Schub aus der Hinterhand zu bekommen, müssen dagegen die Hilfen gegeben werden, während das Hinterbein immer noch auf dem Boden steht und in der Lage ist, mehr Schub zu liefern. Im Galopp kann das Pferd z.B. seine Sprünge leichter verkürzen und seine Vorhand einfacher anheben, wenn der Reiter es in dem Moment darum bittet, wenn die Vorderbeine den Boden verlassen. Um einen fliegenden Wechsel zu fordern, müssen die Hinterbeine in der Luft sein, so dass sie im Sprung wechseln können.

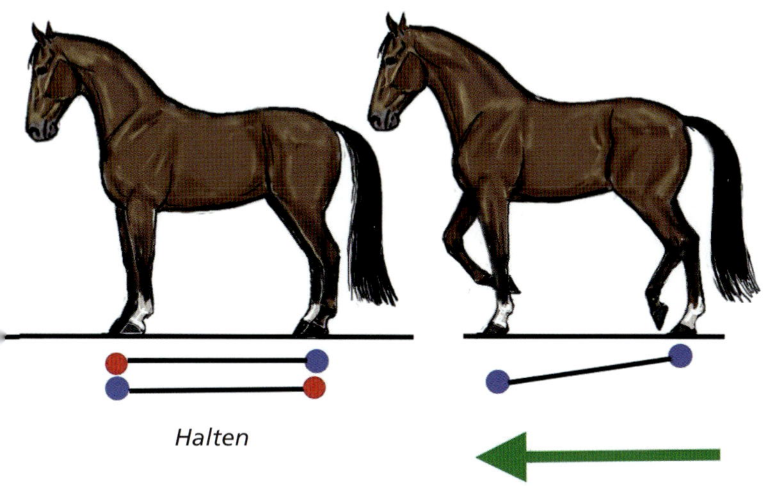

Halten

Anreiten aus dem Halten

Indem wir uns die Fußfolgen der Gangarten und Übergänge anschauen, können wir lernen, wann die Hilfen am besten gegeben werden, um einen geschmeidigen, präzisen und ausbalancierten Übergang zu erreichen. Allerdings muss der Reiter dieses geistige Wissen in »Fühlen« umwandeln, bevor er dies mit gutem Timing und in Harmonie mit seinem Pferd in die Praxis umsetzen kann.

Wechsel zur höheren Gangart

Übergänge vom Stehen in eine beliebige Gangart, oder auch von einer langsameren Gangart in eine schnellere Gangart. Dies kann auch ein Wechsel von einem versammelten Tempo oder Arbeitstempo hin zu einem Mitteltempo oder starken Tempo sein.

Wechsel zur niedrigeren Gangart / Durchparieren

Das Durchparieren bezeichnet Übergänge von einer Gangart zum Stehen, und auch von einer schnelleren Gangart zu einer langsameren Gangart. Dies beinhaltet auch Übergänge vom starken oder Mitteltempo zum Arbeitstempo oder in eine versammelte Gangart.

Fehlerhafte Übergänge

Fehlerhafte Übergänge kommen vor, wenn die vorausgehende Gangart nicht im Gleichgewicht geritten wurde, wenn das Pferd den Rücken wegdrückt oder auf der Vorhand geht. Zudem, wenn das Pferd überrumpelt wird, anstatt es gut auf den Übergang vorzubereiten, wenn die reiterlichen Hilfen grob oder falsch angewandt werden oder wenn der Reiter nicht im Gleichgewicht ist. Energielose und junge Pferde, die ihr Gleichgewicht und ihre Kraft unter dem Reiter noch nicht entwickelt haben, neigen zu fehlerhaften Übergängen.

Anreiten im Schritt aus dem Halten

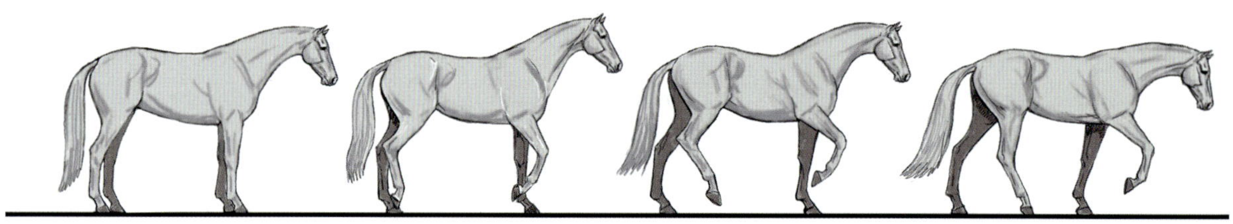

Antraben aus dem Schritt

Angaloppieren aus dem Trab

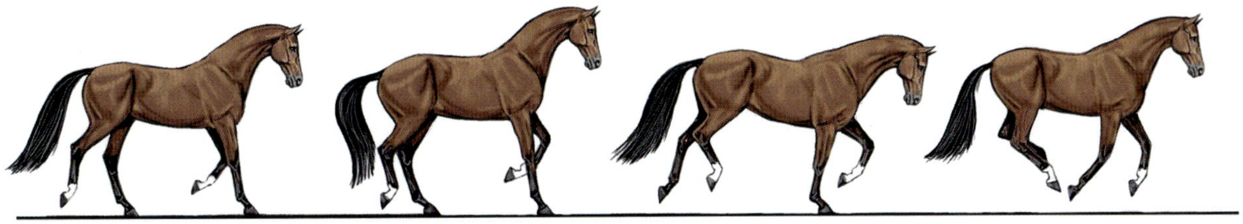

Angaloppieren aus dem Schritt

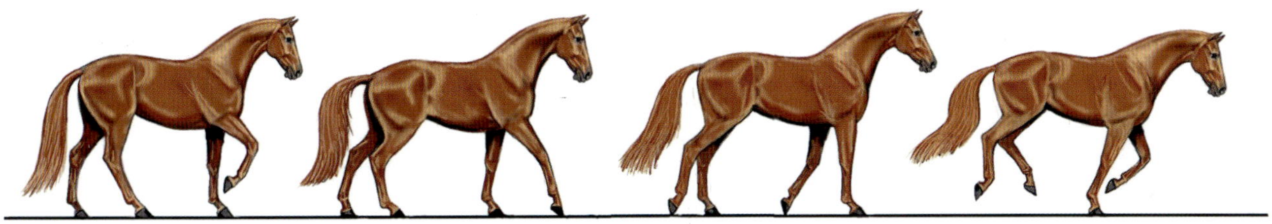

Durchparieren aus dem Trab zum Schritt

Durchparieren aus dem Galopp zum Trab

Durchparieren aus dem Galopp zum Schritt

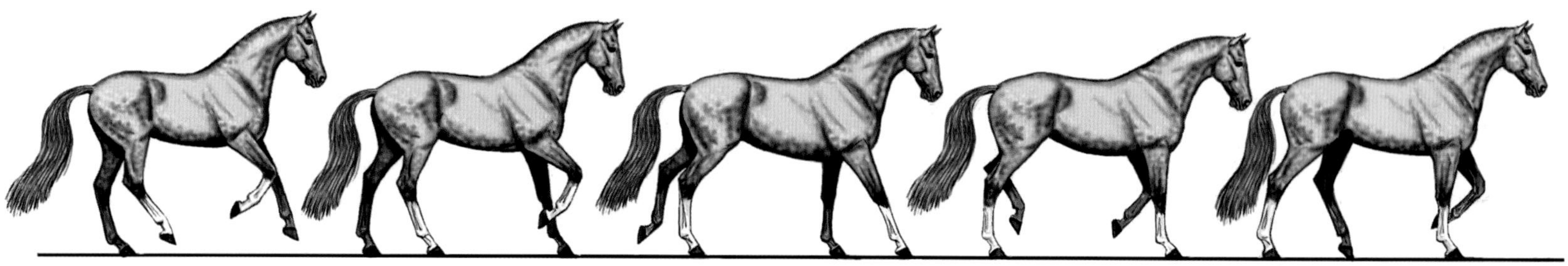

Der Sliding Stop

Der Sliding Stop ist eine Lektion aus der Reining (der Dressur der Westernreiter). Es ist ein Anhalten, bei dem das Pferd »sich hinten setzt« und dabei auf den gebeugten Hinterbeinen weitergleitet. Der Stopp wird üblicherweise aus dem Galopp geritten, kann jedoch auch aus dem flotten Trab zu Trainingszwecken erfolgen. Das Pferd gleitet auf seinen Hinterbeinen bis zu 12 Meter vorwärts, während die Vorderbeine bis zum Ende des Slides »mitlaufen«. Das Pferd hält schließlich auf allen Vieren an, die Übung wird am durchhängenden Zügel beendet. Es kann dann stehen bleiben, rückwärts gehen oder die Richtung ändern und direkt wieder angaloppieren (genannt »Rollback«). Pferde stoppen auch in der Natur auf der Hinterhand und führen Rollbacks aus, jedoch wird der Sliding Stop beim Reining-Pferd durch spezielle, glatte Hufeisen erleichtert. Spezieller Bodenbelag und Beinschutz sind zum Schutz der Knochen erforderlich. Auf einer Ranch arbeitende Westernpferde stoppen, ohne zu gleiten, da ungünstige Bodenverhältnisse schnell zu Verletzungen führen können. Der Sliding Stop wird nur auf Turnieren verlangt.

Ein Sliding Stop erfordert Gleichgewicht, richtiges Timing und aktives Untertreten der Hinterhand. In der Phase des Galopps, in der die Hinterbeine in der Luft sind und vorschwingen, öffnet sich das Lumbosakral-Gelenk und die Lende wölbt sich nach oben. Das Pferd stützt sich im Slide auf die Hinterbeine,

Fehlerhafte Übergänge

Fehlerhafter Übergang: Das Angaloppieren aus dem Trab. Das Pferd läuft auf der Vorhand.

Fehlerhaftes Durchparieren aus dem Galopp zum Trab: Grobes Zurücknehmen, das Pferd geht über dem Zügel und drückt den Rücken weg.

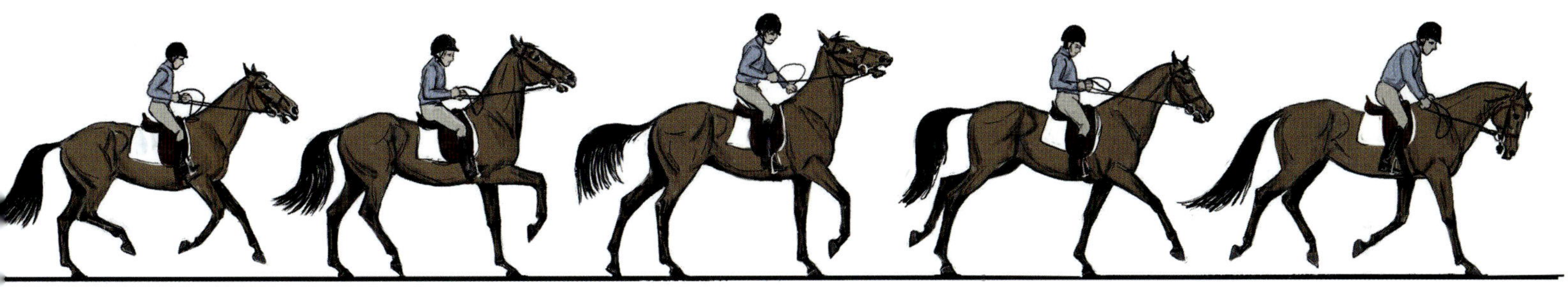

dadurch kann die Hinterseite des Fesselgelenks auf den Boden kommen, dies macht den Gebrauch von Fesselschonern erforderlich. Die Vorderbeine, welche »mittrippeln« kommen nah an die Hinterbeine heran, so dass auch hier ein Beinschutz notwendig ist. Der Pferderücken ist gewölbt, ebenso der Hals, der tief getragen wird. Das Pferd gibt im Genick nach und der Kiefer ist geschmeidig. Der Stopp muss geradeaus geritten werden, ansonsten kann es zu einer Drehbewegung im Hinterbein kommen, was zu Verletzungen führen kann.

Fehler in einem Sliding Stop sind ein Vorwegnehmen des Stopps, Zögern im Galopp bis zum Halten, schiefes Anhalten, ein steifes Abbremsen auf den Vorderbeinen, Stoppen mit einem hoch gerissenen Kopf oder mit geöffnetem Maul, sowie das Anhalten mit schlechtem Gleichgewicht. Es ist sehr wichtig, dass der Reiter im Gleichgewicht bleiben kann und feinfühlige Hilfen bei gutem Timing einsetzt.

Der Sprung

Der Sprung ist eine Bewegung, keine Gangart. Auch wenn der Sprung meist aus dem Galopp ausgeführt wird, so kann ein Pferd aus jeder Gangart springen, auch aus dem Stand.
Es gibt fünf Phasen eines Sprungs: (1) Anreiten, (2) Absprung, (3) Flugphase (Bascule), (4) Landung und (5) Weiterreiten. Idealerweise springt das Pferd die meisten Hindernisse »im

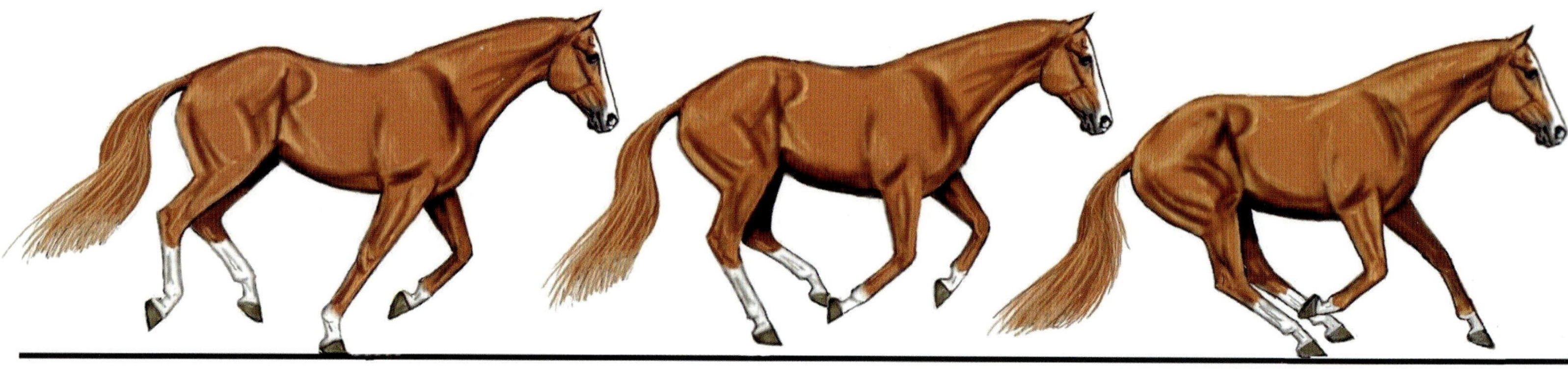

Rhythmus«, was bedeutet, dass die Länge des Sprungs in etwa die gleiche ist wie die Länge seines Galoppsprungs. Manche Sprünge erfordern eine außergewöhnliche Anstrengung und werden daher nicht »im Rhythmus« geritten.

Anreiten

Während des Anreitens sieht das Pferd den Sprung, wägt den Aufwand ab, der notwendig ist, um ihn zu überwinden und passt Ausrichtung Tempo, Gleichgewicht, Schwung und Länge des Galoppsprungs an, um den besten Punkt zum Abspringen zu finden. Es braucht einen gut ausbalancierten, rhythmischen Galopp, der ihm erlaubt, einzelne Sprünge nach Bedarf zu verändern und für den Absprung die Hinterbeine gut unter den Körper zu bringen. Um den Sprung gut fokussieren zu können, muss das Pferd den Kopf ungehindert heben und senken können. Das liegt an der Art, wie das Pferd sieht. Eine sehr hohe Kopfposition oder das Feststellen von Kopf und Hals können die Fähigkeit des Pferdes, einen guten Absprung zu finden, negativ beeinflussen. Angeritten wird in gerader Linie auf die Mitte des Sprunges zu. Nach dem Sprung wird sofort der nächste Sprung anvisiert und auf dessen Mitte zugeritten.
Ein nicht ausbalancierter, unregelmäßiger Galopp oder ein schwankendes, unklares Anreiten macht es dem Pferd sehr schwer, den Absprung zu finden. Last-Minute-Anpassungen von Tempo, Länge des Galoppsprunges, Gleichgewicht oder Schwung sind schwierig für Pferd und Reiter, und können das Pferd im Absprung behindern oder sogar den Absprung unmöglich machen.

Absprung

Der letzte Sprung vor dem Absprung ist oftmals ein kurzer Galoppsprung. In der Einbeinstütze vorne springt das Pferd mit den Hinterbeinen gut unter seinen Körper und beugt die Lende am Lumbosakral-Gelenk. Für maximale Sprungkraft werden die Hinterbeine nebeneinander aufgestellt. Das Pferd »sitzt« mit gebeugten Sprunggelenken auf seinen Hinterbeinen. Um die Vorhand anzuheben (Abdrücken beim Sprung) und zu winkeln braucht das Pferd hauptsächlich die Schultermuskulatur und den Trizeps. Beide Hinterbeine drücken kräftig gegen den Boden und schicken damit das gesamte Pferd nach oben und vorwärts. Der Hals streckt sich nach vorne, die Schultern rotieren und bringen dadurch die Vorderbeine nach oben. Die Vorderbeine werden angezogen, damit sie nicht gegen die Oberkante des Hindernisses schlagen, die Hinterbeine strecken sich in dem Moment, in dem das Pferd vom Boden abhebt. Gleichgewicht und Sprungkraft beim Absprung sind wichtig, da

Der Sliding Stop

diese »Absprungskraft« bestimmt, wie hoch und weit das Pferd springen wird; einmal in der Luft, kann es die Flugbahn nicht mehr beeinflussen. Wenn nicht beide Hinterbeine Last aufnehmen bzw. nicht stark genug abdrücken oder »ein Hinterbein zurückgelassen wird«, entwickelt das Pferd nicht genug Kraft, um hoch und weit zu springen. Wenn das Pferd die Vorhand zu langsam anhebt, die Vorderbeine nicht genug oder zu langsam angewinkelt werden oder die Schultern nicht rotieren, lässt das Pferd möglicherweise die Vorderbeine hängen und schlägt gegen das Hindernis. Das gilt als schwerwiegender Fehler, weil es zum Sturz führen kann, insbesondere, wenn es mit dem oberen Teil des Vorderbeines hängen bleibt.

Flugphase und Bascule

In der Flugphase verlässt das Pferd den Boden; es springt nach vorne-oben ab und wölbt den Rücken in der so genannten »Bascule« (franz. Wippe) über dem Hindernis auf. Der Hals streckt sich nach vorne und unten, die Schulter rotiert, die Vorderbeine werden über dem Hindernis so weit wie möglich angehoben. Das Senken von Kopf und Hals zieht am Nackenband (vom Widerrist bis zum Genick) und am damit verbundenen Rückenband, besonders am Obergrätenband, das oben am Rücken entlang verläuft. Dadurch wird die Bascule erreicht. Wenn der Rücken sich wölbt werden die Hinterbeine angehoben und gewinkelt.

Wenn die Hinterbeine des Pferdes den höchsten Punkt des Hindernisses passieren, sind sie weitestmöglich angewinkelt. Die Sprung-, Knie- und Fesselgelenke sind stark gebeugt, die Hinterbeine sind eng hinters Pferd gezogen. Wenn die Vorhand nach unten zum Boden zeigt, wird der Pferderücken flacher, das Lumbosakral-Gelenk schließt sich, der Hals wird angehoben, dabei strecken sich die Vorderbeine nach vorne gegen den Boden.

Das Springen mit steifem Rücken oder im Hohlkreuz und mit zurückgezogenem Hals verhindert eine gute Bascule und führt zu einem steifen, unsicheren Sprung. Die Vorderbeine können dann nicht so gut angezogen werden wie in einer guten Bascule; die Hinterbeine werden möglicherweise hängengelassen und können das Hindernis streifen. Das passiert bisweilen, wenn der Reiter hinter die Bewegung des Pferdes kommt oder wenn die Kopf- und Halsbewegung des Pferdes durch falsche Zügeleinwirkung eingeschränkt wird. Dies verhindert einen freien Gebrauch des Pferderückens. Ein verzweifeltes Pferd wird akrobatische Einlagen in der Luft zeigen, um irgendwie

Phasen des Sprungs

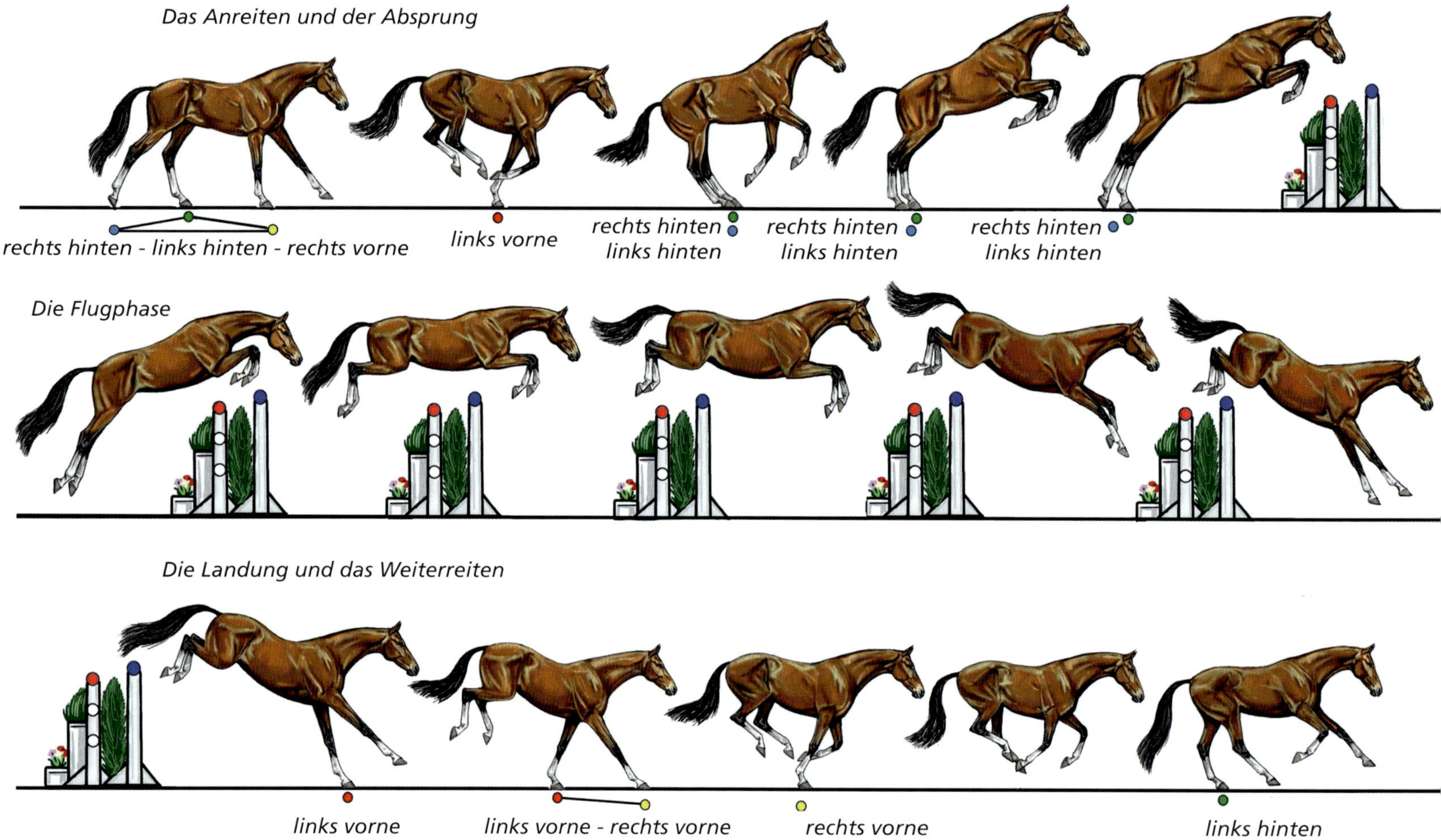

übers Hindernis zu kommen. Es wird krampfartig seine Beine hochreißen, sich zur Seite drehen, mit den Beinen rudern oder seine Vorder- oder Hinterbeine verfrüht ausstrecken. Es wird vielleicht sogar versuchen, einen Fuß auf das Hindernis aufzusetzen – meist mit katastrophalen Folgen!

Landung

Das Pferd landet zuerst auf einem ausgestreckten Vorderbein, schnell gefolgt vom zweiten Vorderbein. Der Körper schwenkt nach vorne über die beiden stützenden Vorderbeine, die dann angehoben und nach hinten unter den Körper gezogen werden. Dadurch entsteht ein Moment der Schwebephase, bevor das erste Hinterbein wieder den Boden berührt. Das erste Hinterbein springt gut unter den Pferdekörper, gefolgt vom zweiten Hinterbein; das Lumbosakral-Gelenk öffnet sich und der Rücken wölbt sich, wenn die Hinterbeine zur Landung nach vorne kommen. Die Vorderbeine strecken sich wieder nach vorne in der richtigen Fußfolge für den Handgalopp.
Der Aufprall bei der Landung wird mit den Muskeln und Sehnen des Schultergürtels und über die Gelenke, Muskeln und

Sehnen des Vorderbeins aufgefangen. Eine gute Landung ist ausbalanciert, koordiniert und elastisch.

Eine steife, nicht ausbalancierte oder grobe Landung ist schwierig für Pferd und Reiter und kann zu Verletzungen beim Pferd führen. Zuwenig Schwung und schlechtes Gleichgewicht durch einen weggedrückten Rücken können dazu führen, dass das Pferd zu hart und ungefedert auf seinen Vorderbeinen aufkommt. Es hat Probleme, den Galopp wieder aufzunehmen. Und auf hartem oder rutschigem Boden kann es zum Sturz kommen. Manche Pferde landen ungleich, um ein schmerzendes oder schwaches Bein zu schonen; möglicherweise landen sie immer im Rechts- oder immer im Linksgalopp. Wenn das Pferd gleich nach einem Sprung abwenden muss, es jedoch im falschen Galopp landet, wird die Wendung schwieriger und es muss vielleicht einen fliegenden Galoppwechsel machen. Eine massive Störung durch den Reiter (besonders wenn er hinter die Bewegung kommt und dem Pferd in den Rücken fällt, oder wenn das Pferd während der Landung oder während des Weiterreitens im Maul gestört wird) kann dazu führen, dass das Pferd seinen Rücken »durchfallen« lässt und die Hinterbeine zu früh ausstreckt, so dass es mehr oder weniger auf allen vier Beinen gleichzeitig landet. Dies ist schmerzhaft und sehr schädlich für den Pferderücken.

Weiterreiten

Das Pferd findet seine normale Balance für den Galopp wieder und galoppiert weiter. Der erste Galoppsprung nach dem Landen ist oft nur ein kleiner oder ein halber Galoppsprung. Der erste »normale« Galoppsprung sollte dann im Handgalopp erfolgen. Das Pferd muss sein Gleichgewicht und seinen Takt so schnell wie möglich wiederfinden. Springt das Pferd im Rhythmus und landet sanft mit gutem Gleichgewicht, so kann es mühelos und gleichmäßig weitergaloppieren. Ein Reiter, der in jeder Phase des Sprunges im Gleichgewicht bleiben kann und das Pferd nicht stört, macht es dem Pferd deutlich leichter. Das erste Vorderbein, das landet, bestimmt den jeweiligen Galopp. Da die Vorderbeine über dem Sprung gleichmäßig angezogen sind, ist es für das Pferd einfach, den Galopp über dem

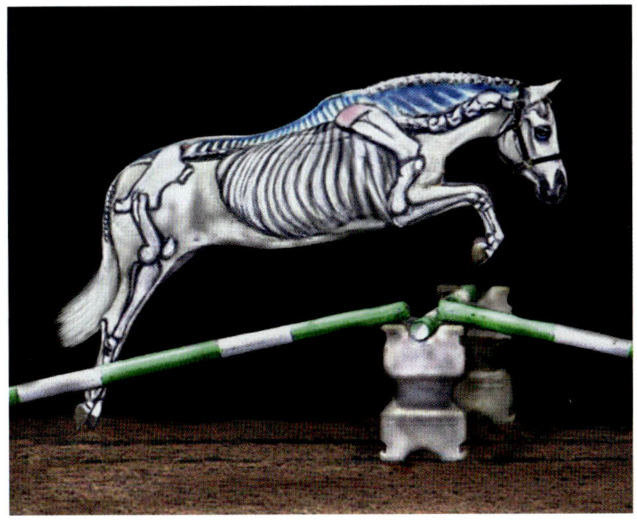

»The Visible Horse™« beim Freispringen.

Sprung zu wechseln oder die Hand auszusuchen, auf der es lieber landet. Gute Springpferde wechseln meist den Galopp schon über den Sprung, besonders wenn sie ein mittleres oder hohes Hindernis springen.

Steifes Landen mit schlechtem Gleichgewicht oder mit mangelndem Schwung macht das Weiterreiten mühsam. Ein verzögertes Weiterreiten bringt das Pferd zu langsam vom Hindernis weg und es fällt ihm schwer, sich auf den nächsten Sprung vorzubereiten. Wenn der Reiter sein Gleichgewicht verliert oder das Pferd beim Weiterreiten stört, werden manche Pferde fest und schnell, buckeln oder rennen vor der unschönen Erfahrung davon. Schwerer, matschiger Boden kann das Anheben der Vorderbeine bei der Landung verzögern; dadurch besteht die Gefahr des Greifens. Das aufsetzende Hinterbein kann dabei in die Hinterseite des Vorderbeins, in die Sehne, die Trachte oder das Eisen treten. Dies kann zu Verletzungen oder einem abgetretenen Eisen führen. Ballenboots und Glocken können die Vorderbeine gegen solche Verletzungen schützen.

5. Gangpferde und ihre Gänge

Gangpferde

Gangpferde mit für den Reiter bequemen pass- oder töltartigen Bewegungen gehören zu den ältesten Pferderassen. Sie wurden über Jahrhunderte geschätzt wegen ihrer sanften, leicht zu sitzenden Gänge, welche über lange Strecken durchgehalten werden können. Gangpferde sind weich zu sitzen, trittsicher und leichtrittig. Sie sind dafür gezüchtet, den Reiter bequem über weite Strecken zu tragen.

Tölt und Pass sind vererbte Merkmale. 2012 entdeckten Forscher in einer genetischen Studie bei Islandpferden, dass eine Mutation des Gens DMRT3, das im Zusammenhang mit der Bewegung der Gliedmaßen steht, für die Fähigkeit zu tölten oder Pass zu gehen verantwortlich ist. Später wurde festgestellt, dass diese Mutation von einem einzigen Vorfahren aller Gangpferde ausgeht. Pferde, die dieses Gen besitzen, haben die natürliche Veranlagung, zu tölten oder Pass zu gehen. Allerdings muss diese Veranlagung bei einigen durch gezieltes Training gefördert werden. Manchen Pferden anderer Rassen wurde es antrainiert, Pass oder Tölt zu gehen, jedoch ist dies eher selten.

Pass gehende Pferde wurden von den Hethitern bereits im Jahr 1400 vor Christus beschrieben. Man vermutet, dass Gangpferde ursprünglich aus der Mongolei kommen und von Dschingis Khan und anderen morgenländischen Eroberern nach Westeuropa gebracht wurden. Joroo genannte Gangpferde werden auch heute noch in mongolischen Herden gefunden. Sie werden auf Grund ihrer weichen Gänge hoch geschätzt.

Geschmeidig töltende Pferde wurden schon von römischen Reitern eingesetzt. So genannte (töltende) Zelter wurden im Mittelalter als Reitpferde für lange Reisen bevorzugt. Nur für die Schlacht und fürs Turnier stiegen die Ritter auf ihre kräftigen Kriegspferde – Destrier – um. Später, als die Straßen besser wurden und weite Strecken in der Kutsche zurückgelegt werden konnten, wurden größere Pferde, die trabten oder galoppierten, bevorzugt, um die Kutschen zu ziehen. Auch im Krieg und im Sport wurden solche eingesetzt. Die Gangpferde verschwanden aus Europa (außer Island), wurden aber nach Nord- und Südamerika exportiert, wo sie zu den Vorfahren von vielen Gangpferderassen wurden, die heute beliebt sind. Gangpferde und -ponys findet man in den meisten Teilen der Erde: in Nord- und Südamerika, Island, Europa, Indien, der Mongolei, China und Japan.

Heutige Gangpferderassen und deren Ursprungs-Länder:

- **Europa:**
- Aegidienberger (moderne Kreuzung zwischen Islandpferden und Peruanischen Pasopferden)
- Färoerpony
- Islandpferd (Island)
- Messara oder Kretisches Pferd (Kreta)

- **Nordamerika:**
- American Saddlebred

- Carolina Marsh Tacky
- Florida Cracker Horse
- Kentucky Saddle Horse
- Missouri Fox Trotter
- Racking Horse
- Rocky Mountain Saddle Horse
- Spotted Saddle Horse
- Standardbred (Amerikanischer Traber)
- Tennessee Walking Horse
- Walkaloosa

- **Süd- und Zentralamerika und die Karibik:**
- Campolina (Brasilien)
- Mangalarga Marchador (Brasilien)
- Paso Fino (Zentralamerika und die Karibik)
- Peruanischer Paso (Peru)

- **Asien:**
- Marwari Horse (Indien)
- Mongolenpferd (Mongolei)
- Dosanko Pferd (Japan)

- **Afrika:**
- Cape Horse (Südafrika)

Gebäude

Manche Gebäudemerkmale erleichtern dem Pferd die weichen passartigen Gänge. Ein Pferd mit einem kürzeren Rücken wird es einfacher haben im Tölt, ein Pferd mit einem längeren Rücken und Lendenbereich wird es einfacher haben im Running Walk und ähnlichen Gangarten, obwohl es auch die Versammlung erschwert. Ein starker, gut bemuskelter Rücken mittlerer Länge und eine breite, gut bemuskelte Lende sind wichtig für Gangpferde, denn sie müssen oft über weite Strecken – im Verhältnis zu ihrer eigenen Größe – große und schwere Reiter tragen.
Gangpferde haben typischerweise viel Schulterfreiheit; diese begünstigt weite Tritte und hohe »Knieaktion«. Eine lange, schräge Schulter verhilft zu einer größeren Schrittweite, während eine steile Schulter eher für den »Running Walk« gut ist. Eine abfallende Kruppe, verbunden mit der Möglichkeit, das Lumbosakral-Gelenk problemlos zu öffnen und zu schließen, erleichtert es dem Pferd, seine Hinterbeine bei jedem Schritt gut nach vorne unter den Körper zu bringen. Eine flachere Kruppe ist für Pferde wünschenswert, die Töltvarianten wie den Foxtrott oder den Marcha Batida gehen.

Gangpferde brauchen starke, gut ausgeprägte Sprunggelenke, da diese stark belastet werden. Manche Gangpferde stehen hinten »kuhhessig«, von hinten gesehen zeigen die Sprunggelenke nach innen, während das Röhrbein und die Hufe nach außen zeigen. Eine moderate kuhhessige Stellung macht keine Probleme. Ein Zuviel davon kann jedoch zu einer Drehbewegung in den Sprunggelenken führen, welche durch die Fehlbelastung Spat (Arthritis in den Sprunggelenken) verursachen kann.

Der Hals von Gangpferden ist meist ein wenig höher angesetzt als bei anderen Rassen. Dies erleichtert die »Knieaktion« der Vorhand; das Pferd kann sein Gewicht mit dem hoch angesetzten Hals leichter nach hinten über die Sprunggelenke verschieben. Schultern und Vorhand werden damit freier beweglich.

Die Gänge der Gangpferde

Die besonderen Gänge von Gangpferden sind Varianten von Tölt und Pass. Gangpferde gehen Schritt, manche auch Trab, Galopp oder Rennpass. Passverschiebungen im Tölt oder töltähnlichen Gangarten der verschiedenen Rassen werden für gewöhnlich nicht gerne gesehen. Das Pferd soll die Gänge klar trennen und nur Pass gehen, wenn es dazu aufgefordert wird. Jede Gangpferderasse hat ihren eigenen charakteristischen Gang, mit mehr oder weniger hoher Knieaktion und Varianten in Tempo, Takt und der Technik, wie die Beine eingesetzt werden. Hier werden nur einige der Töltvarianten, Tölt und der Rennpass vorgestellt.

Der Amble

Amble ist ein altes Wort für verschiedene Tölt- und Passgänge. In Nordamerika werden noch heute damit einige Töltvarianten bezeichnet.

Der Amble ist ein Viertakt ohne Schwebephase. Man kann ihn im versammelten, mittleren und verstärkten Tempo ausführen. Er ist jedoch immer schneller als der Schritt und langsamer als der Galopp. Die Fußfolge im Amble: (1) links hinten, (2) links vorne, (3) rechts hinten, (4) rechts vorne. Das ist die gleiche Fußfolge wie im Schritt, Kadenz und Ausführung unterscheidet sich jedoch vom Schritt.
Es gibt unterschiedliche Bezeichnungen für die verschiedenen Töltvarianten. Sie beziehen sich auf die Pferderasse und die spezielle Gang-Mechanik. Die Varianten des Amble können isochron und nicht-isochron sein; d.h. dass der zeitliche Abstand gleich sein kann (1–2–3–4) oder ungleich. Ungleich bedeutet, dass es eine kleine Pause gibt zwischen dem Aufsetzen des Vorderhufes auf der einen und des Hinterhufs auf der anderen Seite. In einer nicht-isochronen Gangart fußt das Pferd auf der einen Körperseite ein bisschen schneller auf und ab, wonach es eine kleine Pause gibt, bevor dann das nächste laterale Beinpaar auf- und abfußt. Dies verursacht einen leicht ungleichen Rhythmus (1–2, 3–4). Dies ist normal und wünschenswert in manchen Töltvarianten, im Schritt wäre es jedoch ein grober Fehler.

Diese Gänge sind gleichgewichtstechnisch sehr stabil, da es keine Schwebephase gibt; und das Pferd hat fast immer nur ein Bein komplett in der Luft. Allerdings kann es in sehr schnellem Amble auch zu einer kurzen Einbeinstütze kommen. Andere Amble-Varianten sind Tölt, Rack, Stepping Pace, Running Walk, Marcha Picada, Paso und verschiedene Varianten des Pasos sowie viele weitere.

Der Amble

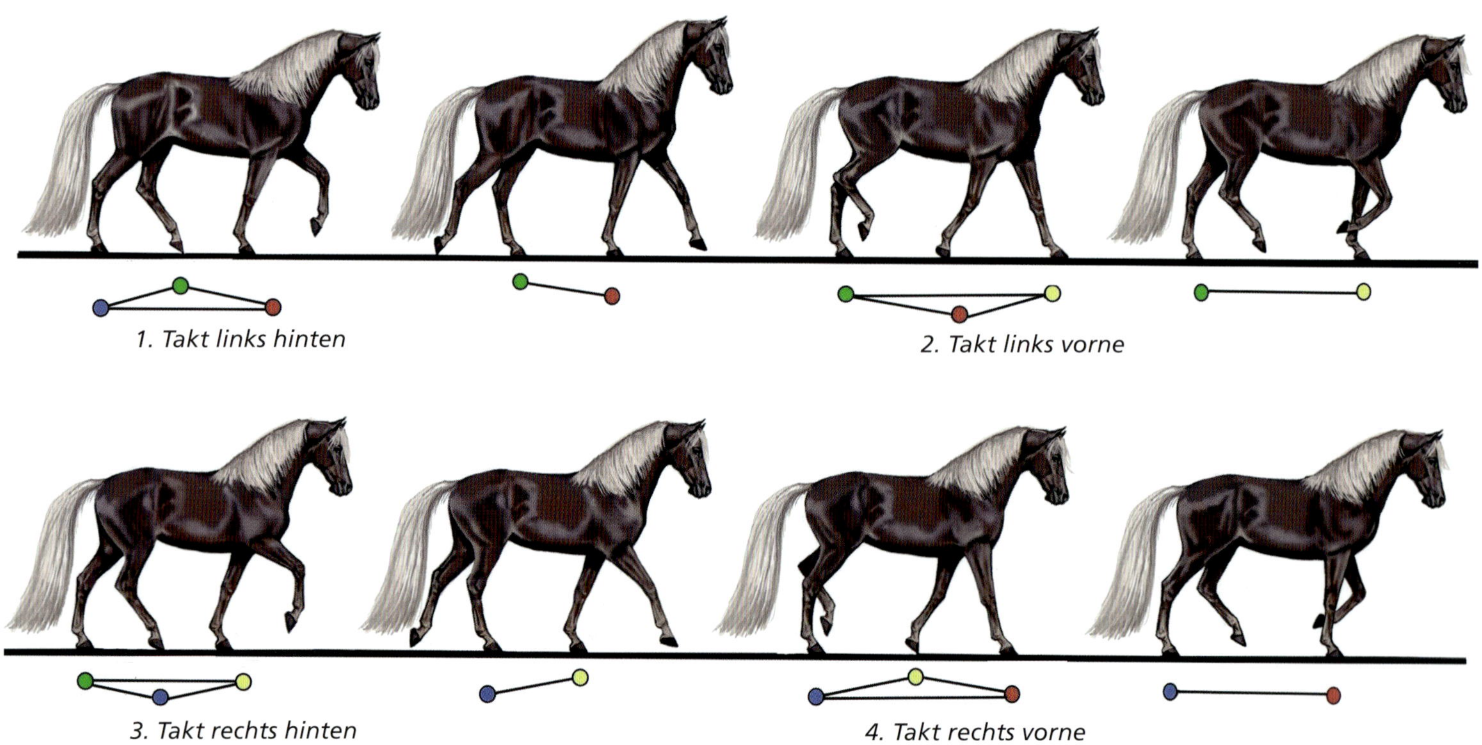

Es gibt eine diagonale Variante des Amble, die vom Trab abgeleitet wird. Die Fußfolge ist: (1) links hinten, (2) links vorne, (3) rechts hinten, (4) rechts vorne, ohne Schwebephase. Die diagonale Variation wird in einem nicht-isochronen Rhythmus ausgeführt (1–2, 3–4). Das Pferd hat zu jeder Zeit ein Bein am Boden und zeigt eine Gleitbewegung der Hinterbeine. Dies erzeugt die optische Täuschung, dass das Pferd vorne Schritt geht und hinten trabt (was allerdings nicht möglich ist). Andere diagonale Varianten sind der Marcha Batida (Mangalarga Marchador), der Trocha (Paso Fino) und der Pasitrote (Paso Peruano).

Der diagonale Amble oder auch »gebrochener Trab« genannt, wäre bei einem anderen, als einem Gangpferd ein grober Fehler. Manchmal sieht man dies bei Western Pleasure-Pferden, die zu einem zu langsamen Jog gezwungen werden und dadurch die Diagonale »aufbrechen«. Sie schlurfen, wobei das Vorderbein zuerst auf den Boden aufkommt.

Eine Töltvariante, die in der einen Gangpferderasse dem Wunschbild entspricht, mag bei einer anderen Rasse als fehlerhaft angesehen werden. So wird zum Beispiel der Missouri Fox Trotter für den Foxtrot, eine diagonale Passvariante, gezüchtet. Bei einem Paso Fino wünscht man sich jedoch eine laterale Töltvariante. Deswegen wird der Trocha, ein trabiger oder diagonaler Gang, schlecht bewertet. Fehlerhafte »trabige« Gänge gelten bei den Paso Finos als Indiz dafür, dass das Pferd nicht im Gleichgewicht ist und auf der Vorhand geht.

In den Töltvarianten muss das Pferd seinen Rücken stabilisieren. Gangpferde zeigen nicht dasselbe Aufwölben des Rückens wie Dressurpferde im Trab. Trotzdem sollte auch ein Gangpferd, egal ob in Versammlung oder im schnellen Tempo, eine »Bergauf-Tendenz« haben: angehobener Widerrist, gewölbter und angehobener Hals, Kopf mehr oder weniger vor der Senkrechten. Es sollte sein Becken kippen und die Hinterbeine gut unter den Körperschwerpunkt bringen. Diese Haltung erlaubt maximales Untertreten der Hinterbeine, sie ermöglicht eine gute Schulterfreiheit und hoch-weite Bewegung in der Vorhand. Gangpferde, welche im Hohlkreuz gehen und ihren Hals versteifen, mögen vielleicht ihre Beine hoch heben, aber sie sind im Raumgriff der Bewegung und in der Aktivität ihrer Hinterbeine begrenzt, und es ist sehr wahrscheinlich, dass sie Rückenprobleme bekommen werden.

Der Tölt

Der Tölt ist eine angeborene Gangart der Islandpferde. Durch gutes Reiten und richtiges Training kann er entwickelt und verbessert werden. Manche Islandpferde haben eine starke Präferenz für den Tölt, andere bevorzugen es, zu traben. Der Tölt ist eine Viertaktgangart. Sie ist vergleichbar mit dem Rack des American Saddlebred und dem Paso Largo des Paso Finos. Die Fußfolge ist: (1) links hinten, (2) links vorne, (3) rechts hinten, (4) rechts vorne.

Der Tölt kann in einem Tempobereich von Schritttempo bis hin zum Galopptempo geritten werden. Egal, ob langsames, mittleres oder starkes Tempo – er ist in jedem Tempo weich und bequem zu sitzen. Der Tölt kann eine hohe Beschleunigung und hohe Geschwindigkeit zeigen. Mit viel oder weniger »Knieaktion« und Schulterbewegung. Jedes Pferd hat sein ideales Tempo, in dem es den Tölt von Natur aus am besten zeigen kann. Mit korrektem Training wird das Pferd in der Lage sein, den Tölt in verschiedenen Tempi, in Versammlung und Verstärkung zu gehen, ohne die Form und die Gangqualität zu verlieren.

Die Qualität des Tölts ist wichtiger als das Tempo; sie darf auch im hohen Tempo nicht verloren gehen. Ein »klarer« Tölt, zeigt einen regelmäßigen Viertakt mit gleichmäßigen und gleich hohen Tritten, gutem Engagement der Hinterhand und freier Bewegung. Das Pferd bewegt sich »bergauf«, mit angehobenem Widerrist, freier Schulter gewölbtem Hals und weichem, nachgiebigen Genick. Der Kopf darf nicht zu hoch getragen (über dem Zügel) oder zu weit nach vorne gestreckt (zu waagerecht) werden. Hohe Aktion, verbunden mit guter Beugung der Karpal- und Sprunggelenke sowie gutes Untertreten der

Hinterbeine, sind wünschenswert. Jedoch ist die Bewegungsmechanik abhängig von den natürlichen Anlagen und dem Gebäude des Pferdes. Für die meisten Pferde ist es leichter, auf eher ebenem und festem Grund zu tölten, als auf tiefem Boden. Für andere kann es einfacher sein, leicht bergab oder bergauf zu tölten.

Um gut zu tölten, muss das Pferd Schulterfreiheit haben. Dazu muss der Sattel dem Pferd passen und hinter den Schulterblättern platziert sein. Der Reiter muss im stabilen Gleichgewicht sitzen können, um es dem Pferd einfach zu machen. Ein guter Reiter hält die Anlehnung mit einer weichen Hand, er erlaubt etwas Bewegung im Hals und gibt halbe Paraden, um das Pferd im Takt zu halten und es nicht auf die Vorhand kommen zu lassen.

Islandpferd im Tölt.

Der Tölt

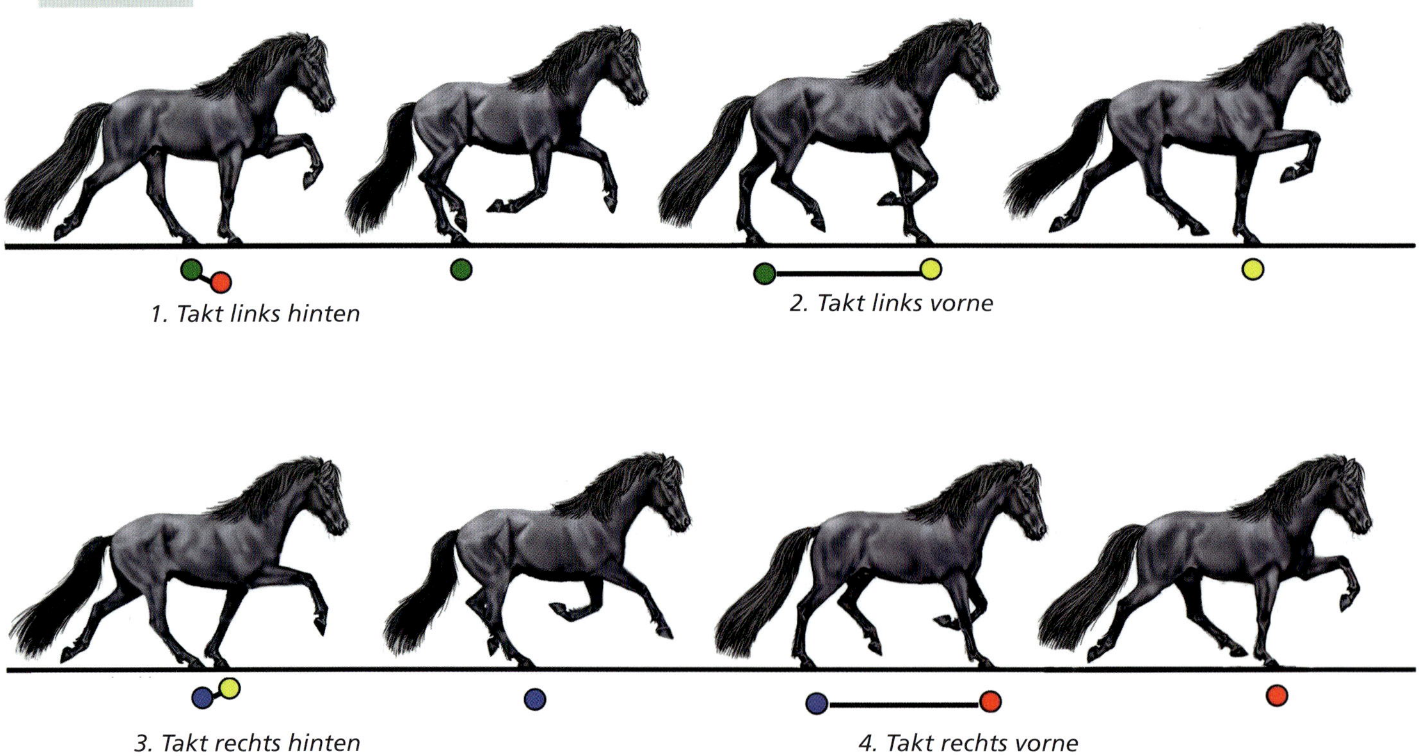

Es gibt verschiedene Fehler im Tölt. Bei den Hauptfehlern bleibt zwar die Fußfolge bestehen, Takt und Gleichgewicht sind jedoch gestört und das Pferd kann seinen Körper nicht optimal einsetzen. Der »Schweinepass« ist ein grober Fehler im Zweitakt. Man sieht ihn oft bei faulen oder schlecht trainierten Pferden. Das Pferd hat ein Gleichgewichtsproblem, drückt den Rücken weg und läuft auf der Vorhand; Schweinepass ist schädlich für den Pferderücken und ist unbequem zu sitzen. Ein »Trabtölt« ist ein Tölt, der in Richtung Trab verschoben ist; er ist schwierig zu reiten, da der Pferderücken sich zu stark auf- und abbewegt; wenn der Reiter am Zügel nachgibt, wird das Pferd in den Trab fallen. Ein »Passtölt« ist ein Tölt, der zum Pass hin verschoben ist; die beiden Beine auf einer Seite kommen fast zeitgleich auf dem Boden auf und das Pferd rollt von Seite zu Seite.

Man kann sich Trab, Tölt und Pass als ein zusammenhängendes Ganzes vorstellen. Mit dem Trab an einem Ende, dem Pass am anderen Ende und dem Tölt in der Mitte. Ein Pferd, das Trabtölt geht, ist in der Regel zu stark auf der Vorhand; und ein Pferd, das passig ist, hat zuviel Spannung, ist steif und drückt den Rücken weg. Ein steifes, passiges Pferd kann von der dressurmäßigen Arbeit und gymnastischen Übungen profitieren. Während das trabige Pferd lernen muss, seinen Widerrist anzuheben und seine Hinterbeine besser einzusetzen. Dies kann man auch gut im Gelände trainieren (z.B. leicht bergauf).

Trab Trabtölt Tölt Passtölt Pass

Der Pass, Rennpass

Der Pass ist eine Zweitaktgangart, in welcher sich die zwei lateralen Beinpaare gleichzeitig und gleichseitig nach vorne bewegen. Dazwischen liegt eine deutliche Flugphase. Pass ist eine Renngangart. (Ein Passrennen ist eine beliebte Turnierdisziplin.) Die Pferde können Geschwindigkeiten von 55 Stundenkilometern erreichen. Die Fußfolge im Rennpass ist: (1) links hinten und rechts vorne zusammen, Flugphase, (2) rechts hinten und links vorne zusammen, Schwebephase. Wegen der großen Streckung und der weiten Tritte im schnellen Pass kommt

Schweinepass

der Hinterhuf ein klein wenig vor dem Vorderhuf der gleichen Seite auf den Boden; dies kann man auf einer High-Speed-Fotografie oder in einem Zeitlupen-Video sehen. Jedoch liegt das Auffußen zeitlich so nah beieinander, dass man nur einen Zweitakt hören kann. Wenn ein Viertakt zu hören ist, wurde der Pass in einen schnellen, jedoch passigen Tölt aufgebrochen; das ist dann kein echter Rennpass mehr.

Im Pass verlängert das Pferd Rahmen und Tritte auf das Äußerste, um so viel Boden gutzumachen wie möglich. Hals und Kopf sind gestreckt und so weit angehoben, dass das Pferd im Gleichgewicht bleiben kann. Es muss den korrekten Takt mit viel Schub und Vorwärtstendenz beibehalten und in sich gerade bleiben (geradegerichtet). Es darf weder in einen Viertakt kommen (schneller Passtölt) noch in den Galopp fallen.
Der Rennpass kann entweder aus dem Tölt gelegt werden, indem man dem Pferd erlaubt, sich zu strecken, bis es in den Pass fällt. Oder man legt das Pferd aus dem Galopp in den Rennpass. Wenn man den Pass vom Tölt aus beginnt, kann es allerdings passieren, dass das Pferd in einen Passtölt fällt. Nach dem Pass pariert man das Pferd zum Tölt und dann zum Schritt durch; es sollte nicht vom Pass in den Galopp fallen. Passreiten erfordert vom Reiter eine gute eigene Balance und viel Gefühl für den Takt und das Gleichgewicht des Pferdes. Er muss die Geschwindigkeit im Pass durch gute eigene Körperspannung erhalten können.

Der Rennpass

Schwebephase

Links hinten wird geringfügig vor dem linken Vorderbein auf dem Boden aufgesetzt.

1. Takt: links hinten, links vorne linkes laterales Beinpaar

Schwebephase

Rechts hinten wird geringfügig vor dem rechten Vorderbein auf den Boden aufgesetzt

2. Takt: rechts hinten, rechts vorne rechtes laterales Beinpaar

Der Rennpass ist eine sehr anspruchsvolle Gangart; das Pferd muss sowohl mental als auch körperlich stark sein sowie viel Kondition und Ausdauer haben, um gut Pass zu gehen. Wenn der Pass zu oft oder immer an der gleichen Stelle gefordert wird, kann das Pferd schnell hektisch werden, den Pass erwarten und möglicherweise den Hilfen vorgreifen. Das schadet unter Umständen der Reinheit der anderen Gänge. Um Verletzungen zu vermeiden, sollte das Pferd an den Vorderbeinen Schutzmaterial, wie z. B. Boots, tragen.

Islandpferd im Rennpass.

Andere laterale Gänge

Es gibt viele andere Varianten des für den Reiter bequemen Tölts, welche meist Besonderheiten bestimmter Rassen darstellen. Einige davon sind:

- **der Rack:** ein lateraler Viertakt, sehr ähnlich dem schnellen Tölt, jedoch mit Tempo geritten. Er wird von 5gängigen American Saddlebreds, Racking Horses und Spotted Saddle Horses gezeigt.
- **der steppende Pass (stepping Pace) oder Slow Gait:** ein langsamer lateraler Viertakt, der vom Pass abgeleitet wird. Er wird von 5-gängigen American Saddlebreds und manchen anderen Rassen gezeigt.
- **Paso Fino, Paso Corto und Paso Largo:** Varianten vom Paso, ausgeführt im versammelten, mittleren und starken Tempo. Ein lateraler Viertakt, der von Paso Finos und Peruanischen Pasos gezeigt wird.
- **Der Running Walk:** ein lang schreitender lateraler Viertakt mit einem gleitenden Schritt, ausgeführt vom Tennessee Walking Horse und Walkaloosa.
- **der Foxtrot oder Trocha:** ein diagonaler Viertakt, der vom Missouri Fox Trotter und einigen Kolumbianischen Paso Finos gezeigt wird.
- **der Rennpass des American Standardbred (Amerikanischer Traber):** vergleichbar dem Rennpass beim Islandpferd, wird meist im Sulky gezeigt.
- **Varianten des Tölts, wie der Amble, Marcha Batida, Marcha Picada, Revaal und Rehval,** die beispielsweise vom Rocky Mountain Saddle Horse, Mangalarga Marchador, Mahwari Pferd und mongolischen Pferden gezeigt werden.

Amerikanisches Gangpferd (American Saddlebred).

6. Verschiedene Bewegungsmöglichkeiten

Verschiedene Rassen und Pferdetypen weisen charakteristische Bewegungsformen bzw. -merkmale auf. Welche Art von Bewegung erwünscht ist, hängt von der Reitdisziplin und der vom Pferd geforderten Arbeit ab. Und vom Zuchtziel einer bestimmten Rasse. Die Art der Bewegung darf nicht mit der Qualität der Bewegung verwechselt werden – jede Art von Bewegung kann gut oder schlecht ausgeführt werden und keine Bewegungsart ist einer anderen überlegen.

Die Art der Bewegung sollte für den Verwendungszweck des Pferdes geeignet sein. Für einige Zwecke, wie beispielsweise das Freizeitreiten, ist im Allgemeinen jede Art von Bewegung, die der Reiter bevorzugt, geeignet. Im Turniersport oder bei Arbeitspferden kommen andere Richtlinien zum Einsatz. Dressurpferde zum Beispiel, die nicht einem bestimmten Bewegungstyp entsprechen, werden von Richtern naturgemäß schlechter bewertet. Wollen Sie Turniere reiten, ist es sinnvoll, Pferde mit hervorragender Bewegung auszuwählen, die dem Bewegungstyp entsprechen, der für diese Turnierart bevorzugt wird. Sie können Ihr Western Pleasure Horse zwar dressurmäßig reiten und trainieren und damit durchaus Erfolg haben. Ist Ihr Ziel jedoch, im internationalen Dressursport auf den vorderen Rängen zu landen, dann werden Sie höchstwahrscheinlich nur Erfolg mit einem Pferd haben, das speziell in Richtung Dressurveranlagung gezüchtet wurde. Und wenn Sie in der Reining erfolgreich starten möchten, werden Sie wahrscheinlich ein Quarter Horse oder einen Paint auswählen, welche von Exterieur und Bewegungsmöglichkeit für diesen Sport am besten geeignet sind.

Bewegungsarten

Bewegungsarten können durch Beinarbeit, Rückenbewegung und Gleichgewicht des Pferdes charakterisiert werden:

- **Weite, flache Bewegung:** charakterisiert durch lange, flache, ausladende Schritte und raumgreifende Bewegung (wird auch als »Gänseblümchen pflücken« bezeichnet, da das Pferd »die Blumen abschneidet«, während es sich bewegt). Die Beine schwingen aus der Schulter und Hüfte mit minimaler Beugung im Karpalgelenk und im Sprunggelenk, und sie sehen in der Vorwärtsbewegung ziemlich gestreckt aus. Diese Bewegung mit gedehnter Oberlinie ist effizient und kann über lange Strecken mühelos gehalten werden. Sie ist typisch für Vollblüter, aber man sieht sie auch bei anderen Rassen. Distanzpfer-

Weite, flache Bewegung eines Vollblutpferdes

den, Hunter, Westernpferde und Rennpferde bewegen sich so. Und man sieht sie bei vielen guten Springpferden.

- **Kurze, flache Bewegung:** gekennzeichnet durch flache Bewegungen mit kurzen Tritten und wenig Beugung der Karpal- und Sprunggelenke. Das Pferd kann seine Hinterbeine geschickt unter seinen Körper bringen und dabei stoppen und schnell wenden. Kopf und Hals werden eher tief getragen und der Hals ist wenig gewölbt, Das Pferd ist grundsätzlich in einem vorwärts ausgerichteten Gleichgewicht. Diese Bewegung ist typisch für Westernpferde, besonders für den alten Quarter Horse-Typ.

- **Runde Bewegung:** gekennzeichnet durch runde Tritte mit guter Reichweite der Tritte und vermehrter Beugung der Karpal- und Sprunggelenke. Die Bewegung ist zugleich raumgreifend und aufwärts gerichtet, wobei die Vorderbeine oft im Trab und Galopp bis in die Waagerechte kommen, jedoch nicht so hoch wie bei einer hohen »Knieaktion«. Die Aktion in Hinter- und Vorderbeinen muss ausgewogen sein, d.h. Sprunggelenke und Karpalgelenke werden etwa in gleichem Maße gebeugt. Die Bewegung der Vorder- und Hinterbeine erzeugt den Eindruck einer Kreisbewegung. Typisch für das Amerikanische Morganhorse, das Islandpferd (im Trab und Galopp), manche Friesen sowie andere Rassen, die zum Fahren und Reiten eingesetzt werden.

- **Mittlere Bewegung:** Gekennzeichnet durch lange, raumgreifende, elastische Bewegungen mit etwas Tendenz nach oben. Die Beugung der Karpal- und Sprunggelenke ist offensichtlich, jedoch nicht extrem. Die Tritte können durch gutes Training sowohl harmonisch verlängert als auch versammelnd verkürzt werden. Mit dieser Gangveranlagung kann sowohl brillante Verstärkung als auch ausdrucksvolle Versammlung er-

Bewegungsarten

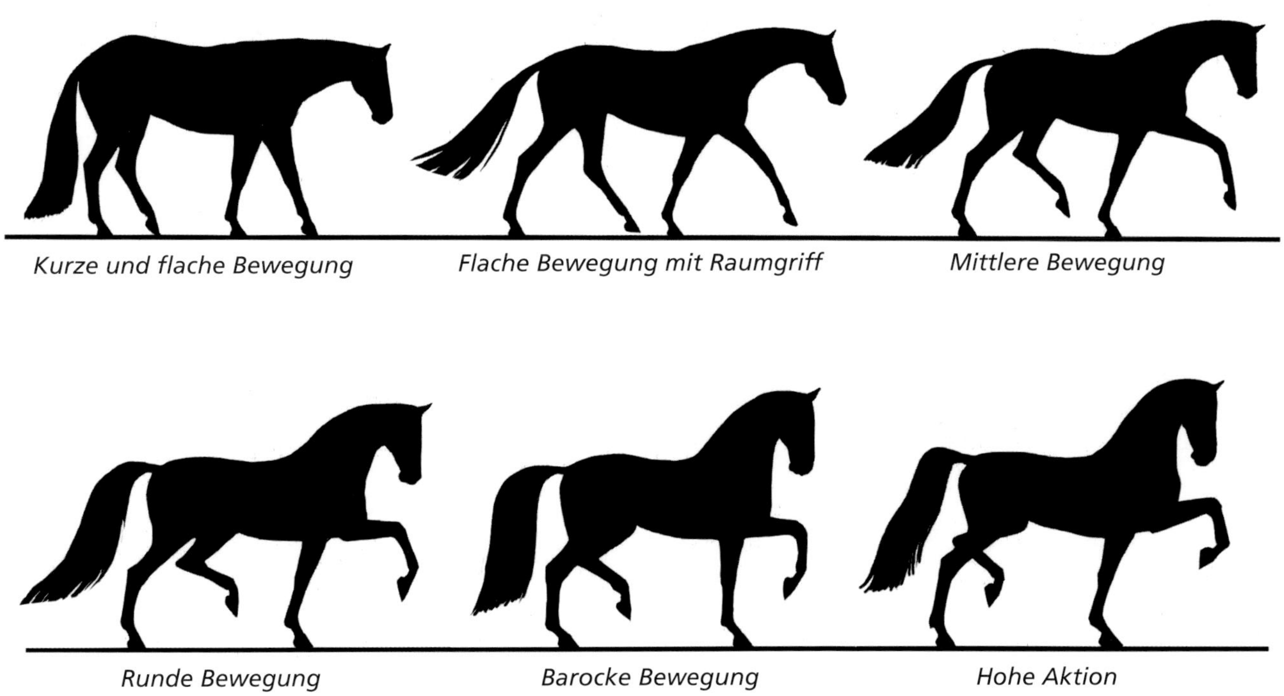

reicht werden. Pferde mit dieser Veranlagung werden für den Dressursport und bisweilen auch für den Springsport bevorzugt. Schubkraft (Geschwindigkeit) ist bei dieser Zuchtauswahl nicht das Hauptziel, sondern eher vermehrte Tragkraft. Die mittlere Bewegung ist typisch für viele europäische Warmblüter, man sieht sie aber auch bei einigen Arabern und anderen Rassen.

- **Hohe Aktion:** gekennzeichnet durch eine verstärkte Beinaktion, mit Ausrichtung der Energie vermehrt nach oben. Das Pferd geht mit hoher Kopfhaltung und beugt Karpal- und Sprunggelenke sehr stark. Die Hanken werden eng »zusammengefaltet« und die Vorhand kann über die Waagerechte hinaus gehoben werden. Die Knieaktion ist mehr aufwärts als vorwärts ausgerichtet. Manche Gänge werden mit Tempo gezeigt, ohne dass sie jedoch Form oder Höhe der Aktion einbüßen. Typisch für Hackneys, manche Ponys, Friesen, Islandpferde und andere Gangpferde. Bisweilen sieht man es auch bei anderen Rassen, besonders bei Kutschpferden.

- **Barocke Bewegung:** gekennzeichnet durch hohe, runde und elastische Tritte mit viel Schwung und Aufwärtstendenz. Die Gelenke der Beine werden mehr gebeugt als in einer mittleren Bewegung, jedoch nicht so extrem wie bei der hohen Aktion. Die Gänge sind rhythmisch und federnd. Die Pferde bewegen sich mit einem »weichen« Rücken, lassen sich meist gut versammeln und haben oft Talent für Passage und Piaffe. Verstärkungen sind mit ihnen oft etwas schwerer zu reiten. Die barocke Bewegung wird so bezeichnet, weil sie kennzeichnend für die Reitschulpferde des siebzehnten Jahrhunderts ist. Heute ist sie typisch für die iberischen Rassen (PRE und Lusitanos) sowie für Lipizzaner.

Pura Raza Española (P.R.E.) Majestic Marengo.

Verschiedene Reitsport-Disziplinen und ihre Bewegungspräferenzen

Verschiedene Pferdesportarten bevorzugen verschiedene Arten der Bewegung. Funktionalität und Effizienz der Bewegungsveranlagung für den jeweiligen Einsatzzweck sind die Kriterien für die Auswahl des geeigneten Pferdes.

Die Bewegung für das Dressurreiten

Die Dressurarbeit, richtig angewandt, kann jedes Pferd verbessern, wohingegen nicht alle Pferde gleich gut für die Dressurarbeit geeignet sind, speziell auf höherem Niveau. Das ideale Dressurpferd sollte von Natur aus klar getrennte, saubere Grundgangarten haben, frei von Fehlern, wie zum Beispiel einem lateralen (passigen) Schritt, unregelmäßigem Trab oder Vierschlaggalopp. Obwohl es hervorragende Pferde auch auf höherem Niveau gab, die mit langen und flachen oder barocken Bewegungen ausgestattet waren, liegen im Dressursport Pferde mit mittlerer Bewegung im Trend. Manche Dressurreiter, die sich mehr mit der »Dressurkunst« als dem »Dressursport« beschäftigen, bevorzugen den barocken Typ. Manche der heute bekannten Dressurpferde zeigen auch schon wieder höhere Beinbewegungen als es in der Vergangenheit erwünscht war.

Pferde mit hoher Beinbewegung und kurzen, wenig ausdrucksstarken Gängen sind weniger geeignet für den Dressursport. Pferden mit kurzen Tritten fehlt es an Bewegungsspielraum und Elastizität für versammelte, mittlere und starke Tempi. In der Regel fehlt ihnen auch die ausgeprägte Schwebephase für gute fliegende Galoppwechsel. Pferde mit hoher Aktion tendieren dazu, »Schenkelgänger« zu sein, sie bewegen sich mit geradem oder durchgedrückten Rücken und einem hohen Hals, statt »über den Rücken zu gehen«. Ein hoher Halsansatz macht es diesen Pferden oftmals besonders schwer, korrekt »am Zügel« zu gehen.

Ein Dressurpferd braucht ein gutes Gleichgewicht, Bewegungsfreiheit, lebhaften Schwung und korrekte, geradegerichtete Bewegung. Eine aktive Hinterhand bildet die Basis für das spätere Gleichgewicht, die Versammlung und den Schwung. Ein Pferd, das sich schon von Natur aus schwungvoll, elastisch und taktklar bewegt, hat einen klaren Vorteil vor anderen Pferden, wo dies erst ausgebildet werden muss. Ein gut bemuskelter, beweglicher Rücken als »Energieüberträger«, eine aktiv vortretende Hinterhand sowie die Fähigkeit, Widerrist und Halsansatz anzuheben, sind essenziell für eine gute Balance des Dressurpferds und korrekte Anlehnung am Zügel.

Dressurbewegungen

Ein Dressurpferd braucht drei klare Grundgangarten

Taktklarer Schritt im Viertakt mit Raumgriff

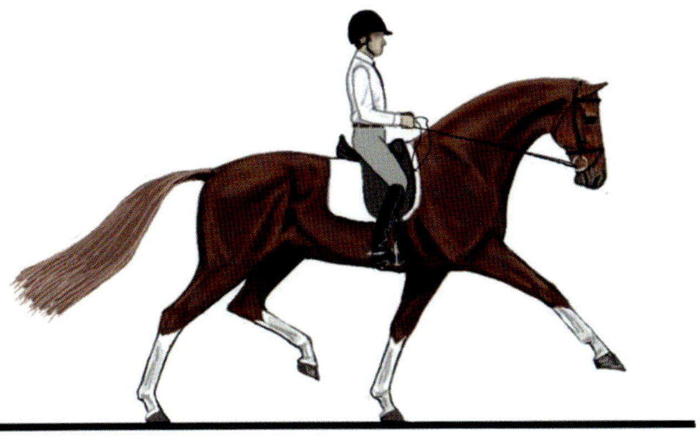

Die Fähigkeit, den Trab mit gutem Gleichgewicht zu verstärken

Galopp im Dreitakt gesprungen

Engagement, Schwung und Versammlung

Kriterien für den Schritt sind klarer, gleichmäßiger Viertakt mit regelmäßigen Tritten, gute Winkelung der Sprunggelenke sowie weites Vor- und Untertreten der Hinterbeine. Eine Passtendenz im Schritt ist ein grober Fehler.

Der Trab ist regelmäßig, ausbalanciert, rhythmisch im klaren Zweitakt, elastisch, schwungvoll und raumgreifend. Ein »imponierender«, aber fehlerhafter, starker Trab, ausgeführt mit weggedrücktem Rücken, hoher Kopfhaltung und nachschleppenden Hinterbeinen bei steifen Sprunggelenken, dafür aber mit übertriebener Streckung der Vorderbeine, verführt bisweilen unerfahrene Zuschauer zu dem Schluss, sie würden ein gutes Dressurpferd sehen. Tatsächlich hat so ein Pferd möglicherweise nur ein begrenztes Bewegungspotenzial und ist schwierig zu trainieren.

Der Galopp sollte elastisch und gut ausbalanciert sein und »bergauf« im klaren Dreitakt mit deutlicher Schwebephase gesprungen werden. Ein steifer, flacher Galopp mit wenig Schwung oder ein lateraler Galopp mit Passtendenz, wird das Pferd in der versammelten Galopparbeit in den Verstärkungen und bei den fliegenden Wechseln behindern.

Bewegung für das Springreiten

Gute Springpferde gibt es in allen Formaten, Typen und Bewegungsstilen. Springpferde werden nur nach ihrer Leistung beurteilt: hoch und weit springen und dabei schnell sein.
Vielseitigkeitspferde müssen auch gut springen; zudem müssen sie sich elegant genug bewegen, um gute Noten in der Dressur zu bekommen. Und schließlich sollen sie auch noch effizient und rationell die Sprünge im Gelände bewältigen. Jagdpferde müssen sicher und athletisch springen und brauchen Kondition und Trittsicherheit für längere Strecken auf unebenem Terrain.
In Nordamerika werden Pferde in Hunterklassen vorgestellt, wo ein perfekter Springstil sowie weite, sportliche Bewegungen beurteilt werden.
Gute Springpferde können weite und flache oder mittlere Bewegungen haben. Sie brauchen viel Kraft in den Hinterbeinen, eine gute Winkelung in den Gelenken sowie einen ausbalancierten Galopp mit viel Raumgriff. Vor allem müssen sie sich hinsichtlich der Länge des Galoppsprunges vom Reiter regulieren lassen. Manche erfolgreiche Springpferde hatten runde Bewegungen. Das machte es ihnen leicht, die Beine anzuheben und zu winkeln. Für Geschwindigkeit und Rahmenerweiterung ist eine mittlere Bewegung jedoch eher von Vorteil.

Dressurpferd mit mittlerer Bewegung.

Springbewegungen

Raumgreifender, aktiver Trab mit Schwebephase.

Erfolgreiche Vielseitigkeitspferde haben üblicherweise lange und vorwärts orientierte oder mittlere Bewegungen. Diese Gang-Eigenschaften schaffen aller Voraussicht nach beste Voraussetzungen für einen effizienten Galopp, der im Gelände viel Boden gewinnt, sowie für ein gutes Springvermögen und haben zudem das Potenzial, gute Noten in der Dressur zu erreichen. Die Änderung der Anforderungen im Vielseitigkeitssport der 1990er-Jahre – weg von der klassischen Distanz (das Straßen, Wege und Hindernisstrecken beinhaltete) hin zur kürzeren Distanz – hat eine Veränderung hinsichtlich kürzerer und technisch anspruchsvollerer Strecken ergeben. Diese Veränderung begünstigt gute Springpferde und Bewegungstalente in der Dressur gegenüber den Pferden, deren Hauptvorzug ein schneller und müheloser Querfeldeingalopp ist. Allerdings fordert die Vielseitigkeit nach wie vor gute Galopppferde, und der Vollblüter mit seinen langen, vorwärts orientierten Bewegungen oder ein leichterer Warmbluttyp sind oft erfolgreich.

Bewegungen für das Distanzreiten

Distanzpferde müssen sich effizient und ökonomisch bewegen, um mit geringstmöglichen Ermüdungserscheinungen schnell lange Strecken zurücklegen zu können. Lange Bewegungen sind hierfür die leistungsfähigste Bewegungsform. Ein gutes Distanzpferd braucht einen raumgreifenden Schritt und Trab und einen einfachen, zweckmäßigen Galopp.

Distanzpferde müssen über Gänge verfügen, die sie mit möglichst wenig Krafteinsatz ermüdungsfrei weite Strecken bewältigen lassen. Sie müssen ihre Temperatur gut regulieren können und so schnell wie möglich nach der Anstrengung zu normalen Atem- und Herzfrequenzen zurückfinden. Dies erfordert ein besonders starkes Herz- und Kreislaufsystem. Sie müssen robust und stark genug sein, um während eines langen und anspruchsvollen Trainings- und Konditionierungsprozesses gesund zu bleiben. Im Wettbewerb müssen sie unterschiedlichste Gelände- und Witterungsbedingungen aushalten. Pferde mit langen, vorwärts orientierten Bewegungen sind hierfür besonders geeignet. Traditionell suchten sich Distanzreiter Pferde mit einem »großen« Trab aus, die diesen über lange Distanzen halten konnten. Heute legen viele Distanzreiter ihren Fokus auf den Galopp, da moderne Distanzritte oft über relativ flachen, sandigen Grund führen.

Bewegungen für das Westernreiten

Westernpferde bewegen sich mit tiefer Kopfhaltung und flachen, Kraft sparenden Tritten, mit wenig Bewegung im Vorder-

Springbewegungen

Ausbalancierter Galopp mit großem Engagement.

Ein Springpferd zeigt Bascule über dem Sprung.

fußwurzel- und Sprunggelenk. Die heutigen Westernreiter bevorzugen Pferde mit langen, flachen Bewegungen, jedoch sieht man auch noch den alten Quarter Horse-Typ mit kurzen, flachen Bewegungen. Pferde anderer Rassen, wie z.B. Araber und Iberer, können mit mehr Versammlung und einer höheren Kopf- und Halshaltung western geritten werden. Diese Pferde zeigen unter Umständen rundere Bewegungen als die typischen Westernpferde Quarter Horse, Paint oder Appaloosa.

Die Gänge des Westernpferdes sollten frei, entspannt und ungezwungen sein; das Pferd bewegt sich in einem langen, flachen Rahmen, jedoch nicht »auseinandergefallen«, sondern mit aktiven Hinterbeinen und gewinkelten Sprunggelenken. Sein Rücken ist angehoben und tragfähig. Das Genick ist nachgiebig, der Hals wird entspannt »fallen gelassen«, der Zügel ist lose. Das Pferd sollte sich jedoch trotz tiefer Halshaltung und losem Zügel selbst tragen und mit weichem Maul die Zügelhilfen des Reiters annehmen.

Die Grundgangarten des Westernpferdes sind Schritt, Jog (langsamer Trab), Trab, Lope (langsamer Galopp) und (normaler) Galopp.
Der Schritt sollte Ruhe ausstrahlen, jedoch mit freier Bewegung gezeigt werden; er ist langsamer als der eines Dressurpferds, sollte aber mit gutem Untertreten der Hinterbeine und einem klaren Viertakt erfolgen.
Der Jog ist ein langsamer Trab mit minimaler Schwebephase und wenig Rückenbewegung des Pferdes. Deswegen ist er für den Reiter bequem zu sitzen. Das Pferd darf jedoch den klaren Zweitakt nicht verlieren und sollte nicht ins Schlurfen kommen.

Auch der Lope (langsamer Galopp) ist langsam und entspannt mit minimaler Schwebephase, aber im klaren Dreitakt. Ein Viertakt-Lope zeigt, dass das Pferd unkoordiniert und auf der Vorhand ist; man sieht dies oft, wenn das Pferd langsamer galoppieren muss, als es eigentlich mit gutem Gleichgewicht kann. Der »normale« Galopp des Westernpferdes entspricht einem mittleren Galopp-Tempo und kann bis zum schnellen Jagdgalopp gesteigert werden.

Westernbewegungen

Langsamer, geschmeidiger Jog, entspannte, tiefe Kopfhaltung.

Langsamer, geschmeidiger Lope, entspannt am losen Zügel.

Alle Westerngänge werden am losen Zügel ohne unnötige Zügelkorrekturen gezeigt.
In manchen Turnierdisziplinen, insbesondere in der »Reining«, brauchen die Pferde mehr Versammlung und müssen die Hin-

terhand besser untersetzen. In einer Reining-Aufgabe werden Wendungen sowohl im langsamen Lope, als auch im schnellen Galopp gefordert. Viele Reitmanöver beim Westernreiten erfolgen abrupt und schnell. Ein gutes Westernpferd sollte auf leichte Signale sofort mit Tempo losgehen, sich aber auch jederzeit problemlos wieder stoppen lassen. Das geht nur, wenn es immer ausbalanciert ist und dem Reiter aufmerksam zuhört, so dass es auf jede leise Hilfe sofort anhalten oder abwenden kann.

Die Hauptfehler in der Bewegung der Westernpferde sind: unkoordinierte Gänge, zu hohe Geschwindigkeit, hohe Beinaktion, weggedrückter Rücken, eine hohe Kopfhaltung, Verlust des klaren Taktes (Schlurfen im Jog oder ein Viertakt-Lope) und deutliches Auf-die-Vorhand-Fallen.

Bewegung von Gangpferden

Gangpferde zeigen ihre geschmeidigen Gänge mit runden Bewegungen. Manche zeigen sowohl hohe Aktion, mit großer Beugung in den Karpal- und Sprunggelenken, als auch eine gute Streckung im hohen Tempo.

Gangpferde bringen ihre Hinterbeinen gut unter den Körper und stabilisieren ihren Rücken in den Spezialgängen, indem sie

Gangpferdebewegungen

am Beispiel eines Islandpferdes

Widerrist und Hals anheben. Dies erlaubt ein weites Untertreten der Hinterbeine, was den Gängen das gute Gleichgewicht und einen sanften, gleitenden Effekt gibt. Der angehobene Widerrist und die Aufwärtstendenz in der Bewegung ermöglichen Schulterfreiheit und machen die Vorhand leicht, so dass die Vorderbeine gut angehoben und gewinkelt werden und weit nach vorne ausgreifen können. Das Pferd kann im Genick mehr oder weniger nachgeben; das ist abhängig von der Halslänge und vom Gebäude.
Manche Gangpferde, wie zum Beispiel das Islandpferd, können zusätzlich zu ihren Spezialgängen auch traben und galoppieren. Andere, wie der Paso Fino, traben nicht. Die meisten Gangpferde können versammelte, mittlere und starke Tempi in der jeweiligen rassetypischen Gangart gehen, wie den langsamen oder starken Tölt, den Paso Fino, Paso Corto und Paso Largo.
Gute Gänge sind frei, ausbalanciert, gleichmäßig und weisen aktives Engagement der Hinterhand auf. Wichtig ist eine klare Trennung der verschiedenen Gangarten, so dass sie nicht vermischt werden. Das Pferd sollte in leichter Anlehnung geritten werden und sich selbst tragen, ohne dass es übermäßig zurückgehalten werden muss. Auch beim Tempo-Verstärken sollte das Pferd das Gleichgewicht, den Takt, die Aktion oder seine Form beibehalten.
Zur fehlerhaften Bewegung von Gangpferden zählen: Taktverlust, ungleiche oder unregelmäßige Tritte, unreine Gangarten, das Wegdrücken des Rückens sowie eine hohe Kopfhaltung mit steifem Genick und prominentem Unterhals.
Grobe Gang-Fehler sind, wenn z.B. der Tölt eine Trabtendenz aufweist oder zum Pass hin verschoben ist, bis hin zum Schweinepass, einem Zweitakt mit steifem Rücken.

Typische Bewegung eines Islandpferdes.

Bewegung eines Fahrpferdes

Für Fahrpferde gelten ähnliche Richtlinien wie für Reitpferde, wenn es um erwünschte Bewegungsqualitäten geht – auch wenn sie, statt ein Gewicht auf dem Rücken zu haben, eine Kutsche ziehen müssen. Die Hauptgangart ist der Trab mit seinen Varianten (Arbeitstrab, Mitteltrab, starker Trab und versammelter Trab). Natürlich gehen Kutschpferde aber auch Schritt, galoppieren und gehen rückwärts. Die spezielle Art der Bewegung und der Beinaktion hängt von der Rasse und der Arbeit ab, welche das Pferd ausführen muss. In manchen reinen Show-Wettbewerben sieht man gern Pferde mit eleganten und auffällig hohen Bewegungen. Pferde, die für die kombinierten Fahrprüfungen verwendet werden, haben in der Regel raumgreifendere Bewegungen, damit sie sowohl in der Dressur, beim Hindernisfahren und bei der Geländestrecke gut abschneiden. Fahrpferde sollten sich mit Rhythmus und Gleichgewicht bewegen, einen raumgreifenden Viertakt-Schritt zeigen und einen gleichmäßigen, ausbalancierten und kadenzierten Trab haben. Zum Ziehen braucht es eine gute Kraftentwicklung aus einer aktiven Hinterhand. Auch das Kutschpferd sollte »am Zügel« und »über den Rücken« gehen und gerade gerichtet sein, d.h. die Hinterbeine sollten in der Spur der Vorderbeine treten. Beim Rückwärtsrichten tritt das Kutschpferd gerade und leicht und mit klarer diagonaler Fußfolge zurück und setzt die Kutsche gleichmäßig und kontrolliert zurück. Nach dem Rückwärtsrichten steht es gleichmäßig auf allen Vieren und tritt auf Kommando sofort wieder an.

Fahrpferde mit viel Beinaktion tragen manchmal ihren Kopf und Hals zu hoch, was dazu führen kann, dass sie mit weg ge-

Bewegung im Geschirr

Friese im Geschirr

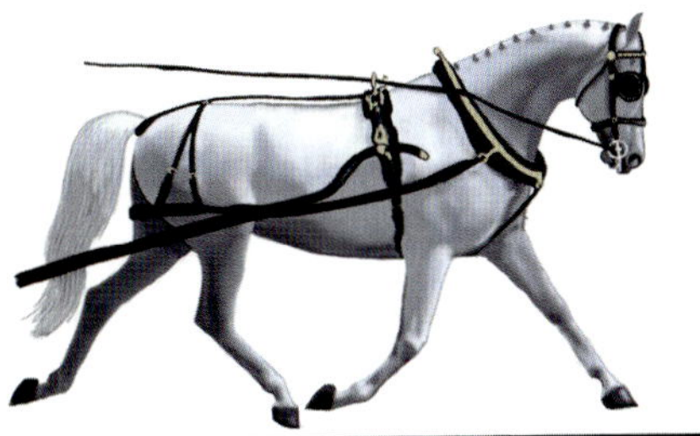

Trabverstärkung

Tuigpaard (niederländisches edles Fahrpferd)

drücktem Rücken (im Hohlkreuz) gehen. Dies schließt das Lumbosakral-Gelenk, macht die Kruppe flach und führt dazu, dass die Hinterbeine »nach hinten heraus arbeiten« bzw. weiter nach hinten schwingen, als sie unter den Körper treten. Gutes Untertreten ist mit dieser Fehlhaltung nicht möglich; Probleme mit Rücken und Hinterbeinen sind meistens die Folge. Geht ein Pferd schief, so ist es in der Kutsche nicht präzise lenkbar, was sich in Wendungen und schwierigen Situationen negativ bemerkbar macht. Ein Fahrpferd sollte sich selbst tragen und im Gleichgewicht gehen, auch in Trabverstärkungen bis hin zum starken Trab oder im Galopp. Wenn es zu sehr auf die Vorhand kommt, drückt es gegen das Gebiss und reagiert schlecht auf die Zügelhilfen, was das Zurücknehmen in eine niedrigere Gangart deutlich erschwert. Wenn das Pferd gegen das Gebiss drückt, sagt man »es zieht die Kutsche mit dem Maul«. Ein gut ausbalanciertes, gehorsames Pferd sollte in jedem Tempo einer Gangart (Versammlung, Arbeitstempo und Verstärkung) den gleichen Takt und die gleiche Trittfrequenz beibehalten. Eiliger werden oder »Wegrennen« weist auf Gleichgewichtsprobleme und Ausbildungsfehler hin. Schleppende und schlurfende Tritte im langsamen Tempo zeigen, dass das Pferd nicht versammelt ist.

Ein Friese mit hoher Aktion.

7. Gangqualität und gute Bewegung

Wenn wir die Bewegung eines Pferdes bewerten, schauen wir darauf, wie das Pferd seinen Körper einsetzt. Pferde (und Menschen) können ihren Körper gut oder schlecht nutzen. Eine gute Bewegung ermöglicht es dem Pferd, seinen Körper zweckmäßig einzusetzen, egal ob es ein gutes oder schlechtes Gebäude hat, ob es sportliches Talent hat oder nicht. Gute Bewegung ist effizient, mühelos und schön anzusehen. Sie macht das Pferd stärker und geschmeidiger, hält es gesund und hilft ihm, seine körperlichen Möglichkeiten auszuschöpfen.
Schlechte Bewegung ist ineffizient, ungeschickt und verursacht Stress; selbst ein gut gebautes Pferd mit einem athletischen Körperbau kann Schaden nehmen, wenn es gezwungen wird, seinen Körper auf die falsche Art zu gebrauchen. Wir müssen in der Lage sein, einen guten Körpergebrauch von einem schlechten zu unterscheiden. Dieses Wissen müssen wir im Training nutzen, um die Pferde gesund und in einem einwandfreien Zustand zu halten.

Was ist eine gute Bewegung?

Gute Bewegung ist funktionell, es ist der Kraft sparendste Einsatz des gesamten Pferdekörpers für eine bestimmte Anforderung. Auch wenn verschiedene Rassen oder Pferdetypen sich in ihrer Bewegungsmechanik unterscheiden und es in verschiedenen Pferdesportarten unterschiedliche Anforderungen und Bewertungskriterien gibt, so gibt es doch gewisse grundsätzliche Kriterien, die bei allen Pferden Anwendung finden können. Damit kann man die Gangarten und Bewegungen eines jeden Pferdes bewerten.

Eine gute Bewegung ist ungezwungen und effizient. Halte- und Bewegungsmuskulatur, Sehnen, Bänder und Gelenke des Pferdes arbeiten harmonisch zusammen, ohne irgendein Körperteil zu überlasten. Das Pferd wird durch gute gymnastizierende Ausbildungsarbeit zunehmend stärker und geschmeidiger; seine Muskeln entwickeln sich gleichmäßig. Dies erlaubt es dem Pferd, mit weniger Ermüdung länger zu arbeiten und hilft, Verletzungen und Ausfälle zu vermeiden. Pferde, die ihren Körper gut gebrauchen, werden sich seltener verletzen als Pferde, die sich schlecht bewegen. Oft bleiben sie auch bis ins hohe Alter gesund und belastbar.

Gute Bewegung ist sowohl für das Pferd als auch für den Reiter angenehmer. Das Pferd kann seinen Körper bestmöglich einsetzen und schützt Sehnen und Gelenke durch Lastaufnahme mit den Hinterbeinen und die daraus resultierende stoßdämpfende Federwirkung. Es bleibt besser ausbalanciert und kann so den Reiter müheloser und stressfrei tragen.
Pferde, die sich schlecht bewegen, haben oft Schmerzen oder fühlen sich nicht wohl unter dem Reiter. Aus diesem Grund werden sie bisweilen unkooperativ und »schwierig«.
Gute Bewegung ermöglicht optimale Leistung. Wenn ein Pferd seinen Körper auf die beste Art und Weise bewegt, kann es an die Spitze seiner sportlichen Möglichkeiten gelangen. Dies bedeutet mehr Dynamik größere Sprungkraft, mehr Bewegungsspielraum, besseres Anhalten, Abwenden oder was immer seine Arbeit von ihm fordert.
Letztendlich ist eine gute Bewegung wunderschön anzusehen. Und es ist ein Vergnügen, ein Pferd mit freien, harmonischen

Bewegungen zu reiten. Selbst ein gewöhnlich aussehendes Pferd kann sich in einen wunderbaren Sportler verwandeln, wenn es sich wirklich gut bewegt.

Die Skala der Ausbildung

Die Skala der Ausbildung ist eine Abfolge von Trainingsstufen und -phasen. Sie definiert die grundlegenden Fertigkeiten, die jedes Pferd entwickeln muss, sowie die Reihenfolge in welcher diese trainiert werden sollten. Sie besteht grob aus 6 Stufen, wobei jede Stufe auf der vorherigen aufbaut. Es ist dem Pferd gegenüber unfair (und sinnlos), Bewegungen oder Lektionen zu verlangen, die der Spitze der Ausbildungsskala zugeordnet werden (z. B. Versammlung), wenn es die grundlegenden Fertigkeiten hierfür noch nicht erworben hat.

Die Skala der Ausbildung besteht aus den folgenden Ausbildungsinhalten (in der Reihenfolge):

(1) Takt; (2) Losgelassenheit (Psychische und Physische Entspannung) mit Elastizität und Geschmeidigkeit; (3) Anlehnung (das Annehmen des Gebisses durch das Annehmen der Hilfen); (4) Schwung (gesteigerte Energie und Schub); (5) Geraderichtung (verbesserte Linienführung und Gleichgewicht); (6) Versammlung (gesteigertes Engagement der Hinterhand), Leichtigkeit in der Vorhand und Selbsthaltung.

Wenn das Pferd auf der Skala der Ausbildung voranschreitet, entwickelt es sich nicht nur physisch, sondern auch psychisch. Es wird gehorsam und »durchlässig«. »Durchlässigkeit« bedeutet, dass das Pferd die Reiterhilfen »durch seinen Körper durchlässt«, ohne sich zu sperren oder zu widersetzen. Es bedeutet zudem, dass jede Bewegung und jede Aktion durch den ganzen Körper geht und nicht irgendwo »stecken bleibt«. Vorbedingungen für das erfolgreiche Abarbeiten der Stufen der Ausbildungsskala ist eine artgerechte Aufzucht, ein freundlicher Umgang mit dem jungen Pferd und gutes Basistraining am Boden und an der Longe. Es muss Vertrauen zu seinem Trainer aufbauen, gehorsam werden und gut auf seinen Job als Reitpferd vorbereitet werden.

Die Skala der Ausbildung begleitet das Training des Pferdes von Anfang an. Sie sollte bei jedem Ritt im Hinterkopf des Reiters präsent sein. Der Reiter kontrolliert und überprüft jedes Kriterium der Ausbildungsskala, bis hin zu dem Level, den das Pferd in seinem Training bisher erreicht hat. Taucht eine Schwierigkeit auf, dann wird der Trainer daran arbeiten.

Auch wenn die Skala der Ausbildung oft mit dem Dressurreiten in Verbindung gebracht wird, so kann und soll sie doch auf jedes Pferd und jede Reitweise angewandt werden. Dies bedarf vielleicht kleinerer Anpassungen. Anlehnung, Schwung oder Versammlung können bei einem Warmblut-Dressurpferd, einem Reiningpferd oder einem Isländer unterschiedlich aussehen, dennoch sollten die Ausbildungsstufen der Skala für jedes Pferd und jeden Reiter verbindlich sein, um Kraft, Geschmeidigkeit, einen tragfähigen Rücken und eine Verbesserung der Bewegungsqualität unter dem Reiter zu entwickeln.

Bewegungsqualität

Bewegungsqualität in der Gesamtheit ist im Allgemeinen wichtiger als einzelne Lektionen; wenn eine Übung bewirkt, dass die Gangqualität oder der Körpergebrauch sich verschlechtern, dann wurde sie falsch ausgeführt. Falsch kann bedeuten: mit falschen oder unklaren reiterlichen Hilfen, mit zuviel Zwang oder auch zu früh, d.h. bevor das Pferd genug Kraft und Geschmeidigkeit im Training entwickelt hat, um die Lektion auszuführen.

Die folgenden Kriterien für die Qualität von Gangart und Gesamtbewegung sind in der Reihenfolge aufgeführt, wie sie in der Ausbildungsskala erscheinen – beginnend mit der Basis. Einige wichtige Punkte sind ergänzt, auch wenn sie in der Skala nicht explizit erwähnt werden.

Takt

Jede Gangart wird in ihrem eigenen Rhythmus ausgeführt. Der Takt bezieht sich auf die Fußfolge der einzelnen Gänge (Schritt, Trab, Galopp und Spezialgänge) sowie auf das räumli-

Die Skala der Ausbildung

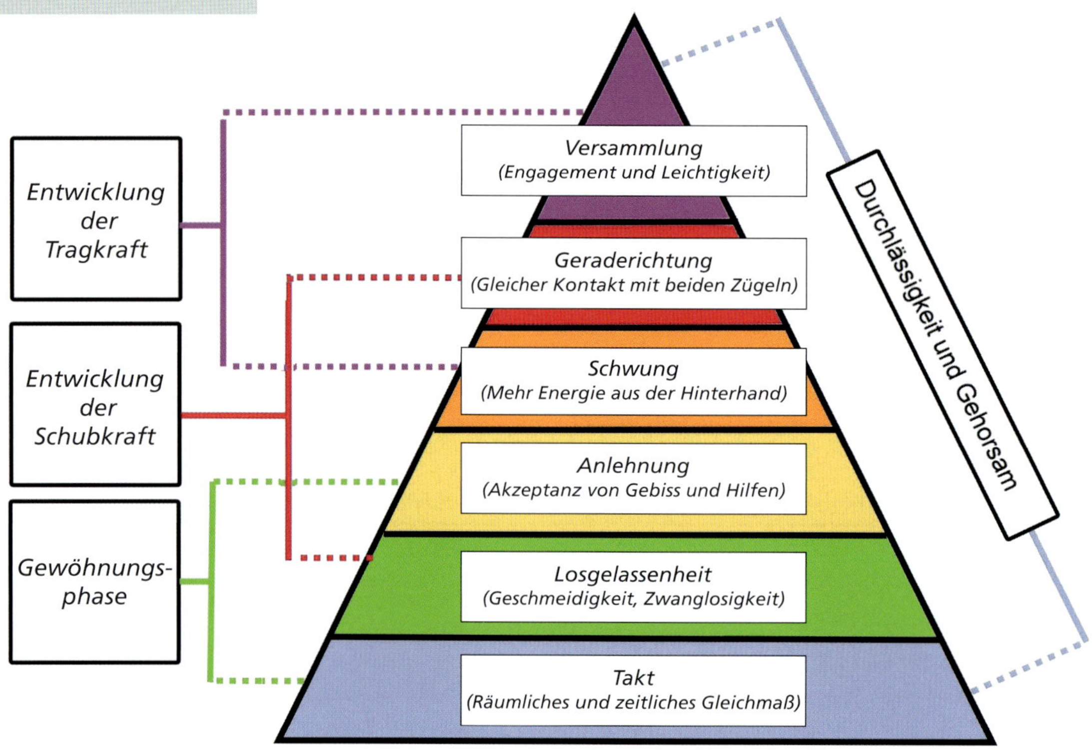

che und zeitliche Gleichmaß der einzelnen Schritte, Tritte bzw. Sprünge.

Gute Bewegung hat einen klaren Takt ohne Unregelmäßigkeiten, Schlurfen oder Durcheinanderbringen der Gangarten. Kadenz ist die Betonung des Taktes. Ein Marsch hat zum Beispiel eine deutlichere Betonung als ein Herumspazieren. Die Schrittfrequenz bezieht sich auf die Geschwindigkeit des Taktes – schnell, mittel oder langsam. Die Schrittfrequenz (manchmal auch als Tempo bezeichnet) sollte nicht mit Geschwindigkeit an sich verwechselt werden, welche sich darauf bezieht, wie schnell das Pferd eine bestimmte Strecke zurücklegt und welche in Meter pro Minute gemessen wird.

Jedes Pferd hat sein ideales Arbeitstempo für jede Gangart; bei diesem Tempo spannt und entspannt es seine Muskeln rhythmisch, es bewegt sich mühelos und bleibt dabei im Gleichgewicht. Der Takt (räumliches und zeitliches Gleichmaß der Schritte, Tritte und Sprünge) sollte auf gerader und gebogener Linie, in den Übergängen sowie in den Seitengängen, den Verstärkungen und in der Versammlung gleich bleiben.

Unbeständige und unregelmäßige Gänge verschwenden die Energie des Pferdes, führen zu Verspannung und Unausgeglichenheit und sind schwierig zu reiten. Pferde, die dem Reiter davonrennen und eilige kurze Tritte machen, haben Probleme mit dem Gleichgewicht und bewegen sich steif und unregelmäßig. Davoneilen ist oft Ausdruck eines nervösen oder verwirrten mentalen Zustands des Pferdes. Faule Pferde dagegen werden zu langsam, ziehen ihre Hinterbeine nach und »fallen« in eine langsamere Gangart.

Losgelassenheit

- physisch und psychisch (Zwanglosigkeit, Entspannung, Gelassenheit und Lockerheit)

Alle Sportler benötigen ein gewisses Maß an psychischer Entspannung, um sich mit Leichtigkeit, Geschmeidigkeit und Koordination zu bewegen. Sie benötigen gutes Aufwärmen. Dies fördert die Durchblutung, lässt die Muskeltemperatur ansteigen und führt zu Lockerheit und positiver (Körper-)Spannung. Richtige Bewegung besteht aus einem ständigen Wechsel von Spannung (Kontraktion) und Entspannung in den Bewegungsmuskeln. Dauerhafte Spannung in der Bewegungsmuskulatur (ohne Entspannungsphase) verursacht »Verspannung«, Steifheit, mentale Angespanntheit, Reizbarkeit und Nervosität und stört die Koordination. Es wird ein gewisser Grad von »positiver Spannung« in den Muskeln für Kraft und gute Haltung benötigt, ebenfalls für Energie und Schub. Ein guter Sportler wird jedoch nur gerade soviel positive Spannung aufbauen, wie benötigt wird.

Gelassenheit ist Ausdruck mentaler Entspannung. Pferde brauchen Gelassenheit, d.h. innere Ruhe, um die Hilfen des Reiters zu verstehen und sich auf ihre Arbeit zu konzentrieren. Angst, Verwirrtheit, Schmerz, Unbehagen und ein Mangel an Gleichgewicht durch grobe, abrupte, unkoordinierte oder undeutliche Reiterhilfen können mentale Spannung und Nervosität verursachen und die Leistungsfähigkeit des Pferdes massiv beeinträchtigen. Pferde, denen es an Gelassenheit fehlt, sind schnell abgelenkt und körperlich verspannt; dies kann unter Belastung zu Widerstand, Hysterie und einem »In-die-Luft-Gehen« führen.

Zeichen von körperlicher Entspannung sind: gleichmäßige Tritte in Verbindung mit einem schwingenden Rücken, der den Schweif locker pendeln lässt; ein entspanntes Genick; das sanfte Kauen auf dem Gebiss; und ein entspanntes Abschnauben. Das Pferd führt geschmeidige Übergänge aus, man kann es leicht nach links und rechts stellen, und es dehnt sich an die Hand heran, wenn der Zügel verlängert wird.

Gleichmäßige Tritte, mit gleicher Reichweite

Rhythmus und Regelmäßigkeit

Unregelmäßige Tritte

Aktivität der Hinterhand

Unter Aktivität versteht man eine energische Vorwärtsbewegung der Hinterhand (ein »Unter-den-Schwerpunkt-Treten«) vor allem in den Sprunggelenken. Aktivität sollte nicht mit der »Aktion« verwechselt werden, welche die Höhe der Bewegung meint und der Grad der Beugung in den Sprung- und Karpalgelenken. Aktivität ist notwendig für eine gute Vorwärtsbewegung; ein Pferd, welches nicht aktiv genug von hinten nach vorn tritt, wird langsam, faul und schwerfällig in seinen Bewegungen. Aktivität muss mit einer sportlichen Gelassenheit einhergehen. Zu viel Aktivität kann von Verspannung und Nervosität zeugen und führt zu unregelmäßigen Gängen, die schwierig zu kontrollieren sind.

Aktion

Aktion bezieht sich auf die Höhe der Tritte und die Beugung der Karpal- und Sprunggelenke bei jedem Tritt. Wenig Aktion bedeutet flache Tritte und wenig Beugung in den Gelenken. Bei hoher Aktion hebt das Pferd seine Beine höher und beugt Karpal- und Sprunggelenke stärker. Aktion sollte immer ausbalanciert sein (Sprung- und Karpalgelenke sollten gleich stark gebeugt werden) und gleichmäßig (die Gelenke auf jeder Seite sollten gleich stark gebeugt werden).

Losgelassenheit

Elastizität und Geschmeidigkeit

Das Pferd zeigt physische und psychische Losgelassenheit mit freier Bewegung, einem beweglichen Rücken und einem gelassenen Verhalten.

Bewegungsfreiheit

Ein Pferd zeigt Bewegungsfreiheit, wenn es seine Beine aus der Schulter oder der Hüfte frei schwingen lässt, und die Bewegung über seinen Rücken und durch den »Muskelkreis« fließen lässt. Ein »Rückengänger« ist ein Pferd, das Bewegung und Energie durchlässt – von den Hinterbeinen über den schwingenden Rücken zum Genick (und damit zum Maul). Ein »Schenkelgänger« dagegen hält seinen Rücken fest, er bewegt die Beine, ohne über den »Rücken zu gehen«.

Bewegungsfreiheit

Ein Rückengänger mit freier Bewegung

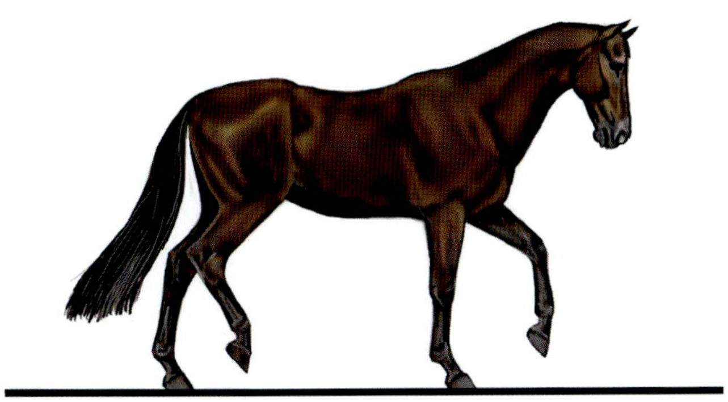

Ein Schenkelgänger mit steifen, kurzen Tritten

Bewegungsfreiheit erlaubt großrahmige, sportliche Gänge und fließende Bewegungen mit viel Raumgriff und Reichweite. Das Gegenteil wären kurze, gebundene und im Raumgriff beschränkte Gänge. Bewegungsfreiheit ist nicht nur bei Verstärkungen von Bedeutung, sondern auch in der Versammlung. In Letzterer ist es besonders die Schulterfreiheit, die erhalten werden muss, um eine harmonische und geschmeidige Verkürzung der Gänge mit gedehnter Oberlinie zu erreichen.

Ein Pferd mit viel Bewegungstalent und einem ausgezeichneten Gebäude mag naturgegebene Vorteile hinsichtlich der Bewegungsfreiheit haben. Allerdings hängt es oft von der Art des Reitens ab, wie gut das Pferd seine natürliche Veranlagung nutzen kann. Bewegungsfreiheit kommt durch lebhaften Schwung, Losgelassenheit der Muskeln und frei bewegliche Gelenke zustande. Es kann vorkommen, dass ein gewöhnlich ausschauendes Pferd sich hervorragend bewegt und mit schwungvollen und freien Bewegungen »tanzt«, wohingegen ein muskelbepackter Pferde-Athlet mit einem perfekten Gebäude steif und widerwillig ist und den Rücken festhält.

Geschmeidigkeit, Dehnung, Weichheit und Nachgiebigkeit

Das geschmeidige Pferd kann sich biegen, die Gelenke beugen und sein Gleichgewicht problemlos nach vorne, hinten oder zur Seite anpassen. Es kann mühelos Übergänge ausführen, seine Tritte verkürzen oder verlängern, abwenden oder sich vorwärts-seitwärts bewegen. Geschmeidigkeit ist besonders offensichtlich in sanften, sofortigen und fließenden Übergängen ohne Widerstand. Losgelassenheit und Geschmeidigkeit sind untrennbar verbunden mit gutem Gleichgewicht. Eins ohne das andere ist nicht möglich.

Steifheit ist das Gegenteil von Geschmeidigkeit. Ein steifes Pferd ist ungeschickt, schwerfällig und reagiert langsam auf die Hilfen des Reiters, selbst wenn es willig ist. Es ist möglicherweise stark einseitig oder völlig aus dem Gleichgewicht, so dass es Angst davor hat, hinzufallen oder zu stolpern.

Entspannt und geschmeidig gehendes Pferd.

Pferde die physisch und/oder psychisch verspannt sind, können natürlich weder losgelassen noch geschmeidig sein.

Ein geschmeidiges Pferd ist flexibel, biegsam und anpassungsfähig. Jedoch darf man die Biegsamkeit nicht mit der Fähigkeit, den Hals seitwärts zu biegen, verwechseln. Manchmal versuchen Reiter, den Hals des Pferdes mit Gewalt zu dehnen, indem sie den Kopf des Pferdes von einer Seite zur anderen ziehen und sogar die Pferdenase bis an den Reitstiefel herüberziehen. Dies kann ein Pferd lehren, sich einer Wendung zu widersetzen, indem es seinen Hals zur Seite biegt und über die äußere Schulter wegläuft. Der Reiter hat dann Mühe, die Bewegungsrichtung und das Tempo zu beeinflussen. Ein Pferd, dem es an Schwung fehlt, das sich verdreht, verrenkt und sich zur Seite schlängelt, anstatt dass es richtig vorwärts geht, ist kein losgelassenes, geschmeidiges Pferd!

Anlehnung

Anlehnung ist die weiche, stetige Verbindung zwischen der Reiterhand und dem Pferdmaul. Eine korrekte Anlehnung erlaubt es dem Pferd, sein Gleichgewicht unter dem Reiter zu finden und einen guten Takt in jeder Gangart zu entwickeln. Der korrekte Spannungsbogen wird durch aktives Vortreten der Hinterbeine und »Einfangen« der Energie am Zügel hergestellt. Die reiterlichen Hilfen haben eine Auswirkung auf den ganzen Pferdekörper, wenn dieser Spannungsbogen intakt ist. In korrekter Anlehnung sollte das Genick immer die höchste Stelle des Halses sein, außer wenn das Pferd sich nach unten dehnt. Anlehnung wird durch einen Prozess erreicht, bei welchem der Reiter das Pferd auffordert, sich nach vorne an die Hand heranzudehnen. Dies beginnt durch den Einsatz der Schenkelhilfe (bei fortgeschritteneren Pferden auch durch die Gewichtshilfe), mit der man das Pferd dazu auffordert, mit seinen Hinterbeinen weiter unter den Körperschwerpunkt zu treten. Dadurch

hebt das Pferd seinen Rücken an, die Oberlinie wölbt sich nach oben und dehnt sich. Das Pferd »sucht« die Anlehnung. Der Reiter akzeptiert diesen Zügelkontakt mit sanften Händen, entspannten Armen sowie seinem Rücken und seinem Sitz. Er hält die Verbindung mit seinen Schenkel- und Gewichtshilfen zum Pferdemaul aufrecht.
Kontakt und Anlehnung können niemals durch eine Rückwärts-Bewegung der Hände oder durch einfaches Verkürzen der Zügel erreicht werden. Beides muss über den Rücken aus dem Vorwärtsimpuls der Hinterbeine entstehen, angefordert über die reiterlichen Hilfen. Das Pferd muss Vertrauen in die Reiterhand haben und die Anlehnung suchen. Dies zeigt es durch seine Bereitschaft, sich vorwärts-abwärts zu dehnen, wann immer der Reiter seine Zügel verlängert und auch am längeren Zügel eine weiche, stetige Verbindung hält.
Westernpferde, die mit losem Zügel gearbeitet werden, haben eine andere Art von Kontakt mit der Reiterhand. Auch bei ihnen soll die Anlehnung entstehen, indem sie ihre Hinterbeine aktivieren, den Rücken anheben und wölben und den Hals mit weichem Genick nach vorne dehnen. Jedoch ist die Anlehnung leichter; sie wird allein durch das Gewicht der Zügel und die Lage des Gebisses im Maul hergestellt.

Anlehnung

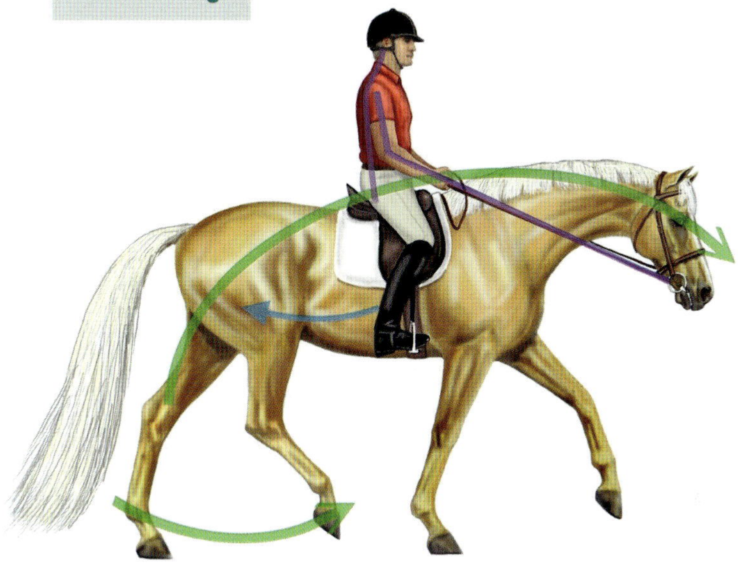

*So entsteht Anlehnung: Der Reiter fordert das Pferd mit seinen Schenkelhilfen dazu auf, größere Tritte mit den Hinterbeinen zu machen.
Das Pferd hebt den Rücken an und dehnt sich mit Kopf und Hals an das Gebiss heran. Der Reiter akzeptiert diesen Kontakt mit Händen, Armen, Rücken und Sitz.*

Gleichgewicht

Die Balance eines sich bewegenden Pferdes ist dynamisch (Balance in der Bewegung), nicht statisch. Das bedeutet, das Pferd nimmt ständig kleinere und größere Anpassungen vor. (Das Gleiche gilt auch für das Gleichgewicht des Reiters.) Für jede Gangart und Bewegung, gibt es ein optimales »Durchschnitts-Gleichgewicht«, welches dem Pferd den größten Bewegungsspielraum lässt. Ein losgelassenes, gut ausbalanciertes Pferd kann sein Gleichgewicht schnell und problemlos anpassen, um die Richtung oder das Tempo zu ändern, z.B. wenn sich die Bodenverhältnisse ändern oder es die Anweisungen des Reiters befolgt. Ein Pferd, das vom Reiter mit zu straffem Zügel festgehalten wird, sich selbst im Rücken festhält oder zuviel Gewicht auf der Vorhand hat, ist in seiner Balance eingeschränkt und kann nicht gut reagieren.

Das Pferd nimmt die Hilfen mit leichter Anlehnung an.

Gutes und schlechtes Gleichgewicht

Gut ausbalancierter Jagdgalopp

Galopp auf der Vorhand

Gut ausbalancierte Wendung eines Westernreiters

Schlecht ausbalancierte Wendung eines Westernreiters

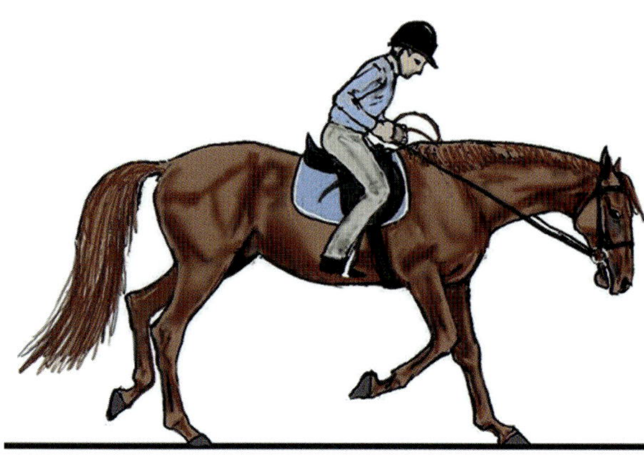

Trab auf der Vorhand

Trab mit gutem Gleichgewicht

Ein Pferd muss im besten Gleichgewicht für seine jeweilige Aufgabe arbeiten. In der freien Wildbahn geschieht dies automatisch. Muss es jedoch einen Reiter tragen, so beeinflusst dies die Balance des Pferdes. Manche Pferde haben von Natur aus mehr Begabung, das zusätzliche Reitergewicht auszubalancieren und sind athletischer als andere. Es ist jedoch für jedes Pferd einfacher, unter einem Reiter zu gehen, der sein eigenes Gleichgewicht gut kontrollieren kann. Ein steifer, nicht ausbalancierter Reiter mit schlechtem Körpergefühl und deswegen unpräziser Hilfengebung kann das talentierteste Pferd massiv behindern. Das Gleichgewicht zu verlieren, ist störend und beängstigend sowohl für das Pferd als auch für den Reiter. Wenn die Balance nicht stimmt, kann selbst das willigste Pferd bisweilen nicht den Wünschen des Reiters entsprechen, weil es mit seinem Gleichgewicht ringt.
Das Gleichgewicht hängt hauptsächlich mit dem Engagement aus der Hinterhand zusammen; außerdem wird es durch die Kopf- und Halshaltung, Ausgleichsbewegungen von Kopf und Hals sowie der Muskulkatur des Schultergürtels beeinflusst. Einen starken Einfluss auf das Gleichgewicht hat zudem die Geschwindigkeit, inbesondere in Wendungen. Da der Schwerpunkt des Pferdes sich mit höherer Geschwindigkeit nach vorne bewegt und die Vorhand des Pferdes sowieso schon schwerer ist als die Hinterhand (und in der Natur – ohne Reiter – mehr Gewicht trägt), verlegt das Pferd zu viel Gewicht auf die Vorhand und rennt, insbesondere im Galopp, schnell einmal seinem eigenen Gleichgewicht hinterher. Vor allem, wenn der Reiter sein Gleichgewicht auch noch zu weit vorne hat.

Seitliches Gleichgewicht

Seitliches Gleichgewicht bezieht sich auf die laterale oder Links-rechts-Balance des Pferdes, vor allem in den Wendungen. Ein gerittenes Pferd ist ausbalancierter und leichter zu reiten, wenn es aufrecht bleibt und nicht in die Wendung hineinkippt. Dies erfordert Lastaufnahme des inneren Hinterbeines und Biegung in den Wendungen. Wenn das Pferd mit Geschwindigkeit abwendet, wird es sich nach innen lehnen. Dabei muss es aber seine Hinterbeine gut aktivieren, um diese Bewegung sicher auszuführen.

Längsseitiges Gleichgewicht

Längsseitiges Gleichgewicht bezieht sich auf die Balance von vorne nach hinten. Um seinen Rahmen zu verkürzen oder zu erweitern und seinen Schwerpunkt vor bzw. zurück zu verlagern, aktiviert das Pferd seine Hinterbeine, benutzt Kopf und Hals als Balancierstange und setzt seine Muskulatur in Schultergürtel, Rücken und Bauch ein. Sowohl Versammlung als auch Rahmenerweiterung gehen immer von den Hinterbeinen aus. Kraftentwicklung in der Hinterhand hat deswegen oberste Priorität bei der Pferdeausbildung.

Schwung

Schwung bezieht sich auf die Energie, Elastizität und Schubkraft aus der Hinterhand, die über den Rücken nach vorne übertragen und dort gelenkt wird. Der Schwung macht die Gänge lebhaft und spritzig. Winkelt das Pferd die Gelenke in der Hinterhand und stößt sich energisch vom Boden ab, so ist das vergleichbar mit dem Spannen einer Feder. Mit dieser »Federwirkung« speichert das Pferd die Energie und setzt sie über den schwingenden Rücken (Energieüberträger) nach vorn-oben wieder frei.

Schwung kommt aus dem Willen des Pferdes, mit Energie und Kraft vorwärts zu gehen (Vorwärtsdrang). Es soll dabei jedoch nicht eilen, sondern lang und weit vortreten. Um guten Schwung zu entwickeln, muss ein Pferd gerade gehen können, da die Schiefe die Schwungbildung verhindert.

Schwung hat nichts mit Nervosität oder wildem Davonrennen zu tun. Schwung darf nicht mit Geschwindigkeit verwechselt werden. Ein Pferd kann großen Schwung in versammelten Gangarten entwickeln oder sogar auf der Stelle, wie in der Piaffe. Ein Pferd, welches sich schneller bewegt, sich aber dabei im Rücken festhält oder mit steifen Hinterbeinen geht, hat keinen Schwung. Eines, das mit wenig Aktivität dahinkriecht und sich den Vorwärtsimpulsen widersetzt, natürlich auch nicht.

Schwung ist Energie, Elastizität und Schubkraft, die von den Hinterbeinen über den schwingenden Rücken übertragen wird.

Geraderichtung

Eine gute Bewegung ist gerade, mit einer guten Ausrichtung von Körper und Beinen. Geradegerichtete Bewegung ist effizienter und erlaubt dem Schwung, gleichmäßig durch den Körper zu fließen. Geraderichten bedeutet: Beide Seiten des Körper werden gleichmäßig eingesetzt, alle Beine und Gelenke werden gleichmäßig belastet. Das (Reiter-)Gewicht wird auf beide Körperhälften verteilt, ohne eine Seite zu überlasten. Nur so kann sich die Muskulatur gleichmäßig ausbilden und Schäden und Verletzungen durch ungleichmäßige Belastung werden vermieden.

Geraderichtung beim Reiten und Training bezieht sich auf die Linienführung der Vorder- und Hinterbeine sowie der Wirbelsäule. (Die geradegerichtete Bewegung der einzelnen Beine hängt von dem Gebäude hab; dies wird in Kapitel 12 weiter ausgeführt.) Ein Pferd ist geradegerichtet, wenn die Hinterbeine in die Spur der Vorderbeine treten, sowohl auf der Geraden als auch in den Wendungen; der Körper folgt dieser Linie. Der Körper ist gerade, wenn es geradeaus geht und gebogen in Wendungen. Dies hält die Wirbelsäule korrekt ausgerichtet und erlaubt eine freiere, effizientere und anmutigere Bewegung. Ist das Pferd geradegerichtet, treten die Hinterbeine gleichmäßig unter den Körperschwerpunkt und die reiterlichen Hilfen kommen gleichmäßig bei den Hinterbeinen an (Durchlässigkeit wird erreicht).

Ein Pferd, das mit steifem Körper abwendet wie ein Boot im Wasser, oder eines, das zur Seite ausweicht oder in Außenstellung läuft, fühlt sich unwohl unter dem Reiter und bewegt sich unkoordiniert. Ein schiefes Pferd, das leicht seitwärts geht und sich in den Hinterbeinen oder den Schultern verbiegt, kann sich nicht schwungvoll, frei und effizient bewegen. Es überlastet zudem einseitig Beine und Gelenke, was zu Lahmheiten führen kann.

Wie Menschen auch, sind alle Pferde zu einem gewissen Grad schief; sie haben eine steifere und eine hohle Seite, ein stärkeres und ein schwächeres Hinterbein. Manche Fachleute glauben, dass dies mit der Lage des Embryos im Mutterleib zu tun hat, bevor das Fohlen zur Welt kommt; andere denken, dass es damit zusammenhängt, dass die meisten Menschen die Pferde mehr von links als von rechts ansprechen. Bisweilen machen Reiter die Schiefe noch schlimmer, indem sie selbst schief sitzen, oder dem Pferd erlauben, hauptsächlich in seine Lieblingsrichtung zu gehen, so dass das Pferd auf einer Seite immer schwächer wird und auf der anderen Seite immer kräftiger. Schwäche oder Verletzungen bzw. Lahmheiten können dazu führen, dass ein Pferd eine Seite bevorzugt. Zwanghafte oder unzweckmäßige Trainingsmethoden verstärken oft die Schiefe und können sogar dazu führen, dass ein Pferd »zügellahm« wird.

Ein einseitiges Pferd wird die Hilfen auf seiner steifen Seite akzeptieren und sich auf seiner hohlen Seite den Hilfen entziehen. Die Hinterbeine treten nicht gleichmäßig unter seinen Körper. Möglicherweise hat es auf einer Seite Schwierigkeiten, anzugaloppieren, und es fällt ihm schwer, in Wendungen das Gleichgewicht zu halten.

Viel Schwung wird in der Piaffe gezeigt, einem Trab, der auf der Stelle geritten wird.

Schwung im Vergleich zu Geschwindigkeit

Ein Rennpferd, das Ermüdungserscheinungen bekommt und langsamer wird, wird sich immer noch recht schnell bewegen, jedoch ohne Schwung.

Geraderichten

»Geraderichten« bedeutet, dass die Hinterbeine in die Spur der Vorderbeine treten, sowohl im Geradeaus als auch in Wendungen. Das Pferd setzt dabei beide Körperhälften gleichmäßig ein.

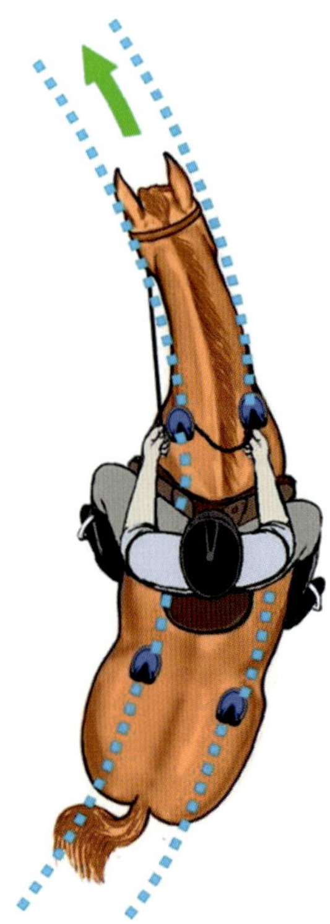

Eines der Trainingsziele ist es, beide Seiten des Pferdes so gleichmäßig wie möglich zu trainieren, die schwachen Muskeln zu stärken und die Verspannungen auf der steifen Seite zu lösen. Das führt nicht nur dazu, dass es sich einfacher reiten lässt, sondern bewahrt auch seine Gesundheit. Geraderichtung ist ein fortschreitender Prozess, in dem beide Seiten des Pferdes sowohl gelockert als auch gestärkt werden. Je geringer die muskulären Spannungs-Unterschiede auf den beiden Seiten sind, desto gerader kann sich das Pferd bewegen und umso leichter ist es, die Gänge zu verbessern und das Pferd gesund zu halten.

Durchlässigkeit

Durchlässigkeit bezieht sich auf die Energie, die möglichst frei durch den Pferdekörper fließen soll, von vorne nach hinten und von hinten nach vorne. Diese erlaubt dem Reiter, mit seinen reiterlichen Hilfen »durchzukommen« und jedes Körperteil des Pferdes anzusprechen (besonders die Hinterbeine), ohne dass das Pferd die Energie irgendwo blockiert bzw. sich den Hilfen widersetzt.

Versammlung

Ein richtig versammeltes Pferd lässt den Reiter wie auf Wolken schweben. Korrekte Versammlung fühlt sich für den Reiter wundervoll an. Sie macht die Bewegungen frei und leicht und das Pferd scheint zu tanzen.

In der Versammlung verlagert das Pferd mehr Gewicht auf die Hinterbeine. Die Vorhand wird angehoben und dadurch leicht und beweglich. Versammlung ist nicht unnatürlich für Pferde; man kann dies beobachten, wenn sie miteinander spielen oder angeben wollen. In einem versammelten Gang werden die Tritte kürzer, jedoch energischer und aktiver. Aktivierung der Hinterhand bedeutet: Sämtliche Gelenke der Hinterhand werden in höherem Maße gebeugt (Hankenbeugung), das Lumbosakral-Gelenk öffnet sich und das Becken des Pferdes kippt leicht, was zum Senken der Kruppe führt. Der Widerrist wird angehoben und der Hals gewölbt, mit dem Genick als höchstem Punkt und der Nasenlinie kurz vor der Senkrechten.

Ein Pferd kann für anspruchsvollere Lektionen versammelt werden, wie zum Beispiel für die Piaffe, für fliegende Galoppwechsel oder Pirouetten. Oder es kann in einer versammelten Gangart geritten werden. Dauerhafte Versammlung unter einem Reiter erfordert viel Muskelkraft und einen guten Energiefluss im Körper. Das muss speziell trainiert werden. Es ist unfair dem Pferd gegenüber, es versammeln zu wollen, bevor es bereit dafür ist. Die Vorbereitung für die Versammlung erfolgt in Anlehnung an die Skala der Ausbildung. Und, um es gleich vorwegzunehmen: Sie dauert nicht Monate, sondern Jahre.

Das Pferd bewegt sich mit Leichtigkeit und in Selbsthaltung.

Das Pferd zeigt Versammlung mit Leichtigkeit und Selbsthaltung.

Selbsthaltung

Selbsthaltung bedeutet, dass das Pferd sein Gleichgewicht unter dem Reiter halten kann, ohne dass der Reiter dauernd eingreifen muss. Selbsthaltung ist in allen Tempi und Gangarten erwünscht, insbesondere jedoch in der Versammlung. Das Pferd darf keine Stütze in der Reiterhand suchen. Selbsthaltung wird nie mit dem Zügel hergestellt. Reiter und Pferd sollen unabhängig voneinander ihr Gleichgewicht halten können. In der Dressur überprüft der Reiter die Selbsthaltung des Pferdes, indem er die Zügel für einige Sekunden überstreicht; wenn das Pferd Takt, Gleichgewicht, Geschwindigkeit und Gangart beibehält, trägt es sich selbst.

Leichtigkeit

Leichtigkeit bedeutet Balance und mühelose Bewegung, besonders in der Versammlung. Das Pferd ist leicht lenkbar und »vorwärts-aufwärts« ausgerichtet, ohne dass der Reiter es zurückhalten oder deutlich sichtbare Hilfen geben muss.

8. Gleichgewicht und Bewegung

Die Grundlagen des Gleichgewichts

Ein Pferd weiß etwa eine Stunde nach seiner Geburt, wie es sein Gleichgewicht halten kann. Wenn ein Fohlen einmal gelernt hat, aufzustehen und seine Beine zu koordinieren, kann es sehr bald Schritt gehen, traben, galoppieren, springen und buckeln. Wenn es beim Rennen mit einem anderen Fohlen eine Kurve zu schnell nimmt, oder auf rutschigem Boden das Gleichgewicht verliert, dann bekommt es eine sofortige Lektion, was funktioniert und was nicht. Ein Baby lernt auf die gleiche Art das Krabbeln, Klettern, Laufen und schließlich Rennen, nur dass es beim Menschen viel länger dauert. Der Gleichgewichtssinn eines Fohlens hängt teilweise mit propriozeptiven Rezeptoren im Huf zusammen; diese entwickeln sich beim Fohlen in den ersten Lebenstagen, wenn es sich viel bewegt.

Wenn es das erste Mal geritten wird, muss sich ein Pferd mit Gleichgewichtsproblemen befassen, die es nie zuvor hatte. Es muss sich unter dem Reitergewicht, das bis zu 20 Prozent seines eigenen Körpergewichts beträgt (bei kleinen Rassen sogar mehr), neu ausbalancieren. Das macht junge Pferde ungeschickt, solange bis sie sich an das Reitergewicht gewöhnt haben und kräftig genug geworden sind, damit ohne Anspannung umzugehen. Die Einwirkung des Reiters durch die Zügel (Druck im Maul), Schenkelimpulse und Veränderungen im Sitz (d.h. des Gleichgewichts) kann das Pferd zusätzlich verunsichern, wenn der Reiter nicht ganz vorsichtig vorgeht. Das Pferd muss erst lernen, wie es auf die ungewohnten Signalen und die teilweise Einschränkung seiner Ausgleichsbewegung im Hals reagieren soll. Missverständnisse hierbei können zu Unbehagen, Verwirrung, Angst und Frustration bei dem jungen Pferd führen.

Es ist für das Pferd viel einfacher, mit dem Reitergewicht fertig zu werden, wenn der Reiter erfahren, geschmeidig und ausbalanciert ist und das Pferd möglichst wenig stört. Ein steifer, unsicherer und unausbalancierter Reiter ist sehr mühsam zu tragen. Das Hauptproblem ist jedoch die Kommunikation: Einen unkoordinierten, unsicheren Reiter kann das Pferd schlicht und einfach nicht verstehen, weil er seine Signale (Hilfen) unpräzise gibt. Es kämpft mit seinem Gleichgewicht und weiß gar nicht, was der Reiter von ihm will ... Sie können das an sich selbst testen: Schon einfaches Vorwärtsgehen wird schwierig, wenn Sie es exakt nach der Anweisung einer anderen Person ausführen sollen. Obwohl Sie die Bewegung mühelos und selbstverständlich ausführen könnten, wenn Sie es auf ihre Art machen würden. Noch viel schwieriger wird es, wenn Sie einen kleinen (nicht allzu leichten) »Alien« auf Ihren Schultern tragen müssen, der die Bewegungen leitet, indem er Sie am Kopf, am Mund oder am Körper zieht und stößt, in einer Art, die Sie nicht wirklich verstehen. Der Sie behindert und vielleicht auch noch bestraft, wenn Sie es dann falsch verstanden haben. Die durch Kommunikationsfehler und schlechte Balance verursachte Anspannung macht es noch schwieriger für das Pferd, sich im Gleichgewicht zu bewegen, und es macht noch mehr »Fehler«.
Glücklicherweise kommen die meisten Pferd-Reiter-Paare über dieses »Alien-Stadium« hinweg und erreichen ein funktionsfä-

higes gemeinsames Gleichgewicht. Jede Bewegung, die zwei Partner gemeinsam ausführen – egal wie einfach sie sein mag –, ist leichter, sicherer und effizienter, wenn sich die beiden Partner in einem gemeinsamen Gleichgewicht befinden. Jeder Verlust der Balance, egal wie geringfügig und ob bei Reiter **oder** Pferd, ist beängstigend für beide, und verhindert gute Bewegung.

Weil sich schlechtes Gleichgewicht für Pferd und Reiter gleichermaßen schlecht anfühlt, kann der Reiter manche Probleme durch Ausprobieren lösen, wenn er ein feines Gespür für die eigene Balance und die seines Pferdes hat. Dies funktioniert am besten bei einfachen Aufgaben, die keinen großen Anspruch an das Gleichgewicht von Pferd und Reiter stellen, und wenn das Pferd sehen kann, was zu tun ist, zum Beispiel beim Ausreiten. Wenn die an das Pferd gestellte Aufgabe ein hohes Maß an Balance erfordert, wird dies bedenklicher. Zum Beispiel beim Abwenden mit hoher Geschwindigkeit, beim Springen oder in fortgeschrittenen Dressurlektionen. Der Reiter muss soweit ausgebildet sein, dass er in jeder Situation selbst im Gleichgewicht bleiben kann und weiß, wie er seinem Pferd bei der Erhaltung des Gleichgewichts helfen kann. Der gute Reiter ist selbst sportlich, geschmeidig und sehr gut ausbalanciert und weiß genau, was sein eigener Körper tut.

Reiter und Trainer, die ein falsches Verständnis von Gleichgewicht und Biomechanik haben, zwingen ihre Pferde in Bewegungen, die gegen die Natur sind und fügen dem Pferd damit physischen und psychischen Schaden zu. Der Reiter hat die bewegungsmechanischen Zusammenhänge nicht verstanden, wenn er denkt, er könne durch Kraft eine bestimmte Art der Bewegung erzwingen oder den Kopf in eine gewünschte Haltung ziehen. Gute Bewegung entsteht durch gutes Gleichgewicht in Verbindung mit anderen wesentlichen Gangqualitäten, nicht aber indem man unzusammenhängende »Einzelteile« zusammenfügt. Mit Gewalt ist gar nichts zu erreichen. Das Pferd mag aus Angst und Verzweiflung athletische Bewegungen ausführen, aber es wird nie »elegant schweben« und mit vollem Einsatz bei der Sache sein. Solch missbräuchliches Training führt zu mentalen und körperlichen Zusammenbrüchen und einer Verschwendung des natürlichen Potenzials. Xenophon (500 vor Christus), der große griechische Rittmeister, drückt es schon treffend aus: »Nichts, was beim Pferd durch Zwang erreicht wird, kann je schön sein, da es ohne Verstand gemacht wird. Es ist genauso »schön« anzuschauen wie ein Tänzer, den man mit Sporen und Peitsche zwingen würde, zu tanzen.«

Schwerpunkt des Pferdes

Um das Gleichgewicht des Pferdes verstehen zu können, müssen wir uns anschauen, wie es gebaut ist. Die Vorhand ist durch den vorne aufgesetzten Hals schwerer als die Hinterhand; ein stehendes Pferd trägt ungefähr 55 bis 60 Prozent seines Körpergewichts auf seinen Vorderbeinen und 40 bis 45 Prozent auf seinen Hinterbeinen. Der Schwerpunkt ist eine imaginäre Stelle, an welcher sich das Gleichgewicht konzen-

Schwerpunkt im Stehen

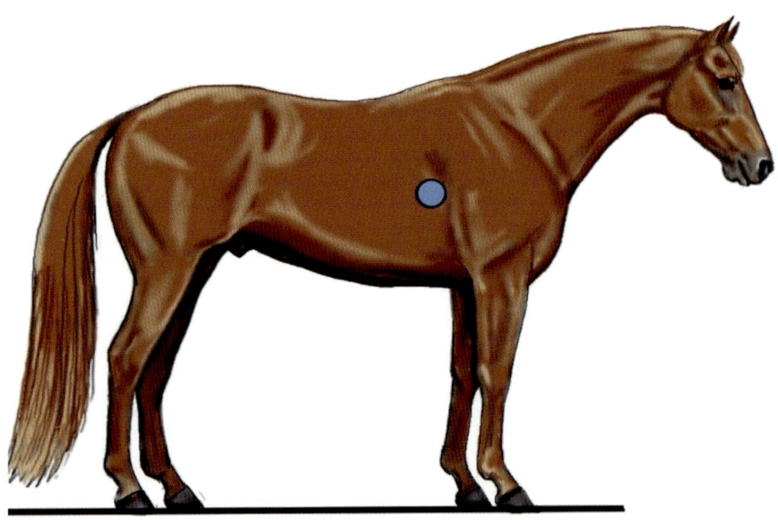

Ungefährer Körperschwerpunkt des stehenden Pferdes.

Der Schwerpunkt in der Bewegung

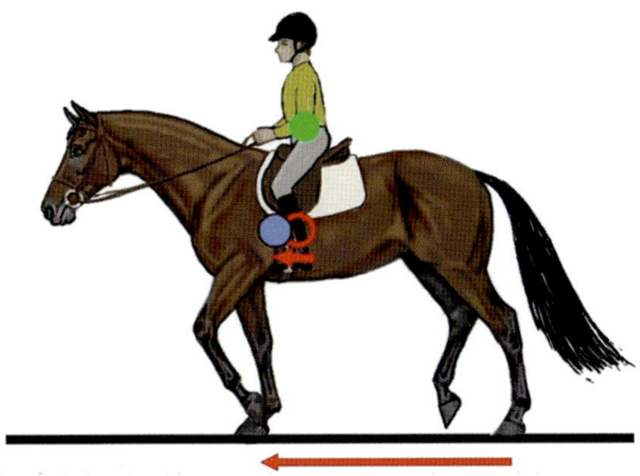

Anreiten im Schritt: Der Körperschwerpunkt verlagert sich etwas nach vorne.

Angaloppieren aus der Startbox: Der Körperschwerpunkt verlagert sich plötzlich nach vorne.

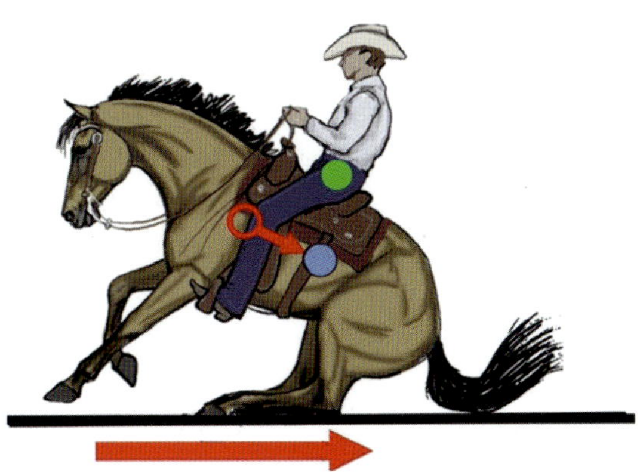

Reining Pferd in einem Sliding Stop: Der Körperschwerpunkt verlagert sich nach hinten.

triert – der »Balancepunkt«. Stehend befindet er sich in der Brustmitte, etwa dort, wo auch der Brustumfang gemessen wird. Etwas weiter vorne als der Mittelpunkt des Pferdekörpers. Die genaue Lage des Schwerpunkts und der Gewichtsverteilung zwischen den Vorder- und Hinterbeinen des Pferdes variiert, je nach Exterieur und Körperhaltung des Pferdes. Das Anheben der Schulter und Wölben des Halses verschiebt den Schwerpunkt leicht nach hinten; das Senken des Kopfes und Dehnen des Halses oder ein Nach-vorne-Lehnen verschiebt ihn nach vorne.

Die Pferdebeine müssen den Schwerpunkt unterstützen, ansonsten würde das Pferd umfallen. Wenn sich ein Pferd vorwärts bewegt, verlagert sich der Schwerpunkt mehr oder weniger nach vorne. Die Hinterbeine produzieren mehr oder weniger Schubkraft – je nach Geschwindigkeit und Gangart. Die Beine müssen sich nach vorne bewegen, um den Schwerpunkt bei jedem Schritt aufzufangen. Wenn das Pferd sich langsam vorwärts bewegt, ohne dass es sich zu sehr nach vorne lehnt, verlagert sich der Schwerpunkt nur ein kleines bisschen nach vorne und es wird nur ein kleiner Schritt benötigt, um dies auszugleichen. Wenn die Vorwärtsbewegung groß und schnell ist, wie das Angaloppieren eines Rennpferdes aus der Startbox, verlagert sich der Schwerpunkt plötzlich extrem nach vorne, was eine größere Beinbewegung erfordert, um die Balance zu halten.

Das Gleichgewicht des Pferdes in der Bewegung ist dynamisch, nie statisch. In der Bewegung ist der Schwerpunkt niemals unbewegt, er verändert sich bei jedem Tritt. Je nach Geschwindigkeit und Versammlungsgrad liegt er mehr oder weniger weit vorne. Eine versammelte Bewegung in gleichmäßiger Geschwindigkeit auf ebenem Boden geritten, hat den Schwerpunkt weiter hinten und damit das stabilste Gleichgewicht. Die Lage des Schwerpunktes verändert sich jedoch mit der Bewegung des Pferdes. Im Renngalopp mit extremer Streckung liegt der Schwerpunkt insgesamt weiter vorne und verändert sich stärker, da sich die Position der einzelnen Körperteile des Pferdes (Hinterhand, Hals, Schultern, Rücken und Vorhand) viel deutlicher verändert als z.B. in der Versammlung. Trotzdem kann auch ein Renngalopp relativ »stabil« sein, wenn das Pferd in Tempo und Rhythmus gleichmäßig bleibt und die Richtung beibehält. Wendungen sowie Änderungen in Geschwindigkeit, Gleichgewicht oder Untergrund können eine größere Verschiebung des Schwerpunkts bewirken.

Längsseitiges Gleichgewicht

Längsseitiges Gleichgewicht ist das »Vorne-Hinten-Gleichgewicht«. Dies wird beeinflusst, wenn das Pferd das Tempo innerhalb einer Gangart verringert oder verstärkt, die Gangart wechselt, anhält, vorwärts antritt oder rückwärts geht.
Das Pferd benutzt seinen ganzen Körper, wenn es das längsseitige Gleichgewicht verändert. Wenn es anhält, das Tempo verringert, die Tritte verkürzt oder Übergänge nach unten ausführt, öffnet sich das Lumbosakral-Gelenk und die Kruppe senkt sich. Die Hinterhand wird aktiviert; die Hinterbeine nehmen mehr Gewicht auf; alle Gelenke der Hinterbeine werden dabei gebeugt. Die Vorderbeine drücken in einem Winkel vor der Senkrechten gegen den Boden; das trägt dazu bei, die Vorhand anzuheben und den Schwerpunkt nach hinten zu verlagern. Der Hals wird gewölbt und die Muskulatur des Schultergürtels hebt Halsansatz und Widerrist an.

Wenn das Pferd seine Hinterhand aktiviert, wird Energie in Muskeln, Sehnen und Bändern gespeichert, ebenso in den gebeugten Hinterbeinen, die als eine Art »Sprungfeder« agieren. Diese Energie kann auf einmal in einem Vorwärtssprung freigesetzt werden (wie bei einem Rennpferd, das aus dem Stand in den Renngalopp übergeht) oder vorwärts und aufwärts wie bei einem Sprung über Hindernisse. In Gangarten mit viel Aktivität und Schwung kann sie auch bei jedem Tritt freigesetzt und wieder umgesetzt werden.

In den Übergängen nach unten (langsamer werden, niedrigere Gangart) und beim Anhalten verlagert sich der Schwerpunkt des Pferdes nach hinten. Wenn das Pferd dabei die Hinterbeine aktiviert und sich hinten »setzt«, dann kann es geschmeidig und ausbalanciert langsamer werden, sich versammeln oder anhalten – mit der Option, sofort wieder anzutreten oder die Richtung zu wechseln. Wenn es jedoch sein Gewicht nach vorne wirft und mit den Vorderbeinen »bremst«, springt der Schwerpunkt unkontrolliert nach vorne und wieder nach hinten, was einen abrupten und unausbalancierten Übergang bewirkt, der für Pferd und Reiter unbequem ist.

Seitliches Gleichgewicht

Seitliches Gleichgewicht bedeutet das Links-Rechts-Gleichgewicht, wenn das Pferd abwendet oder sich vorwärts-seitwärts bewegt (Seitengänge). Während freie Pferde ihr Gleichgewicht problemlos in allen Situationen halten, stellt das seitliche Gleichgewicht für Pferde unter dem Reiter eine Herausforderung dar. Machen wir uns einmal klar, wo der Schwerpunkt des Pferdes liegt: hoch angesetzt im vorderen Teil des massiven Rumpfes, gestützt von hohen Beinen über einer kleinen Unterstützungsfläche (den Hufen). Wenn ein Reiter oben drauf sitzt, wird das Pferd erstens noch kopflastiger, und zweitens kommt der gemeinsame Schwerpunkt von Pferd plus Reiter noch weiter nach oben. Das Gleichgewicht des Reiter-Pferd-Paares wird durch den nach oben ragenden Hebel des Reiteroberkörpers instabiler. Wenn der Reiter nun nicht absolut senkrecht und ausbalanciert sitzt, bekommt das Pferd ein Problem. Selbst kleine Änderungen im seitlichen Gleichgewicht des Reiters können eine starke Auswirkung auf das Gleichgewicht des Pferdes haben.

Am besten kann das Pferd mit den Störungen des seitlichen Gleichgewichts umgehen, wenn es die Hinterhand aktiviert; damit verlagert es sein Gleichgewicht nach hinten; die Vorhand wird leicht und frei, so dass sie schnell ausgleichend zur Seite treten kann, um das ganze Pferd im Gleichgewicht zu halten. Die Fähigkeit des Pferdes, seine Hinterbeine zu aktivieren, seine Wirbelsäule leicht zu biegen und mit seinen Beinen zur Seite auszugreifen, macht es in Wendungen und in Seitwärtsbewegungen geschickt und beweglich. Pferde, die kompakt gebaut sind, mit kurzen Beinen, einem kurzen Rücken und

Das Gleichgewicht in der Wendung

Wendung mit Biegung: Das innere Hinterbein tritt mehr unter den Körperschwerpunkt.

Wendung mit Geschwindigkeit: Das innere Hinterbein tritt mehr unter den Körperschwerpunkt.

Abrupte Wendung mit Geschwindigkeit: Das Pferd ist nicht im Gleichgewicht, die Hinterbeine treten nicht unter.

einer starken Lende, haben oft ein besseres seitliches Gleichgewicht als große, langgliedrige Pferde mit langem Rücken. Allerdings spielen die individuelle Koordination und sportliche Fähigkeit des einzelnen Pferdes eine große Rolle.
Beim Wenden spielt das innere Hinterbein eine wichtige Rolle für das Gleichgewicht. Je besser das Hinterbein untertritt, umso einfacher kann das Pferd in der Biegung sein Gleichgewicht kontrollieren. Wenn das innere Hinterbein nicht aktiv genug ist, oder wenn es schleift, besteht die Gefahr, dass das Pferd in Wendungen ausrutscht oder hinfällt.

In einer Wendung in normalem Tempo sollte ein gerittenes Pferd in der Vertikalen bleiben und sich dabei in die Wendung hineinbiegen. Das innere Hinterbein tritt dabei vermehrt unter seinen Körper. Das Pferd zentriert sich und bleibt senkrecht, kippt also weder nach innen in die Wendung hinein, noch fällt es nach außen. Sein Rippenbogen und Rumpf rotieren ganz leicht zur Außenseite der Biegung, die Muskeln außen dehnen

Das Pferd wendet gut im Gleichgewicht ab. Es bleibt aufrecht und ist gut gebogen mit aktivem inneren Hinterbein.

sich ganz leicht. Die Hinterbeine folgen der Spur der Vorderbeine, die Wirbelsäule ist gemäß der Linie der Wendung gebogen, und das Pferd schaut leicht in Bewegungsrichtung. Solchermaßen korrektes Reiten auf gebogenen Linien fühlt sich ausbalanciert und sicher an, und das Pferd kann problemlos in der Biegung bleiben, geradeaus gehen oder einen Richtungswechsel vornehmen.

Freie Pferde machen bei Wendungen in hohem Tempo oftmals zuerst eine schnelle Drehung mit der Schulter; dabei lehnen sie die Schulter in die Bewegungsrichtung, sind aber zur Außenseite gebogen. Wenn die Hinterbeine genügend untergesetzt werden (vor allem das innere), kann sich das reiterlose Pferd auf die Art recht gut ausbalancieren. Für den Reiter ist eine solche Wendung jedoch unbequem und schlecht zu kontrollieren und birgt die Gefahr, dass das Pferd mit dem zusätzlichen Reitergewicht das Gleichgewicht verliert und ausrutscht. Er sollte also darauf achten, dass sich das Pferd etwas nach innen stellt und biegt.

Bei einem zu sehr auf der Vorhand laufenden Pferd, besteht die Gefahr, dass es in Wendungen oder auf glitschigem Boden ausrutscht. Die Chancen, sein Gleichgewicht wieder zu finden, stehen schlecht, weil sein Schwerpunkt zu weit vorne ist und das innere Hinterbein nicht genügend aktiv tritt. Ein unausbalanciertes Pferd, das im Galopp eine scharfe Kurve versucht, wird vielleicht mit beiden Hinterbeinen gleichzeitig hüpfen wie ein Hase, oder es wechselt hinten den Galopp und fällt in den Kreuzgalopp. Beides macht die Wendung instabil und es kann ausrutschen oder hinfallen.

Wendung eines freien Pferdes in Außenstellung mit in die Wendung hineingedrückter Schulter.

Gutes Gleichgewicht unter dem Reiter in der Galoppvolte.

Pferde, die in Wendungen Probleme mit ihrem seitlichen Gleichgewicht haben, werden oft langsamer oder fallen in eine niedrigere Gangart zurück, um ihre Balance zu halten. Es kann auch sein, dass sie nervös werden und die Beine durcheinander bringen. Oder sie erhöhen ihr Tempo (um z. B. im Galopp möglichst schnell wieder alle Füße auf den Boden zu bringen) und kommen dadurch noch mehr in Schwierigkeiten. Man kann dies oft bei jungen Pferden beobachten, die den Galopp an der Longe erlernen, oder beim ersten Reiten von Wendungen und Zirkeln im Galopp.

Varianten von Gleichgewicht und Bewegung

Wie Menschen, so können sich auch Pferde mit unterschiedlichen Haltungen und Spannungszuständen sowie verschiedenartig ausbalanciert bewegen – sich sozusagen nach hinten oder vorne lehnen. Menschen lehnen sich z.B. nach vorne, wenn sie einen steilen Hang hinaufgehen, einen beladenen Schubkarren schieben oder eine Treppe hinabgehen. Sportler (egal ob Pferd oder Mensch), die sich bereit machen für eine Bewegung, »sammeln sich«. Und wenn sie untätig oder müde sind, lümmeln sie möglicherweise in einer schlaffen Haltung herum.

Gleichgewichtsarten in der Bewegung können auf einer Skala dargestellt werden; sie reicht von versammelten zu verstärkten Gängen. Jede Gangart (Schritt, Trab, Galopp und auch Töltvarianten, Paso oder Amble) kann in Versammlung, als Arbeitstempo, Mittel- oder starkes Tempo ausgeführt werden.

Pferd und Reiter in einer schnellen Wendung in guter Balance.

Varianten von Gleichgewicht in den Gangarten

Versammelte Gänge: Das Pferd sammelt sich, indem es sein Gewicht auf die Hinterhand verlagert und die Vorhand leicht macht. Das Lumbosakral-Gelenk öffnet sich, die Kruppe senkt sich, die Hinterbeine werden mit Hankenbeugung unter den Körper gebracht und arbeiten kraftvoll. Der Pferderücken wird angehoben und rundet sich, Schulter und Halsansatz heben sich, der Hals selbst wölbt sich und wird »rund«. Das Pferd gibt im Genick nach, welches der höchste Punkt des Halses ist. Die Nasenlinie ist leicht vor der Senkrechten. Die Bewegungen werden leicht, kadenziert und erhaben. Die Tritte werden zwar kürzer, aber energiegeladener. Richtungs- und Tempowechsel gelingen mühelos. Versammlung bedeutet, dass die »Sprungfedern« in der Hinterhand des Pferdes gespannt sind. Versammlung bedeutet auch erhöhte Aufmerksamkeit und Bewusstheit; in der Natur sieht man sie in Momenten der Aufregung und beim Spiel.

Arbeitstempo: Das Pferd ist einigermaßen »zusammengestellt«; es aktiviert seine Hinterbeine und nimmt eine Haltung ein, in welcher es den Reiter am besten tragen sowie gleichmäßig und taktklar gehen kann. Das Arbeitstempo liegt zwischen dem versammelten und dem Mitteltempo. Es ist das Ausbildungstempo schlechthin – für Pferde, welche noch nicht

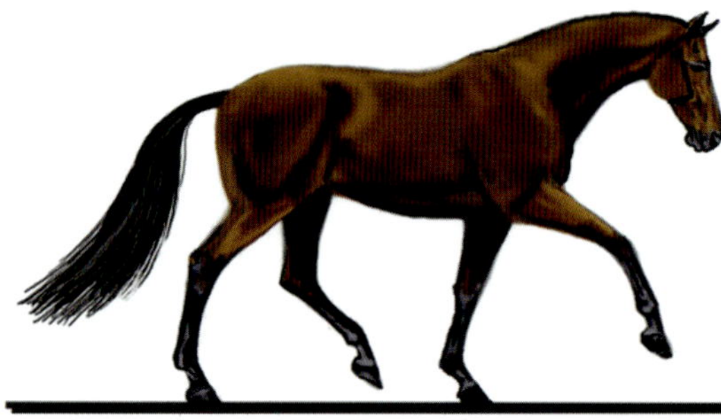

Arbeitstrab

Versammelter Trab

Mitteltrab

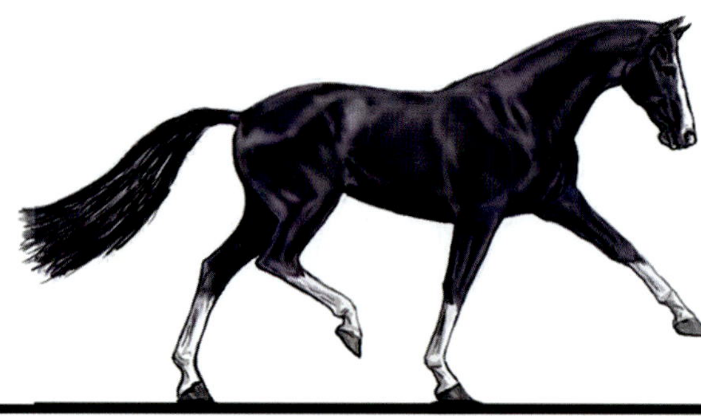

Starker Trab

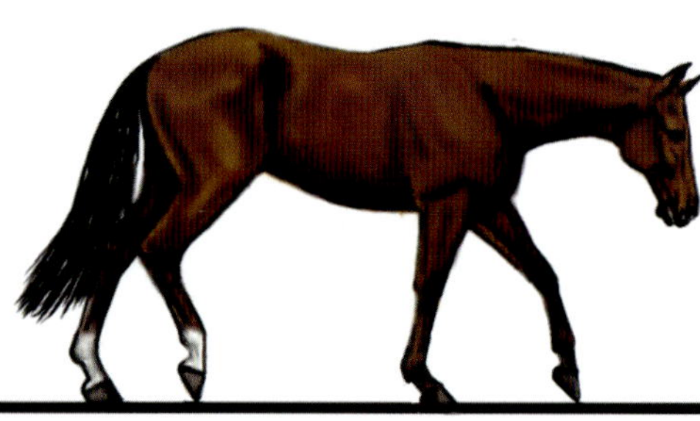

Auf der Vorhand

Varianten des Gleichgewichts

bereit sind für versammelte Gängen oder korrekte Verstärkungen.

Mitteltempo: Eine deutliche Verstärkung des Arbeitstempos. Das Pferd bewegt sich mit mehr Energie und Schwung ohne zu eilen vorwärts. Es ist gut ausbalanciert und zeigt verlängerte Tritte sowie einen etwas erweiterten Rahmen. Es bewegt sich »rund«, mit elastischem Rücken und gewölbtem Hals, der etwas tiefer getragen wird als in den versammelten Gangarten. Leichtigkeit, Rhythmus, Bergauf-Tendenz sowie Raumgriff und lebhafter Schub aus der Hinterhand sind die Kriterien des Mitteltempos.

Verstärkungen: Das Pferd bewegt sich mit Schwung aus der Hinterhand, es verlängert seine Tritte für den weitest möglichen Raumgriff. Der Rücken ist angehoben und elastisch; der Hals ist gewölbt und bleibt lang, mit der Nasenlinie leicht vor der Senkrechten. Das Pferd bleibt im Gleichgewicht und legt sich nicht aufs Gebiss. Takt und Gleichmaß der Bewegung bleiben auch in den Verstärkungen erhalten – ohne Unregelmäßigkeiten, Eilen oder Davonrennen.

Gleichgewichtsprobleme

Auf der Vorhand: das Pferd hat zu viel Gewicht auf der Vorhand. Dabei können Kopf und Hals nach vorne-unten gestreckt werden, die Nasenlinie kann sich hinter der Senkrechten befinden. Das Pferd läuft »in den Boden«, die Hinterbeine schieben mehr als sie tragen, und es fehlt an genügend Engagement der Hinterhand für gutes Gleichgewicht. Oft schwingen die Beine weiter nach hinten hinaus als sie nach vorne unter den Körper treten. Manche Pferde schlurfen ohne Schwung auf der Vorhand, werden immer langsamer oder »fallen aus« in eine langsamere Gangart. Andere Pferde »rennen« mit eiligen, unregelmäßigen Tritten, »legen sich auf die Hand« und suchen dort eine Stütze für ihr verlorenes Gleichgewicht; sie kippen dabei in der Biegung nach innen oder verwerfen sich.

Hohlkreuz: wenn ein Pferd im Hohlkreuz geht, lässt es den Rücken nach unten durchfallen, sein Lumbosakral-Gelenk ist geschlossen und die Kruppe flach, seine Hinterbeine können nicht sehr weit unter den Körper treten, um Last aufzunehmen. Das macht es für das Pferd schwierig, sein Gleichgewicht in Biegungen und in den Übergängen zu halten. Dies kann zu einem schmerzhaften Rücken führen.

Schiefe: ein schiefes Pferd tritt gewöhnlich mit einem Hinterbein weiter unter als mit dem anderen, was es für das Pferd schwierig macht, in eine bestimmte Richtung abzuwenden. Diese ungleichmäßige Belastung kann die Sehnen, Bänder und Gelenke von einem Hinterbein überlasten und zu Verletzungen führen.

Der Rahmen · die Silhouette · die äußere Form

Haltung und äußere Form des Pferdes werden auch als »Rahmen« bezeichnet. Man spricht z.B. von Rahmenerweiterung bei Verstärkungen des Tempos. Man sagt, ein Pferd geht in einem kurzen Rahmen, wenn es versammelt ist, und in einem weiten Rahmen, wenn Rücken und Hals sich dehnen und die Tritte länger werden. Der »Rahmen« schließt das Engagement aus der Hinterhand, die Körperhaltung sowie die Position von Rücken, Hals und Kopf ein.

Unglücklicherweise führt die Idee, das Pferd »in einen Rahmen zu stecken« oder es »einzurahmen« zu Missverständnissen und Missbrauch. Manche Trainer haben einen »idealen Rahmen« im Kopf, und möchten, dass sich ihr Pferd in einem solchen bewegt. Diese Idee kann ihren Ursprung in der Silhouette eines bewunderten Champions haben oder einer anderen Wunschvorstellung entspringen. Jedoch ist die ideale Form, der ideale Rahmen, etwas sehr Individuelles und kann einem Pferd nicht einfach »übergestülpt« werden. Jedes Pferd ist, wie jeder Mensch, anders und kann nicht in eine standardisierte Form gepresst werden.

Gleichgewicht und Schwerpunkt in verschiedenen Disziplinen

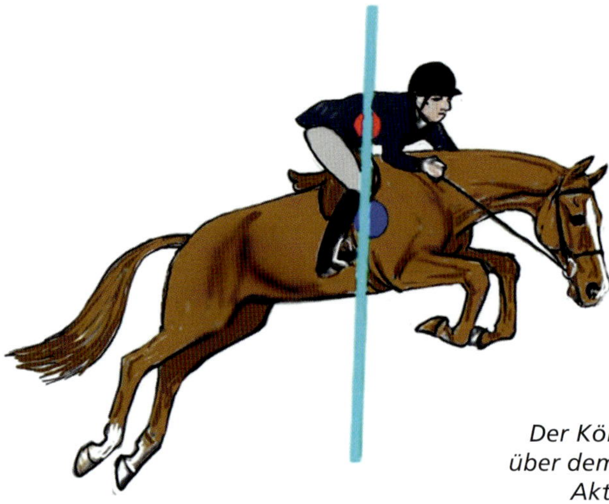

Der Körperschwerpunkt des Reiters über dem des Pferdes in verschiedenen Aktivitäten und Disziplinen.

Der Rahmen des Pferdes

Wenn ein Pferd dazu gezwungen wird, seinen Kopf und Hals in einer bestimmten Position zu tragen, und die Hinterbeine werden dann irgendwie nach vorne getrieben, bis die äußere Form korrekt erscheint, mag es einen Rahmen erhalten, der nach den Ideen des Trainers richtig erscheint. Möglicherweise passt er aber nicht auf dieses spezielle Pferd und behindert seine Entwicklung. Wir sprechen hier von einem »falschen Rahmen«, der das Pferd steif und fest macht, oft zu Widerstand führt und ihm körperlichen Schaden zufügen kann.
Die Begriffe »Rahmen«, »Form« oder »Silhouette« sind harmlos, wenn man sie beschreibend verwendet, wie z.B. »dieses Pferd sollte in einem kürzeren Rahmen gehen« oder »das ist ein guter Rahmen für ein junges Pferd«. Als Trainingsziel taugen solche Beschreibungen nicht unbedingt. Es ist wichtiger, die Qualität einer Bewegung zu entwickeln und das Pferd sein Gleichgewicht finden zu lassen, anstatt es in einen vorgegebenen Rahmen oder eine starre Form zu zwingen, welche nicht zum Pferd und seinen Voraussetzungen passt und der Entwicklung eher schadet.

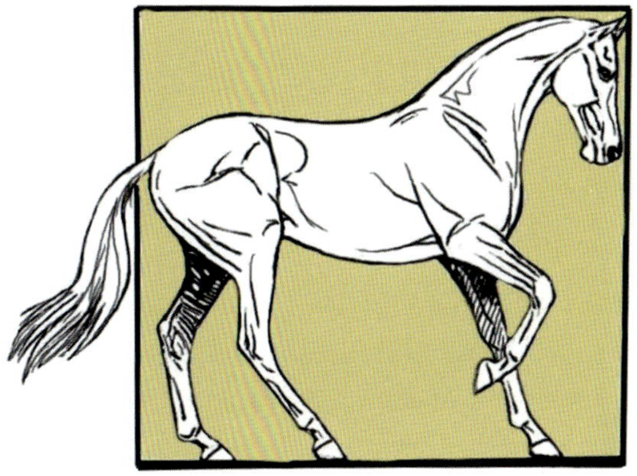

Kurzer Rahmen

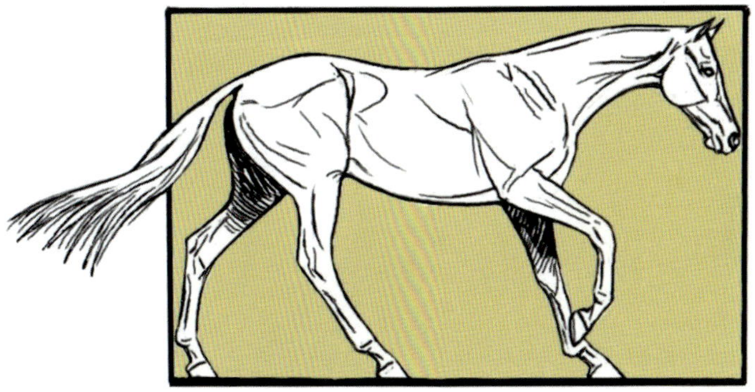

Erweiterter Rahmen

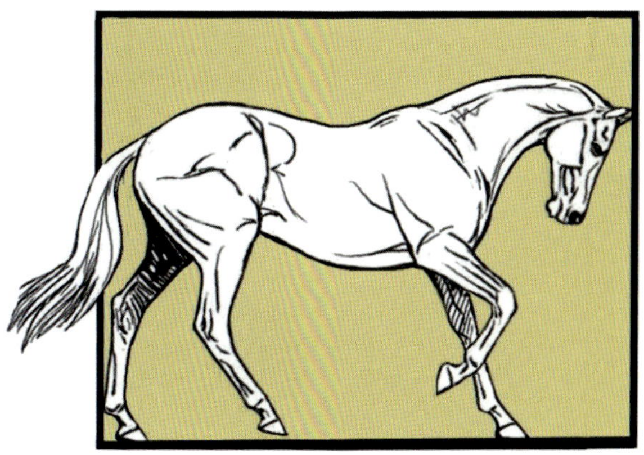

Falscher Rahmen

9. Beugen, Stellen, Biegen und Geraderichten

Was bedeutet Beugen?

Mit »Beugen« ist insbesondere das Beugen der Gelenke gemeint; das Gegenteil von Beugung ist Streckung. Ein Pferd kann sämtliche Gelenke im Körper beugen; dies schließt die Gelenke von Genick, Kiefer, Wirbelsäule sowie die vielen Gelenke der Extremitäten ein.

Pferd mit »Gummihals«

Der Reiter zieht zu stark am inneren Zügel und das Pferd biegt seinen Hals zu weit und fällt über die äußere Schulter aus.

In der Reitkunst bezieht sich die Losgelassenheit auf die Geschmeidigkeit des Pferdekörpers und den Bewegungsradius der Gelenke. Das Gegenteil von Losgelassenheit ist Steifheit. Die natürliche Losgelassenheit des Pferdes ist größtenteils durch seine genetische Veranlagung festgelegt, jedoch kann diese durch gutes Reiten und zweckmäßiges Training verbessert oder aber durch schlechtes Training negativ beeinflusst werden. Die Losgelassenheit kann durch Entspannung, Biegen und lösende Übungen verbessert werden.

Losgelassenheit hat nichts mit der Biegsamkeit des Halses zu tun. Das Überdehnen des Halses, besonders wenn man den Kopf von links nach rechts zieht oder ihn bis nach hinten zum Reiterbein bringt, kann dazu führen, dass das Pferd Kopf und Hals »losgelöst« vom Rumpf bewegt. Es »knickt im Hals ab«, während sich der restliche Körper gar nicht biegt. Ein solcher »Gummihals« macht es sehr schwierig, das Pferd zu kontrollieren. Den Kopf von einer Seite zur anderen zu ziehen, ist kein Weg, ein Pferd geschmeidig zu machen!

Die Beugung der Gelenke in den Beinen

Die Beugung der Gelenke in den Beinen verläuft weitgehend längs beziehungsweise senkrecht. Jedes Gelenk hat einen bestimmten Bewegungsspielraum, welcher durch die Stellung der Knochen zueinander bestimmt wird. Die Muskeln, Bänder und Sehnen, welche die Gelenke stützen und bewegen, begrenzen diese auch bezüglich der im Gelenk möglichen Streckung, Beugung oder Rotation.

Biegung des Körpers

Die Wirbelsäule und der Rumpf des Pferdes sind nicht wirklich biegbar, weder seitlich noch nach oben und unten. Der Hals ist neben den Gliedmaßen der beweglichste Teil des Pferdekörpers; er kann sich biegen, dehnen, drehen sowie angehoben und gesenkt werden. Die Knochen der Rücken- (Dorsal vertebrae) und Lenden-Wirbelsäule haben einen viel geringeren Bewegungsspielraum, da sie straff aneinandergefügt sind. Das macht Rücken und Rumpf stärker, beeinträchtigt aber die Biegung – obwohl die Wirbelsäule und der Rippenbogen leicht rotieren können. Das Lumbosakral-Gelenk (zwischen dem letzten Lendenwirbel und dem Kreuzbein bzw. der Kruppe) kann sich bis zu 30 Grad öffnen; dadurch kann das Pferd im Becken kippen und seine Hinterbeine vermehrt unter den Körper bringen. Das Kreuzbein (Kruppe) ist unbeweglich, da die Kreuzbeinwirbel miteinander verwachsen sind, die Schweifwirbel sind jedoch wieder beweglich. Ein Pferd kann seinen Kopf bis nach hinten an den Schweif nehmen, jedoch findet die meiste Biegung dabei im Hals statt, nicht im Körper.

Seitliche Beweglichkeit

Pferde können sich zur Seite biegen, jedoch sind nicht alle Körperteile gleich beweglich.

Bewegung im Genick (Stellen)

Beim Reiten ist die Beweglichkeit im Genick sehr wichtig für die Haltung des Halses und die Reaktion auf das Gebiss sowie auf die reiterlichen Hilfen.
Beweglichkeit in Kiefer und Hals ist zudem die Voraussetzung dafür, dass die Hilfen des Reiters »durchkommen« können. Eine begrenzende (verhaltende) Zügelhilfe kann z.B. nur dann durchkommen, wenn das Pferd sie nicht im Genick blockiert. Durchkommen bedeutet, dass das Pferd als Reaktion auf diese Hilfe sein Gewicht mehr auf die Hinterhand verlagert, die Hanken beugt und das Lumbosakral-Gelenk öffnet, so dass sich der Rücken aufwölben kann.

Das Genick ist das Gelenk zwischen der Rückseite des Schädels und dem ersten Halswirbel, dem Atlas. Es ist ein Kugelgelenk, welches eine längsseitige Beugung, aber auch etwas an lateraler (links-rechts) Bewegung ermöglicht. Beim Reiten sollte sowohl eine längsseitige Beugung, als auch ein wenig seitliche Stellung im Genick stattfinden. Beides geht nur, wenn das Genick den höchsten Punkt vom Pferdehals bildet. Wenn die Nachgiebigkeit im Genick mit Gewalt erzwungen wird, kann es passieren, dass das Pferd im Hals zu weit hinten – am zweiten oder dritten Halswirbel – »abknickt« (falscher Knick). Die Nasenlinie kommt hinter die Senkrechte; das Pferd wird dadurch fest im Genick.
Am Schädelansatz befinden sich auf beiden Seiten zwei kleine Knochenfortsätze, die so genannten Processus Paracondylaris (Jochfortsätze des Hinterhauptbeins), die unterhalb der Unterseite des Atlas liegen. Wenn die Nasenlinie des Pferdes hinter die Senkrechte gezogen wird, drücken diese zwei Knochen gegen die Unterseite des Atlas und blockieren das Genick. Eine seitliche Stellung wird dadurch verhindert.
Die Kiefergelenke sind die Gelenke, an denen die oberen Zweige des Unterkiefers auf den Schädel treffen. Diese Gelenke werden zum Fressen benötigt; sie müssen entspannt

sein, wenn das Pferd sein Maul entspannt und sanft kauend dem Gebiss nachgibt.
Für ungehinderten Energiefluss, freie Beweglichkeit und gute Balance im gesamten Pferd ist es extrem wichtig, dass Genick und Kiefer entspannt sind und das Pferd nicht »die Zähne zusammenbeißt«. Nur so kann das Pferd durchlässig auf die reiterlichen Hilfen reagieren. Es lässt sich leicht lenken und regulieren.

Längsseitige Beugung – Beugung der Gelenke in der Längsachse, Versammlung

Beugung in der Längsachse bezieht sich auf das Beugen der Gelenke des Pferdes von vorne nach hinten bzw. von hinten nach vorne, also der Länge nach. Beugung in der Längsachse kann sich auf einen Teil des Pferdes beziehen, wie das Nachgeben im Genick oder Kiefer, oder auf die Beugung im ganzen Körper. Wenn das Pferd sich längsseitig in allen Gelenken beugt, kann man sagen, dass es versammelt ist.

In der Versammlung verlagert das Pferd sein Gewicht nach hinten; das Lumbosakral-Gelenk öffnet sich, es kippt im Becken ab, senkt die Kruppe und tritt vermehrt mit den Hinterbeinen unter den Körper. Die Beugung aller Gelenke wird verstärkt, je mehr Gewicht das Pferd mit den Hinterbeinen aufnimmt. Der Rücken wird angehoben, der Widerrist ebenso, der Hals wird höher getragen und wölbt sich. Damit wird die Vorhand leichter und die Schultern und Vorderbeine bekommen mehr Bewegungsfreiheit. Das Pferd gibt im Genick nach, die Nasenlinie kommt nahe an die Senkrechte. Bei gutem Kontakt mit der Reiterhand bewegt es Maul und Kiefer entspannt und kaut weich auf dem Gebiss. Es »nimmt die Zügelhilfen an«. Durch die größere Schulterfreiheit greifen die Vorderbeine freier aus; das Ergebnis sind elegantere und kadenziertere Tritte.

In der längsseitigen Beugung wird der Rahmen des Pferdes verkürzt. Das Pferd wird praktisch von hinten nach vorne »zusammengeschoben«, wobei der Rücken angehoben und gewölbt wird. Das Genick kommt nach vorne über das Maul, jedoch nie vor das Maul, während die Hinterbeine aktiv untertreten. Die Oberlinie (vom Genick zum Schweif) wird länger und runder, während die Unterstützungsfläche kürzer wird und sich der Schwerpunkt leicht nach hinten verlagert.

Beugung in der Längsachse gibt dem Pferd gebündelte Energie, als ob man eine Feder spannt. Es kann diese Energie dann in dynamische Vorwärtsbewegung entlassen (Verstärkungen, z.B. starker Trab), oder aber in einen Sprung vorwärts oder aufwärts. Das gut versammelte Pferd wendet leicht und mühelos in jede Richtung, weil es die Kraft aus den gewinkelten Hinterbeinen gezielt einsetzen kann. Es bewegt sich praktisch im »Kniebeugegang«. Dieser »Beugegang« erfordert sehr viel Kraft. Deswegen können die meisten Pferde eine starke Versammlung nicht lange halten.

Eine senkrechte Kopfhaltung alleine ist noch keine Versammlung. Die Kopfhaltung mag eine Beugung in der Längsachse mit einschließen, welche aber auf Kopf und Hals begrenzt sein kann, ohne Auswirkungen auf den restlichen Pferdekörper zu haben. Ein Pferd kann seinen Hals wölben und im Genick nachgeben, bis die Nasenlinie in der Senkrechten ist. Das alleine bewirkt aber keine aktive Hinterhand, keinerlei Anheben des Widerrists oder eine Verbesserung der Balance, was die Kriterien für echte Versammlung wären. Tatsächlich kann das Pferd einfach den »Hals einstellen«, ohne den Widerrist anzuheben, dabei den Rücken wegdrücken und die Hinterbeine nachschleppen lassen.

Wie weit ein Pferd echte Versammlung erreichen kann, und wie sein »Rahmen«, seine Oberlinie, dabei aussieht, hängt vom Gebäude ab. Manche Pferde haben schwere Kiefergelenke und wenig Ganaschenfreiheit und können nicht so gut im Genick nachgeben. Für andere Pferde wird es auf Grund des Körperbaus von Rücken, Lende, Kruppe und Hinterbeinen schwieriger, ihre Hinterbeine weit unter den Körperschwerpunkt zu bringen. Die Silhouette, die äußere Form, eines jeden Pferdes stellt sich in der Versammlung, bedingt durch unterschiedliches Exterieur, immer wieder anders dar.

Längsseitige Beugung

In der längsseitigen Beugung sammelt sich das Pferd für eine Bewegung. Die so konzentrierte Energie kann in einem Sprung nach vorne abgegeben werden oder in eine aufwärts gerichtete Bewegung (Versammlung).

Nachgeben im Genick.

Beugung aller Gelenke der Hinterhand (längsseitig) in der Versammlung (Piaffe).

Manchen Pferden wird – mehr oder weniger mechanisch – beigebracht, dass sie ihren Kopf in einer vorgeschriebenen Position zu halten haben, was ihnen eine »orthodoxe«, aber starre äußere Form verleiht. Das hat nichts mit Versammlung zu tun. Eine erzwungene Kopfhaltung hemmt das Pferd in seiner Gesamt-Bewegung und stört sein Gleichgewicht. In der echten Versammlung ist die Kopfhaltung das Ergebnis der verbesserten Balance des Pferdes und der aktiven Hinterhand. Die Kopfhaltung ist nicht die Grundlage der Versammlung.

Seitliche Biegung

Mit seitlicher Biegung kann Stellen oder Biegen gemeint sein. Mit »Stellen« bezeichnet man lediglich eine Biegung im Genick des Pferdes. »Biegung« hingegen findet im ganzen Pferdekörper statt. Das Pferd kann sich seitlich im Genick stellen, es kann sich im Hals und im Schweif lateral biegen, jedoch nur in sehr begrenztem Rahmen in Rücken, Rumpf, Lende und Wirbelsäule.

Die Gelenke in den Beinen lassen sich kaum seitlich biegen. Stattdessen kann das Pferd seine Beine abstellen (Adduktion: das Bein vom Körper aus wegführen) und heranholen (Abduktion: die Beine nach innen in Richtung oder auch bis zur Mittellinie vom Körper bringen). Dies wird durch die Adduktoren und Abduktoren in Schultern, Brust und Oberschenkel erreicht.

Das Pferd sollte im Genick immer nur leicht gestellt werden. Richtige Stellung funktioniert nur, wenn Gelenke und Muskeln in Genick, Maul und Kiefer entspannt sind. Das Genick sollte der höchste Punkt sein (außer wenn das Pferd den Hals nach unten dehnt). Kommt die Nasenlinie hinter die Senkrechte, ist eine korrekte seitliche Stellung im Genick unmöglich. In der korrekten Stellung sollte der Reiter nur einen kleinen Teil vom inneren Auge des Pferdes sehen können. Wenn der Reiter die ganze Seite des Pferdekopfes sieht, ist das Pferd zuviel im Hals gebogen. Wichtig bei der Stellung ist, dass das Genick gerade bleibt und das Pferd sich nicht »verwirft«.

Stellen im Genick

Korrektes Stellen

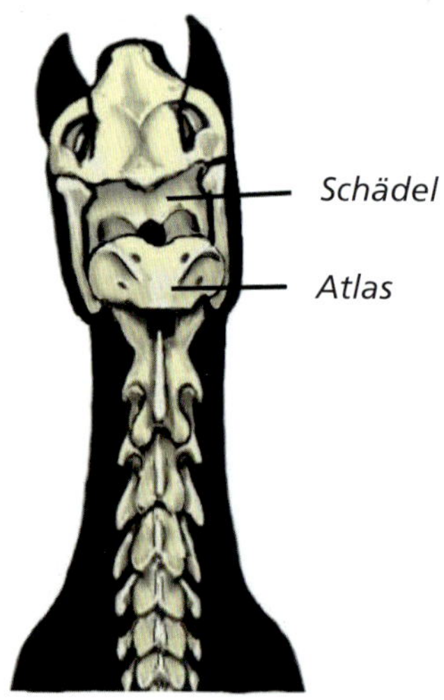

Falsch: Das Pferd verwirft sich.

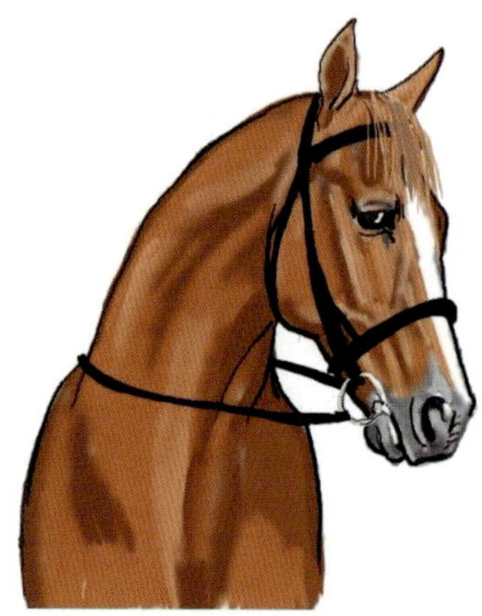

Falsch: Biegung zu weit hinten

GERADERICHTEN

Man sagt ein Pferd ist geradegerichtet, wenn die Wirbelsäule auf die Linie ausgerichtet ist, auf der das Pferd sich bewegt (gerade auf gerader Strecke und gebogen auf gebogenen Linien), und wenn die Hinterhufe in die Spur der Vorderhufe treten. Die Geraderichtung in diesem Sinne bezieht sich außerdem auf das Gleichgewicht der beiden Körperhälften. Ein gerade gerichtetes Pferd ist besser im Gleichgewicht und akzeptiert einen gleichmäßigen Kontakt an beiden Zügeln.

Alle Pferde sind von Natur aus bis zu einem gewissen Grad schief, sie haben eine Seite, welche sie besser dehnen können und unterschiedlich starke Hinterbeine (ein schwächeres, das nicht so gut Last aufnehmen kann und ein starkes, das gut tragen kann). Pferde sind »Links- oder Rechtshänder« – genauso wie Menschen. Eines der wesentlichen Ziele beim Training ist, die Muskulatur des Pferdes so gleichmäßig wie möglich zu entwickeln, das schwächere Hinterbein zu stärken und es auf beiden Seiten gleich geschmeidig zu machen.

Die Silhouette eines schiefen Pferdes sieht von oben betrachtet aus wie eine Banane. Die hohle Seite innen ist kürzer; die steife Seite ist länger. Das Pferd mag sich lieber zur hohlen Seite hin biegen (und es biegt sich eventuell zu stark). Es dehnt sich auf der hohlen Seite nur widerwillig nach vorne ans Gebiss heran. Anlehnung ist dort schwerer herzustellen. Das Hinterbein der hohlen Seite ist üblicherweise das schwächere Hinterbein. Es wird oft aus der Linienführung heraus weiter zur Innenseite treten. Damit weicht das Pferd der Lastaufnahme mit dem schwächeren Hinterbein aus. Der Rippenbogen wird dadurch nach außen gedrückt und die Innenseite des Rückens kann etwas tiefer sein, was dazu führt, dass der Reiter schief auf dem Pferd sitzt. Die steife Seite ist länger. Das Hinterbein auf dieser Seite ist stärker, aber auch steifer. Das Pferd neigt dazu, auf der steifen Seite einen stärken Zügelkontakt anzunehmen. Möchte man, dass das Pferd sich zur steifen Seite hin biegt, kann es sein, dass es steif und widersetzlich reagiert. Manche Pferde verwerfen sich im Genick (halten den Kopf schräg), was ein Zeichen der Schiefe und einer ungleichmäßigen Anlehnung ist.

Ein gut ausbalanciertes Pferd in der Wendung mit etwas seitlicher Stellung im Genick.

Schiefe Pferde haben Schwierigkeiten, in der Kurve eine gleichmäßige Biegung zu halten, es kann sein, dass sie nach innen kippen, nach außen über die Schulter ausfallen oder dass eine Seite »fällt«, d.h. tiefer als die andere ist. Sie sind möglicherweise nicht gewillt, auf ihrer schwächeren Seite anzugaloppieren. Oftmals fühlt der Reiter auch einen deutlichen Unterschied, wenn er auf der steifen und hohlen Seite seines Pferdes leicht trabt. Das Pferd setzt das schwächere Hinterbein weniger aktiv ein und tritt kürzer. Ein schiefes Pferd nimmt den Zügel-Kontakt auf beiden Seiten unterschiedlich an; es biegt sich zum Beispiel auf der hohlen Seite zu viel (macht sich noch hohler) oder legt sich auf den Zügel. Auf der »langen«, gedehnten Seite mag es dagegen mehr Kontakt annehmen, lässt sich jedoch nicht gut im Genick stellen.

Um die Geraderichtung des Pferdes zu verbessern, muss der Reiter herausfinden, welches die hohle, verkürzte Seite und welches die steife, lange, gedehnte Seite des Pferdes ist. Dann kann er lösende Übungen und Seitengänge einsetzen, um damit das Pferd locker zu machen, die verkürzte Seite zu dehnen und es zum Nachgeben auf der steiferen Seite zu bringen. Das schwächere Hinterbein wird, insbesondere in den Seitengängen, zum Aufnehmen des Gewichts gebracht (zu vermehrtem Untertreten animiert) und damit gestärkt. Außerdem muss der Reiter aufpassen, dass er dem Pferd auf der hohlen Seite nicht zuviel Biegung erlaubt und dass es sich auf der hohlen Seite nicht in den Zügel hängt, da dies das innere Hinterbein blockieren würde. Er muss das Pferd dazu bringen, mehr Kon-

Natürliche Schiefe, steife und hohle Seite

Hat die Form einer Banane: Ein Pferd hat eine hohle und eine steife Seite. Dieses Pferd ist von Natur aus eine »Rechts-Banane«, seine hohle Seite ist rechts.

Pferde sind von Natur aus schief.

Für das schiefe Pferd ist es schwieriger, sich nach seiner steifen Seite hin zu biegen.

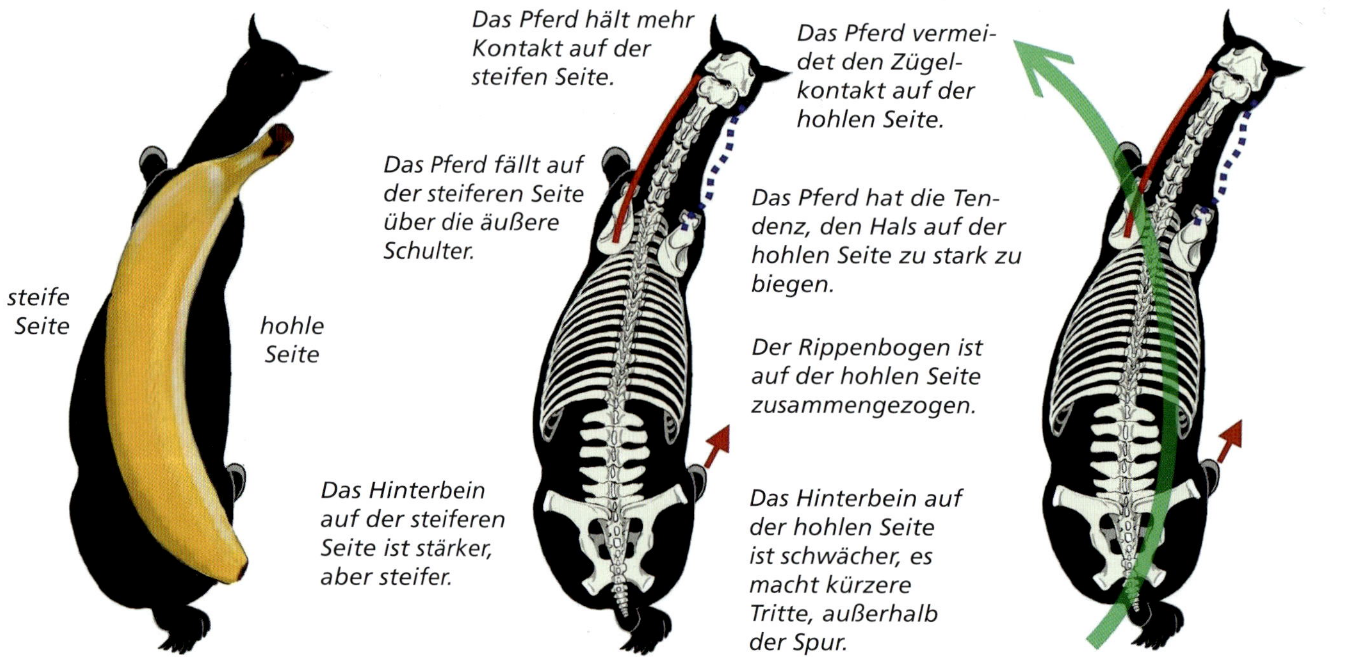

Korrektes und falsches Biegen

Korrekt gebogen

Falsch: steif, schief, nach außen gestellt

Falsch: zu starkes Biegen

Korrekt:

Das Pferd scheint vom Genick zum Schweif gleichmäßig gebogen zu sein.

Der Rippenbogen rotiert leicht zur Außenseite.

Die Hinterbeine treten in die Spur der Vorderbeine.

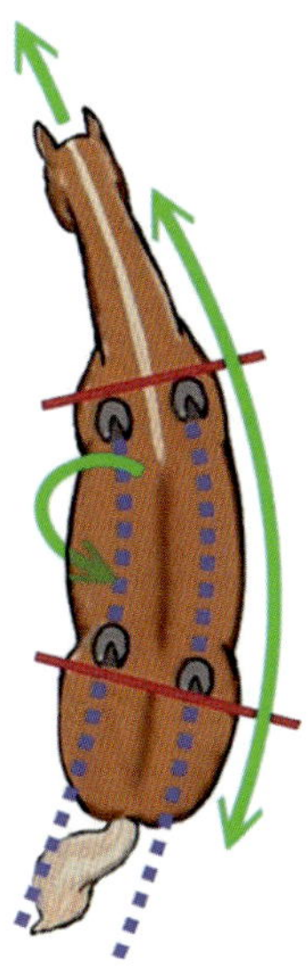

Falsch:

steif, schief, nach außen gestellt

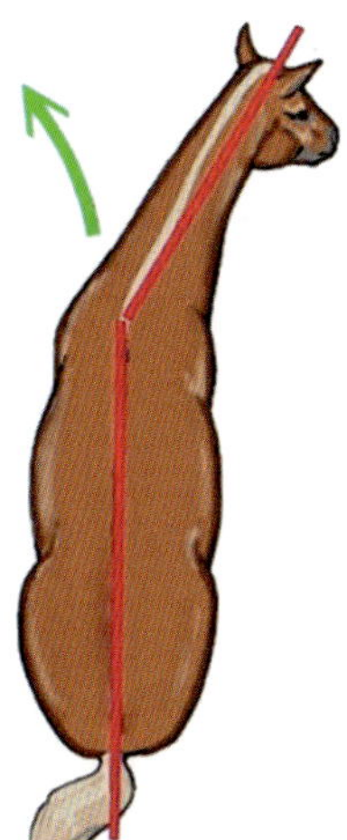

Falsch:

Das zu starke Nach-innen-Biegen blockiert das gleichseitige Hinterbein.

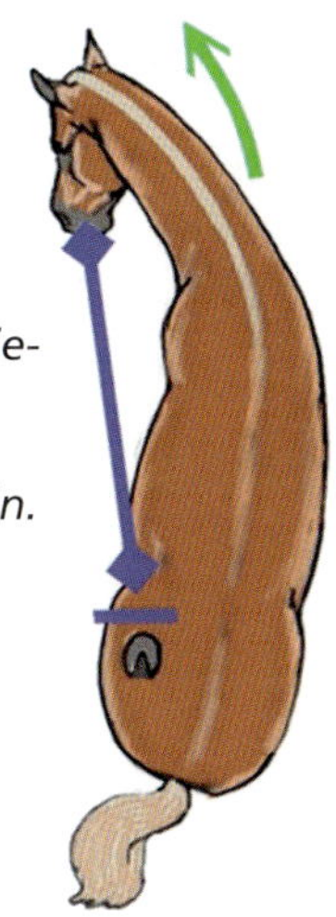

takt auf der hohlen Seite anzunehmen und einen weicheren Kontakt auf der steifen Seite herstellen. Schulterherein, wenn es korrekt geritten wird, ist die wirkungsvollste Übung, um das Pferd geschmeidig zu machen und beide Seiten des Pferdes gleichmäßig zu entwickeln.

Wenn man das Pferd auf einer geraden Linie an einer Mauer oder einem Zaun entlang reitet, hat das Pferd eine natürliche Tendenz mit seiner Schulter und Hüfte einen gleichmäßigen Abstand hiervon einzuhalten. Da jedoch das Pferd wie ein Dreieck geformt ist – die Hüften breiter als die Schultern –, führt dies dazu, dass es leicht schief geht, sein inneres Hinterbein tritt dabei nicht in die Spur des inneren Vorderbeins. Um das Pferd gerade zu richten, reitet der Reiter mit einer leichten Biegung zur Innenseite, gerade so, dass er die Vorhand nach innen bringt, damit Vorder- und Hinterhuf in die gleiche Spur treten. Das nennt man »hufschlagdeckend« reiten.

BIEGUNG

Um das Pferd seitlich zu biegen, muss sich das Pferd auch ein wenig der Länge nach biegen. Mit Biegung ist im Allgemeinen »Längsbiegung« gemeint. Richtige Längsbiegung erfordert Engagement aus der Hinterhand, ein Anheben des Rückens, und eine leichte Rotation der Wirbelsäule und des Rippenbogens. In der Natur können sich Pferde zur Innenseite oder zur Außenseite einer Kurve biegen. Normalerweise schaut das Pferd immer in die Richtung, in die es abwendet. Wenn es schnell

»Hufschlagdeckend« reiten

Das Pferd wird zum Geraderichten »hufschlagdeckend« geritten.

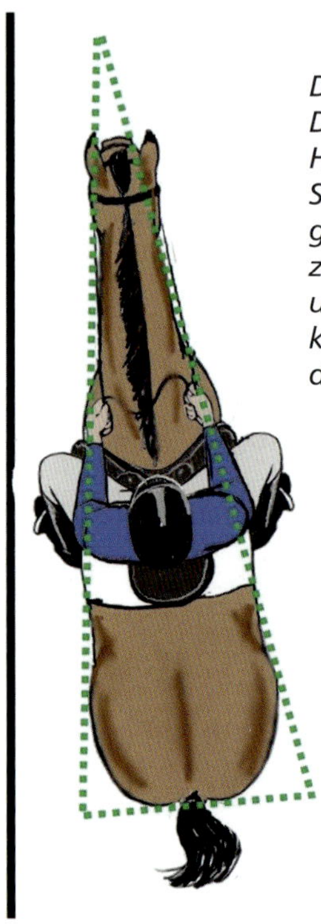

Das Pferd ist wie ein Dreieck geformt. Hält es mit der äußeren Schulter und Hüfte einen gleichmäßigen Abstand zur Bande, so ist es schief und die Hinterbeine können nicht in die Spur der Vorderbeine treten.

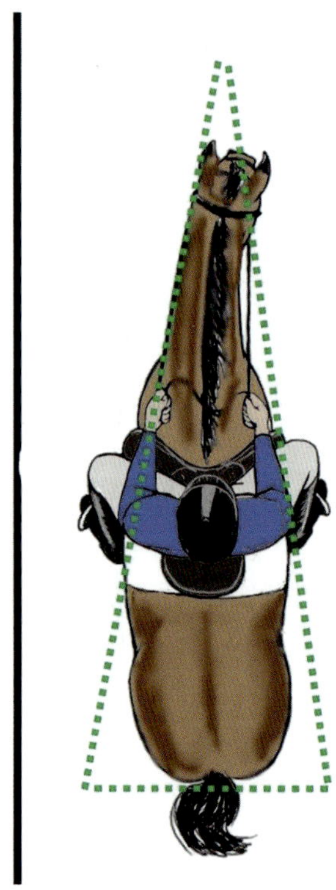

Das »hufschlagdeckende« Reiten, mit einer leichten Biegung nach innen, macht das Pferd gerade und bringt die Hinterbeine in die Spur der Vorderbeine.

abwendet, z.B. beim Scheuen, wirft es sich mit der Schulter zuerst in die Wendung; Hals und Körper bleiben dabei meist gerade. Biegt sich das Pferd in Richtung der Wendung, so muss es sich dafür versammeln; scharfe Wendungen in hoher Geschwindigkeit macht das Pferd, ohne sich zu biegen oder es biegt sich nach außen.

Beim Reiten oder Fahren sollte das Pferd in Richtung der Wendung gebogen sein. Dadurch können die Hinterbeine in die Spur der Vorderbeine treten, die Wirbelsäule ist auf die Bewegungslinie eingerichtet und das Pferd kann im Gleichgewicht bleiben, ohne zur Seite zu kippen. Damit kann das Pferd »aufrecht« durch die Kurve gehen; das ist für den Reiter bequemer und sicherer zu kontrollieren und für das Pferd mit dem zusätzlichen Reitergewicht zwar anstrengender aber »gesünder«, weil es Sehnen und Gelenke schont.

Beim Wenden bringt das Pferd sein inneres Hinterbein weiter unter den Körperschwerpunkt, dadurch wird die Vorhand angehoben und die Schultern können sich frei bewegen. Wirbelsäule und Rippenbogen rotieren etwas zur Außenseite und ein Teil des Gewichts wird von der inneren Schulter auf die äußere Schulter übertragen, um das Gleichgewicht zu stabilisieren. Das Pferd biegt Kopf, Hals und Wirbelsäule in Richtung der Wendung; der Schweif zeigt ganz leicht in die Richtung, in die es gebogen ist. Das alles führt dazu, dass es in der Wendung aufrecht bleiben kann, was dem Pferd in der Kurve und auch in den Seitengängen ein besseres Gleichgewicht gibt, besonders wenn es einen Reiter trägt.

Oft hört man im Dressurunterricht, dass sich das Pferd vom Genick bis zum Schweif gleichmäßig biegen soll, wobei die Wirbelsäule mit der Kurvenlinie übereinstimmen sollte. Und obwohl es anatomisch nicht möglich ist, dass sich ein Pferd in sämtlichen Wirbeln der Wirbelsäule gleichmäßig biegt, ist dies dennoch eine gute Vorstellung von einem Pferd, welches sich korrekt biegt, da es sich für den Reiter genauso anfühlt, als ob es sich vom Genick bis zum Schweif in gleichem Maße biegen würde.

Das Biegen hin zur Außenseite einer Wendung nennt man Konterstellung oder Außenstellung. Diese Konterstellung wird in manchen Lektionen zur Gymnastizierung genutzt. Wenn sich jedoch ein Pferd immer ungefragt nach außen biegt, dann ist dies falsch und ein Zeichen von Steifheit und mangelnder Geraderichtung. Ein steifes »Abdrehen« wie ein Boot im Wasser, ohne jegliche Biegung, deutet immer auf Ausbildungsfehler hin; das Pferd ist nicht im Gleichgewicht unter dem Reiter und unbequem zu sitzen. Reagiert das Pferd auf die Zügel, so sollte eine seitliche Biegung im Genick stattfinden. Das Pferd biegt sich leicht nach links und rechts in dem Gelenk zwischen dem hinteren Teil des Schädels und dem Atlas, dem ersten Halswir-

Das Biegen

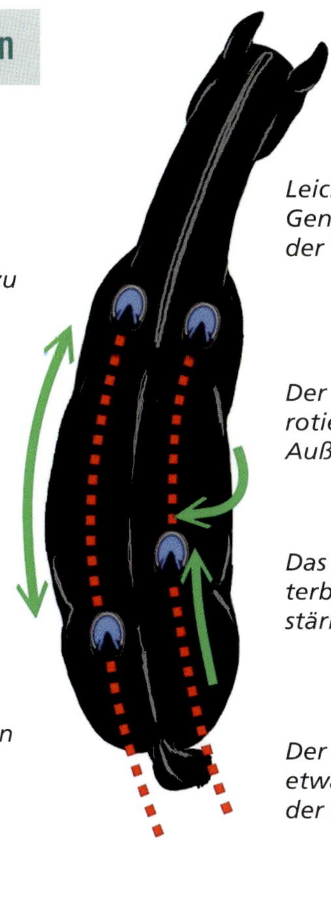

bel. Dies erfordert eine entspannte Muskulatur in Genick, Maul und Kiefergelenk. Das Nackenband ist oben am Schädel befestigt. Wenn das Pferd korrekt im Genick nachgibt, gleitet dieses Band leicht zu der Seite, auf welche das Pferd gebogen wird, was manchmal bewirkt, dass der Mähnenkamm in Richtung der Biegung oder Stellung kippt. Der Kopf sollte in Balance getragen werden, mit beiden Ohren auf gleicher Höhe; ein schief geneigter Kopf (»Verwerfen« im Genick mit einem Ohr tiefer als dem anderen) ist ein Zeichen von ungleichmäßiger und nicht korrekter Anlehnung und mangelnder echter Stellung. Manche Pferde lernen, dass sie ihren Hals zu weit hinten biegen am zweiten oder dritten Halswirbel oder noch weiter hinten am Halsansatz; sie fallen über eine Schulter, drücken praktisch die Schulter in die Wendung hinein, wobei sie in die entgegengesetzte Richtung (nach außen) schauen. Eine Ursache hierfür kann sein, dass der Reiter den Pferdekopf und Hals zur Seite zieht, um Kontrolle über das Pferd zu erhalten, oder auch ein misslungener Versuch, das Pferd zu »lösen«.

Aufrecht durch die Wendung

Freie Pferde neigen sich oft in die Kurve oder gehen mit der Schulter voraus.

Gerittene Pferde müssen lernen, ihr Gleichgewicht mittig zu halten, sie gehen aufrecht durch die Wendung.

Gleichgewicht in der Wendung

Ein Pferd wendet mit gutem Gleichgewicht, wenn das innere Hinterbein gut nach vorne unter seinen Körperschwerpunkt tritt (Last aufnimmt), und es seinen Schwerpunkt in der Mitte hält. Es wendet mit mäßiger Geschwindigkeit, bleibt in der Schulter frei und leicht und in der Senkrechten, ohne seitwärts zu kippen. Dies ist stabiler und sicherer für Pferd und Reiter, und selbst bei rutschigem Untergrund wird das Pferd sein Gleichgewicht halten können. In sehr schnellen Wendungen muss sich das Pferd bis zu einem gewissen Grad nach innen lehnen, um die Zentrifugalkraft auszugleichen. Auch dafür muss das innere Hinterbein gut untertreten, um das Gleichgewicht zu halten.

Linienführung der Wirbelsäule

Obwohl die Wirbelsäule des Pferdes sich nicht gleichmäßig vom Genick zum Schweif biegen kann, sollten Kopf, Hals und Wirbelsäule der gebogenen Spur folgen, auf der das Pferd läuft; gerade auf gerader Linie und gebogen in allen Wendungen (Zirkel, Volten, Schlangenlinien und Seitengänge).

Linienführung der Hufe

Die Hinterbeine sollten in die Spur der Vorderbeine treten, auf der Geraden ebenso wie auf gebogenen Linien. Man sagt das Pferd geht »Hufschlag deckend«.

Eigenschaften einer korrekten Biegung

- Das innere Hinterbein wird aktiv unter den Körperschwerpunkt gebracht, um das Gewicht in der Wendung aufzunehmen.
- Das Gleichgewicht ist gebündelt; das Pferd »richtet sich in der Wendung auf«, und bleibt senkrecht, ohne zur Seite zu kippen.

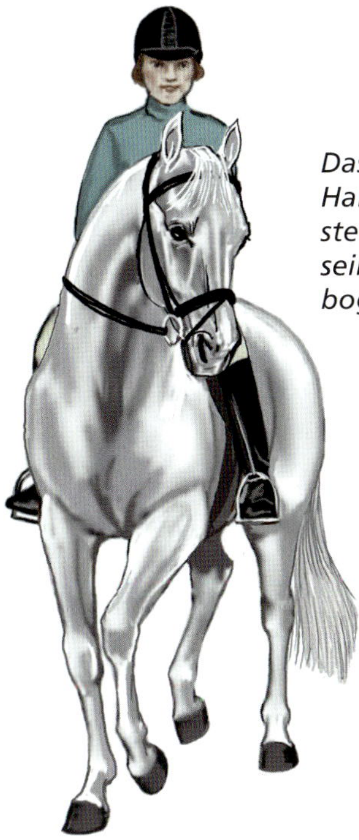

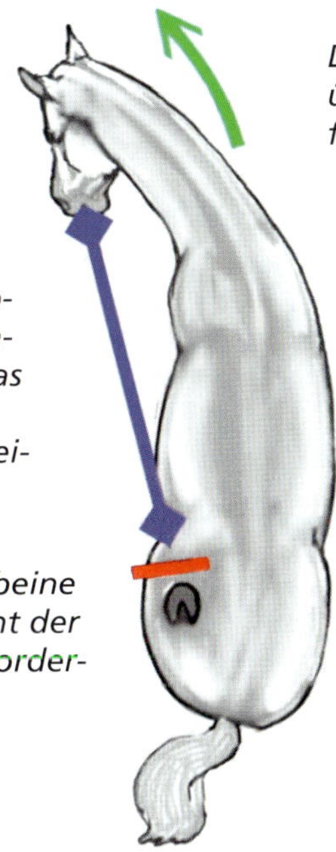

Auswirkung des zu starken Abstellens

- Die Hinterbeine treten in die Spur der Vorderbeine.
- Der Rippenbogen rotiert leicht weg von der inneren Biegung.
- Das Pferd ist im Genick leicht in Bewegungsrichtung gestellt. Es schaut hin, wohin es läuft.

Auswirkung des zu starken seitlichen Abstellens.

Ein zu starkes seitliches Abstellen wirkt sich negativ auf Haltung, Gleichgewicht und alle Wendungen aus. Das Pferd knickt im Hals ab und unterbricht die gleichmäßige Längsbiegung, statt sich nur im Genick zu stellen. Die Schiefe des Pferdes wird dadurch verstärkt und das Pferd kann sich den reiterlichen Hilfen entziehen, indem es den Hals »verbiegt«, über die Schulter fällt und sich weigert, abzuwenden. Das Ziehen am inneren Zügel und ein zu starkes Abstellen nach innen blockiert die untere Muskelkette auf der inneren Seite; das wiederum blockiert das innere Hinterbein und verhindert, dass das Pferd dieses Bein nach vorne unter den Körper bringt.

Ein zu stark nach innen abgestelltes Pferd: Die starke Abstellung verhindert das Untertreten des inneren Hinterbeins.

10. Die Seitengänge

Eigenschaften der Seitengänge

Unter Seitengängen versteht man die Bewegungen, bei denen das Pferd sowohl seitwärts als auch vorwärts geht. In der Natur bewegen sich Pferde seitwärts, wenn sie einem Hindernis ausweichen oder abdrehen, um einer Gefahr zu entkommen. Beim Reiten und im Training können die Seitengänge einen praktischen Nutzen haben, wenn man z. B. ein Tor öffnet oder schließt oder wenn man im Gelände einem entgegenkommenden Fahrzeug ausweicht. In der dressurmäßigen Ausbildung des Pferdes nutzt man sie als Gymnastikübungen, um das Gleichgewicht, die Losgelassenheit und das Reaktionsvermögen des Pferdes zu trainieren, und um beide Seiten des Pferdes gleich geschmeidig zu machen, d.h. das Pferde gerade zu richten.

Das Pferd bewegt sich bei den Seitengängen mit seinen Vorder- und Hinterbeinen seitwärts. Das Nach-außen-Treten eines Beins wird Abduktion genannt; bringt man das Bein nach innen, in Richtung der Körpermitte oder auch darüber hinaus, so spricht man von Adduktion. Eine seitliche Bewegung wird in den Vorderbeinen durch das Abkippen der Schulter und der Oberarmknochen nach innen oder außen ausgeführt. Für dieses Kippen sind die Muskeln oben und seitlich des Schulterblatts (Scapula) und die seitlich des Widerrists zuständig. Zudem die der Brustmuskeln, die vom Brustbein bis in die Vorderbeine verlaufen. In den Hinterbeinen bewegen die großen äußeren Muskeln das Bein nach außen. Diese Muskeln verlaufen oberhalb der Hüfte und Kruppe bis zum Oberschenkelknochen (Femur); die tiefen Muskeln vom inneren Oberschenkel bewegen das Bein nach innen. Alle Muskeln des Muskelkreises sind aktiv, wenn sich das Pferd vorwärts-seitwärts bewegt, ebenso wie sie in der reinen Vorwärtsbewegung aktiv sind. Um die Vorderbeine zur Seite zu bewegen, muss sich das Pferd etwas versammeln, d.h. sein Gewicht auf die Hinterbeine verlagern und in Schulter und Vorhand leicht werden. Wirbelsäule und Rippenbogen rotieren leicht; Schultern und Becken können kippen, um den Beinen das seitliche Ausgreifen zu ermöglichen. Das bedeutet, dass Seitengänge meist ein gewisses Engagement und Versammlung benötigen. Zu den Vorwärts-

Abduktion und Adduktion

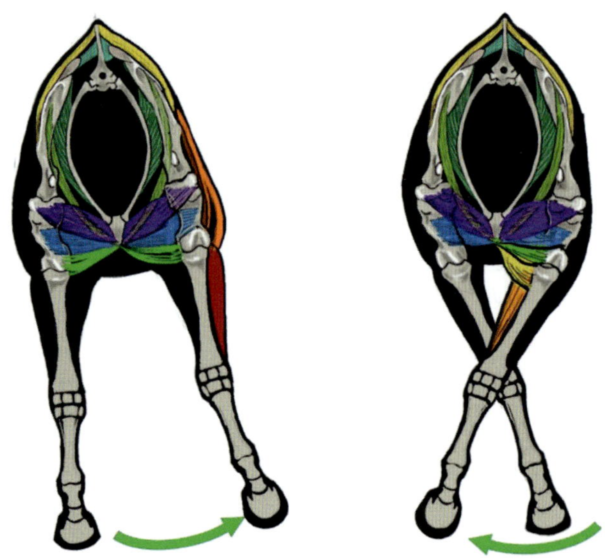

Abduktion: Das Bein nach außen abspreizen.

Adduktion: Das Bein nach innen bewegen.

seitwärts-Bewegungen gehören Schenkelweichen, Schulterherein, Konterschulterherein, Travers und Renvers, Taversalen sowie Vorhandwendungen und die Hinterhandwendungen in verschiedenen Reitweisen (Pirouetten, Spins, Pivots und Rollbacks). Manche Seitwärts-Bewegungen können mit höherer Geschwindigkeit ausgeführt werden, wie zum Beispiel der Rollback des Reining-Pferdes. Bewegt sich das Pferd seitwärts, ohne sich zu biegen (wie im Schenkelweichen), so spricht man von der »Arbeit auf zwei Hufschlägen«. Im fortgeschrittenen Dressurbereich bezieht sich der Begriff Seitengänge nur auf die Lektionen, in denen das Pferd sich auch biegt.

WENDUNGEN

Die folgenden Wendungen können auf der Stelle oder im Schritt ausgeführt werden. Sie machen das Pferd wendiger und aufmerksamer auf die reiterlichen Hilfen, ebenso haben sie einen praktischen Nutzen, wenn man auf engem Raum umdrehen möchte.

Vorhandwendung

Das Pferd tritt mit seinen Hinterbeinen seitwärts im Bogen um die Vorderbeine, welche nahezu auf derselben Stelle treten. Der Radius der Wendung ist die Körperlänge des Pferdes. Am äußeren Vorderbein liegt der Drehpunkt. Der Pferdekörper bleibt gerade, mit einer leichten Stellung im Genick gegen die Bewegungsrichtung der Hinterbeine. Die Hinterbeine sollten im gleichmäßigen Takt treten, wobei das innere Hinterbein vor dem äußeren Hinterbein übertritt. Die Vorderbeine treten im Takt des Schritts mit. Die Schritte sollten regelmäßig sein, das Pferd soll in der Bewegung weder eilen noch stocken. Man benötigt etwa 3 oder 4 Schritte für eine Vierteldrehung. Das Pferd muss nach der Vorhandwendung bereit sein, willig vorwärts zu gehen, jedoch nicht, bevor es vom Reiter dazu aufgefordert wird. Ein grober Fehler ist das Zurückweichen oder das Überkreuzen des inneren Hinterbeins hinter dem äußeren.
Eine Vorhandwendung kann man als eine Vierteldrehung (90°), als halbe Drehung (180°) oder als ganze Drehung (360°) ausführen. Manchmal wird eine Vorhandwendung im versammelten Schritt ausgeführt, wobei die Vorderbeine einen kleinen Kreis beschreiben und die Hinterbeine einen größeren Kreis um sie herum machen. Fortgeschrittene Pferde können eine Vorhandwendung mit einer leichten Biegung ausführen, entgegen der Richtung, in welche die Hinterbeine treten.

Hinterhandwendung

Das Pferd bewegt seine Vorderbeine in einem Bogen um seine Hinterbeine herum, welche nahezu auf der Stelle einen kleinen Kreis beschreiben. Es kreuzt mit dem äußeren Vorderbein vor dem inneren. Der Pferdekörper bewegt sich um das innere Hinterbein als Drehpunkt, Vorder- und Hinterbeine werden dabei im Rhythmus angehoben und abgesetzt, sie behalten den Takt des Schrittes bei. Insbesondere das innere Hinterbein tritt auf der Stelle und wird nicht »in den Boden« gedreht. Das Pferd ist leicht in die Richtung der Wendung gebogen. Es muss sein Gewicht gut nach hinten auf die Hinterhand verlagern und die Hinterbeine müssen gut untertreten, um die Schulter und Vorhand leicht zu machen, damit es seitwärts gehen kann.
Die Hinterhandwendung soll flüssig, taktrein und mit gleichmäßigen Tritten ausgeführt werden. Das Pferd soll weder stocken noch eilen oder sich hastig herumwerfen. Mit den Hinterbeinen zur Seite ausweichen oder Rückwärtstreten sind grobe Fehler, da die Hinterhandwendung »vorwärts orientiert« geritten werden soll. Nach Beendigung der Wendung soll es willig vorwärts antreten, sobald der Reiter es dazu auffordert.
Die Hinterhandwendung wird aus einem Mittelschritt ausgeführt, man kann jedoch auch vor und nach der Übung anhalten. Eine Pirouette ist eine 360-Grad-Wendung, die im versammelten Schritt und im versammelten Galopp ausgeführt wird. Das Drehen mit den Hinterbein ist ein grober Fehler bei einer Hinterhandwendung.

Mittelhandwendung

Das Pferd dreht sich um einen imaginären Drehpunkt in der Mitte seines Rumpfes, die Vorderbeine kreuzen und drehen

Vorhandwendung

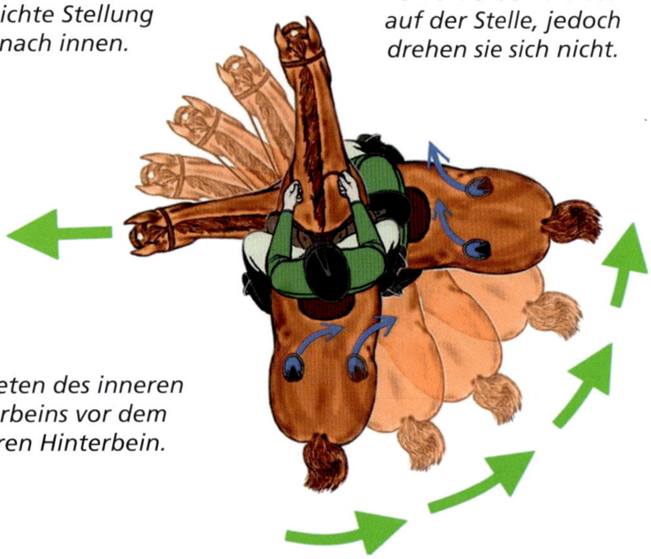

Hinterhandwendung

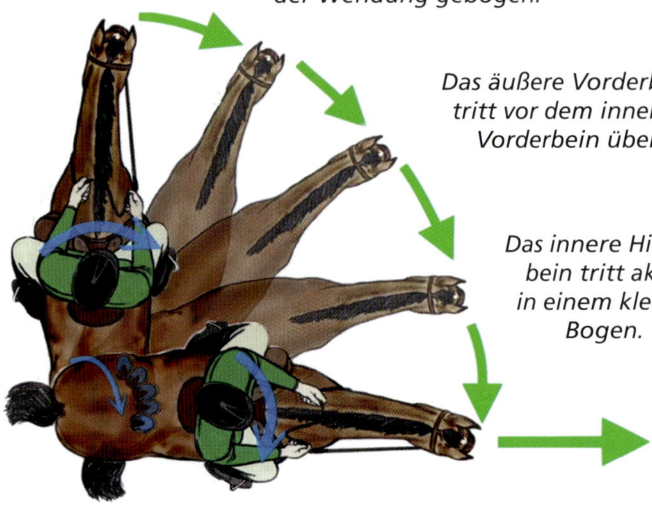

sich in die Richtung der Wendung und die Hinterbeine kreuzen und drehen sich in die andere Richtung. Das Pferd biegt sich etwas in die Richtung der Wendung. Diese Übung erlaubt es dem Pferd, auf engstem Raum zu wenden. Es wurde im 18. Jahrhundert als Dressurlektion geritten, wird heute aber selten genutzt, außer als Trainingsübung und in Western-Trailprüfungen (z.B. das Drehen in einem Quadrat).

DIE ARBEIT AUF ZWEI HUFSCHLÄGEN

Schenkelweichen

Das Schenkelweichen wird nicht als Seitengang angesehen, da es weder Biegung noch Versammlung benötigt. Diese Übung verbessert die Losgelassenheit und die Reaktion auf die seitwärts treibenden Hilfen; sie macht das Pferd geschmeidiger und verbessert die Bewegungsqualität. Das Schenkelweichen wird im Training benutzt, bevor das Pferd bereit ist für die versammelnde Arbeit. Beim Schenkelweichen bewegt sich das Pferd sowohl vorwärts, als auch seitwärts, es kreuzt seine Vorder- und Hinterbeine. Körper und Wirbelsäule sind gerade, mit einer leichten Stellung des Genicks entgegen der Bewegungsrichtung. Die inneren Beine kreuzen vor den äußeren Beinen. Die Vorhand sollte leicht vor den Hinterbeinen gehen; Ein grober Fehler ist es, wenn die »Hinterbeine vorausgehen«. Das Pferd muss frei, koordiniert und ausbalanciert bleiben und den Takt der jeweiligen Gangart sauber halten. Das Schenkelweichen kann man entlang der langen Seite des Reitplatzes ausführen, wobei das Pferd ungefähr in einem 35-Grad-Winkel von der Bewegungsrichtung abgestellt ist. Oder auf der Diagonalen, wobei sich der Pferdekörper parallel zur langen Seite bewegt.

SEITENGÄNGE

Seitengänge sind Übungen, bei welchen das Pferd sich mit mehr oder weniger Biegung seitwärts und vorwärts bewegt. Seitengänge erfordern vermehrtes Untertreten der Hinterbeine

Schenkelweichen

Dem linken Schenkel weichen lassen, von vorne betrachtet.

Pferd und Reiter bleiben in der Senkrechten, ohne sich zur Seite zu lehnen bzw. sich zu stark zu biegen.

Die inneren Vorder- und Hinterbeine überkreuzen vor den jeweiligen äußeren Beinen.

Dem linken Schenkel weichen lassen, von oben betrachtet.

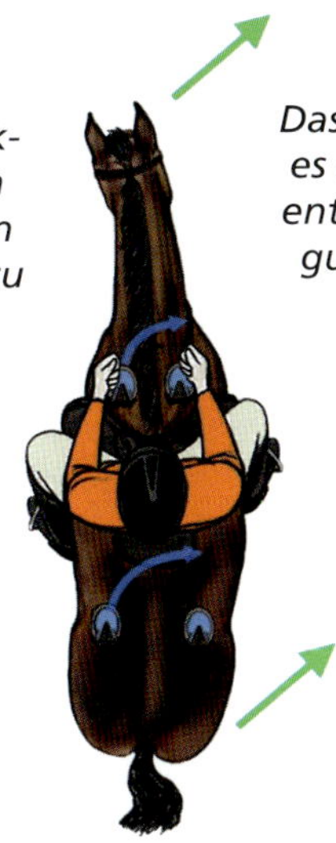

Das Pferd ist gerade, es ist nur im Genick entgegen der Bewegungsrichtung gestellt.

Die Vorhand ist etwas vor der Hinterhand.

und deutlichere Hankenbeugung (also schon etwas Versammlung); sie dienen der stärkeren Gymnastizierung des Pferdes und können im Schritt, Trab, Galopp und Tölt geritten werden. In sämtlichen Seitengängen sollte das Pferd den Takt und Schwung der jeweiligen Gangart beibehalten. Ist das Pferd seitlich zu sehr gebogen oder ist der Hals nach innen gezogen, kann dies Gleichgewicht, Losgelassenheit und Takt negativ beeinflussen.

Seitengänge können auf einer geraden Linie ausgeführt werden, entlang eines Zaunes oder der Bande, oder auf einem Zirkel.

Schenkelweichen entlang einer Bande.

Schenkelweichen auf der Diagonalen.

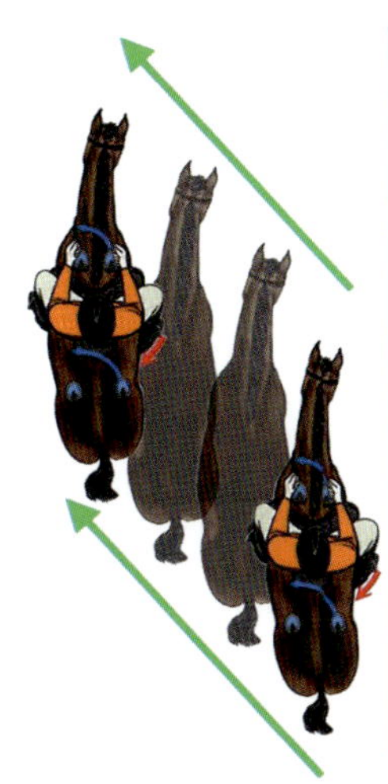

Schulterherein und Schultervor

Das Pferd bewegt sich vorwärts und leicht seitwärts. Dabei ist es in einem Winkel von ungefähr 30 Grad von der Bande bzw. vom Hufschlag der gerittenen Linie abgestellt. Das Pferd ist entgegen der Richtung gebogen, in die es sich bewegt. Von vorne gesehen bewegen sich seine Beine auf drei Spuren, so genannten Hufschlaglinien: (1) das äußere Hinterbein bewegt sich auf der äußeren Spur, (2) das innere Hinterbein und das äußere Vorderbein bewegen sich auf der mittleren Spur, und (3) das innere Vorderbein bewegt sich auf der inneren Spur. Das innere Vorderbein bewegt sich vor das äußere Vorderbein und überkreuzt es. Das äußere Vorderbein greift leicht seitlich aus. Das Schulterherein erfordert vermehrtes Untertreten; insbesondere das innere Hinterbein tritt weit nach vorne unter

Schulterherein

Schulterherein (nach links) von vorne gesehen.

Das Pferd ist entgegen der Bewegungsrichtung gebogen.

Die Hinterbeine bleiben auf dem Hufschlag.

Die Vorderbeine bewegen sich einen Schritt weiter nach innen.

Das innere Hinterbein tritt in die Spur des äußeren Vorderbeins.

Schulterherein (links) von oben betrachtet.

Das Pferd bewegt sich auf drei Hufschlaglinien.

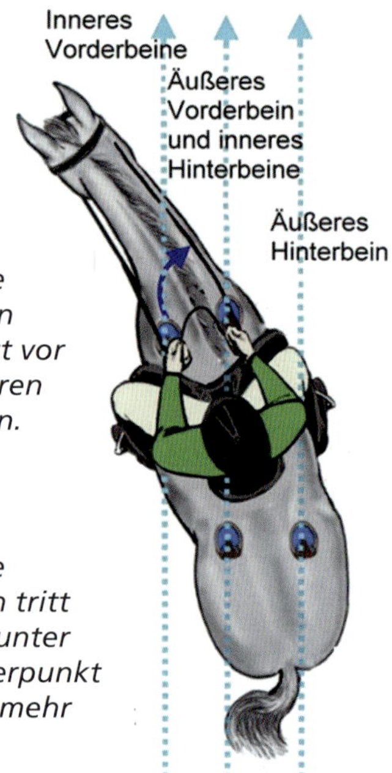

Das innere Vorderbein überkreuzt vor dem äußeren Vorderbein.

Das innere Hinterbein tritt vermehrt unter den Schwerpunkt und trägt mehr Gewicht.

Das Pferd bewegt sich im ca. 30°-Winkel zum Hufschlag.

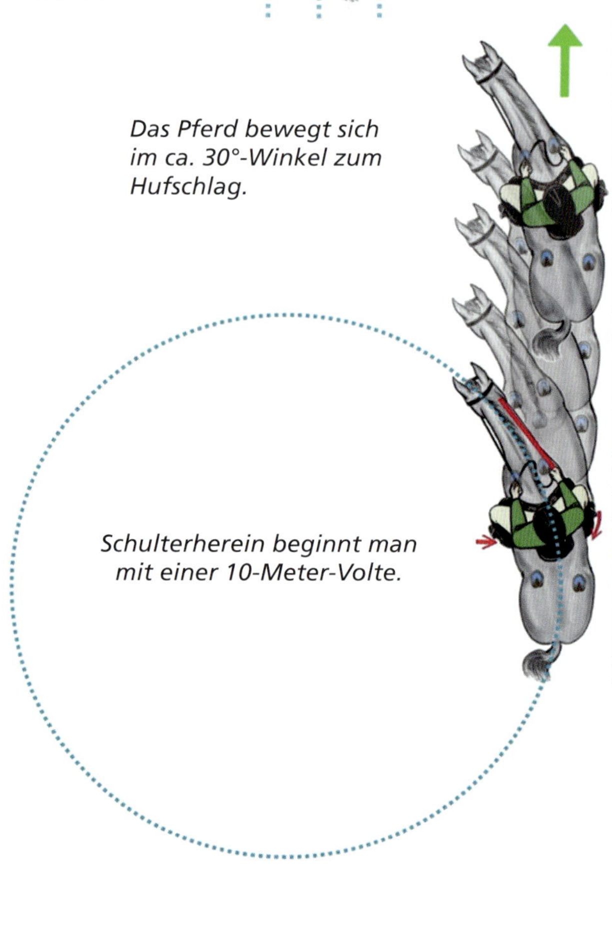

Schulterherein beginnt man mit einer 10-Meter-Volte.

Falsch: Schenkelweichen! Die Hinterhand ist gedreht.

Falsch: Der Hals ist zu weit abgestellt, zu viel innerer Zügel.

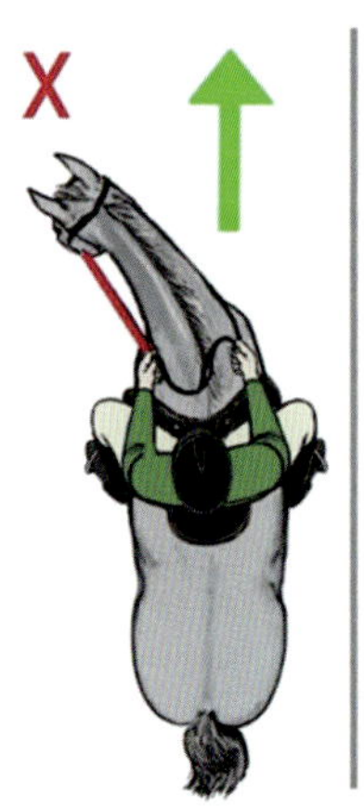

Schulterherein.

den Pferdekörper und nimmt mehr Gewicht auf. Dadurch senkt sich die innere Hüfte leicht ab.

Im Schulterherein muss das Pferd den Takt, die Biegung und das Engagement (besonders des inneren Hinterbeins) beibehalten, es soll seinen Rücken wölben, den Widerrist anheben und die Vorhand entlasten. Das Schulterherein ist eine gymnastische Übung mit »Allround-Funktion«. Es verbessert Losgelassenheit, Geraderichtung und Selbsthaltung (und damit die Versammlungsfähigkeit) des Pferdes und stärkt das innere Hinterbein. Es ist wichtig, dass das Schulterherein korrekt ausgeführt wird; ansonsten wird das Pferd weder geschmeidiger noch ausbalancierter; stattdessen können schädliche Drehbewegungen in den Sprunggelenken entstehen. Das Pferd muss eine gleichmäßige Biegung beibehalten und darf vor allem seinen Hals nicht mehr nach innen biegen, als den Rest vom Körper. Das äußere Hinterbein muss in der Spur bleiben, ohne nach außen weg zu treten; dies würde das Schulterherein in ein schlecht ausgeführtes Schenkelweichen verwandeln. Das

Schultervor

Schultervor an der Bande entlang.

Schultervor (nach links), von vorne betrachtet.

Schultervor wird ähnlich wie Schulterherein geritten, jedoch ist das Pferd weniger gebogen.

Die Hinterbeine bleiben auf dem Hufschlag.

Das Pferd ist entgegen der Bewegungsrichtung gebogen.

Die Vorderbeine bewegen sich etwas weiter innen.

Das innere Vorderbein geht an dem äußeren Vorderbein vorbei und überkreuzt es.

Der Abstellungs-Winkel zur Hufspur beträgt weniger als 30°.

Das Pferd bewegt sich auf vier Hufspuren.

Schultervor (links), von oben betrachtet.

Schultervor an der Bande entlang.

Pferd darf weder den Takt, noch die Vorwärtstendenz verlieren oder sich dabei steif machen.

Das Schultervor ist eine Variante des Schulterherein mit einem geringeren Grad von Biegung und Abstellung. Es wird von Pferden verlangt, die noch nicht genug trainiert sind, um Schulterherein auszuführen. Das Pferd ist leicht gebogen, die Vorderbeine zeigen nach innen, jedoch ist die Abstellung zur Bande weniger als 30 Grad. Schultervor ist eine gute Übung, um Schulterherein zu trainieren, da es weniger Biegung, Engagement und Versammlung braucht.

Kruppeherein (Travers)

Das Pferd bewegt sich gebogen vorwärts und leicht seitwärts, wobei die Hinterbeine nach innen zeigen. Die Vorderbeine bewegen sich geradeaus auf dem Hufschlag, während die Hinterbeine sich auf einer nach innen versetzten Linie bewegen. Das äußere Beinpaar tritt vor dem inneren Beinpaar über und das Pferd bewegt sich in die Richtung, in welche es gebogen ist. Beim Kruppeherein ist die Winkelung des Pferdekörpers etwas größer als beim Schulterherein (ungefähr 35 Grad zur Bewegungslinie), und die Pferdebeine bewegen sich auf vier Spuren. Es kann im versammelten Schritt, Trab oder Galopp ausgeführt werden.
Das Kruppeherein aktiviert die Hinterbeine und verstärkt die Dehnung der äußeren Seite. Das innere Hinterbein muss Last aufnehmen und das äußere, welches seitwärts vor das innere bewegt wird, bringt eine noch deutlichere Dehnung der äußeren Seite des Pferdes. Kruppeherein entwickelt – noch mehr als Schulterherein – die Tragkraft der Hinterhand. Es bereitet das Pferd auf die Traversale und die Pirouette vor. In sämtlichen Seitengängen sollte das Gleichgewicht, der Takt, die Vorwärtsbewegung und die Reinheit des Ganges beibehalten werden. Fehler im Kruppeherein sind Steifheit, ungenügende Biegung, Taktverlust und das Überstellen/-biegen zur Innenseite.

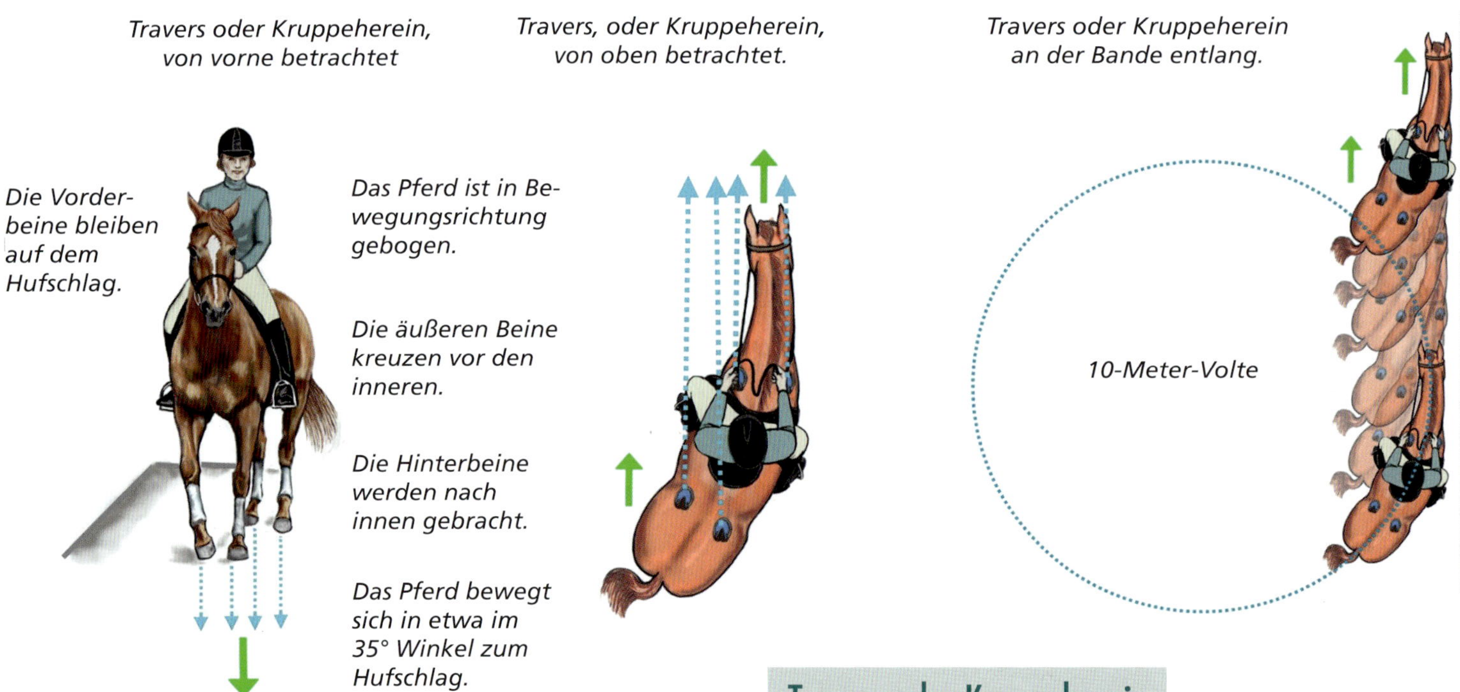

Travers oder Kruppeherein

Kruppeherein (Travers).

Kruppeheraus (Renvers).

Renvers (rechts) von vorne betrachtet.

Das Pferd bewegt sich etwa im 35° Winkel zum Hufschlag.

Das Pferd ist in Bewegungsrichtung gebogen.

Die äußeren Beine kreuzen vor den inneren Beinen.

»Außen« und »Innen« bezieht sich auf die Biegung, nicht auf den Hufschlag oder den Reitplatz.

Renvers (rechts) von oben betrachtet.

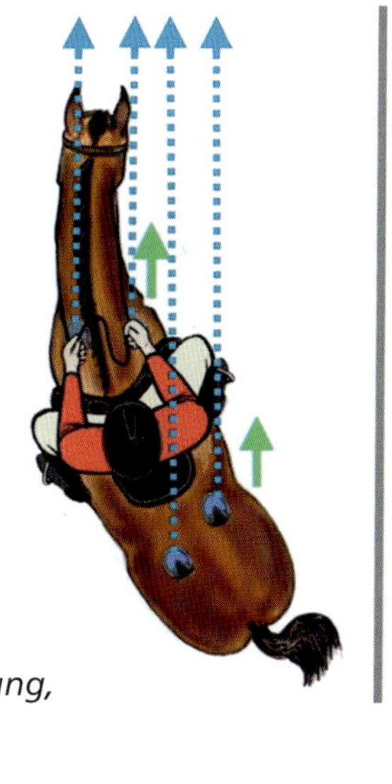

Renvers (rechts) entlang der Bande.

Renvers oder Kruppeheraus

Kruppe-Heraus (Renvers)

Renvers oder Kruppe-Heraus ist die Konterlektion des Travers oder Kruppe-Herein. Es wird prinzipiell wie Travers ausgeführt; nur bewegen sich jetzt die Hinterhand auf der Außenspur und die Vorhand auf der Innenspur der Bewegungsrichtung. Auf der »Ganzen Bahn« bedeutet das: Hinterhand außen und Vorhand innen, jedoch nicht, wie im Schulterherein, gegen die Bewegungsrichtung gestellt und gebogen, sondern in Bewegungsrichtung. Wie auch das Travers fördert das Renvers Engagement und Versammlung. Es ist etwas schwieriger, im Renvers die Richtung zu halten, da das Pferd keine Bande neben der Schulter hat.

Traversale.

Traversale

Die Traversale ist eine Variante des Kruppe-Herein oder Travers, sie wird auf einer Diagonalen ausgeführt. Das Pferd bewegt sich vorwärts-seitwärts und ist dabei leicht in Bewegungsrichtung gebogen. Die Biegung ist größer als beim Schulterherein (ca. 35 Grad), und das Pferd bewegt sich auf vier Hufschlaglinien. Das äußere Vorder- und Hinterbein tritt vor dem jeweiligen inneren Bein über. Der Pferdekörper ist nahezu parallel zur langen Seite des Reitplatzes, mit der Vorhand leicht vor der Hinterhand.

Die Traversale kann im Schritt, Trab oder Galopp ausgeführt werden. Das Pferd sollte im Gleichgewicht bleiben, dieselbe Energie-Entwicklung während der Traversale beibehalten. Die Schulter bleibt dabei leicht, frei und beweglich. Besonders wichtig ist, dass das innere Hinterbein bei jedem Schritt aktiv untertritt und das äußere Hinterbein bei gedehnter äußerer Seite vor dem inneren kreuzt.

Die Traversale entwickelt Versammlung, Leichtigkeit in der Vorhand und Schulterfreiheit und sie verbessert das Gleichgewicht insgesamt. Fehler in der Traversale sind: zu viel Abstellung oder (Hals-)Biegung nach innen (was das Untertreten des inneren Hinterbeins verhindert), das Vorausgehen der Hinterhand, Steifheit oder Verlust von Gleichgewicht und Kadenz.

Führt das Pferd die Traversale mit mehreren Richtungswechseln aus im Wechsel von links nach rechts, so nennt man dies Zick-Zack-Traversale. Zick-Zack-Traversalen im Galopp erfordern bei jedem Richtungswechsel einen fliegenden Galoppwechsel.

Die Traversale darf nicht mit Schenkelweichen verwechselt werden; die beiden Lektionen ähneln sich jedoch nur oberflächlich betrachtet. Schenkelweichen ist eine einfachere Bewegung, in welcher der Pferdekörper gerade bleibt, und das Pferd entgegen der Bewegungsrichtung gestellt ist. Die Traversale ist eine fortgeschrittenere Lektion, bei welcher das Pferd in Bewegungsrichtung gestellt und gebogen ist. Dies erfordert einen höheren Grad an Geschmeidigkeit, Versammlung und Engagement der Hinterhand.

Traversale (links) von vorne betrachtet.

Das Pferd bewegt sich vor- und seitwärts auf einer Diagonalen.

Das Pferd ist in die Bewegungsrichtung gebogen.

Die Vorhand sollte leicht vor der Hinterhand sein.

Die äußeren Beine kreuzen vor den inneren.

Traversale (links) von oben betrachtet.

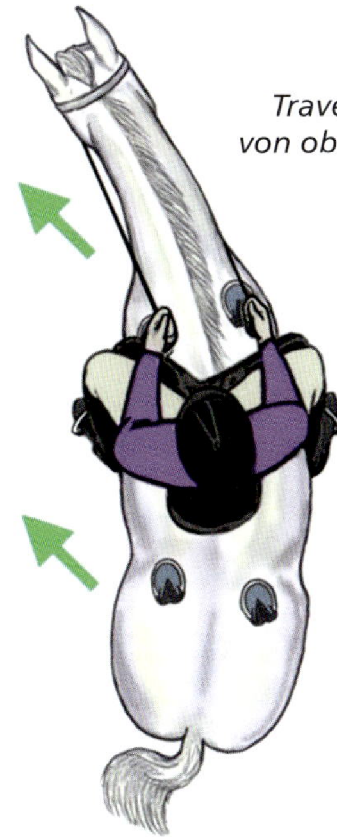

Die Traversale kann auch im Galopp geritten werden.

Traversale auf der Diagonalen.

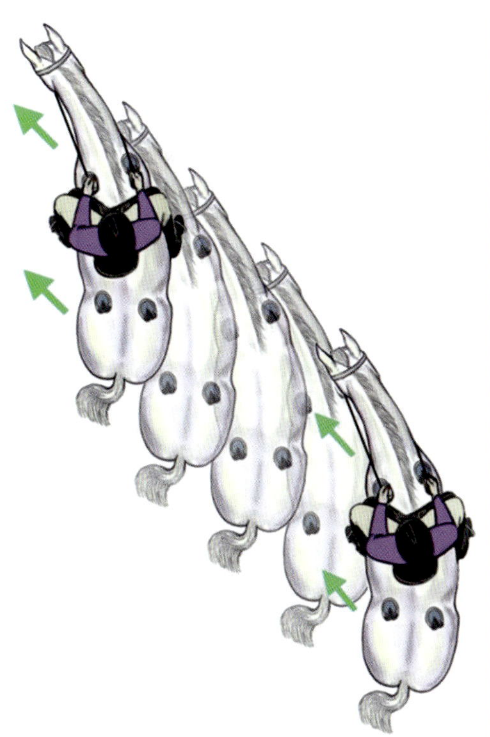

Die Traversale

ANDERE ÜBUNGEN

Spin und Pivot: Drehung auf der Hinterhand (Western)
Das Pferd bewegt seine Vorderbeine seitwärts in einem Bogen um die stationären Hinterbeine herum. Das innere Hinterbein wird unter den Schwerpunkt gestellt und agiert als Drehpunkt. Der Pferdekörper ist in der Regel gerade; bei fortgeschrittenen Pferden kann jedoch eine leichte Biegung zur Innenseite der Drehung erfolgen. Diese Lektion aus der »Reining« wird – wie alle Western-Lektionen am relativ losen Zügel geritten.
Ein Spin ist eine Drehung auf dem inneren Hinterbein, die mit Geschwindigkeit ausgeführt wird, üblicherweise mit 360 Grad oder mehr. Das Pferd bewegt sich am losen Zügel und hat eine leichte Biegung nach innen. Das Pferd dreht um sein inneres Hinterbein, welches auf einer Stelle stehen bleibt. Manche Pferde bohren ihr inneres Hinterbein dabei fast in den Boden; schonender für die Gelenke ist es jedoch, wenn das Bein beim Drehen angehoben und wieder abgesetzt wird. Der Spin wird in einer trabartigen Bewegung flach gelaufen – im Gegensatz zu den aufwärts gerichteten versammelten Sprüngen in der Galopp-Pirouette.

Rollback (Western)

Der Rollback ist eine Westernübung, in welcher das Pferd aus dem Galopp stoppt, um 180 Grad herumspringt und im Galopp

Pivot

Pivot (Western): Das Pferd dreht sich auf dem inneren Hinterbein.

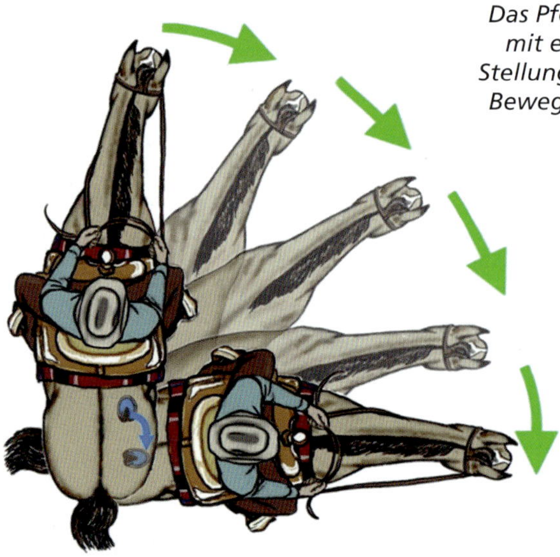

Sidepass

Western Sidepass: Das Pferd bewegt sich seitwärts; die inneren Beine kreuzen vor den äußeren.

Das Pferd ist gerade, mit einer leichten Stellung entgegen der Bewegungsrichtung.

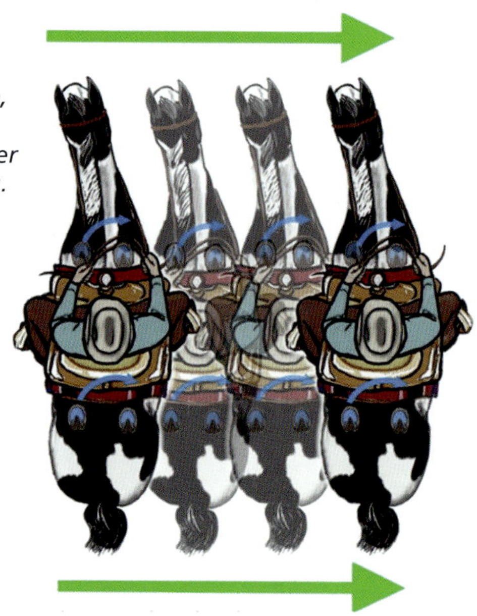

auf der anderen Hand wieder anspringt. Die Lektion muss weich und fließend – ohne Stocken oder Stopp auf der Vorhand – ausgeführt werden.

Sidepass oder Fullpass (Western)

Das Pferd bewegt sich seitwärts, es kreuzt sowohl die Vorderals auch die Hinterbeine. Das Kreuzen sollte immer vor dem stützenden Bein erfolgen, andernfalls würde die Bewegung rückwärts orientiert sein. Der Sidepass wird von Trailpferden und Polizeipferden ausgeführt – auf dem Turnier und im Polizeialltag. Er dient praktischen Zwecken, wie dem Öffnen und Schließen eines Tores bei der Rancharbeit. Oder der Kontrolle einer Menschenmenge. In der Dressur wird der Sidepass in dieser Form nicht gefordert. Wo er jedoch häufig eingesetzt wird, sind Trailprüfungen auf Western-Turnieren. Dort speziell beim Sidepass über eine zwischen Vorder- und Hinterbeinen liegende Stange. In dieser Übung ist es sinnvoll, dass das Pferd die Beine nicht kreuzt, sondern ein (Vorder- oder Hinter-)bein seitwärts setzt und mit dem anderen nachzieht. Dies führt in kniffligen Trail-Hindernissen zu größerer Präzision beim Bewegen der Pferdebeine.

Rollback

Western Rollback: Das Pferd stoppt aus dem Galopp, dreht sich um 180° und springt wieder in den Galopp in die Richtung, aus der es gekommen ist.

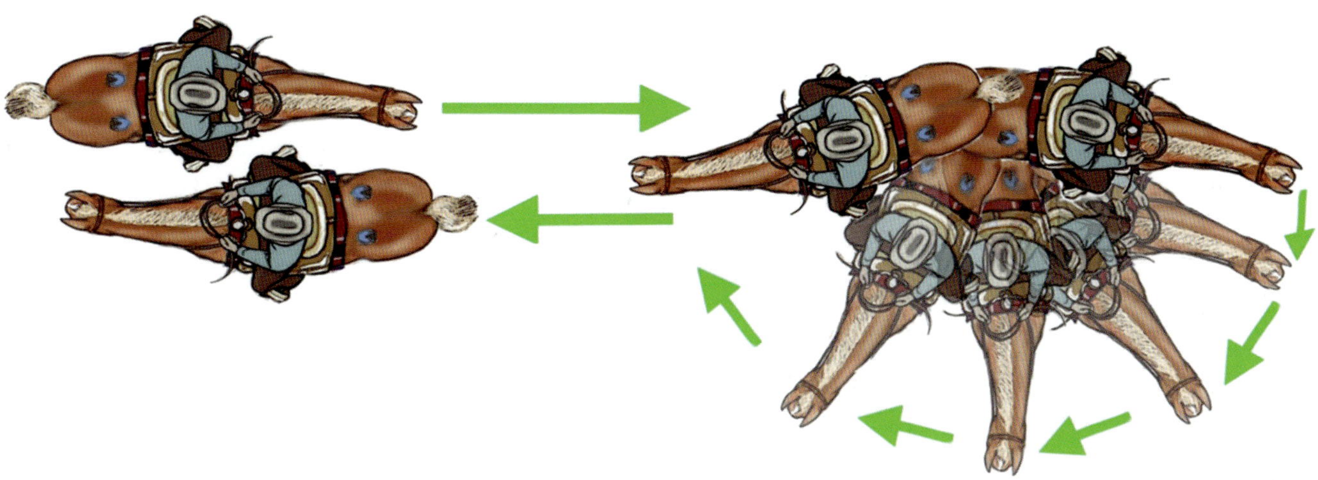

11. Fehlerhafte Bewegung und Bewegungsprobleme

Schlechte Bewegung kann das Ergebnis von Gebäudefehlern, schlechter Gesundheit, Schwäche oder einem Mangel an Koordination sein, jedoch wird sie meist durch schlechtes Reiten oder unzweckmäßiges Training verursacht. Fragwürdige Trainingsmethoden, die angewandt werden, ohne sich über den natürlichen Bewegungsablauf des Pferdes, Gleichgewicht und Biomechanik Gedanken zu machen, richten viel Schaden an.

Schenkel- und Rückengänger

Pferde können »Rückengänger« oder »Schenkelgänger« sein. Ein »Rückengänger« bewegt sich »durch seinen Rücken« mit freier Vorwärtsbewegung, seine Hinterbeine treten gut unter den Körper. Seine Beine schwingen frei aus Hüfte und Schulter, sein Rücken wird angehoben und schwingt. Die durch den Körper und über den Rücken gehende Bewegung aktiviert sämtliche Muskeln des Muskelkreises und das Ergebnis sind losgelassene, elastische und athletische Bewegungen.

Ein »Schenkelgänger« bewegt sich mit kürzeren, verhaltenen Tritten, die Muskulatur im Rücken und Hals ist fest. Die meiste Bewegung findet im unteren Beinbereich statt. Die Muskeln des Muskelkreises arbeiten nicht harmonisch zusammen. Das Pferd bewegt sich mit steifem, weggedrücktem Rücken. Ein Schenkelgänger setzt seinen Körper schlechter ein und kann sich nicht so athletisch bewegen wie ein Rückengänger.
Einem Schenkelgänger kann man helfen, indem man seine Hinterbeine aktiviert und den Rücken nach oben bringt. Lösende Übungen mit Vorwärts-abwärts-Dehnung »über den Rücken« sowie Cavaletti-Arbeit, Tritte verlängern und verkürzen und das Reiten von vielen Übergängen können dem Pferd helfen, seinen Körper besser einzusetzen. Jedoch sind manche Pferde auf Grund ihres Gebäudes und ihrer Veranlagung Schenkelgänger. Dies kann man zwar durch richtiges Training verbessern. Dennoch kann es sein, dass sie sich nie so gut bewegen, wie ein Pferd, das von Natur aus über den Rücken geht. Andererseits kann man durch schlechtes Training einem hoch veranlagten Rückengänger die Rückenbewegung »wegreiten« und einen Schenkelgänger daraus machen.

MUSKELENTWICKLUNG

Die Muskelentwicklung eines Pferdes zeigt auf, wie gut oder schlecht es geritten oder trainiert wurde, und wie es seinen Körper einsetzt. Ein Pferd, das sich gut bewegt, wird eine harmonische Muskulatur aufweisen, mit guter Bemuskelung am Oberhals, am Rücken, im Lendenbereich und an den Hinterbeinen. Pferde die sich schlecht bewegen, entwickeln eine ungleiche und inkorrekte Muskulatur, bisweilen auch »Ersatzmuskulatur« an der falschen Stelle; manche Muskeln sind überarbeitet, während andere durch Nichtgebrauch oder Fehlbelastung verkümmern (Atrophie). Einige verräterische Zeichen von falschem Körpereinsatz sind:

- Fehlende Muskelentwicklung an der Oberlinie (Oberseite von Hals, Rücken, Lende und Kruppe).
- Eine Kuhle im Rückenteil des Trapezmuskels, gerade hinter dem Schulterblatt; dieser Muskelschwund am Trapezmuskel

Rückengänger

Ein »Rückengänger« bewegt sich frei, er setzt seinen Rücken und den ganzen Körper ein, die Beine schwingen aus Hüfte und Schulter.

Schenkelgänger

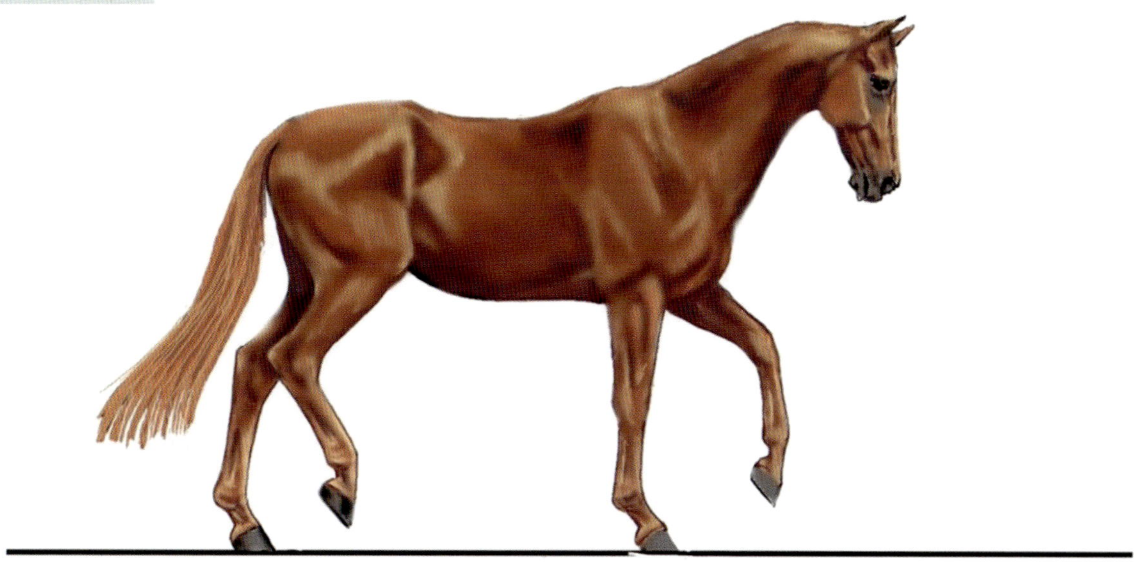

Ein »Schenkelgänger« bewegt sich mit kurzen, gebundenen Schritten, mit einem steifen Rücken und wenig Bewegung aus Schulter und Hüftgelenk.

wird oft von einem zu engen Sattel verursacht, der hinter dem Schulterblatt auf den Muskel drückt. Manchmal gibt es auch eine Muskel-Ausbeulung am vorderen Teil des Trapezmuskels; das ist ein Anzeichen dafür, dass das Pferd sich mit den Vorderbeinen quasi vorwärts zieht, anstatt die Hinterbeine als Antrieb zu benutzen.

- Fehlende Bemuskelung im Bereich des Lumbosakral-Gelenks an Lende und Kruppe. Es zeigen sich zwei Dellen und eine Spitze zwischen den Dellen etwa in der Mitte der Kruppe. Diese Pferde gehen oft mit weggedrücktem Rücken, mit einer flachen Kruppe und nach hinten herausgestellten Hinterbeinen und sie öffnen ihr Lumbosakral-Gelenk nicht.
- Deutliche Ausprägung der Unterhalsmuskeln: bedingt dadurch, dass Brustbein und Halsansatz heruntergedrückt werden und der Kopf hoch getragen wird. Der Halsansatz ist nach vorne »ausgebeult«.
- Eine Kuhle auf dem Hals vor dem Widerrist; dies zeigt, dass das Pferd nicht »über den Rücken« und mit gedehntem Hals gearbeitet wurde. Manchmal hat das Pferd einen gebogenen Mähnenkamm und dann eine deutliche Einkerbung vor dem Widerrist; dazu sagt man »Axthieb«.
- Die Rautenmuskeln am Mähnenkamm sind nicht richtig entwickelt: dünn am Ansatz, vor dem Schulterblatt, und dick und ausgebeult über Atlas und Axis, nahe dem Genick. Dies nennt man »Kobrahals«, da es von oben aussieht wie die Kappe einer Kobra. Es ist üblich bei Pferden, die man in eine falsche Kopfhaltung gezwungen hat, vor allem durch den Gebrauch von Hilfs- oder Schlaufzügeln.
- Überentwickelte Muskeln auf einer Seite von Schulter, Hals oder Hinterbeinen, und Muskelschwund (Atrophie) oder unterentwickelte Muskeln auf einer Seite: Man kann dies bei Pferden sehen, die extrem einseitig sind. Oder bei Pferden, die auf Grund einer schwachen oder verletzten Gliedmaße lange schief in einer Schonhaltung gelaufen sind.

Sämtliche aufgeführten Zustände können mit korrektem Training verbessert werden, welches dem Pferd dazu verhilft, die steifen Körperteile zu lockern und die unterentwickelten Muskeln zu trainieren. Der Wiederherstellungs-Prozess kann neben gutem Training eine tierärztliche Untersuchung erfordern, Chiropraktik oder andere Körperarbeit. Der Sattel muss kontrolliert und bei Bedarf angepasst, der Beschlag und die Zähne müssen untersucht werden. Vor allem bedarf es guten Reitens und eines sachkundigen Trainers, der mit Geduld Schritt für Schritt die richtige Muskulatur wieder aufbaut. So kann man das Pferd auf lange Zeit gesund und einsatzfähig erhalten.

Syndrome für fehlerhafte Bewegung

Es gibt einige Syndrome einer fehlerhaften Bewegung, die bei jedem Pferdetyp so in dieser Form auftauchen können. (Ein Syndrom ist das gleichzeitige Vorhandensein verschiedener Symptome, die eine bestimmte Krankheit oder ein Problem charakterisieren.) Bewegt sich das Pferd unzweckmäßig, kann es sein volles Bewegungspotenzial nicht nutzen und wird schwierig zu reiten. Und schließlich kann das Pferd durch Fehlhaltungen und falsche Bewegungen gesundheitlichen Schaden nehmen. Der unzweckmäßige Einsatz der Muskulatur in »falschen« Bewegungen kann Beschwerden und Schmerzen verursachen, welche dazu führen, dass die Pferde unwillig und widersetzlich beim Reiten werden. Bei allen der im Folgenden aufgeführten Syndrome ist die natürliche Bewegung des Pferdes gestört und die Muskeln des Muskelkreises arbeiten nicht koordiniert zusammen. Manche Muskeln werden überbeansprucht und andere verkümmern. Das Pferd kann mit den Hinterbeinen nicht gut genug unter den Körper treten, was sich negativ auf Gleichgewicht, Kraft und Bewegungsradius auswirkt. Fehlerhafte Bewegung verursacht Verspannung und Steifheit. Das Pferd kann sich nicht losgelassen bewegen. Unzweckmäßige Bewegungen sehen unschön aus, sind ineffektiv, unbequem für den Reiter und gesundheitsschädlich fürs Pferd. Aus diesem Grund sollten sie von Richtern auf Turnieren schlecht bewertet werden.

Weggedrückter Rücken: Über dem Zügel

Das Pferd bewegt sich verspannt mit kurzen, steifen Tritten, festgehaltenem oder weggedrücktem Rücken, hoher Kopfhaltung und festgehaltenem Hals. Das Pferd drückt den Unterhals

Gute Muskelentwicklung

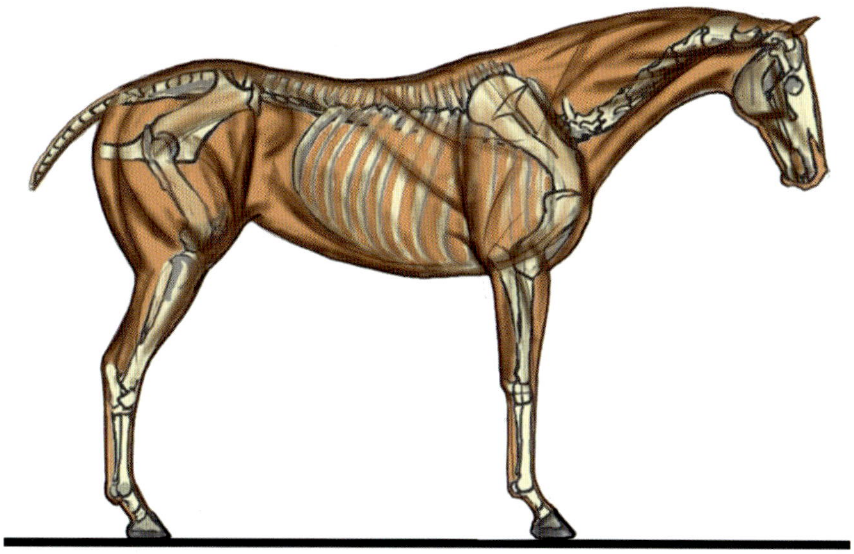

Eine gute Muskelentwicklung entsteht durch einen guten Körpergebrauch in der Bewegung.

Fehlerhafte Muskelentwicklung

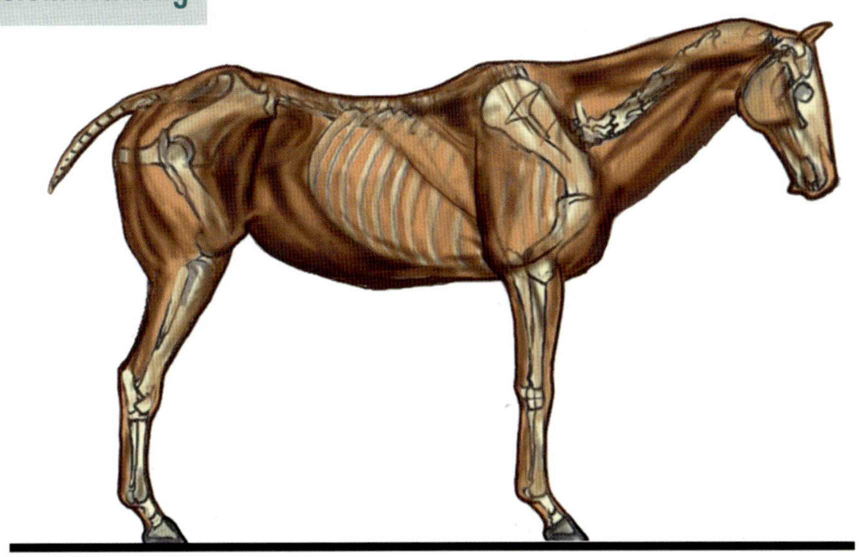

Schlechte Muskelentwicklung zeigt, dass das Pferd schlecht trainiert oder geritten wurde, und seinen Muskelkreis nicht gut eingesetzt hat.

»Über dem Zügel«

heraus und die Schulter nach unten. Genick und Kiefer sind fest. Der Spannungsbogen wölbt sich verkehrt herum. Ein solcher »Sterngucker« ist vom Reiter nur schlecht zu kontrollieren und extrem unbequem zu sitzen. Ein Pferd, das in dieser Form »über dem Zügel« geht, ist in der Regel angespannt und unruhig; es kann sein, dass es tänzelt, seinen Kopf hochwirft und gegen das Gebiss drückt. Die Muskeln des Muskelkreises arbeiten nicht zusammen, insbesondere schwingt der Rücken nicht. Das Pferd wird zum »Schenkelgänger« mit taktunklaren, kurzen Tritten.

Lässt das Pferd seinen Rücken nach unten durchfallen bzw. drückt ihn aktiv nach unten, schließt sich das Lumbosakral-Gelenk: Die Kruppe wird flach und das Pferd kann seine Hinterbeine nicht unter den Körper bringen. Solche Pferde treten oft mit ihren Hinterbeinen nach »hinten heraus«, d.h. die Hinterbeine schwingen mehr nach hinten als sie nach vorne treten. Das erschwert es dem Pferd, in Wendungen und Übergängen sein Gleichgewicht zu halten. Man sieht dieses Problem oft bei »heißen«, ängstlichen Pferden, welche mit Zwang zurückgehalten werden. Das Pferd entwickelt einen starken »Unterhals« mit »Muskelbergen« an der Unterseite des Halses, da es seinen Hals gegen den Zug am Zügel drückt. Die hohe Kopfhaltung macht es nicht nur schwierig, das Pferd zu kontrollieren, sondern schränkt auch das Sichtfeld des Pferdes ein; es sieht nicht mehr gut, wohin es läuft. Beim Springen kann es das Hindernis nicht frühzeitig sehen. Wirft es den Hals extrem nach hinten, kann es den Reiter mit seinem Genick im Gesicht treffen. Der Reiter sitzt oftmals ohne Balance auf einem solchen Pferd. Seine Beine sind zu weit vorne und er hängt dem Pferd im Kreuz. Das führt zu einem Teufelskreis, in welchem das Pferd noch mehr ins Hohlkreuz fällt und der Reiter, bedingt durch die holperigen, unregelmäßigen Bewegungen, immer weniger zum Sitzen kommt.

Um ein Pferd, das über dem Zügel geht, zu korrigieren, muss es erst etwas langsamer und ruhiger gemacht werden, und es muss frei von Schmerzen sein. Die Passform des Sattels und der Trense bzw. des Gebisses müssen überprüft werden. Der Reiter muss den Pferderücken entlasten, er sollte mit gutem, stabilem Gleichgewicht leicht traben und nicht aussitzen. Er muss das Pferd ermutigen, sich zu entspannen und ruhig zu werden, seine Hals- und Rückenmuskeln zu dehnen und längere Tritte zu machen, besonders mit den Hinterbeinen. Das erfordert gutes Timing bei der Hilfengebung. Wenn die Tritte der Hinterbeine länger werden, wird der Muskelkreis aktiviert und der Pferderücken beginnt, sich zu bewegen: Er dehnt sich und wird angehoben. In der Folge wird sich das Pferd in der ganzen Oberlinie vorwärts-abwärts dehnen und seinen Hals »fallenlassen«. Dann muss der Reiter bereit sein, mit einer sanften Hand Anlehnung zum Pferdemaul herzustellen und dem Pferd diesen Kontakt angenehm machen, so dass es Vertrauen zur Reiterhand findet.

Den Kopf mit Martingal, Schlaufzügeln oder anderen Hilfszügeln nach unten zwingen, löst das Problem nicht; stattdessen

»lernt« das Pferd oftmals, in falscher Versammlung zu gehen, während die Hinterbeine weiterhin kurz treten und der Rücken weggedrückt bleibt.

Weggedrückter Rücken: falsche Versammlung

Das Pferd bewegt sich mit einem weggedrückten Rücken und wenig Engagement, wie oben, jedoch ist sein Hals rund und die Nasenlinie ist in oder hinter der Senkrechten. Das Genick ist jedoch nicht der höchste Punkt. Das Pferd geht mit einem falschen Knick. Möglicherweise kaut das Pferd nervös oder es hält sein Kinn starr fest. Jedenfalls akzeptiert es das Gebiss nicht und sucht auch keine Anlehnung; stattdessen verkürzt es seinen Hals und entzieht sich dem Kontakt zur Reiterhand. Der Muskelkreis ist nicht aktiv, die Hinterhand tritt nicht gut vor, die Tritte sind kurz und oft unregelmäßig und taktunrein. Es bewegt sich mit einem falschen Knick, reißt seine Vorderbeine hoch oder wirft sie nach oben und vorne, ohne die Hinterbeine zu aktivieren, ohne den Rücken anzuheben oder die Vorhand zu entlasten. Im Trab zeigen die Vorder- und Hinterbeine eine »Verschiebung der Diagonalen«. Das bedeutet, dass die Hinterbeine jeweils nicht so weit nach vorne treten wie die Vorderbeine und sie wahrscheinlich auch etwas eher aufgesetzt werden. Dadurch entsteht ein unregelmäßiger Takt. Im Galopp kommt es durch die Verschiebung der Diagonalen zu einem Viertaktgalopp. Das ist ein grober Fehler und belastet Rücken, Lende sowie die Gelenke der Hinterbeine in unzweckmäßiger Weise. Die Fähigkeit des Pferdes, sein Gewicht nach hinten zu verlagern und sich im Gleichgewicht zu bewegen, ist stark eingeschränkt.

Wenn das Pferd mit »falschem Knick« geht und ständig den Rücken wegdrückt, ist das für seinen Rücken und die Hinterbeine genauso schädlich wie das Über-dem-Zügel-Gehen. Es kann davon auch »zügellahm« werden. Mit Zügellahmheit bezeichnet man ein rhythmisches Kopfnicken wie bei einem lahmenden Pferd, welches durch zwanghaftes Reiten mit harter, unsensibler Zügeleinwirkung verursacht wird.

Man sieht dieses Syndrom oft, wenn das Pferd in ein langsames, falsch versammeltes Tempo gezwungen wird, ohne dass es Rücken und Hinterbeine korrekt einsetzt. Auch eine unzweckmäßige »Korrektur« des Über-dem-Zügel-Gehens, in der Kopf und Hals des Pferdes mit scharfen Gebissen, Schlaufzügeln und ziehenden Reiterhänden in eine rundere, tiefere Form heruntergezwungen werden, führt zur Zügellahmheit. Gleiches geschieht, wenn der Reiter den Pferdehals aufrichten möchte, ohne dass dabei die Hinterbeine des Pferdes genügend unter den Körperschwerpunkt treten. Das Pferd täuscht durch die Biegung des Halses eine Versammlung vor, nimmt jedoch weder das Gebiss noch die Hilfen an; auch der Muskelkreis ist nicht aktiv. Es kann sich den Reiterhilfen entziehen, indem es das Kinn bis an die Brust zieht und die Zügelhilfen des Reiters damit ins Leere laufen lässt. Oder es setzt die Kraft seines Halses ein, um gegen den Zügel zu drücken. Oder es »löst« die Verbindung zwischen Hals und restlichem Körper, indem es zum Beispiel den Hals am Widerrist seitlich abknickt, so dass der Reiter Kopf und Hals zwar beeinflussen kann, ohne dass dies jedoch Auswirkungen auf das Gleichgewicht oder den Rest des Pferde-Körpers hat.
Ein Pferd, welches »hinter dem Zügel« geht, verhält sich, statt frei vorwärts zu gehen. In extremen Fällen stoppt es ab, wirft sich herum, geht rückwärts oder steigt.

»Hinter dem Zügel« oder ein falscher Knick sind schwieriger zu korrigieren als »über dem Zügel«. Die wesentlichen Maßnahmen sind jedoch die gleichen. Sattel und Trense sollten kontrolliert werden, Rückenschmerzen müssen ausgeheilt werden. Der Trainer muss wieder mit Grundlagenarbeit beginnen und Ruhe, Losgelassenheit und Takt in Verbindung mit einem langen Rahmen erreichen. Er muss das Pferd ermutigen, sich zu entspannen und mit freien, regelmäßigen Tritten vorwärts zu gehen; die Hinterbeinen treten vor, der Muskelkreis ist aktiviert. Das Pferd geht in Dehnungshaltung mit intaktem Spannungsbogen und schwingendem Rücken und sucht die Anlehnung an die Reiterhand. Das Pferd muss lernen, das Gebiss und die Hilfen willig anzunehmen. Als Antwort auf die Schenkelhilfe soll es untertreten, den Rücken anheben und den Reiter sitzen lassen

Hinter dem Zügel.

»Hinter dem Zügel«

(Aktivierung des Muskelkreises). Dies erfordert einen Reiter, der mit beweglichem Becken im Gleichgewicht sitzen kann und die Rückenbewegung des Pferdes nicht stört. Ein Reiter, der ein Pferd korrigieren will, braucht viel Erfahrung und sensible Hände, damit das Pferd wieder Vertrauen in die Reiterhand bekommt. Er muss sein Augenmerk auf Takt, Aktivität der Hinterbeine und einen freien Rücken richten und darf sich nicht von einer vermeintlich richtigen Kopfhaltung in die Irre führen lassen.

Falsche Verstärkung

Das Pferd bewegt sich zwar energisch vorwärts, jedoch mit einem weggedrückten, festem Rücken und einem steifen, verkürzten Hals. Es entzieht sich den Zügelhilfen durch eine unzweckmäßige Kopf- und Halshaltung. Die Hinterbeine treten nach hinten heraus, sie schwingen weiter zurück, als sie nach vorne unter den Körper treten. Die Vorderbeine bewegen sich überstreckt mit einer übertriebenen Aktion – im »Stechtrab«, der die Zehen nach oben schnellen lässt; die Hufe zeigen nicht auf die Stelle, wo sie auf den Boden aufkommen, sie müssen zurückgezogen werden, bevor sie aufsetzen. Verursacht wird dies durch eine übermäßige Anspannung in den Muskeln von Schulter und Oberarm. Der Muskelkreis ist unterbrochen, den Hinterbeinen fehlt es an Engagement und im Trab ist die Diagonale verschoben: Die Hinterbeine treten nicht so weit nach vorne wie das Vorderbein, und die Hinterhufe kommen zu früh auf den Boden auf. Das Pferd bewegt sich nicht im Takt; im Galopp kann es einen fehlerhaften Vierschlaggalopp gehen, und der Schritt kann passig werden.

Falsche Spannung, Steifheit in Verbindung mit fehlerhaften (sehr anstrengenden) dynamischen Bewegungen und festgehaltenem Rücken sind extrem schädlich für die Muskulatur und führen zu oft irreparablen Schäden am Pferderücken und an den Gelenken.

Fehlerhafte Verstärkungen sind üblicherweise das Ergebnis von zwanghaftem und anatomisch unzweckmäßigem Reiten, bei dem das Pferd grob gegen eine starre Hand getrieben wird.

Falsche Versammlung

Falsche Verstärkung

Biomechanisch falsche Verstärkungen sind oft die Folge einer »Ausbildung« im Schnellverfahren, bei der zu früh Lektionen vom Pferd gefordert werden, zu denen ihm die Kraft aus der Hinterhand noch fehlt. Für eine gute Verstärkung braucht das Pferd schon einen gewissen Versammlungsgrad, um die Vorwärts-Energie aus den gebeugten Hanken nach vorne-oben zu entwickeln. Den Kopf nach unten zu zwingen und das Pferd mit Druck nach vorne in eine Pseudo-Verstärkung mit »strampelnden« Vorderbeinen zu schicken, mag für den unbedarften Zuschauer spektakulär aussehen, ist aber ein Zerrbild einer guten, bergauf gerittenen Verstärkung. Um eine korrekte Verstärkung zu erhalten, muss dem Pferd erlaubt werden, seinen Takt und seine natürliche Selbsthaltung in einem längeren, weniger gezwungenen Rahmen zu finden. Der Reiter muss ausbalanciert sein und sich selbst frei bewegen können, um dem Pferd freie Bewegung erlauben zu können. Nur dann kann das Pferd im Rücken frei werden und über den angehobenen und schwingenden Rücken seine Koordination und seinen Rhythmus wieder finden. Das Pferd muss lernen, mit gedehnter Oberlinie ans Gebiss heranzutreten und dabei die Energie aus der Hinterhand nach vorne durchlassen. Es darf sich nicht hinter dem Zügel »verstecken«. Es muss die Balance finden, in welcher es ungezwungene und koordinierte Gänge zeigen kann. Der Reiter muss das Pferd sehr vorsichtig an Versammlung und Verstärkungen heranführen; er darf diese Arbeit nicht verlangen, bevor das Pferd dazu in der Lage ist, sie korrekt auszuführen. Ein Pferd zu korrigieren, dessen Bewegungen auf diese Weise ruiniert wurden, erfordert einen sehr guten, geduldigen Reiter mit viel Einfühlungsvermögen und einem klaren Verständnis für anatomische Zusammenhänge.

Auf der Vorhand

Das Pferd bewegt sich mit kurzen kraftlosen Tritten. Statt Last aufzunehmen und zu tragen, schieben die Hinterbeine das ganze Gewicht Richtung Schulter und das Pferd überlastet die Vorhand. Es läuft mit gesenktem Kopf und schlaffen Muskeln ohne Energie »in den Boden«. Da es hinten keine Last aufnimmt, ist es nicht im Gleichgewicht. Insbesondere in engeren Wendungen kann es sich nicht ausbalancieren. Es kippt über die Schulter oder fällt in eine niedrigere Gangart aus. Das Mehrgewicht auf seinen Vorderbeinen führt zu einer Überlastung der Sehnen, Bänder und Gelenke. Es verursacht in der Folge langfristige Gesundheitsschäden. Indem man dem Pferd lehrt, wie es sich besser ausbalanciert selbst tragen kann, verbessert man nicht nur seine Gänge, sondern verhindert auch Überlastungsschäden an den Vorderbeinen.

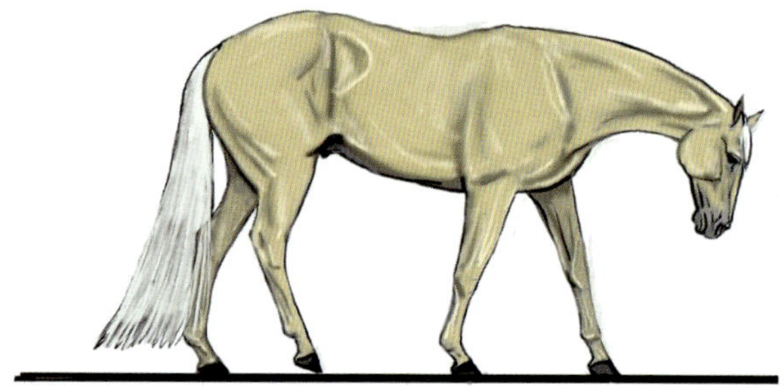

Auf der Vorhand

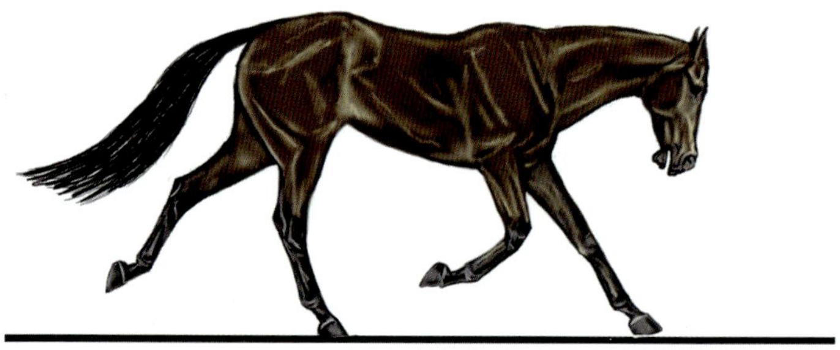

Sowohl Pferde, die dem Reiter davonrennen, als auch Pferde, die nicht vorwärts gehen, können auf die Vorhand fallen.

- **Nicht vorwärts gehen, faul:** das Pferd bewegt sich langsam und widerstrebend mit kurzen, schleppenden Tritten, es fehlt der Antrieb. Es ist ständig auf der Suche nach einer Chance, langsamer zu werden oder weniger zu arbeiten. Es sucht eine Stütze in der Reiterhand, liegt schwer »auf der Hand« oder zieht den Kopf nach unten. Es fehlt ihm an Energie, Aktivität und Gleichgewicht, möglicherweise widersetzt es sich dem Reiter, vorwärts zu gehen.

Pferde, welche müde, schwach oder ohne Kondition sind und junge Pferden, welche noch nicht gewohnt sind, einen Reiter zu tragen, sind dafür anfällig, sich auf der Vorhand zu bewegen. Manche Pferde sind von Natur aus etwas faul! Bisweilen ist es ein Zeichen von Ruhe und Entspannung. Das Pferd darf jedoch nicht so schlaff werden, dass es Gefahr läuft, zu stolpern.

Um das faule Pferd zu verbessern, muss der Reiter es aufwecken und seine Balance verbessern. Er muss dem Pferd beibringen, dass es unverzüglich auf normale Schenkelhilfen reagiert, anstatt es zu kicken oder ständig anzutreiben. Das Ziel ist mehr Aktivität in der Hinterhand zu entwickeln, nur dann kann das Pferd mit besserem Gleichgewicht vorwärts gehen. Das häufige Reiten von Übergängen verbessert die Aktivität und das Gleichgewicht eines faulen Pferdes oft entscheidend.

- **Wegrennen auf der Vorhand:** Das Pferd hat zuviel Gewicht auf der Vorhand und muss daher seine Beine schnell bewegen, um sein Gleichgewicht zu halten. Das ist vergleichbar mit einem Kind, das bergab rennt, und immer schneller werden muss, um nicht hinzufallen. Der Takt wird eilig und unregelmäßig; die Hinterbeine arbeiten nach hinten heraus und nehmen keine Last auf. Aufgrund des übermäßigen Gewichts auf der Vorhand liegt das Pferd regelrecht auf seinen Vorderbeinen und lehnt sich in Wendungen nach innen. Anhalten und Übergänge nach unten bereiten Probleme, denn es hat die Tendenz, mit den Vorderbeinen zu »bremsen« und gegen die Hand des Reiters zu ziehen. Es kann leicht die Balance verlieren, wenn es stolpert oder ausrutscht hat es Schwierigkeiten, den Rhythmus wieder zu finden.

Pferde, die nie gelernt haben, ihre Hinterhand zu aktivieren und ihr Gleichgewicht unter dem Reiter zu finden, eilen oft schnell und trippelnd auf der Vorhand. Galopp auf einem kleinen Reitplatz ist schwierig. Sie können das Zusatzgewicht des Reiters nicht ausbalancieren – je schneller die Gangart, umso weniger. Ein Gleichgewichtsverlust ist beängstigend, und Pferde rennen, wenn sie Angst haben. Und da beginnt der Teufelskreis: Das Pferd ist angespannt und ängstlich und rennt deswegen noch schneller – was es nur noch mehr aus dem Gleichgewicht bringt, noch verspannter werden lässt und ihm noch mehr Angst einjagt. Das Pferd rennt buchstäblich seinem Gleichgewicht hinterher. Es geht nicht »bösartig« durch oder entzieht sich vorsätzlich den Hilfen, es hat einfach nur Angst, zu fallen. Diese Situation ist für Reiter und Pferd gleichermaßen beängstigend.

Ein Pferd, das auf der Vorhand wegrennt, muss langsamer gemacht werden, um sein Gleichgewicht, seinen Rhythmus und seine Ruhe wieder zu erlangen. Der Reiter sollte halbe Paraden geben, um es in ein Tempo bzw. eine Gangart zurückzubekommen, in welchen es gelassen in besserem Gleichgewicht gehen kann. Wenn es eine bessere Balance gefunden hat, sollte es in einem regelmäßigen, ruhigen Takt und gutem Gleichgewicht ohne zu Eilen gearbeitet werden.

Gleichgewichts-Wegrennen

Das Pferd rennt seinem Gleichgewicht hinterher.

Schiefe

Alle Pferde sind von Natur aus ein klein wenig asymmetrisch, manche Pferde sind aber in einem höheren Maße schief. Ein schiefes Pferd setzt die beiden Seiten seines Körpers ungleichmäßig ein; seine Hinterbeine treten nicht in die Spur der Vorderbeine. Es kann sein, dass es Kopf, Hals oder Hüfte auf eine Seite neigt, sich im Genick verwirft oder mit dem ganzen Körper leicht seitwärts abdriftet. Ein Hinterbein ist im Allgemeinen schwächer und tritt nicht so weit unter wie das andere. Dadurch tritt das Pferd mit ungleichem Schub in den beiden Hinterbeinen. Im Leichttraben ist dies besonders deutlich zu spüren. Die Schiefe bedingt eine deutlich hohle und eine steife Seite. Das wiederum hat zur Folge, dass die Anlehnung am linken und rechten Zügel unterschiedlich ist.
Ein schiefes Pferd hat Probleme beim Biegen und Abwenden zu seiner steiferen Seite hin. Es hat eine bevorzugte Hand im Galopp; es kann sein, dass es auf einer Seite überhaupt nicht galoppieren kann. In den Kurven ist es steif oder zur Außenseite gebogen. Die Muskulatur eines schiefen Pferdes ist ungleich, und es kann zügellahm sein.

Das schiefe Pferd muss auf beiden Seiten gleich geschmeidig werden, es muss lernen, sich zu dehnen, so dass die Muskulatur in beiden Körperhälften sich gleichmäßig entwickeln kann. Die Arbeit auf dem Zirkel, Schlangenlinien und häufige (Richtungs-)Wechsel von Stellung und Biegung können das Pferd flexibler auf der steifen Seite machen. Seitengänge, besonders das Schulterherein, helfen, das schwache Hinterbein zu stärken. Der Reiter muss selbst ausbalanciert und geradegerichtet sein (viele Reiter sind selbst schief – die meisten, ohne sich dessen bewusst zu sein). Er sollte verstehen, dass ein Geraderichten des Pferdes nur durch Biegung erfolgen kann. Er muss sensibel und mit gutem Timing einwirken, um das Pferd auf der steifen Seite zu lösen und einen stetigen Zügelkontakt auf der hohlen Seite herzustellen. Eine extreme Schiefe steht bisweilen in Zusammenhang mit einer Krankheit. Deswegen sollte bei größeren Problemen eine tierärztliche Untersuchung erfolgen – Sie können keinen Spat wegreiten!

Takt und Tempo sind ungleichmäßig

Ein Pferd, das nicht taktklar geht, ist unbeständig. Trittfrequenz, -länge und -höhe ändern sich ständig. Dies verursacht Verspannung und hindert das Pferd daran, sich mit Ruhe und Losgelassenheit über den Rücken zu bewegen. Pferde, die nicht taktrein gehen, treten in der Regel mit ihren Hinterbeinen nicht gut unter und sind deswegen schlecht ausbalanciert.

Manche Pferde reagieren auf die treibende Schenkelhilfe, indem sie eiliger werden. Sie erhöhen das Tempo solange, bis sie mit unkontrolliertem Rhythmus rennen. Andere Pferde werden langsamer, fallen in ein schleppendes Tempo oder in die nächst niedrigere Gangart aus. Ein nicht taktklares Pferd wechselt ständig Tempo und Trittlänge, beschleunigt und verzögert wieder. Daraus folgt ein Balanceproblem für Reiter und Pferd. Beide bringen sich ständig gegenseitig aus dem Gleichgewicht. Takt- und Geschwindigkeitsprobleme stehen oft in Zusammenhang mit der mentalen Einstellung des Pferdes. Wenn ein Pferd angespannt, ängstlich, abgelenkt ist oder dem Reiter nicht zuhört, beeinflusst dies seinen Takt, sein Gleichgewicht und seine Losgelassenheit negativ. Es rennt davon, wenn es zu sehr auf der Vorhand ist und seine Beine schneller und schneller bewegt, im Bemühen, sein Gleichgewicht zu halten; es rennt unter Umständen auch, wenn es nervös, ängstlich oder aufgeregt ist. Manche Reiter treiben ihre Pferde auch mit einer falschen Idee vom Vorwärtsreiten ins Wegrennen hinein. Richtiges Vorwärtsreiten erfolgt mit langen Tritten aus der Hinterhand, nicht mit eiligem Getrippel.

Ein schleppender Gang entsteht, wenn das Pferd noch nicht genug Schwung entwickelt hat und zu wenig Schubkraft produziert. Junge Pferde sind oft unbeständig; sie haben noch nicht gelernt, ein gleichmäßiges Tempo zu gehen. Auf Richtungsänderungen, wechselnde Bodenverhältnisse oder Ablen-

Schiefe

Schief: nach außen gebogen/gestellt. Das Pferd fällt über die innere Schulter, die Hinterbeine folgen nicht in der Spur der Vorderbeine.

Schiefer Galopp: Die Hinterbeine treten weiter innen und folgen nicht der Spur der Vorderbeine.

Im Genick verworfen: fehlerhafte seitliche Stellung im Genick.

kungen reagieren sie, indem sie ihren Takt und ihre Geschwindigkeit ändern. Jedes Pferd kann jedoch unbeständig sein, wenn der Reiter sich nicht auf Takt, Bewegungsrhythmus und Gleichgewicht des Pferdes einstellen kann oder willkürliche und planlose Hilfen gibt.

Ein Reiter mit einem guten Taktgefühl kann dem Pferd helfen, den Takt und damit eine gleichmäßige Geschwindigkeit zu finden; dadurch verbessern sich Balance und Losgelassenheit automatisch. Er kann zählen, summen oder singen, um den Takt zu betonen und er muss seine Hilfen impulsartig mit gutem Timing geben. Beim Leichttraben kann er seinen Rhythmus verändern, um die Geschwindigkeit des Pferdes zu beeinflussen. In allen Gangarten kann er halbe Paraden geben, um die Aufmerksamkeit des Pferdes bei sich zu behalten, sowie Balance und Rhythmus zu erhalten. Vor allem muss er das beste Tempo seines Pferdes in der jeweiligen Gangart erkennen und dem Pferd dabei helfen, dieses zu halten.

Verschiebung der Diagonale

In Gängen, bei denen der Takt von einem diagonalen Beinpaar bestimmt wird, sollte das Vorder- und Hinterbein von jedem diagonalen Paar exakt zum gleichen Zeitpunkt nach vorne schwingen und auf dem Boden aufkommen. Wenn das diagonale Beinpaar nicht synchron ist und das Hinterbein einen längeren oder kürzeren Schritt macht als das Vorderbein, wird die Diagonale verschoben. Wenn das Hinterbein zuerst auftritt, macht normalerweise das Hinterbein einen kürzeren Schritt – meist weil es, verursacht durch einen weggedrückten Rücken, die Hinterbeine nicht gut genug unter den Körper bekommt. Wenn das Vorderbein zuerst aufkommt, ist das Pferd in der Regel auf der Vorhand.

Die Verschiebung der Diagonalen (Diagonale Dissoziation) ist ein grober Fehler. Im Trab kommt es zu unregelmäßigen Tritten, oft in Verbindung mit einem weggedrückten Rücken. Das Pferd schlurft statt im klaren Zweitakt zu gehen. Im Galopp, führt es zu einem fehlerhaften Vierschlaggalopp, was den Rücken, das Lumbosakral-Gelenk und die Hinterbeine belastet. Die Schwebephase wird verkleinert, was das Pferd z.B. daran hindert, korrekte fliegende Galoppwechsel zu zeigen. Die Verschiebung der Diagonalen entsteht oft, wenn man das Pferd in die Versammlung zwingt oder die Gangart mehr verstärkt, als es der aktuelle Trainingszustand zulässt.

Um diese Verschiebung zu korrigieren, muss an den Grundlagen gearbeitet werden. Der Takt muss im Arbeitstempo wieder gefunden und gefestigt werden, bevor man versammelte oder verstärkte Tempi fordert. Ein Pferd, das ungleich tritt (in Weite und Höhe) sollte von einem Tierarzt oder Hufschmied untersucht werden, um eventuelle Krankheiten oder falschen Beschlag als Ursache ausschließen zu können.

Schmieden und Greifen

Schmieden und Greifen sind Probleme, die damit zusammenhängen, wie das Pferd seine Vorder- und Hinterbeine einsetzt. Sie können ärgerlich sein, da sie zu Verletzungen oder zu abgetretenen Eisen führen können.

- **Schmieden:** ein Gangproblem, das hauptsächlich im Trab auftritt, üblicherweise bei beschlagenen Pferden. Wenn das Vorderbein beim Abfußen zu langsam ist, kann es sein, dass der Hinterhuf »schmiedet« (oder anschlägt). Die Zehe des Hinterhufs schlägt an den Vorderhuf. Schmieden deutet normalerweise darauf hin, dass das Pferd zu sehr auf der Vorhand geht; der Vorderhuf fußt verzögert ab und macht dem Hinterhuf nicht rechtzeitig Platz. Ein Pferd kann auch schmieden, wenn die Zehen zu lang und die Trachten zu niedrig sind, was das Abfußen ebenfalls verzögert. Pferde mit einem kurzen Rücken und langen Beinen oder überbaute Pferde (höher in der Kruppe als im Widerrist), sind eher betroffen. Oftmals schmieden müde oder unausgebildete Pferde, kopflastige Pferde, die ihr Gleichgewicht unter dem Reiter noch nicht gefunden haben, und Pferde, die ans Limit ihrer Trittlänge im Trab kommen und zu eilen beginnen.

Fehlerhafte Bewegung: Verschiebung der Diagonale

Auseinanderbrechen der Diagonalen: Ein schwerer Gangfehler, der auftaucht, wenn ein Bein der Diagonalen vor dem anderen auf den Boden kommt.

Falsche Versammlung; Vorderbeine werden geworfen, Hinterbeine schlurfen.

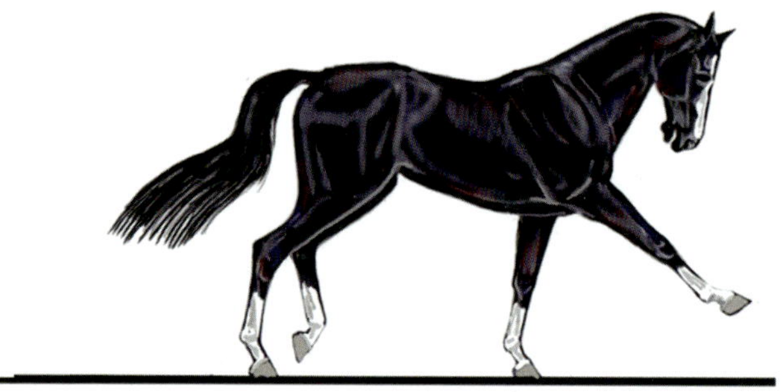

Falsche Verstärkung; »Zehenwerfen«, Hinterbeine treten nicht unter.

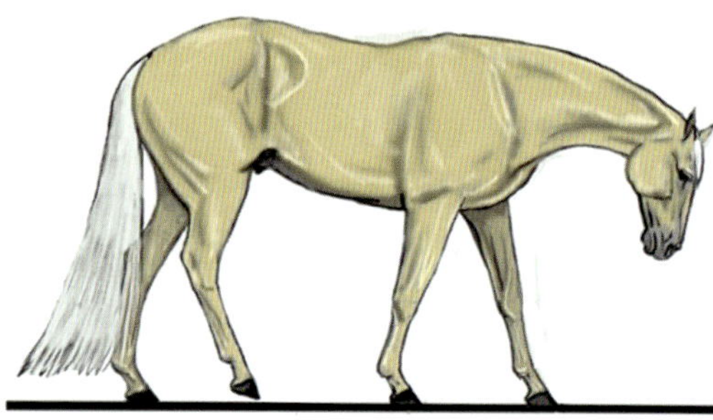

Jog auf der Vorhand; Vorderbein kommt zuerst auf dem Boden auf.

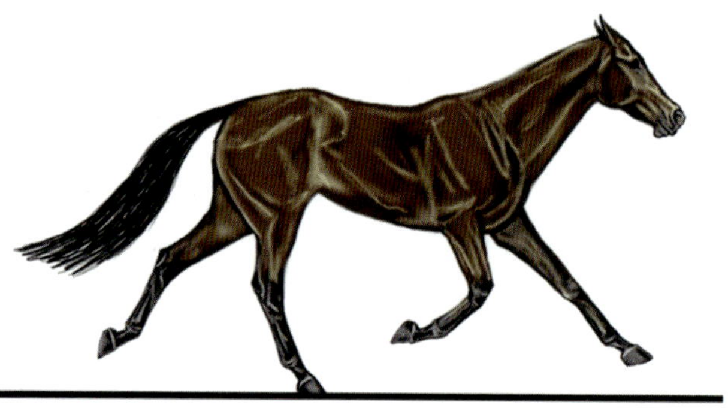

Renntrab: Hinterbein kommt zuerst auf dem Boden auf.

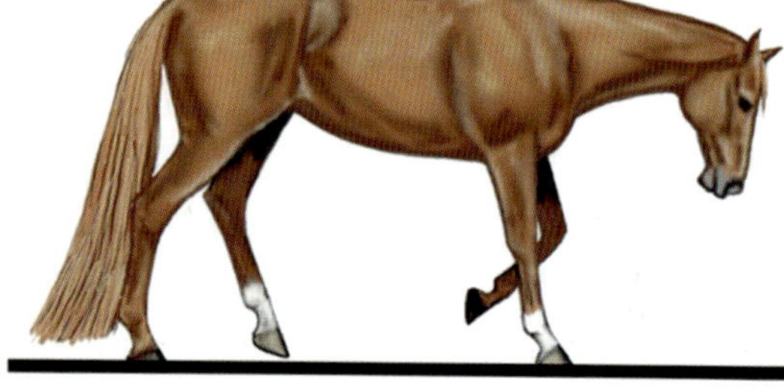

Diagonales Auseinanderbrechen im fehlerhaften Vierschlaggalopp auf der Vorhand, Vorderbein kommt zuerst auf dem Boden auf.

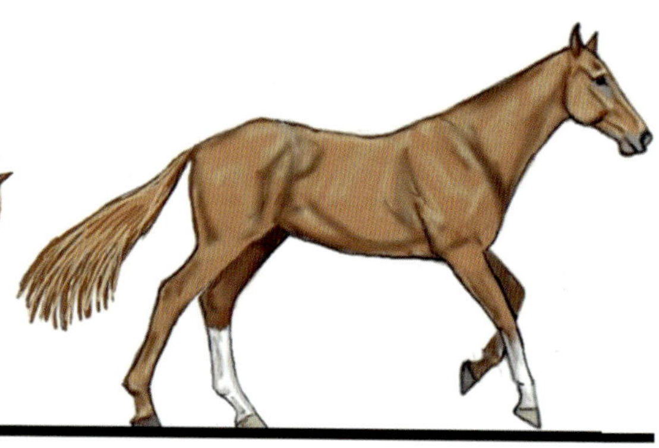

Vierschlaggalopp, weggedrückter Rücken, Hinterbein kommt zuerst auf dem Boden auf.

Um das Schmieden zu verhindern, sollten die Hufe und der Beschlag hinsichtlich korrekter Stellung und Winkelung geprüft werden. Eine so genannte Zehenrichtung (das Abrunden der Zehe der Vorderhufe) verhilft dem Pferd zu einem schnelleren Abfußen. Der Reiter muss das ideale Tempo für das Pferd finden, in dem es nicht schmiedet. Er muss ihm helfen, sein Gleichgewicht wieder zu finden und er muss es etwas versammeln. Pferde, die zum Schmieden neigen, können mit Glocken oder Boots als Schutz ausgerüstet werden.

- **Greifen:** ein Gangproblem, bei welchem das Hinterbein hinten ins Vorderbein oder in die Trachten tritt, was eine Verletzung verursacht oder dazu führt, dass sich das Pferd ein Eisen abtritt.

Dies kann in jeder Gangart passieren, vor allem auch beim Springen. Pferde, die schmieden, neigen auch zum Greifen. Tiefer, schlammiger oder schwerer Boden, Springen oder sehr sportliches Reiten begünstigen das Greifen. Wenn das Vorderbein verzögert abfußt, kann der Hinterfuß beim Auffußen die Trachte oder die Hinterseite des Vorderbeins erwischen. Dies ist besonders häufig beim Springen zu sehen: bei der Landung und beim Weiterreiten, wenn die Hinterbeine auf den Boden auftreten während die Vorderbeine angehoben und angewinkelt werden.

Das Greifen kann vermieden werden, wenn man die Hufe regelmäßig kürzt und neu beschlägt. Außerdem sollte vorne die Zehe abgerundet werden, um den Fuß schneller vom Boden wegkommen zu lassen. Pferde, die im Matsch oder auf rutschigem Boden geritten werden oder springen sollen, können mit Boots oder Gamaschen ausgerüstet werden, um Trachten und Bänder zu schützen.

Fehlerhafte Tritte

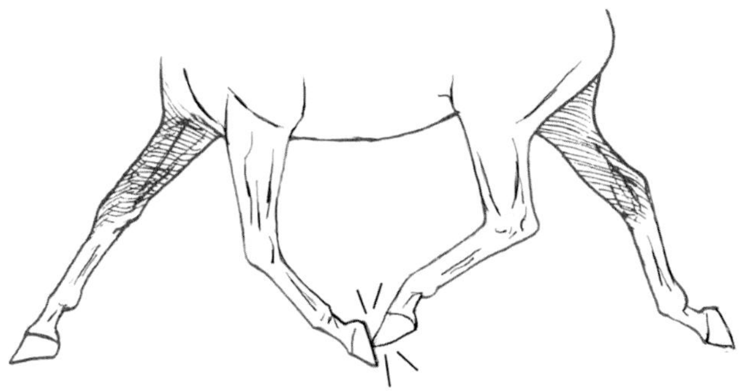

Schmieden

Greifen

12. Exterieur und Bewegung

Das Exterieur oder das Gebäude eines Pferdes bestimmt seine Bewegungsmöglichkeiten. Manche bevorzugten Exterieurmerkmale sind hauptsächlich ästhetischer Natur (wie zum Beispiel die Kopfform oder die Größe der Ohren), die meisten haben jedoch einen funktionellen Hintergrund. Wenn wir ein Pferd aussuchen, das sich gut bewegen soll, müssen wir die Gebäudemerkmale beachten, die direkt die Bewegung beeinflussen. Bei einer Exterieurbeurteilung sollten funktionelle Kriterien im Vordergrund stehen, und nicht pure Schönheit oder der momentan modische »Look« eines Pferdes.
Eine detaillierte Gebäudestudie in Zusammenhang mit der Bewegung könnte ein Buch füllen, daher wird hier nur auf die wichtigsten Punkte eingegangen.

Proportionen und Gleichgewicht

Das Pferd sollte einen gut proportionierten und ausbalancierten Eindruck machen. Man sagt ein Pferd hat gute Proportionen, wenn sein Umriss in ein Quadrat passt (ausgenommen Kopf und Hals). (Anm. des Übersetzers: beim modernen Sportpferd wird heute der Rechteck-Typ bevorzugt.) Vorhand, Mittelteil und Hinterhand sollen jeweils ungefähr ein Drittel des Quadrats einnehmen.

Für die meisten Sportpferde wird das Gebäude »bergauf« orientiert gewünscht, das heißt, der Widerrist ist höher als der höchste Punkt der Kruppe. Das macht es dem Pferd leichter, die Vorhand anzuheben, Gewicht auf die Hinterhand zu verschieben und in Versammlung zu gehen. Ein Pferd, welches in der Vorhand schwer erscheint und hinten leicht, wird sehr wahrscheinlich erst einmal unter dem Reiter auf der Vorhand laufen; es wird Probleme haben, seine Vorhand leichter zu machen und »erhaben« zu gehen. Ein Pferd mit kurzen Beinen und einem kurzen Hals wird nicht mit langen, schreitenden Tritten gehen können. Und ein Pferd, das »überbaut« (oder »bergab« orientiert) ist – mit Kruppe höher als Widerrist –, wird Schwierigkeiten mit der Versammlung haben. Sind die Hinterbeine kurz, schlecht gewinkelt und schwach im Vergleich zum Rest des Pferdes, wird es dem Pferd an Kraft und der Fähigkeit, Gewicht mit der Hinterhand aufzunehmen, mangeln.

Kopf und Hals

Pferdekopf und Hals werden als »Balancierstange« benutzt. Ein großer, schwerer Kopf ist schwieriger auszubalancieren als ein kleiner. Die Form des Mauls und Kiefers, die Art wie der Kopf mit dem Hals verbunden ist, die Länge und Form des Halses und der Ansatz des Halses am Körper – all das ist entscheidend für das Gleichgewicht des Pferdes, seine natürliche Selbsthaltung und die Art, wie es auf das Gebiss reagiert. Der Kiefer sollte breit genug sein, so dass das Pferd im Genick nachgeben kann, ohne die Luftröhre zu quetschen. Schwere Ganaschen oder eine enge Kehlgrube können die Beugung im Genick erschweren.

Ein langer Hals begünstigt lange Tritte, da die Halsmuskeln dabei helfen, das Vorderbein vorwärts zu ziehen. Ein tief angesetzter Hals (eher vorne an der Brust angesetzt) bringt viel Gewicht nach vorne und lässt das Pferd auf der Vorhand gehen.

Proportionen und Gleichgewicht

Gutes Gleichgewicht und gute Proportionen.

Schlechtes Gleichgewicht und schlechte Proportionen.

Rheinländer-Hengst Laverno – ein Pferd mit einem ausgezeichneten Exterieur.

Proportionen und Gleichgewicht

Der Körper eines gut proportionierten Pferdes passt in ein Quadrat.

Dieses Pferd hat einen langen Körper und kurze Beine: Es passt in ein Rechteck.

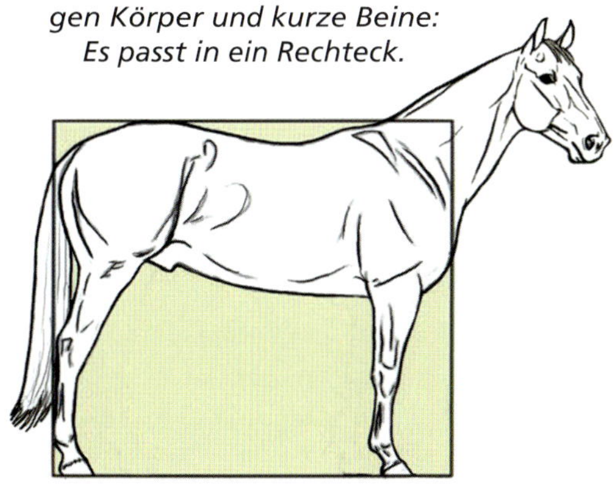

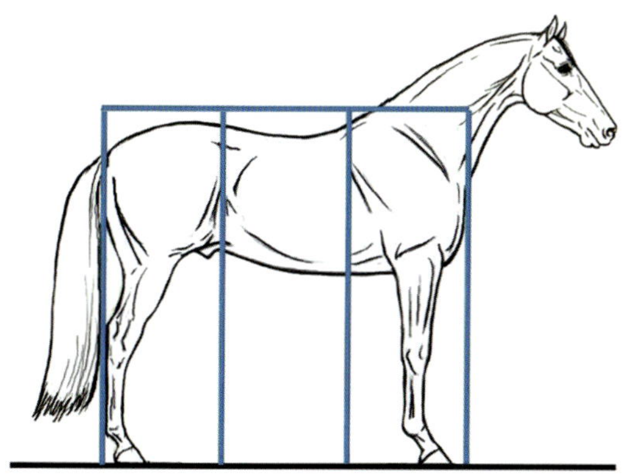

Die Hinterhand, Mittelhand und Vorhand (Schultern und Brust) sollten jeweils ein Drittel des Pferdekörpers ausmachen.

Ein höher angesetzter Hals (welcher aus der Schulter aufsteigt) gibt dem Pferd eine »Bergauf-Tendenz« und erleichtert die Versammlung.

Die Oberlinie

Unter Oberlinie versteht man die obere Linie von Hals, Widerrist, Rücken, Lende und Kruppe. Die Oberlinie offenbart die Qualität der Bemuskelung des Pferdes. Das Verhältnis der einzelnen Abschnitte der Oberlinie sollten folgendermaßen aussehen: langer Hals, langer Widerrist, kurzer oder mittellanger Rücken, kurze Lende, lange Kruppe.

Rücken, Lende und Lumbosakral-Gelenk

Der Rücken ist die kräftige Verbindung zwischen Hinter- und Vorderhand. Da er den Reiter trägt, ist er eins der wichtigsten Kriterien für ein Reitpferd. Der Rücken sollte von mittlerer Länge sein, mit einem deutlich ausgeprägten Widerrist, breitem Brustkorb und mit guter Bemuskelung. Die Länge des Rückens sollte in ausgewogenem Verhältnis zur Beinlänge und dem restlichen Pferd stehen.

Ein sehr langer Rücken macht es dem Pferd schwer, sein Gewicht nach hinten zu verlagern und sich zu versammeln; er ist weniger tragfähig und oft anfälliger für Überlastung und Verletzungen, da er schneller »durchhängt«, wenn es der Reiter nicht schafft, ihn zu stärken und anzuheben. Jedoch bringt ein gemäßigt langer Rücken viel Raumgriff. Ein kurzer Rücken ist stärker und tragfähiger. Pferde mit kurzem Rücken sind oft geschickt und trittsicher, jedoch nicht so geschmeidig und federnd in ihren Bewegungen wie solche mit längerem Rücken. Ein Senkrücken (»eingesattelt«) macht dem Pferd Probleme, Gewicht zu tragen, sich zu versammeln, die Vorhand anzuheben und Kraft aus den Hinterbeinen durch den Körper zu schicken. Ein ausgeprägter Karpfenrücken (im Lendenbereich nach oben gewölbt) erschwert die Suche nach einem passenden Sattel und kann dem Pferd Probleme bereiten, die Kruppe zu senken und die Hinterhand zu winkeln, um damit die Vorhand anzuheben.

Der Widerrist sollte weit in den Rücken hereinragen und deutlich ausgeprägt von mittlerer Höhe sein. Da Hals und Schulter am Widerrist befestigt sind, gibt ein weit ausgeprägter Widerrist mehr Platz zur Muskelbefestigung und ermöglicht »große« Bewegung. Ein extrem hoher, steiler Widerrist kann ein Hinweis auf mangelnde Bemuskelung sein, steht jedoch oft in Verbindung mit einer kurzen, steilen Schulter, die problematisch werden kann. Ein kurzer, niedriger Widerrist gibt wenig Raum für lange Muskeln und weist auf kurze Gänge und weniger Schulterfreiheit hin. Ein Widerrist, der flach aussieht oder im Fett verschwindet, zusammen mit einer schweren, dicken

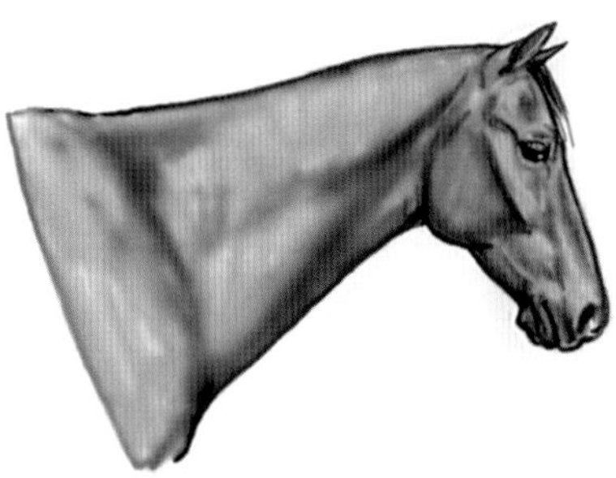

Hirschhals

Hoch angesetzter Hals

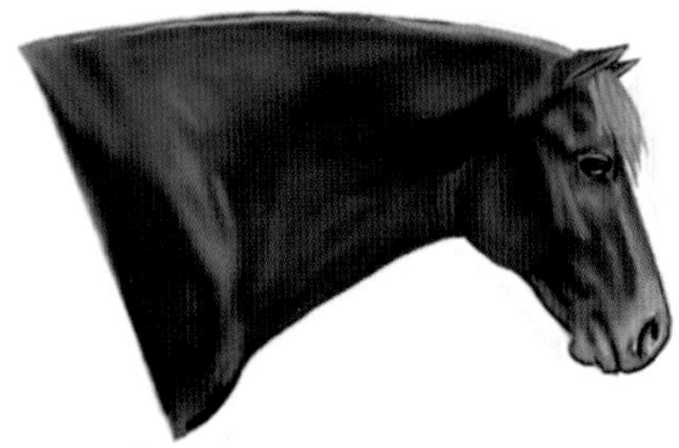

Speckhals

Schulter und einer breiten Brust, geht oft einher mit einem kurzen, dicken, tief angesetzten Hals. Pferde mit diesem Körperbau neigen dazu, auf der Vorhand zu gehen und sich schwer auf die Hand zu legen. Es kann sein, dass die Schultern in der Bewegung von einer Seite auf die andere »rollen«.
Die Lende und das Lumbosakral-Gelenk sind wichtige Bereiche des Rückens, da von dort das Engagement aus den Hinterbeinen kommt. Die Lende sollte kurz, breit und gut bemuskelt sein. Das Lumbosakral-Gelenk befindet sich zwischen dem letzten Lendenwirbel und dem Kreuzbein; es ist ein kräftiges Gelenk, das ausschlaggebend ist für das Gleichgewicht, für das Engagement, bei den Übergängen und in der Versammlung. Die Lende ist stärker, wenn sich das Lumbosakral-Gelenk direkt über dem Hüftknochen befindet. Befindet es sich hinter dem Hüftknochen, ist die Lende länger und die Hinterhand weniger kräftig.

Eine gute Bemuskelung über der Lende und dem Lumbosakral-Gelenk zeigt, dass die Lende stark ist und das Pferd seinen Rücken gut einsetzt. Eine schlechte Bemuskelung oder Muskelschwund erkennt man daran, dass sich ein deutlicher Höcker auf der Kruppe zeigt, der nicht mehr in Muskeln »eingepackt« ist. Das deutet darauf hin, dass sich das Pferd flach und mit weggedrücktem Rücken bewegt; die Hinterbeine sind nicht aktiv, es setzt sein Lumbosakral-Gelenk und seinen Rücken nicht ein. Das Pferd hat »Antriebsprobleme«.

Ein deutlich ausgeprägter Höcker auf der Kruppe kann manchmal auch bei talentierten Springpferden beobachtet werden. Man nennt ihn »Jumper's Bump«. Es gibt zwei Arten dieses Springpferde-Höckers. Leider wird die gleiche Bezeichnung für beide Arten benutzt. In der positiven Ausprägung ermöglicht der »Jumper's Bump« viel Ansatzfläche für die starken Hüftmuskeln. Er kann jedoch auch auf eine Überdehnung der Kreuzdarmbein-Bänder hinweisen, was gelegentlich bei Springpfer- den vorkommt. Bewertet man nun ein Pferd mit diesem Merkmal, ist es wichtig zu bestimmen, ob die Erhebung gebäudebedingt ist (gut für das Springen) oder das Zeichen einer ehe- maligen Verletzung.

Die Hinterhand

Die Hinterhand ist das Kraftzentrum des Pferdes, dort befinden sich das Kreuzbein, das Becken, die Hüfte und der Oberschenkel, sowie die mächtigen Muskeln, die die Hinterbeine bewegen und die Hinterhand aktivieren. Größe, Form und Winkelung der Knochen, sowie die Länge und Entwicklung der Hinterhandmuskulatur bestimmt die Stärke und die Aktivität der Hinterhand.

Muskeln können sich nur bis zur Hälfte ihrer Gesamtlänge zusammenziehen. Also kann ein längerer Muskel die Knochen weiter bewegen als ein kürzerer Muskel. Weite und Tiefe in der

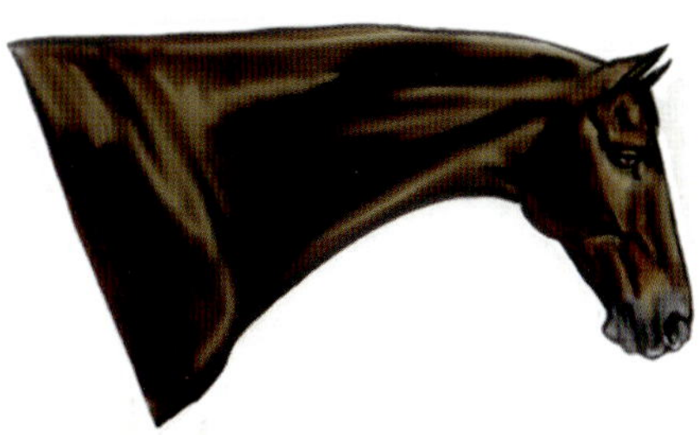

Tief angesetzter Hals

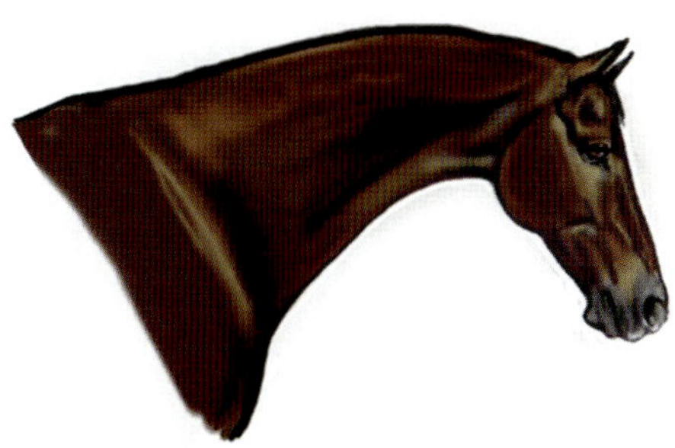

Gut angesetzter Hals

Der Hals

Der Rücken

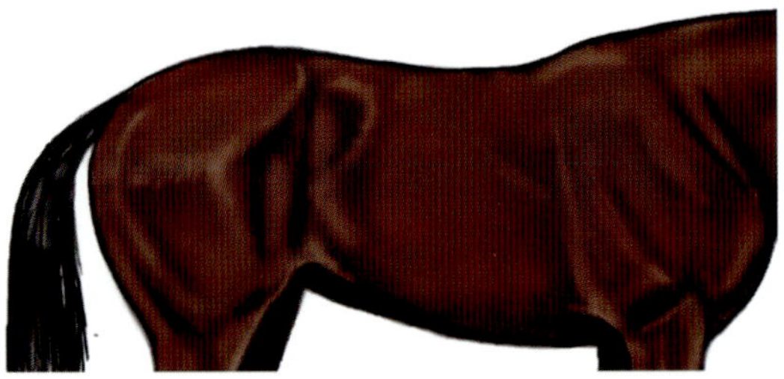

Guter Rücken, gute Lende und Hüfte

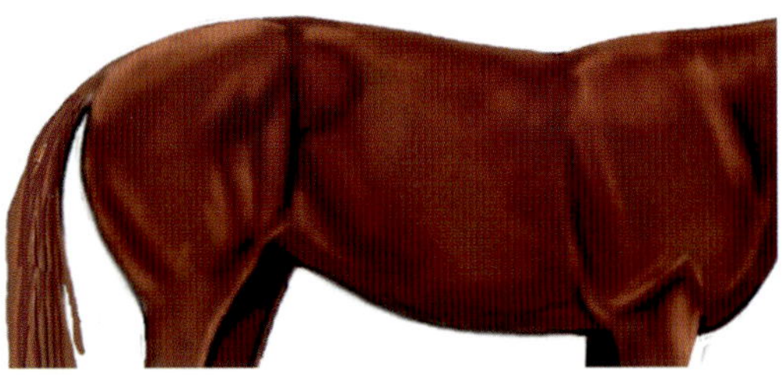

Karpfenrücken

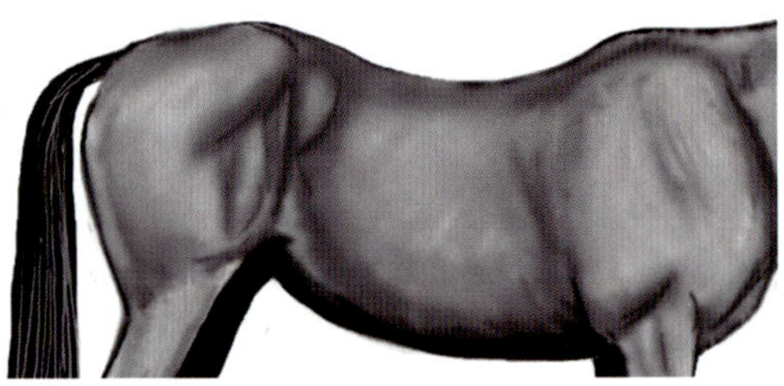

Eingesattelt (Senkrücken)

Hinterhand geben mehr Raum für den Muskelansatz und für lange Muskeln. Die ideale Hinterhand hat ein langes Darmbein und einen langen Oberschenkel sowie eine lange Kruppe. Die Oberschenkelmuskeln (hinten an den Hinterbeinen) sollten weit in den Unterschenkel reichen. Bei einer guten Hinterhand kann man ein gleichseitiges Dreieck zeichnen, wenn man Hüfthöcker, Kniegelenk und Sitzbein verbindet.

Von hinten betrachtet soll die Kruppe gut gerundet sein und eine gut entwickelte Oberschenkelmuskulatur aufweisen. Ein Pferd, welches am Kniegelenk breit und gut bemuskelt ist, hat lange und starke Oberschenkelmuskeln.
Länge und Winkelung der Kruppe und des Hüftgelenks sind wichtig für die Stellung und Winkelung der Hinterbeine und geben einen Hinweis darauf, wie das Pferd seine Hinterhand einsetzt. An der Kruppe sind die mächtigen Oberschenkelmuskeln angebracht, die das Hinterbein nach hinten strecken, daher ist eine lange Kruppe wünschenswert.

Winkelung der Kruppe

Die Winkelung der Kruppe ist üblicherweise ein Merkmal der jeweiligen Rasse. Araber, Friesen und manche Warmblutrassen haben beispielsweise eine flache Kruppe mit einem hohen Schweifansatz. Eine flache Kruppe ist meist mit einem eher waagerechten Becken verbunden; Hüftgelenk und Hinterbeine sind meist weiter zurückgesetzt. Dieser Körperbau, welcher oft bei Kutschpferde-Rassen gefunden wird, macht es dem Pferd schwer, die Hinterbeine weit unter den Körper zu bringen. Andere Rassen, wie zum Beispiel das Quarter Horse oder das Islandpferd, haben eine größere Winkelung der Kruppe mit tiefem Schweifansatz. Dies bringt die Hinterbeine weiter nach vorne; das Westernpferd kann das Lumbosakral-Gelenk weit und leicht öffnen und ist damit prädestiniert für schnelle Richtungsänderungen, die eine extreme Lastaufnahme mit den Hinterbeinen erfordern. Und der Isländer kann mit seinen Hinterbeinen gut unter den Körper treten. Wagenpferde haben manchmal eine kurze, steile Kruppe mit einer langen Lende, tiefem Schweifansatz und gekipptem Becken. Dies bringt durch kurze, kraftvolle Schritte Vorteile beim Ziehen einer schweren Last, ist jedoch nicht so förderlich für die Versammlung, Verstärkungen und sportlichere, elegante Bewegung.

Das Hinterbein

Die Hinterbeine sind die Hebel, die das Pferd bewegen. Sie schieben sein Gewicht vorwärts und federn es aufwärts; und

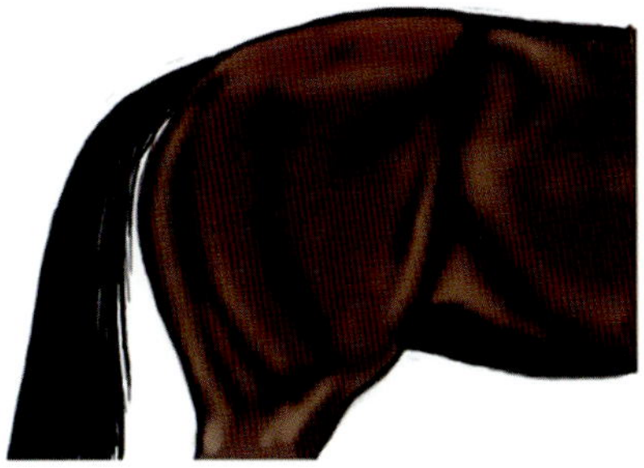

Gute Hinterhand

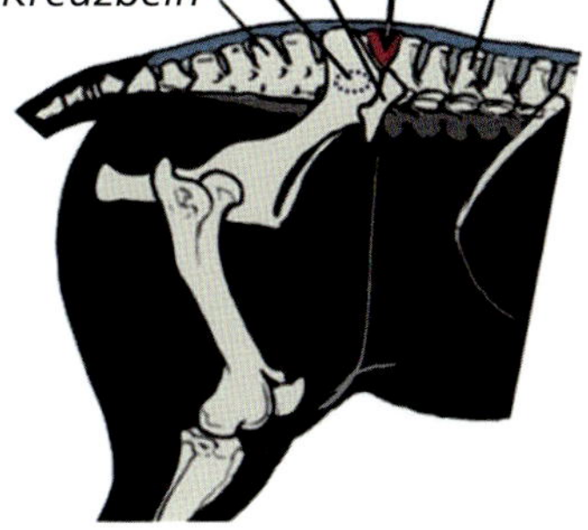

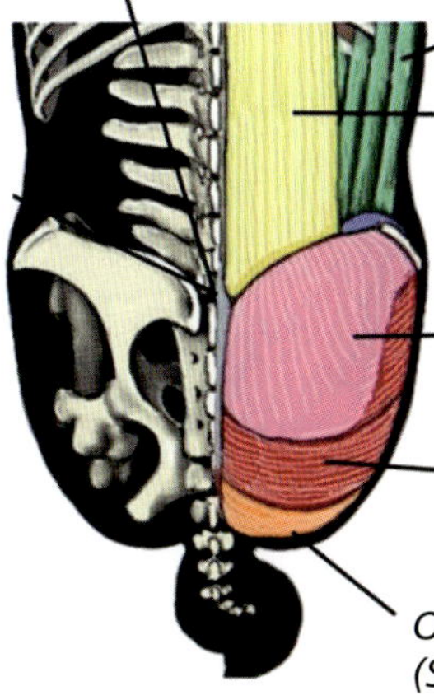

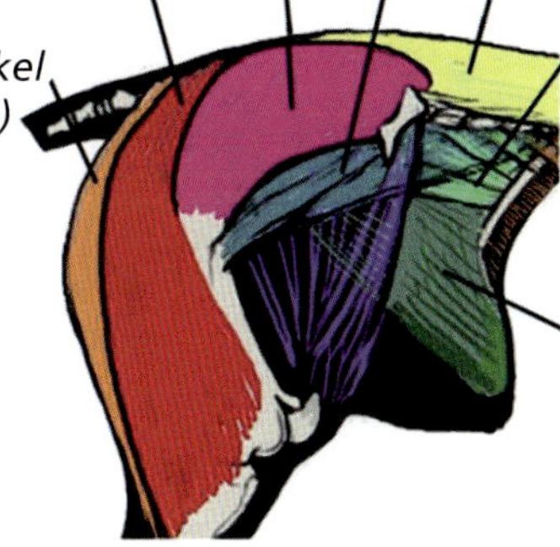

Lumbosakral-Gelenk und Hinterhand

sie nehmen durch Hankenbeugung Last auf, wenn das Pferd sich versammelt.

Proportionen

Eine lange Strecke von der Hüfte zu den Sprunggelenken ermöglicht lange, aktive, raumgreifende Tritte der Hinterbeine. Dies gilt auch für kurze Röhrbeine und tief angelegte Sprunggelenke (nahe am Boden), welche einen kräftigen Körperbau ergeben. Lange Röhrbeine hinten begünstigen eine hohe Aktion und eine größere Beugung der Sprunggelenke, sind jedoch nicht so kräftig wie kürzere Röhrbeine. Die hintere Fessel ist üblicherweise etwas steiler als die vordere. Sie sollte prinzipiell von mittlerer Länge und Neigung sein. Sehr lange, steile Fesseln hinten belasten die Fesselträger verstärkt und sind anfällig für Fesselträgerverletzungen – besonders bei Dressurpferden.

Kruppe und Beckenwinkelung

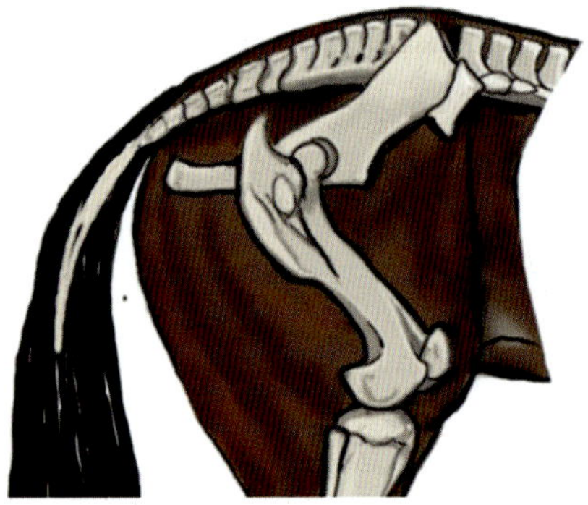

Gute Beckenwinkelung und Kruppenform

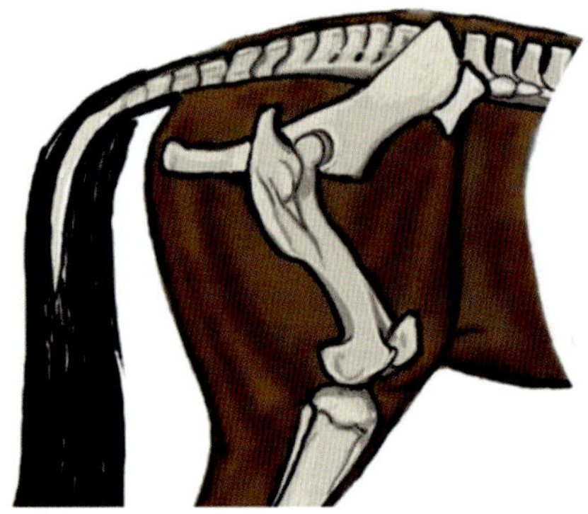

Flache Kruppe und Beckenwinkelung

Abfallende Kruppe und Beckenwinkelung

Schlechte Beckenwinkelung und Kruppenform; kurze und stark abfallende Kruppe

Stellung und Winkelung der Hinterbeine

Die Anordnung des Hüftgelenks und die Winkel von Hüftgelenk, Kniegelenk und Sprunggelenk bestimmen die Stellung der Hinterbeine. Das Lumbosakral-Gelenk ist kräftiger, wenn der Hüfthöcker sich genau unter dem Lumbosakral-Gelenk befindet.

Die Stellung der Hinterbeine kann nur korrekt bewertet werden, wenn das Pferd gleichmäßig auf allen vier Beinen steht, wobei die Röhrbeine senkrecht stehen sollen.

Hinterbeine (von der Seite)

Beim idealen Hinterbein (von der Seite gesehen), kann man ein gedachtes Lot vom Sitzbeinknochen am hinteren Teil des Sprunggelenks vorbei und hinten am Röhrbein entlang fällen. Eine senkrechte Linie in der Mitte des Röhrbeins sollte den hinteren Teil der Trachten treffen. Diese Stellung, in Verbindung mit korrekten Längenverhältnissen der Knochen, ergibt eine gute Winkelung im Hüftgelenk, im Knie-, Sprunggelenk und in der Fessel. Das macht es dem Pferd leicht, seine Hinterbeine

Proportionen der Hinterbeine

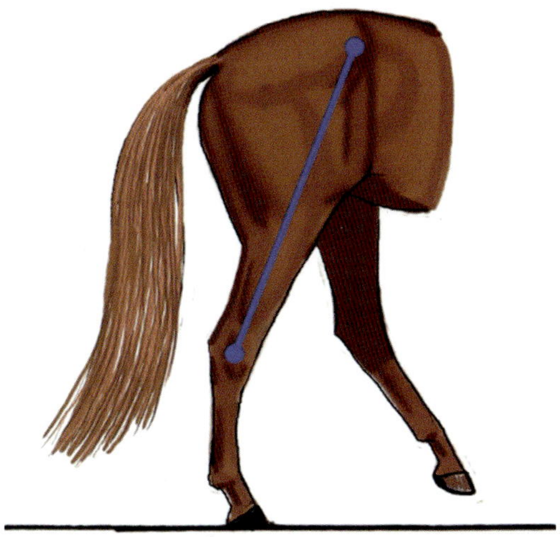

Eine lange Linie von der Hüfte zum Sprunggelenk; Sprunggelenke nahe am Boden, kurze Röhrbeine; stark, lange elastische Tritte

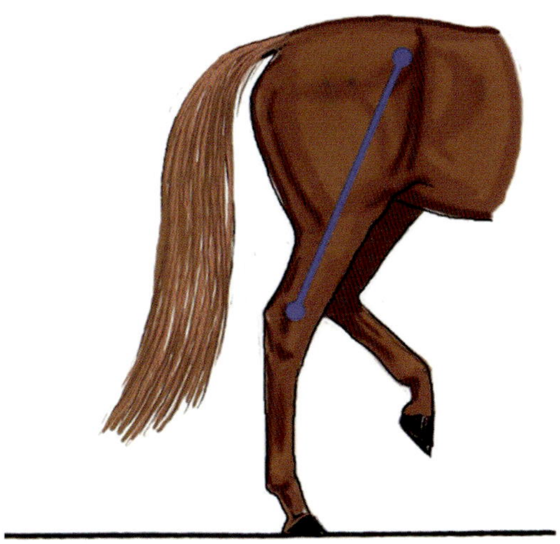

Kürzere Linie von der Hüfte zum Sprunggelenk; höhere Sprunggelenke, lange Röhrbeine; schwach, hohe kurze Tritte

Winkelung der Hinterbeine und Bewegung

Gute Hinterhandwinkelung (von der Seite); regelmäßig

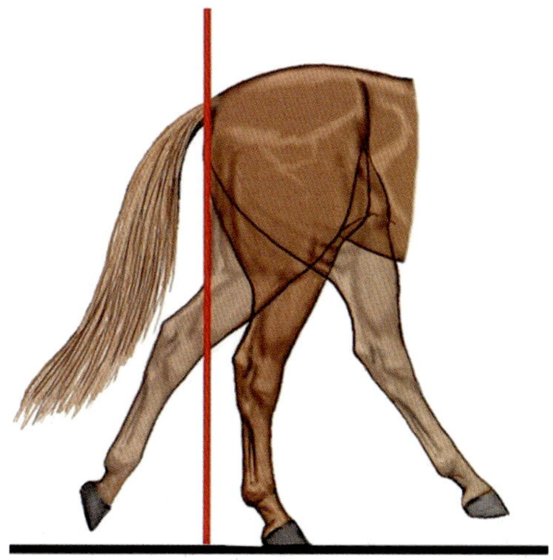

Gerade Hinterbeine; flache Bewegungen, wenig Beugung, wenig Untertreten

Säbelbeinig; wenig Bewegung nach hinten

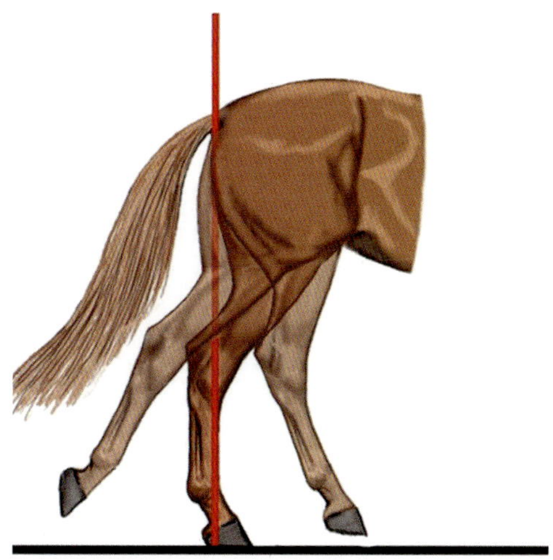

Rückständig; die Hinterbeine sind hinter der Senkrechten; wenig Raumgriff, schwingt weiter nach hinten

gut unter den Körper treten zu lassen, die Gelenke der Hinterbeine (Hanken) zu beugen und sich mit ausbalancierten Tritten zu bewegen. Kurz: Es kann hinten Last aufnehmen und sich versammeln. Sehr gerade Hinterbeine schwingen mit wenig Beugung nach vorne unter den Körper, was Geschwindigkeit und lange Tritte begünstigt, jedoch Hankenbeugung für die Versammlung schwierig macht. »Säbelbeine« haben Sprunggelenke, die zu stark gebeugt sind, die Röhrbeine zeigen leicht nach vorne. Sie stellen die Hinterbeine gut nach vorne unter den Körper, werden jedoch sehr beansprucht, wenn sie gestreckt werden, und es kann sich eine Hasenhacke entwickeln. Sprunggelenke, die nach hinten »herausgestellt« sind (zu weit hinter dem Hüftgelenk) machen es dem Pferd schwer, seine Hinterbeine nach vorne zu bringen; das Pferd ist prädestiniert, mit seinen Hinterbeinen »hinten heraus« zu arbeiten.

Die Vordergliedmaße

Die relative Länge der Knochen im Vorderbein beeinflusst die Schrittlänge und die Art der Bewegung. Die idealen Proportionen im Vorderbein sind: lange Schulter, kurzer bis mittellanger Oberarm, langer Unterarm, kurzes Röhrbein und mittlere Fessel. Diese Proportionen ermöglichen lange Tritte mit viel Bewegungsfreiheit und wenig Belastung der Sehnen und Bänder des unteren Beins. Eine kurze Schulter, mit langem Oberarm, kurzem Unterarm und langem Röhrbein führen zu kürzeren Tritten mit weniger Bewegungsfreiheit.

Die Fesseln wirken Stoß dämpfend, besonders beim Auffußen und während der Belastungsphase der Schritte. Fesseln sollten von mittlerer Länge und Neigung sein. Die Winkelung der Fessel sollte der des Hufes entsprechen. Je länger und schräger die Fessel, desto weicher ist das Pferd zu sitzen, jedoch sind sehr lange, weiche, steile Fesseln anfällig für Verletzungen. Eine extreme Länge der Fessel belastet Beugesehnen und Fesselträger vermehrt, und der Fesselkopf kann in der Belastungsphase des Trittes den Boden berühren. Kurze Fesseln sind stärker, wirken jedoch nicht so gut Stoß dämpfend. Kurze, steile Fesseln bedingen meist kurze, harte, stoßende Bewegungen.

Die Schulter

Aus der Schulter heraus schwingt das ganze Vorderbein nach vorne und hinten. Die Schulterblätter rotieren um das Bewegungszentrum – der obere Teil vom Schulterblatt nach hinten, der untere Teil nach vorne.

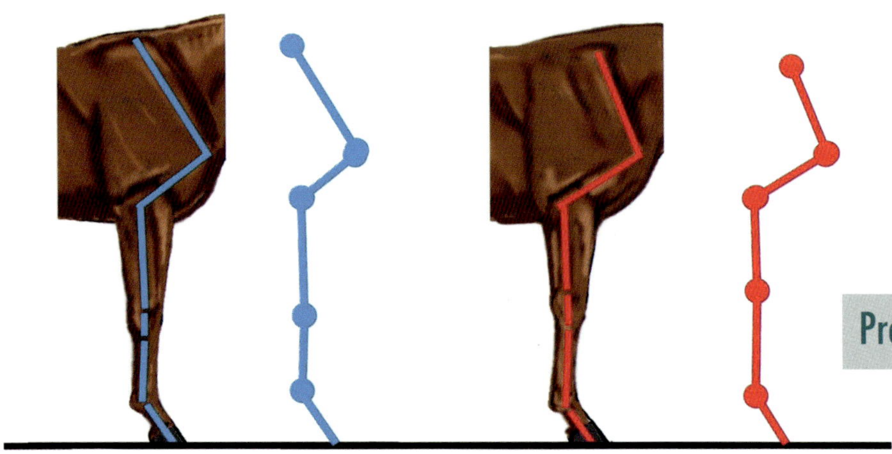

Proportionen der Vorderbeine

Erwünschte Stellung: lange Schulter, mittlerer Oberarm, langer Unterarm, kurzes Röhrbein, mittlere Fessel

Fehlerhafte Stellung: kurze Schulter, langer Oberarm, kurzer Unterarm, langes Röhrbein, kurze Fessel

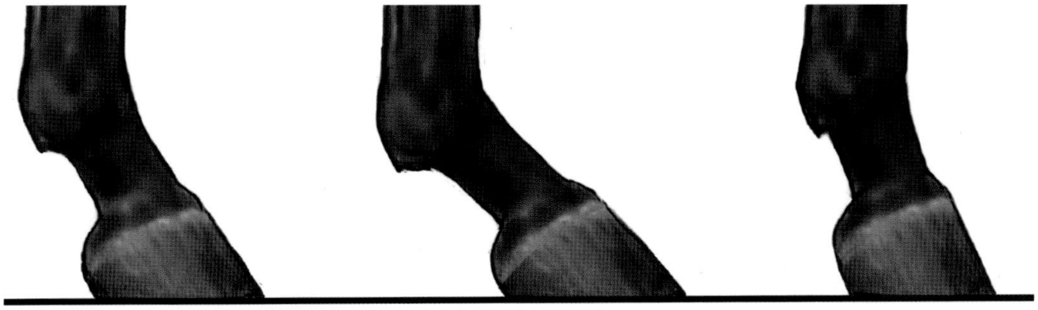

Die Fessel

Gute Fesselstellung: mittlere Länge und Winkelung; stark und stoßdämpfend

Zu lang und flach: wirkt stoßdämpfend für einen angenehmen Ritt; schwach; der Fesselkopf könnte auf den Boden kommen, anfällig für Verletzungen.

Kurze, steile Fessel: wenig stoßdämpfende Eigenschaften; harte Gänge und vermehrte Erschütterung

Schulterlage und Winkelung

Schulterlage und Winkelung sind zwei unterschiedliche Kriterien. Das Schulterblatt ist nicht mit dem Widerrist verbunden, daher müssen Schulterlage und Winkelung vom Winkel des Schulterblattes bestimmt werden, nicht durch eine Linie vom Schultergelenk zum Widerrist. Die Schultergräte (Scapula spine) ist eine Orientierungslinie, die entlang des Schulterblatts (Scapula) verläuft. Die Schulterlage und Winkelung kann nur korrekt bestimmt werden, wenn die Röhrbeine senkrecht stehen; stellt das Pferd das Bein etwas mehr nach vorne oder hinten, ändern sich Lage und Winkel der Schulter.

- Der Verlauf der Schulter bezieht sich auf den Verlauf oder Winkel des Schulterblatts, gemessen an einer waagerechten Linie, die durch das Schultergelenk geht. Eine schräge Schulter dreht sich weiter nach hinten und erlaubt dem Vorderbein, sich weiter nach vorne und oben zu strecken; das ist ein wichtiger Beurteilungspunkt bei Springpferden. Eine gerade Schulter beschränkt die Bewegungsfreiheit und die Schrittlänge. Eine steile Schulter bringt mehr Erschütterung und einen härteren Gang als eine schrägere Schulter.
- Schulterwinkelung bezieht sich auf die Winkelung zwischen Scapula (Schulterblatt) und Humerus (Oberarmknochen). Dies beeinflusst sowohl den Schulterverlauf als auch die Stellung der Vorderbeine. Ein Winkel von mindestens 90 Grad ist wünschenswert; ein engerer Winkel steht im Zusammenhang mit den Vorderbeinen, die zu weit zurückgesetzt sind (rückständig). Beim rückständigen Pferd steht die Brust nach vorne heraus und das Pferd steht und bewegt sich mit zu viel Gewicht auf der Vorhand.

Gliedmaßenstellung (von vorne und hinten betrachtet)

Kraft bewegt sich nach oben und unten in einer senkrechten Linie. Sämtliche Strukturen, insbesondere die Knochen und Gelenke der Vorder- und Hinterbeine, sollten das Gewicht des Pferdes in der Bewegung und die Belastung beim Auffußen gleichmäßig auffangen. Die Beine sollten sich in gerader Linie vorwärts bewegen, ohne eine Innen- oder Außenkurve zu beschreiben. Die Hufe sollten gerade und gleichmäßig auf dem Boden aufkommen. Dadurch wird eine einseitige Überlastung von Knochen, Gelenken und Sehnen vermieden.
Eine ideales Bein ist gerade und symmetrisch; eine senkrechte Linie vom Buggelenk oder Sitzbeinhöcker sollte mittig durch das Bein gehen bis hinab zum Boden. Abweichungen zur korrekten (regelmäßigen) Stellung erzeugen Abweichungen in der Flugphase von Fuß und Bein, sie können dazu führen, dass der Huf ungleich auf dem Boden aufkommt, abfußt oder vorfußt.

Vorderbeine (von vorne betrachtet)

Nach innen zeigende Zehen (zeheneng) bringen das Pferd dazu, das Bein nach innen zu schwingen. Das kann dazu füh-

Schulterverlauf: Winkel zwischen Scapula und der Horizontalen

Schulterwinkelung: Winkel zwischen Scapula und Humerus ca. 90°

Gerade oder steile Schultern

Schlechte Schulterwinkelung, die Vorderbeine sind zu weit hinten angesetzt

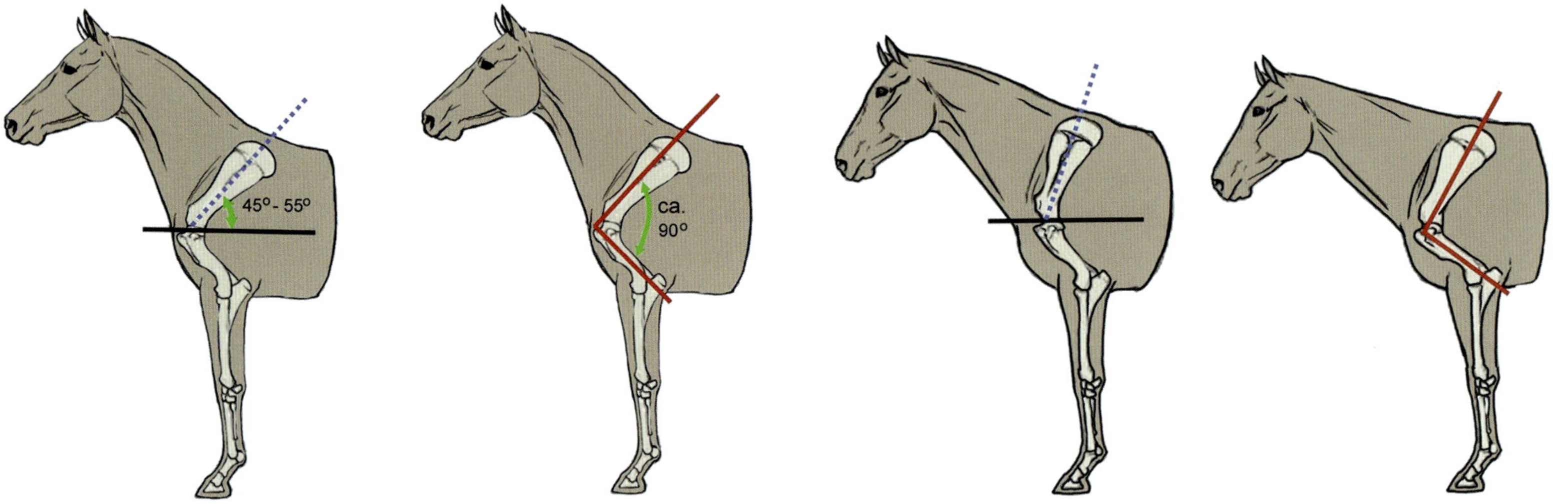

Schulterlage und Schulterwinkelung (oben)

Schulterwinkelung und Bewegungsfreiheit

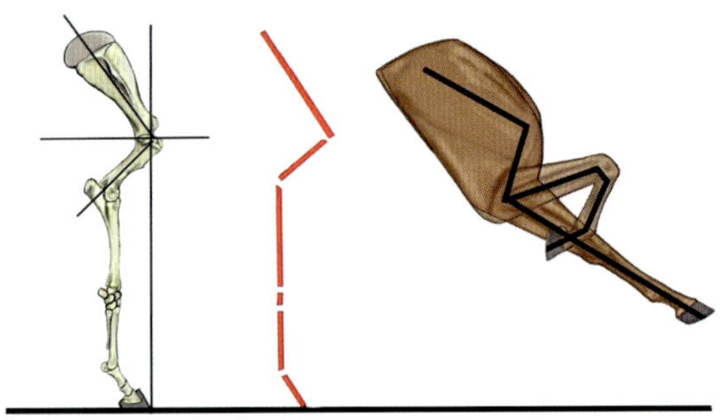

Eine schräge Schulter hat einen größeren Bewegungsspielraum; sie ermöglicht raumgreifende Tritte und eine gute Winkelung der Gelenke

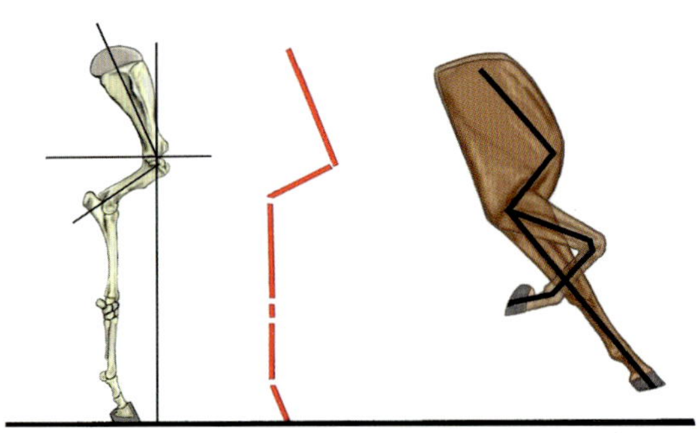

Eine steile Schulter hat einen begrenzten Bewegungsspielraum; kürzere Tritte, weniger Winkelung in den Gelenken.

ren, dass das gegenüberliegende Bein gestreift wird oder »greift«. Nach außen stehende Zehen (zehenweit) bringen das Pferd dazu, das Bein nach außen zu schwingen oder zu »bügeln«. Ein Pferd, dessen Beine am Boden enger zusammenstehen als an der Brust, steht »bodeneng«; diese Stellung kann dazu führen, dass es ein Bein vor das andere setzt, wie ein Seiltänzer im Zirkus. Ein »bodenweites« Pferd hat eine enge Brust und seine Beine stehen am Boden weiter auseinander; das ist normalerweise ein Zeichen für eine schlechte Bemuskelung. Junge Pferde stehen manchmal so, wenn sie noch nicht wissen, wie sie das Reitergewicht ausbalancieren sollen.

Hinterbeine (von hinten betrachtet)

In den Hinterbeinen sollten Röhrbeine und Unterschenkel senkrecht und parallel gestellt sein, die Knie und Hufe zeigen jedoch meist etwas auswärts. So können die Hinterbeine aktiv vortreten, ohne dass das Knie den Bauch streift. Die Hinterhufe sollten in gleichem Winkel nach außen zeigen wie die Kniege-

Stellung der Vorderbeine und Bewegung

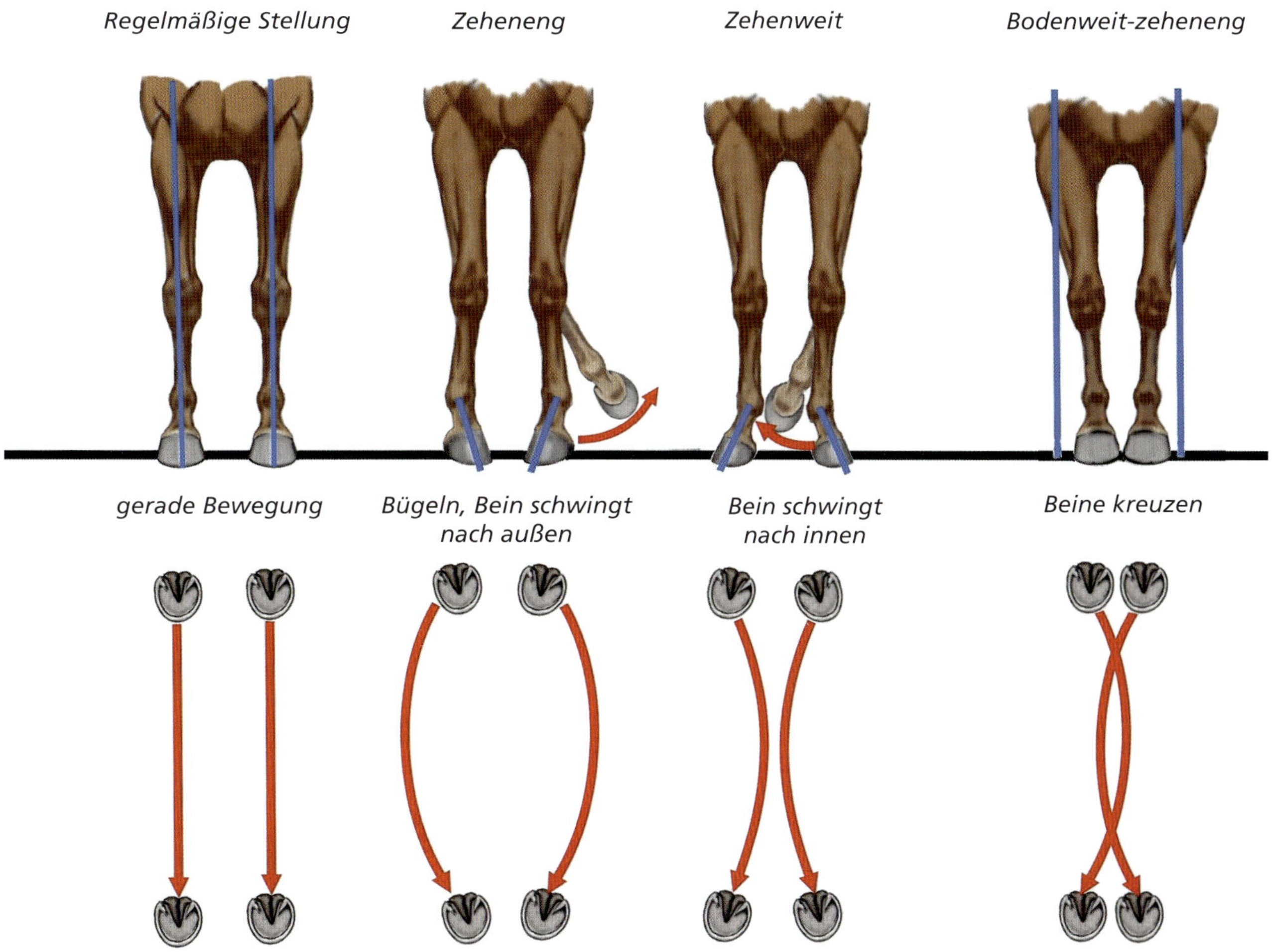

lenke, um eine ungleichmäßige Belastung der Gelenke zu vermeiden.

Wenn die Sprunggelenke nahe zusammenkommen (nach innen zeigen) und Röhrbeine samt Hufen nach außen zeigen, nennt man das »kuhhessig«. Dadurch kommt es beim Gehen zu einer ungleichmäßigen Belastung durch eine leichte Drehbewegung im Sprunggelenk, was zu Arthritis oder Spat führen kann. Das Gegenteil davon wäre eine »fassbeinige« oder »bodenenge« Stellung: die Sprunggelenke zeigen nach außen, die Röhrbeine nach innen. Wie die kuhhessige Stellung verursacht die fassbeinige Stellung falsche Drehbewegungen im Gelenk und damit langfristig Schäden. Wenn die Röhrbeine etwas enger zusammenstehen, aber trotzdem parallel und senkrecht sind, nennt man das »regelmäßig eng«. Dies darf man nicht mit »kuhhessig« verwechseln, da die regelmäßig enge Beinstellung nicht zu einer Drehbewegung in den Sprunggelenken führt. Diese Beinstellung bringt die Hinterbeine näher an den Schwerpunkt des Pferdes heran und kann zu einem besseren Gebrauch der Hinterbeine führen. Prinzipiell ist sie der »weiten Stellung« vorzuziehen, weil sie bessere Balance und mehr Kraftentwicklung ermöglicht. Wenn sie jedoch zu nah zusammenkommen, besteht die Gefahr des Greifens.

Stellung der Hinterbeine und Bewegung

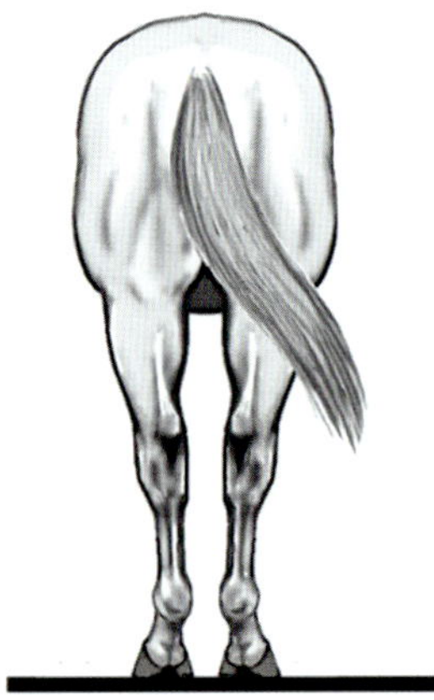

Regelmäßige Stellung: Röhrbeine verlaufen parallel, für eine gute Bewegungsfreiheit zeigen Knie- und Hufe leicht nach außen.

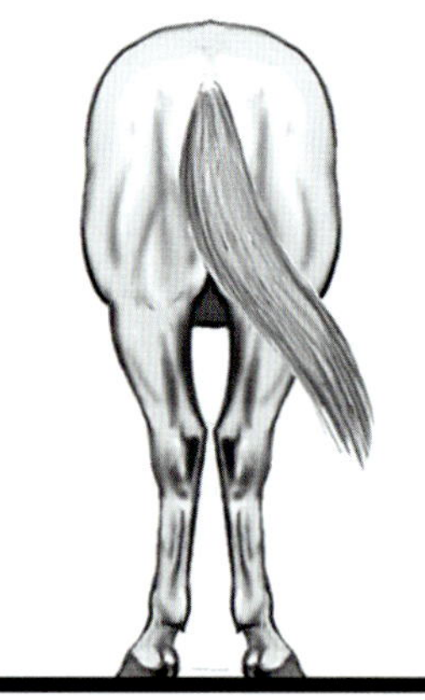

Kuhhessig: die Sprunggelenke zeigen nach innen, die Röhrbeine und Hufe nach außen.

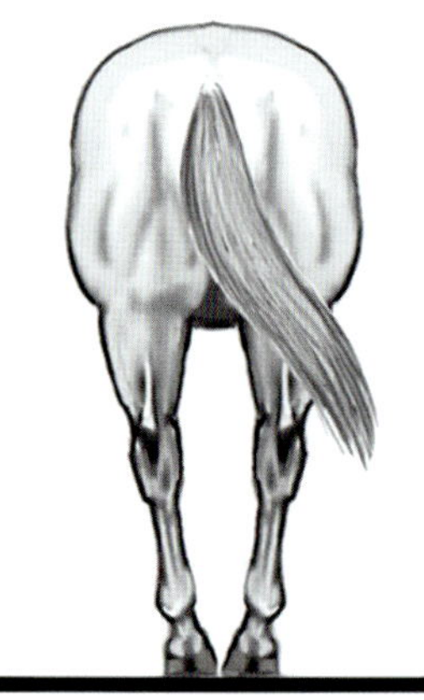

Bodeneng: die Sprunggelenke zeigen nach innen, ebenso die Röhrbeine und Hufe.

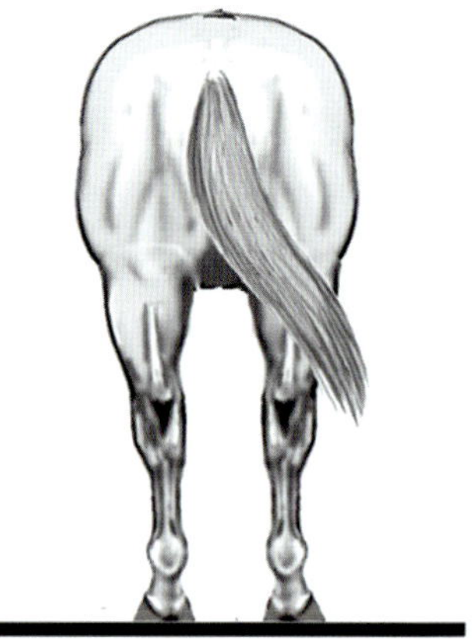

Gerade, aber zu weite Stellung: die Kniegelenke sind nicht nach außen gedreht. *(wird in deutschen Lehrbüchern als regelmäßige Stellung bezeichnet Anm. des Übersetzers).*

Gerade Bewegung, mit Sprunggelenken, die unter den Körperschwerpunkt treten, maximaler Raumgriff.

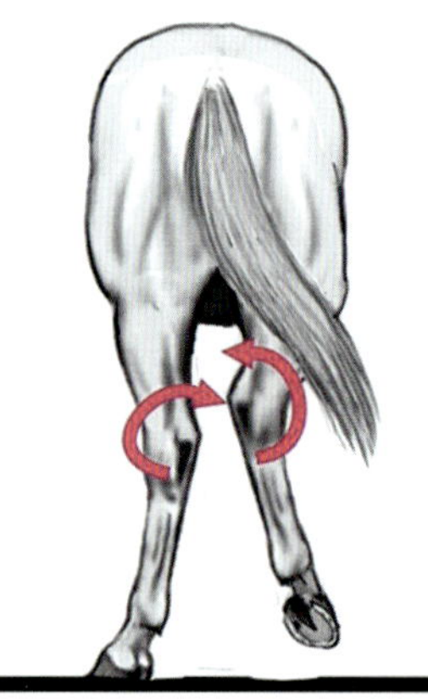

Schiefe Bewegung, mit Rotation der Sprunggelenke.

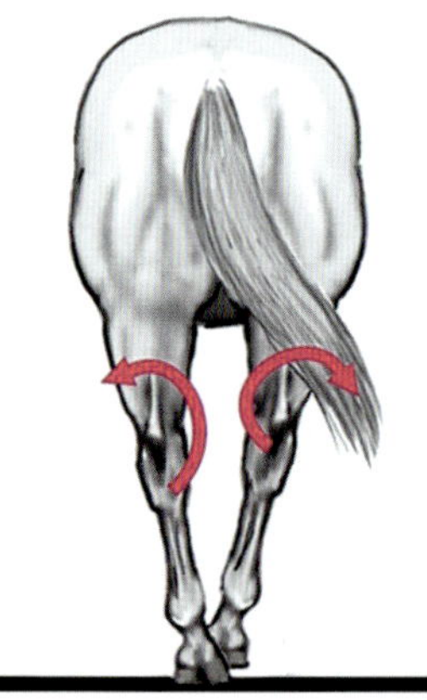

Schiefe Bewegung mit Rotation der Sprunggelenke. Eine Bein wird vor das andere gestellt, wenig Raumgriff.

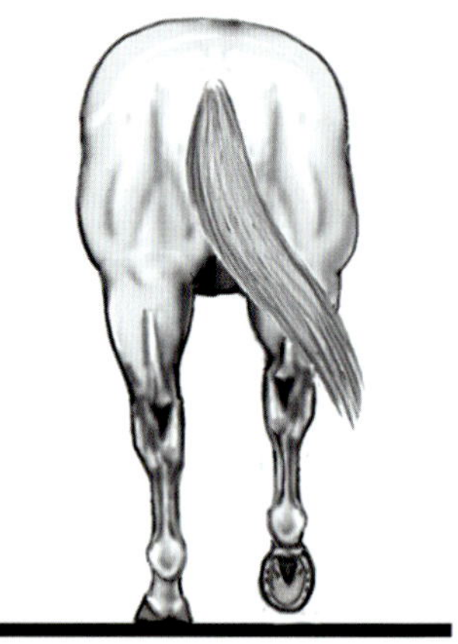

Begrenzter Raumgriff, kann zu einer Rotation der Sprunggelenke führen.

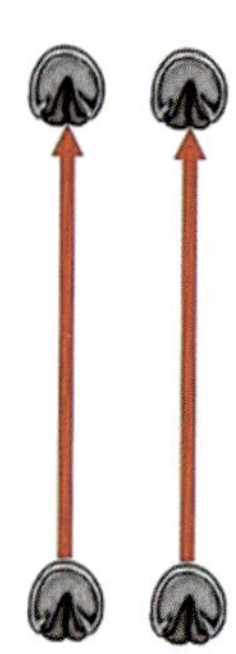

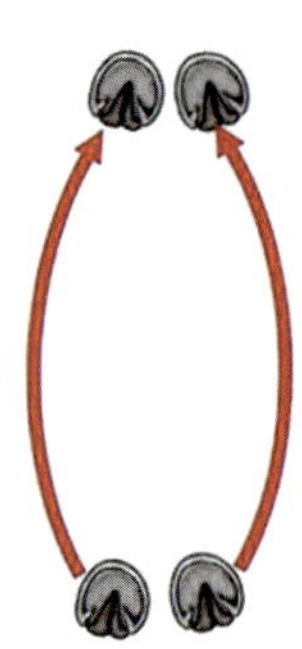

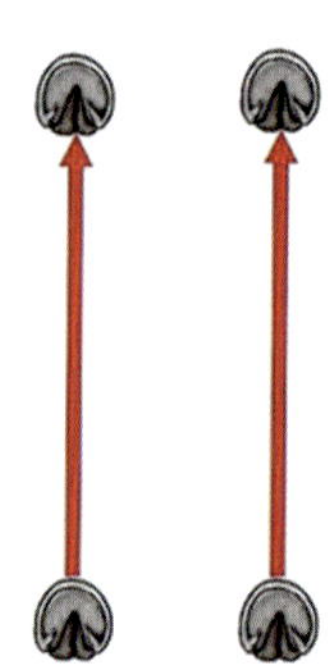

13. Hufbeschlag, -pflege und Bewegung

Die Hufpflege und der Beschlag können tief greifende Auswirkungen auf die Art und Weise haben, wie sich das Pferd bewegt, ebenso auf sein Wohlgefühl und seine Gesundheit. In der Natur spiegeln die Hufe der Pferde ihren Körperbau, die bevorzugte Bewegungsart und das Terrain wider, auf dem sie leben. Wenn wir Pferde reiten, müssen wir ihre Hufe pflegen bzw. sie beschlagen, um sie gesund und belastbar zu halten. Die meisten domestizierten Pferde brauchen Hufpflege und/oder einen Hufbeschlag. Die Hufe können herauswachsen, bis die Zehen zu lang sind. Form und Stellung des Hufes können sich negativ verändern. Das kann zum Anschlagen sowie zu Fehlbelastungen von Sehnen und Bändern führen und langfristig den Huf schädigen. Manche Pferde laufen ihre Hufe herunter, bis sie empfindlich und wund werden. In schlimmeren Fällen führt das zum Beispiel zur Huflederhautentzündung. Auf manchen Böden kann es von Nutzen sein, den Huf durch einen Beschlag vor zu starkem Abrieb des Horns zu schützen; auf rutschigen Böden können ins Eisen geschraubte Stollen mehr Sicherheit geben. Manche Pferde brauchen einen Spezialbeschlag, um einen fehlerhaften Bewegungsablauf zu korrigieren oder einen schwachen oder beeinträchtigten Fuß zu schützen. Mit einem Spezialbeschlag kann auch eine bestimmte Bewegungsform akzentuiert werden (wie zum Beispiel eine hohe Aktion) oder man ermöglicht spezielle Manöver, wie zum Beispiel Sliding Stops.

In der Hufpflege und beim Beschlagen ist es wichtig, dass der natürliche Hufmechanismus so gut wie möglich funktionieren kann. Der Huf ist von Natur aus so ausgelegt, dass er sich bei jedem Schritt ausdehnt und wieder zusammenzieht. Dieser Mechanismus wirkt Stoß dämpfend und pumpt das Blut durch den Fuß und zurück über das Bein hinauf zum Herzen. Ohne das zusätzliche Reitergewicht und mit genug Bewegung braucht der Huf keinen Schutz und keine Bearbeitung und bietet in seiner natürlichen Form bestmögliche Trittsicherheit. Im Dienste des Menschen brauchen jedoch viele Pferde eine gute Hufpflege. Dabei kommt es darauf an, das Hufgleichgewicht zu erhalten und den Hufmechanismus so wenig wie möglich zu behindern. Nur eine korrekte Stellung ohne gebrochene Linien ist auf Dauer förderlich für Gesundheit und Leistung.

Bewegungsbogen des Hufs

Wenn sich ein Bein bewegt, macht es einen Bogen; es hat einen Bewegungsradius. Der Huf nimmt während der Stützphase Gewicht auf und verlässt danach den Boden wieder; er fußt ab. Der Bewegungsradius beschreibt die Phase, in der der Huf sich in der Luft – ohne Bodenkontakt – bewegt. Während der ersten Hälfte dieser Phase, wird der Huf nach oben und vorne gebracht. In der zweiten Phase sinkt der Huf und streckt sich nach vorne bis zu der Stelle, wo er auf den Boden aufkommen wird. Der Huf landet zuerst auf dem Strahl und seinem hinteren Drittel.

Änderungen der Form, der Balance, des Gewichts oder des Moments des Abfußens können den Bogen, den der Fuß beschreibt, beeinflussen. Damit verändern sich auch die Tritte des Pferdes, sein Gleichgewicht und seine Bewegung. Der Hufwinkel sowie die relative Länge von Zehe und Trachte beeinflussen den Moment des Abfußens und den Bewegungsradius des Hufes. Bei einem normalen Huf bilden Fesselbein und Hufbein eine ungebrochene, gerade Linie; dies führt zu einer ausgewogenen Bewegungskurve mit zwei gleich verlaufenden Hälften.

Eine lange Zehe und wenig Trachten verursachen eine nach hinten gebrochene Zehenachse. Eine lange Zehe verschiebt den Moment des Abfußens, sie macht den ersten Teil des Bewegungsbogens kürzer und steiler, während der zweite Teil des Bogens länger und flacher wird. Dies verursacht optisch einen längeren Schritt; tatsächlich wird jedoch nicht die Länge des Schritts verändert, sondern nur die Form des Bewegungsradius.

Bewegungsbogen des Fußes

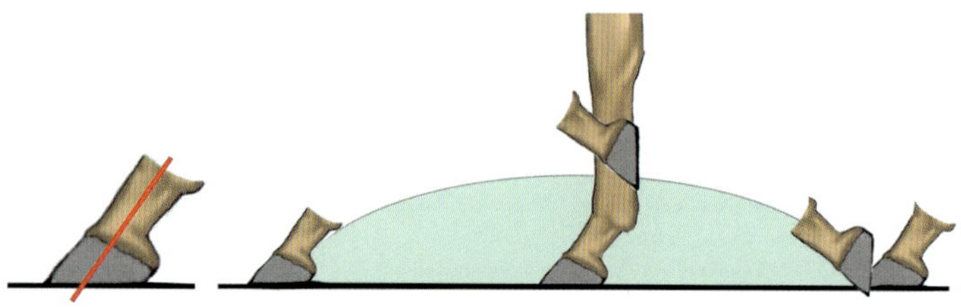

Normale Winkelung, gleichmäßiger Bewegungsbogen

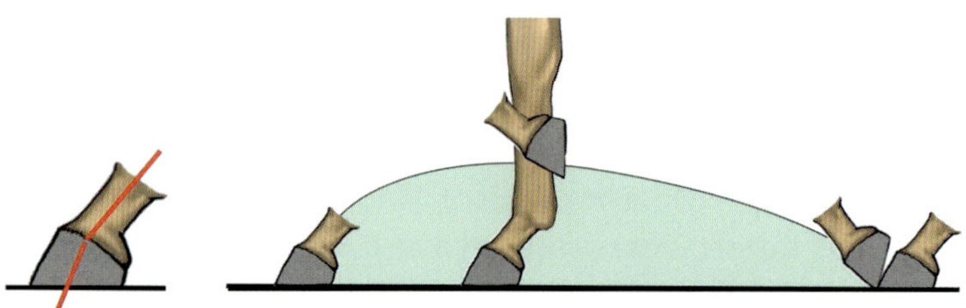

Kurze Zehen hohe Trachten: lange, flache erste Bewegungsphase, steile zweite Bewegungsphase

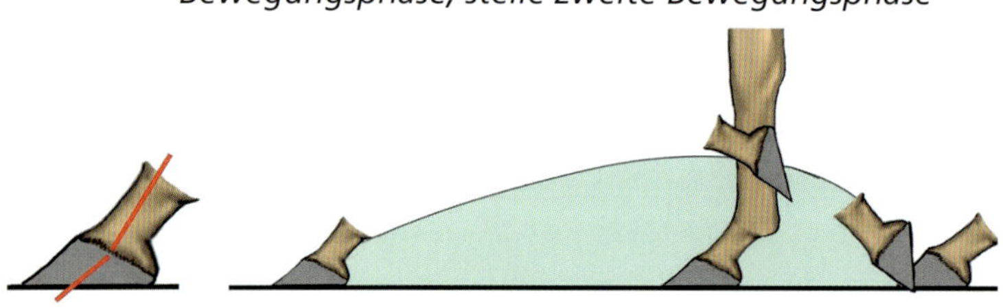

Lange Zehe, niedrige Trachten: kurze, steile erste Bewegungsphase, lange, flache zweite Bewegungsphase

Die tiefe Beugesehne, das Strahlbein, der Hufrollen-Schleimbeutel sowie die Zehe werden zusätzlich belastet, was zu Sehnenverletzungen, Schmerzen im Trachten-Bereich und zur Hufrollenentzündung führen kann.

Eine kurze Zehe und hohe Trachten lassen einen nach vorne gebrochenen Winkel entstehen. Daraus ergeben sich ein schnelleres Abfußen, sowie eine längere erste Phase der Bewegung; die zweite Phase ist kürzer und steiler. Wiederum wird die Schrittlänge nicht verändert, aber die Form der Bewegung.

Die Winkelung des Hufes beeinflusst die Winkelung der Knochen und Gelenke darüber, besonders in den Hinterbeinen. Die Höhe, Form und Winkelung des Hufs muss die für das Gebäude des jeweiligen Pferdes »normale« Winkelung der Knochen und Gelenke unterstützen. Passt die Hufstellung nicht zur Fesselstellung kann das dazu führen, dass das Pferd mit steifen, geraden oder übermäßig gebeugten Hinterbeinen steht. Oder aber dass seine Hinterbeine nach hinten heraus stehen. Diese Fehlstellungen führen zu einer Überlastung sämtlicher Gelenke und letztendlich beeinflussen sie das Lumbosakral-Gelenk, den Rücken und die gesamte Körperhaltung. Eine Anpassung der Hufwinkelung kann dem Pferd extreme Erleichterung verschaffen und seine Fähigkeit, sich leicht und harmonisch zu bewegen und gut auszubalancieren, deutlich verbessern. Dies ist oft ein Thema bei Lahmheiten der Hinterbeine und bei Rückenproblemen.

Seitliches Gleichgewicht des Hufs

Jeder Huf sollte in seiner natürlichen Balance auf dem Boden aufkommen, gleichmäßig auffußen, ohne sich zu verdrehen, zu schaukeln oder den Boden zuerst auf einer Seite zu treffen und dann auf der anderen. Wenn eine Seite des Hufs länger ist als die andere, kommt diese zuerst auf dem Boden auf und kippt dann auf die andere. Dies bringt unterschiedliche Belastung in die Hufstrukturen und die entsprechenden Bänder der Gelenke. Wenn ein Huf seitlich unausbalanciert ist, entwickelt die Hufwand eine »Ausbeulung« oder zumindest einen ungleichmäßi-

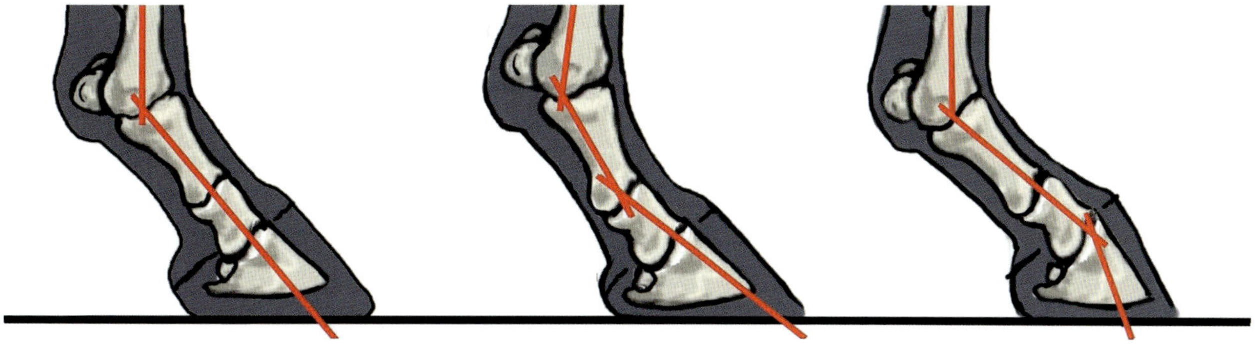

Korrekte Zehenachse: Fessel- und Hufwinkelung passen zusammen

Nach hinten gebrochene Zehenachse: lange Zehen, niedrige Trachten

Nach vorne gebrochene Zehenachse: kurze Zehen, hohe Trachten

Huf und Fesselwinkelung

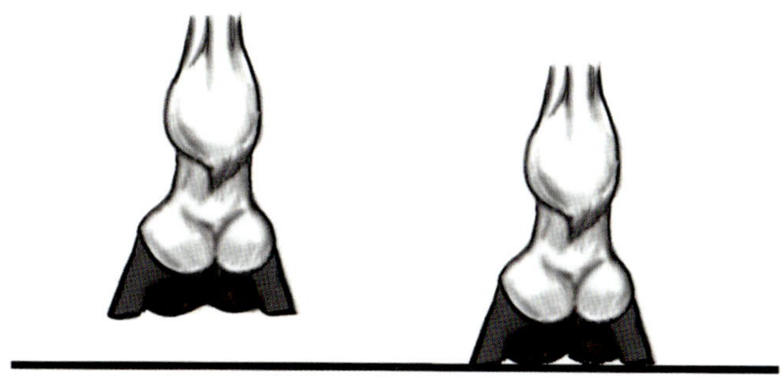

Ein ausbalancierter Huf kommt gleichmäßig auf dem Boden auf

Seitliche Balance des Hufes

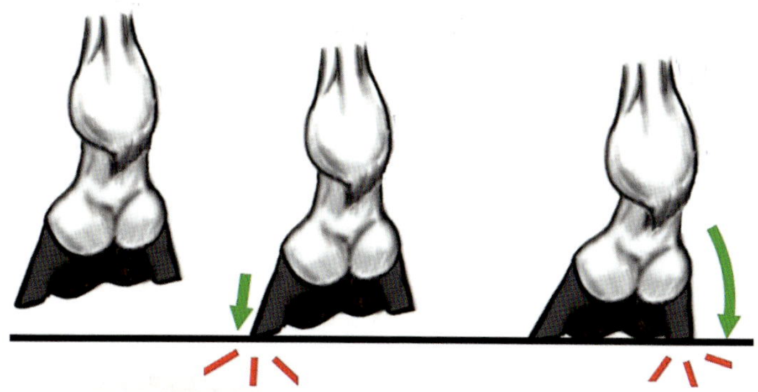

Ein nicht ausbalancierter Huf kommt zuerst mit der längeren Hufseite auf dem Boden auf und schaukelt dann zur kürzeren Seite

gen Abschnitt der Hufwand, der Richtung Boden weiter ausläuft. Dadurch ändern sich Form und Funktion des Hufs und die ausgebeulten Abschnitte können bei barfuß gehenden Pferden splittern oder abbrechen. Ein guter Hufschmied wird die Form des Hufs anpassen und wird auch das Gleichgewicht des Hufs ansprechen, was möglicherweise die Ursache des Trichters ist.

Manche Pferde haben schiefe Beine, was dazu führt, dass sie die Beine nach innen schwingen, bügeln (die Beine nach außen schwingen), oder »greifen« (ein Bein gegen das gegenüberstehende Bein schlagen). Schiefe Beine können durch Hufpflege korrigiert werden, jedoch muss dies getan werden, solange die Knochen sich noch im Wachstum befinden, üblicherweise vor dem 18. Lebensmonat. Bei ausgewachsenen Pferden, sind die Wachstumsfugen geschlossen und verhärtet, somit können die Knochen sich einer Änderung der Ausrichtung nicht mehr anpassen. Versucht man, ein schiefes Bein durch drastische Änderungen am Huf zu korrigieren, bringt das die Knochen aus ihrer natürlichen (wenn auch schiefen) Ausrichtung. Das überlastet Knochen, Gelenke, Sehnen und Bänder und führt oft zu Lahmheiten.
Eine Korrektur durch die Hufpflege oder den Beschlag sollte immer das Ziel haben, die natürliche Balance des Hufs zu finden, die dem Pferd ermöglicht, sich ohne negative Spannung zu bewegen. Sie darf nicht das Ziel haben, das Pferd optisch gerade zu stellen, so dass es sich »gerade« bewegt. Extremes bzw. falsches Korrigieren und Beschlagen kann dazu führen, dass das Pferd zwar korrekt aussieht, sich jedoch nicht gesund und funktionell bewegen kann.

Die Hufkapsel oder die innere Hufstruktur besteht aus lebendem Gewebe, welches seine Form im Lauf der Zeit ändern kann. Wenn ein Pferd kranke oder schlecht geformte Hufe hat, können vorsichtige und langsame Änderungen oder ein Spezialbeschlag große Verbesserungen für Form und Hufgesundheit bringen. Solche Veränderungen sollten sukzessive erfolgen, um Hufstruktur und Beine nicht unnötig stark zu belasten. Sie erfordern einen erfahrenen Hufschmied/Hufpfleger, der kleinste Veränderungen in der Bewegung des Pferdes feststellen kann.

Die Auswirkungen von Gewicht

Ein Eisenbeschlag bringt zusätzliches Gewicht an den Huf und Gewicht beeinflusst den Bewegungsbogen des Hufes sowie die gesamte Beinbewegung und die Tritte. Je größer das Gewicht am Huf, umso anstrengender ist es für das Pferd, den Huf anzuheben, und umso größer ist die Aktion des Pferdes. Manche Pferderassen, bei denen hohe Aktion gewünscht wird, werden oft mit schweren Eisen beschlagen und ihr Huf wird länger gelassen. Bei anderen Pferden hingegen werden weite, flache Tritte gewünscht. Sie bekommen möglichst leichte Eisen, um jede zusätzliche Höhe in der Bewegung zu vermeiden. Zusätzliches Gewicht wirkt sich verstärkend auf die Stellungsfehler aus und erhöht auch die Erschütterung beim Auffußen.

Auswirkungen von Gewicht am Huf

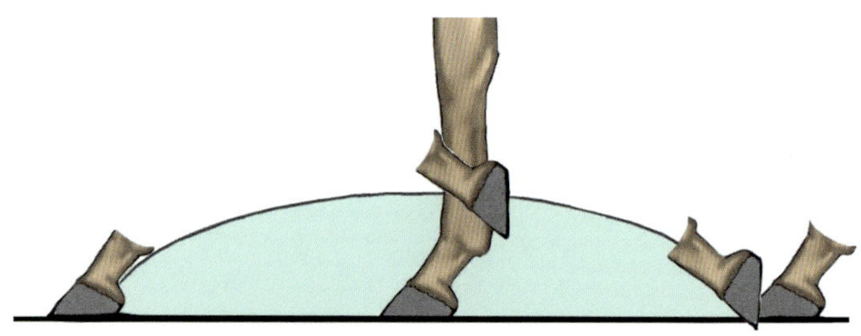

Normaler Bewegungsbogen des Hufs

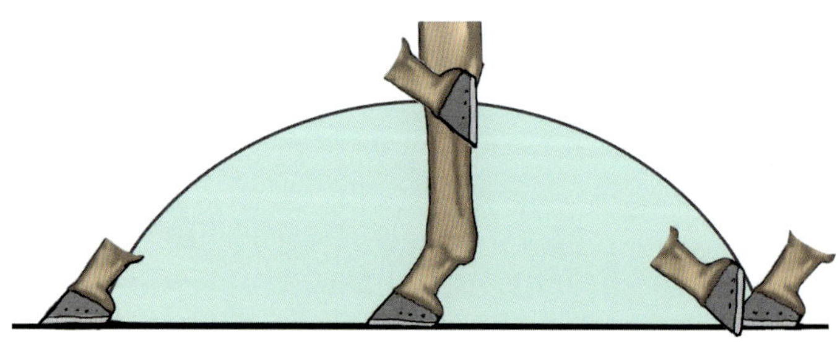

Mehr Gewicht hat einen höheren Bewegungsbogen mit mehr Beinbewegung zur Folge

Haftung

Der natürliche, unbeschlagene Huf hat eine hervorragende Haftung auf vielen Oberflächen. Viele Pferde brauchen jedoch zusätzlichen Halt, wenn sie schnelle Wendungen ausführen oder mit Tempo auf verschiedenen Böden springen sollen. Es gibt unterschiedliches Zubehör (zum Beispiel Stifte und Stollen), das an den Eisen angebracht wird, um dem Pferd zu mehr Trittsicherheit zu verhelfen und ihm das Vertrauen zu geben, dass es nicht ausrutscht. Stollen greifen in den Boden und »verankern« praktisch den Huf, statt dass sie ihn leicht über den Grund gleiten lassen. Dies kann eine zusätzliche Belastung für die Pferdebeine darstellen, besonders wenn sich der Huf gegen die Kraft des Stollens dreht, der im Boden steckt. Sportpferde haben oft Eisen, bei denen man die Stollen, welche es in einer Vielzahl von Formen und Größen gibt, einschrauben kann. Der Reiter kann sich die Stollenart und -größe heraussuchen, die für die Bodenverhältnisse am besten passt, und die Stollen werden sofort nach dem Turniereinsatz wieder entfernt. Stollen können Verletzungen hervorrufen, wenn sich ein Pferd streicht oder greift, wenn es ausschlägt oder sich gegen sein eigenes Bein tritt. Daher kann es sinnvoll sein, die Pferde mit Gamaschen und Schutzglocken auszurüsten.

Damit das Pferd gesund bleibt und sich tadellos bewegen kann, sollte der Besitzer auf eine gute Hufpflege achten. Der Huf sollte täglich aufgehoben und kontrolliert werden; auch Kleinigkeiten, wie etwa lockere Nägel, aufgehende Nieten oder lose Eisen, sollten beachtet werden. Die meisten Pferde brauchen alle vier bis sechs Wochen einen neuen Beschlag bzw. müssen alle sechs bis acht Wochen ausgeschnitten werden. Wenn man die Hufe zu lang werden lässt, bevor sie neu beschlagen oder ausgeschnitten werden, wird das Pferd sich schlecht bewegen und es kann dazu führen, dass es sich tritt, stolpert oder die Eisen verliert.

Der Besitzer sollte Bewegungsprobleme seines Pferdes und jede Änderung im Bewegungsablauf mit dem Hufschmied besprechen; bisweilen wird eine gemeinsame Besprechung von Besitzer, Trainer, Hufschmied und Tierarzt nötig sein. Besitzer und Hufschmied sollten das Pferd im Stehen und in der Bewegung auf hartem, ebenem Untergrund anschauen. Und sie sollten Körperhaltung und Bewegung vor der Hufbearbeitung bzw. dem Beschlag und danach beurteilen und vergleichen. Die Pferdehufe und deren Ansprüche an den Beschlag und die Pflege können sich über die Zeit ändern, daher sollten sowohl der Besitzer als auch der Hufschmied immer aufmerksam bleiben.

14. Wie Training und Reiten die Bewegung des Pferdes beeinflussen

Kein Pferd bewegt sich unter dem Reiter exakt gleich wie frei laufend. Das Reitergewicht und das Befolgen der reiterlichen Hilfen ändern die Bewegung des Pferdes. Das Pferd muss lernen, seinen Körper mit dem zusätzlichen Reitergewicht neu auszubalancieren, so dass es das Gewicht mit sowenig Anstrengung wie möglich tragen kann und zugleich so leistungsfähig wie möglich bleibt. Neben dem eigentlichen Reitergewicht werden die Bewegungen des Pferdes durch folgende Faktoren beeinflusst und verändert: durch Reitweise, Trainingsmethode, Zäumung und Ausrüstung sowie durch die Fähigkeiten des Reiters – insbesondere seine Balance und die Präzision seiner Hilfengebung. Und natürlich durch reiterliche Fehler.
Je ausbalancierter, geschmeidiger und sportlicher der Reiter, desto einfacher wird es für das Pferd, ihn zu tragen und sein Gleichgewicht unter ihm zu behalten. Körperspannung und Beckenbeweglichkeit sind wesentliche Faktoren für ein gutes Gleichgewicht des Reiters, besonders wenn er schwungvolle Gänge sitzen will oder unerwartete Bewegungen beim Scheuen oder Buckeln ausgleichen muss.

Gewicht und Gleichgewicht

Sowohl Gewicht als auch Gleichgewicht des Reiters haben einen großen Einfluss auf die Balance des Pferdes. Das Durchschnittspferd kann bis zu 20 % seines Eigengewichts tragen, stämmige Pferde bis zu 25 %. Wissenschaftliche Studien haben gezeigt, dass Pferde, die über 25 % ihres Eigengewichts tragen müssen, unreine Gänge und Verspannungen zeigen; die Muskeln sind vermehrt schmerzempfindlich und die Herzfrequenz ist nach der Arbeit höher. Das Alter des Pferdes ist ein weiterer Faktor. Die Knochen der Wirbelsäule hören als Letztes auf zu wachsen; ihre Wachstumsfugen sind erst mit 7 Jahren oder sogar später geschlossen. Das muss man bedenken, wenn man junge Pferde reitet.

Wenn man herausfinden will, wie viel Gewicht das Pferd tragen kann, spielen Alter, Gesundheitszustand, Körperbau, Größe und Fitness bzw. Grundkondition eine Rolle. Die Art der Arbeit unter dem Reiter ist ebenfalls relevant; Gewicht wird als Handicap im Rennsport benutzt; mehr Gewicht zu tragen, ist deutlich belastender für ein Pferd, wenn es schnell oder ausdauernd laufen soll bzw. Hindernisse springen oder extreme Bodenverhältnisse meistern muss. Kürzere Strecken in langsamer Gangart zu reiten, ist damit nicht zu vergleichen. Ein schlecht sitzender Sattel verstärkt alle Probleme des Pferdes mit dem Reitergewicht. Deswegen ist ein gut angepasster Sattel absolut notwendig. Das Gleichgewicht und das Können des Reiters sind weitere wichtige Faktoren. Ein computergesteuerter Sattelscanner zeigte, dass ein geschmeidiger schwerer Reiter, der in der Balance bleibt, weniger Belastung für den Pferderücken darstellt, als ein leichterer Reiter, der steif und ohne Gleichgewicht reitet.

Reiter und Trainer müssen in der Lage sein, einzuschätzen, wie viel Gewicht das Pferd stressfrei tragen kann. Sie müssen sich darüber im Klaren sein, dass jedes Pferd seine Grenzen hat. Folgende Anzeichen sind Warnsignale, dass das Pferd Probleme mit dem Reitergewicht hat:

- Der Rücken gibt unter dem Reitergewicht nach.
- Buckeln oder andere Anzeichen von Rückenschmerzen.
- Bewegung mit Hohlkreuz und nach hinten heraus arbeitenden Hinterbeinen.
- Stehen mit nach hinten gestreckten Hinterbeinen.
- Stolpern oder »über die eigenen Füße fallen«, insbesondere mit den Hinterbeinen.
- Taktunreiner Gang
- Muskelkater (Muskelschmerzen), Steifheit und Empfindlichkeit (besonders in den Rückenmuskeln)
- Müdigkeit (erhöhte Herzfrequenz mit langsamer Erholung) nach dem Training.

Der Schwerpunkt des Reiters

»In der Bewegung«: versammelter Trab, tiefer Sitz

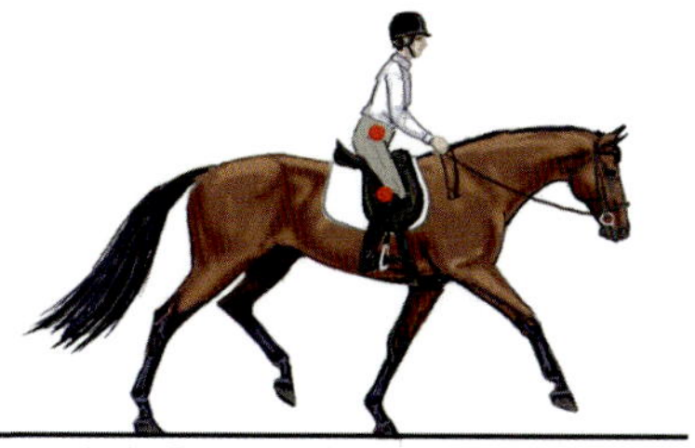

»In der Bewegung«: Arbeitstrab, Entlastungssitz

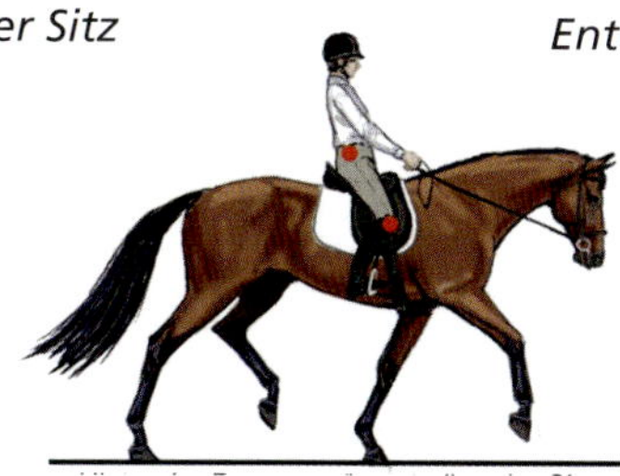

»Hinter der Bewegung«: vortreibender Sitz

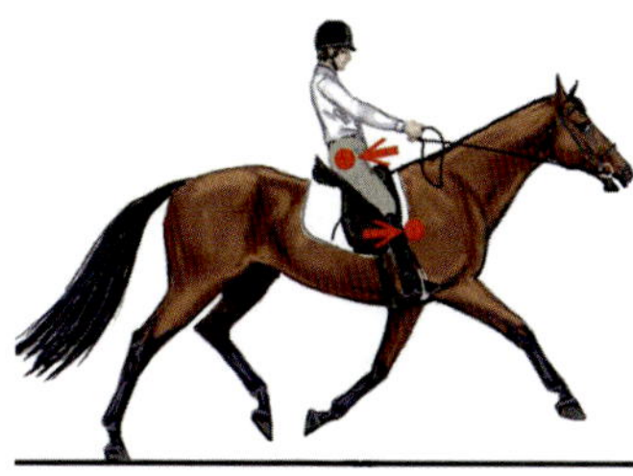

Hinter die Bewegung zurückfallen

Vor die Bewegung fallen

Das Gleichgewicht des Reiters

Das Gewicht des Reiters ist lebendes Gewicht, welches sich bewegen und seine eigene Balance halten kann. Die Balance von Pferd und Reiter ist dynamisch, nicht statisch; das Ziel für Pferd und Reiter ist, in der Bewegung ein gemeinsames Gleichgewicht zu finden. Ein ausbalancierter Reiter ist in der Lage, sein Gleichgewicht zu kontrollieren und anzupassen, um in allen Situationen »in der Bewegung« zu sitzen.

Der Schwerpunkt des Reiters befindet sich im Zentrum seines Körpers, hinter dem Nabel. Der Schwerpunkt bewegt sich ein wenig, wenn wir unsere Haltung ändern, aber er bleibt prinzipiell an der gleichen Stelle. Ein Mensch ist ausbalanciert, wenn sich Füße und Beine unter seinem Schwerpunkt befinden. Kommen die Füße hinter den Schwerpunkt, fällt er nach vorne; sind die Füße vor dem Schwerpunkt, fällt er nach hinten.

Ist der Reiter nach vorne oder hinten aus der Balance geraten, spannen sich seine Muskeln an und seine Beine klammern, damit er nicht noch mehr aus dem Gleichgewicht kommt. Das macht den Reiter steif und verhindert, dass Gelenke und Becken Stoß dämpfend wirken und federn. Er kann im Sattel »geworfen« werden, und wird in diesem Fall sein Pferd stören und sich schlimmstenfalls an den Zügeln festhalten, um nicht das Gleichgewicht zu verlieren. Das Gleichgewicht des Reiters beeinflusst das Gleichgewicht des Pferdes: Ein Reiter, der seine Balance verliert und nach vorne kippt, bringt das Pferd dazu, auf der Vorhand zu gehen. Ist er hinter der Bewegung und bringt damit zu viel Gewicht auf den schwächeren Teil des Rückens, veranlasst er das Pferd dazu, seinen Rücken weg zu drücken und mit den Hinterbeinen nach hinten heraus zu arbeiten.

Ausbalancieren mit halben Paraden

Wie kann ein Reiter sein Pferd ausbalancieren? Um es deutlich zu sagen: Gar nicht. Ein 70 Kilo-Reiter kann ein 500-Kilo-Pferd nicht ausbalancieren. Das Pferd in seiner »tragenden Rolle«

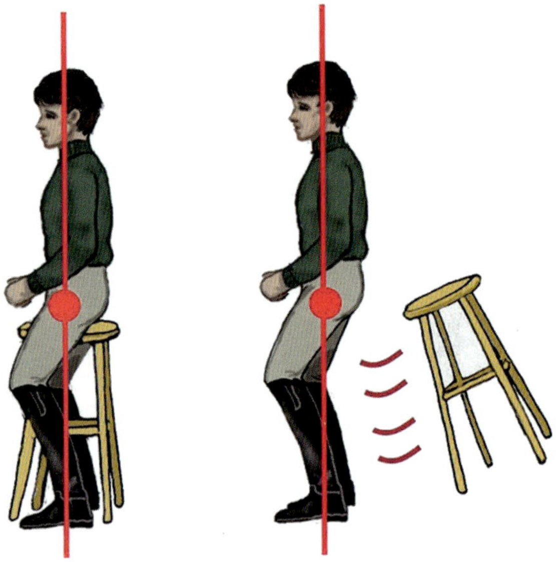

Die Füße sind unter dem Schwerpunkt: Der Reiter bleibt im Gleichgewicht, auch wenn die Unterstützung wegfällt

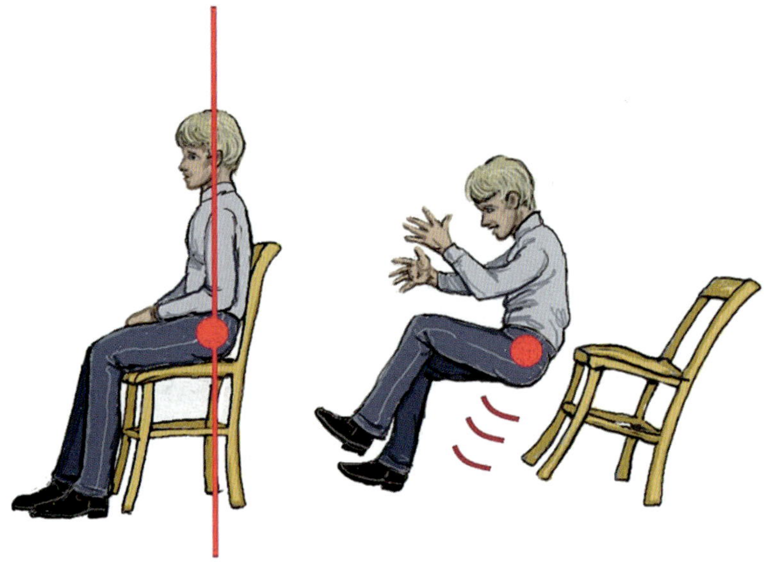

»Stuhlsitz«: Die Füße sind vor dem Schwerpunkt; der Reiter verliert das Gleichgewicht, wenn die Unterstützung wegfällt

Das Gleichgewicht des Reiters

Füße unter dem Schwerpunkt im Vollsitz

Ausbalancierter Leichter Sitz

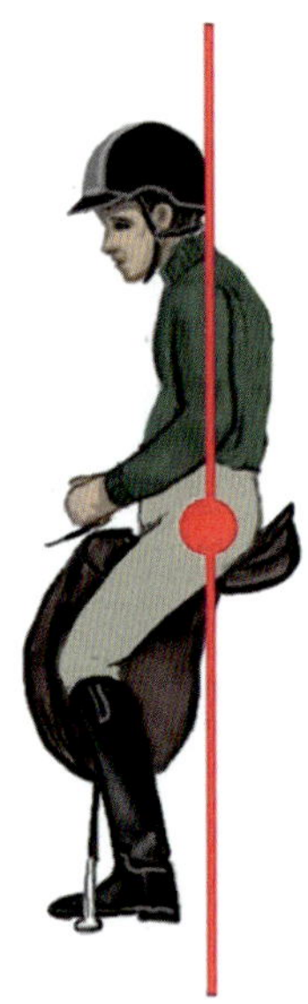

Stuhlsitz: Die Füße befinden sich vor dem Schwerpunkt

Spaltsitz: Die Füße befinden sich hinter dem Schwerpunkt

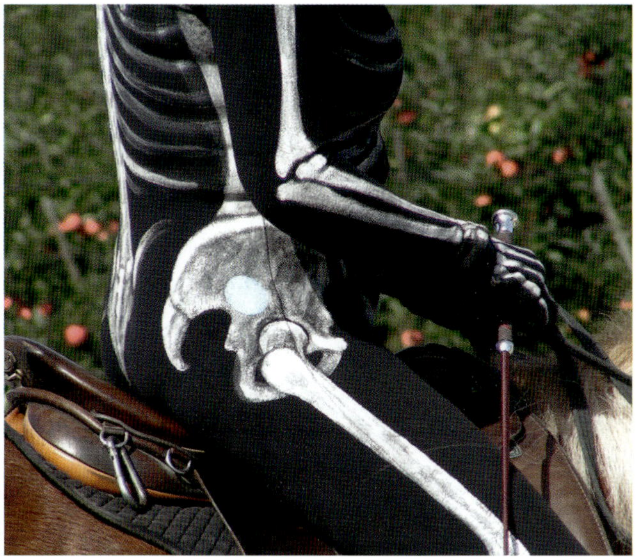

»The Visible Rider™« zeigt eine neutrale Beckenposition.

Die halbe Parade

Das Pferd balanciert sich aus, wird aufmerksam auf den Reiter, die Hinterhand tritt aktiver unter.

muss den Reiter auf seinem Rücken ausbalancieren. Was der Reiter machen kann, ist sich selbst auszubalancieren; dadurch kann er das Pferd beeinflussen, seine Balance anzupassen. Am besten kann der Reiter sich ausbalancieren, indem er seine Füße und Beine direkt unter seinen Körper bringt, seinen Kopf ausbalanciert, seine Wirbelsäule verlängert und sich tief in den Sattel setzt – eine Art innerliches Ausbalancieren innerhalb dem Bruchteil einer Sekunde. Wenn das Pferd das schnelle Ausbalancieren des Reiters spürt, wird es seine Balance »angleichen« – seine Hinterbeine aktivieren, den Rücken wölben und die Vorhand anheben. (Wie Sie vielleicht schon vermuten, ist das Ausbalancieren eine Variante der Halben Parade.) Dieses Ausbalancieren (bzw. die Halbe Parade) muss immer wieder aufs Neue erfolgen und kann nicht festgehalten werden. Die ausbalancierte Haltung von Reiter und Pferd muss ständig neu erarbeitet werden.

Reiten in der Bewegung

Neben dem Erhalt seines eigenen Gleichgewichts muss der Reiter mit dem Pferd im gemeinsamen Gleichgewicht sein. Sitzt der Reiter so, dass sein Schwerpunkt genau über dem des Pferdes liegt, und verbleibt er dort auch, kann er sich anpassen, wenn das Pferd seinen Schwerpunkt verlagert, dann sitzt er »in der Bewegung«. Ein Reiter, der sich im Gleichgewicht befindet, fühlt sich sicher und braucht wenig Muskelkraft, um sitzen zu können. Dies macht seinen Körper frei und vor allem die Hände »unabhängig«. Er kann die Bewegung des Pferdes durch seinen Körper fließen lassen und sie mit federnden Gelenken nach unten durchleiten. Um in der Bewegung mitzugehen, muss der Reiter sein Gleichgewicht und seine Position verlagern, je nachdem, wie das Pferd seine Balance ändert, diese Veränderungen können umfangreich oder gering sein, allmählich oder schnell.

Ist der Schwerpunkt des Reiters hinter dem vom Pferd, dann sagt man »er ist hinter der Bewegung«. Das kann aus Versehen passieren, indem der Reiter quasi zurückgelassen wird, wenn das Pferd einen unerwarteten Sprung nach vorne macht. Andere Reiter reiten gewohnheitsmäßig mit vorgestreckten Beinen »hinter der Bewegung«. Das führt dazu, dass sie schwer hinten im Sattel sitzen und den Pferderücken an seiner empfindlichsten Stelle übermäßig belasten. Absichtlich hinter der Bewegung zu sitzen, ist eine Methode, die von erfahrenen Reitern bisweilen benutzt wird, um die Balance des Pferdes zu beeinflussen: um es vorwärts zu reiten oder als schützende Maßnahme gegen Buckeln oder Ungehorsam. Doch selbst wenn es gekonnt ausgeführt wird, ist das »Hinter-der-Bewegung-Sitzen« für das Pferd mühsamer. Grob oder falsch angewandt, kann das Pferd dadurch ins Hohlkreuz fallen, mit allen bekannten Folgen: Gleichgewicht, Aktivität der Hinterhand und Bewegungsfreiheit des Pferdes werden behindert.

Ist der Schwerpunkt des Reiters vor dem des Pferdes, sitzt er »vor der Bewegung«. Dies kann passieren, wenn ein Pferd plötzlich abbremst oder anhält, der Reiter wird nach vorne geworfen – eine der häufigsten Ursachen für einen Sturz. Auch wenn der Reiter die Gewohnheit hat, zu weit nach vorne zu kippen, ist er vor der Bewegung. Deswegen klemmt er Knie und Oberschenkel ans Pferd, um zu verhindern, dass er noch weiter nach vorne fällt. Die klammernden Knie zwängen die langen Rückenmuskeln ein, welche an der Seite des Pferderückens zum Oberarmknochen verlaufen; dies hemmt die Bewegung des Pferdes. Dies führt oft dazu, dass die Pferde verhalten gehen, anhalten oder »abschalten«, da ihr Gleichgewicht gestört ist. Bisweilen gibt es aber auch die gegenteilige Reaktion, dass das Pferd sein Heil in der Flucht sucht und kopflastig auf der Vorhand davonrennt.

Balance in den Wendungen

Pferde können ohne Reiter problemlos in jedem Tempo und in jeder Gangart abwenden. Das Tragen des Reiters jedoch hat einen starken Einfluss auf ihr Gleichgewicht. Das Gewicht des Pferdes wird recht hoch getragen, auf langen Beinen mit kleiner Unterstützungsfläche. Durch den Reiter auf seinem Rücken wird das Pferd sogar noch »toplastiger«. Der Oberkörper des Reiters ist ein nicht zu unterschätzender »Hebel«. Ein gerittenes Pferd muss lernen, wie es sich in der Wendung neu ausbalancieren kann. Es muss dies anders tun, als wenn es sich alleine bewegen würde. Deswegen fällt es dem Pferd ja oft so schwer, sich mit dem Reiter zu arrangieren – vor allem, wenn der Reiter es nicht gut dabei unterstützt.

Das Engagement der Hinterbeine, besonders das des inneren Hinterbeins, ist ein entscheidender Faktor für die Balance in einer Wendung. Wenn sich der Pferdekörper durch eine Kurve bewegt, muss das innere Hinterbein gut nach vorne unter den Körper treten, um ihn zu stützen. Ein gerittenes Pferd sollte in einer Wendung so aufrecht wie möglich bleiben und nicht nach innen kippen. Dies gibt sowohl dem Pferd als auch dem Reiter Sicherheit in der Wendung. (Bei einer schnellen, scharfen Wendung muss sich das Pferd nach innen lehnen, doch auch dabei muss es mit seinem inneren Hinterbein gut untertreten, um sicher durch die Kurve zu kommen.) Um »aufrecht«, im Gleichgewicht eine Wendung auszuführen, muss sich das gerittene Pferd durch seinen ganzen Körper biegen.
Das bedeutet:

- Das innere Hinterbein tritt gut unter den Pferdekörper, um das Gewicht in der Wendung zu unterstützen.
- Die Balance wird gebündelt und das Pferd geht »aufrecht« durch die Wendung, ohne sich nach innen zu lehnen.
- Die Hinterbeine folgen der Spur der Vorderbeine.
- Der Rippenbogen rotiert leicht weg von der Innenseite der Biegung.
- Das Pferd ist im Genick leicht in Bewegungsrichtung gestellt.

In den Wendungen kann ein Reiter dem Pferd helfen, sich zu biegen und im Gleichgewicht zu bleiben, indem er mit seinem Schwerpunkt über dem des Pferdes bleibt, sowohl in Längsrichtung (vorne nach hinten), als auch in seitlicher Richtung. Indem der Reiter sich von seiner Körpermitte aus dreht, anstatt zur Seite zu lehnen, bleibt er selbst im Gleichgewicht und hilft dem Pferd, in der Balance zu bleiben. Die Schultern des Reiters sollten sich dabei so weit drehen, wie die Schultern des Pferdes; seine Hüfte bleibt in einer Linie mit der Hüfte des Pferdes. Sein äußeres Bein geht leicht nach hinten, der Absatz wird dabei nach hinten unten gedehnt, um den Körper daran zu hindern, sich nach innen zu lehnen. Sein inneres Bein bleibt am

Gurt, dann kann sich das Pferd um dieses Bein biegen. Der Reiter schaut in die Richtung, in die er reitet, etwas über das innere Ohr des Pferdes hinweg.

Es kann helfen, wenn man sich vorstellt, dass ein Pfeil oder ein Lichtstrahl von der Körpermitte des Reiters nach vorne zeigt. Indem er diesen Lichtstrahl nach vorne in die Wendung richtet, bleibt der Reiter im Gleichgewicht und hat Augen, Kopf, Schultern, Hüfte, Sitzknochen und Beine in der Wendung aufeinander abgestimmt.
Reitet man eine scharfe Kurve in hohem Tempo, dann sollte sich der Reiter im gleichen Maße nach innen lehnen, wie das Pferd, aber auch nicht mehr als das Pferd. Das äußere Bein, das nach hinten unten gedehnt wird, stabilisiert die Balance des Reiters und verhindert, dass die Hinterbeine des Pferdes nach außen treten. Durch eine leichte Drehbewegung seines Körpers in Richtung der Wendung bleibt der Reiter im Gleichgewicht.

Die Schiefe des Reiters

Wie auch die Pferde sind alle Reiter zu einem gewissen Grad schief. Verspannungen, verkürzte (feste) Muskulatur, seitliche Ungleichgewichte, alte Verletzungen oder eine deutlich dominante Seite können einen Reiter schief sitzen lassen. Viele Reiter knicken in einer Hüfte ein oder reiten mit einem auf einer Seite längeren Steigbügel. Ein Bein oder Arm ist stärker als der andere; oder sie verdrehen ihren Körper. Das führt dazu, dass sie den Pferderücken ungleichmäßig belasten und unpräzise Hilfen geben – oft auch noch auf einer Seite stärker als auf der anderen. Dies geschieht im Allgemeinen unbewusst, und das Pferd reagiert (aus seiner Sicht richtig) darauf. Pferde werden oftmals beschuldigt, schief zu gehen, obwohl sie eigentlich nur das machen, was der schiefe Reiterkörper ihnen sagt.

Um Ihre eigene Asymmetrie zu korrigieren und sich selbst gerade zu richten, müssen Sie ein Bewusstsein dafür entwickeln, wie Sie Ihren Körper einsetzen; Sie können nichts ändern, wenn Sie nicht wissen, was Sie falsch machen. Spiegel und Vi-

Die Balance des Reiters in der Wendung

Pferd und Reiter bleiben in der Wendung aufrecht.

Ein Westernreiter mit gutem Gleichgewicht in der Wendung.

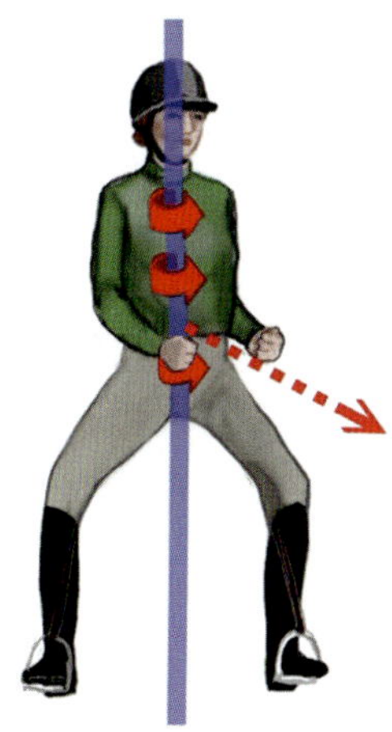

Der Reiter dreht seinen Oberkörper, um im Gleichgewicht zu bleiben.

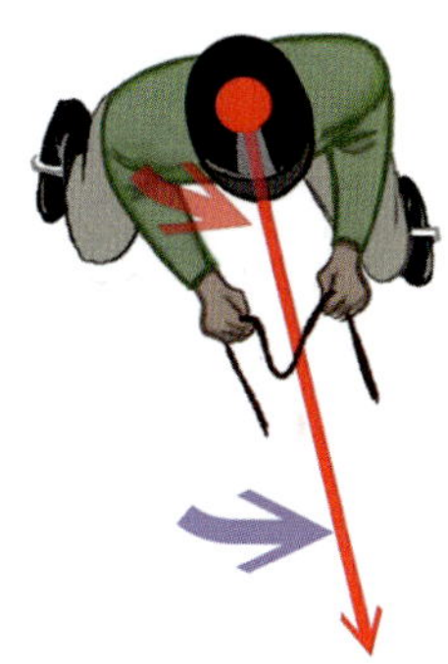

Das Abwenden von oben gesehen.

Pferd und Reiter im Gleichgewicht in einer Kurve.

deos können bei der Selbstkontrolle helfen. Oder Sie holen sich einen Lehrer, der Sie von vorne und hinten kontrolliert. Auch der Sattel sollte auf Gleichmäßigkeit und gute Passform überprüft werden.

Setzen Sie sich ohne Steigbügel mit entspanntem Becken in den Sattel, das Pferd soll dabei gleichmäßig auf allen Vieren stehen. Verteilen Sie Ihr Gewicht gleichmäßig auf beide Sitzknochen, wobei sich die Sitzknochen im tiefsten Punkt des Sattels befinden und nach unten ausgerichtet sind. Ihr Becken muss in »neutraler« Position sein, die Hüftknochen sind über den Sitzknochen ausbalanciert (nicht nach vorne gekippt über das Schambein oder nach hinten auf die Gesäßbacken). In dieser Position atmen Sie tief ein. Sie können Ihre Wirbelsäule leicht nach oben hin strecken und balancieren Ihren Kopf über Ihren Sitzknochen aus. Ihre Beine sollten entspannt herabhängen.

Dann heben Sie den Arm auf Ihrer »kurzen« Seite an (die Seite, auf der ihre Schulter tiefer ist, Ihre Hüfte nach oben steht oder/und Ihr Ellbogen und Knie mehr absteht), Sie strecken den Arm über Ihren Kopf mit dem Daumen nach hinten. Dadurch kann sich die feste Muskulatur auf dieser Körperseite entspannen und dehnen. Durch tiefes Einatmen wird dieser Effekt noch verstärkt. Für manche Reiter (besonders wenn sie sich in ihrem Körper verdrehen) kann es besser sein, den anderen Arm über den Kopf zu nehmen. In diesem Falle erlauben Sie Ihrem Körper, sich diagonal zu dehnen, von der ausgestreckten Hand bis zum gegenüberliegenden Sitzknochen und weiter zur Fußsohle (ebenfalls auf der gegenüberliegenden Seite). Wenn Sie kurze Strecken mit einem nach oben gestreckten Arm reiten, kann sich Ihr Körper lockern und gerade werden.

Die Steigbügel sollten überprüft werden, um sicher zu gehen, dass sie gleich lang sind. Sie können den nach oben gestreckten Arm wechseln, um festzustellen, welche Seite den besseren Effekt hat. (Das sollten Sie im Spiegel oder im Video überprüfen bzw. sich von einem Trainer kontrollieren lassen.) Reiten Sie immer wieder kurze Zeit mit dem hoch gestreckten Arm Schritt, Trab und Galopp. Das sensibilisiert Sie auf die (gleichmäßige) Belastung der Sitzknochen und auf den Druck, den Sie im Steigbügel haben. Eine andere Übung, um einen schiefen Reiter gerade zu richten, ist, ihn im Leichttraben öfter die Diagonale wechseln zu lassen. Dies hat auch einen positiven Effekt auf das Pferd und hilft ihm, seine beiden Hinterbeine im Trab gleichmäßig einzusetzen.

Manche Reiter haben ein Grundproblem, das nur bedingt korrigierbar ist. Ihre Asymmetrie kommt von einer alten Verletzung, einer Skoliose (verkrümmte Wirbelsäule) oder resultiert aus

Schiefer Reiter

Schiefer Reitersitz; der Reiter knickt in der Hüfte ein

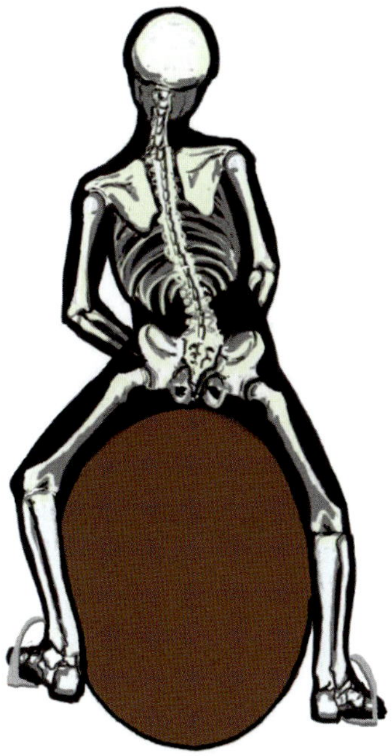

Die Muskeln auf der linken Seite sind fest und verkürzt, sie ziehen die linke Schulter nach unten und die linke Hüfte nach oben. Linker Fuß, Knie und Ellbogen stehen mehr ab. Der Kopf ist nach rechts geneigt. Das Becken kippt nach rechts, der Sitz rutscht nach rechts. Das Gewicht ist ungleichmäßig auf den Sitzknochen verteilt und die Steigbügel sind unterschiedlich lang.

Gerader Reiter

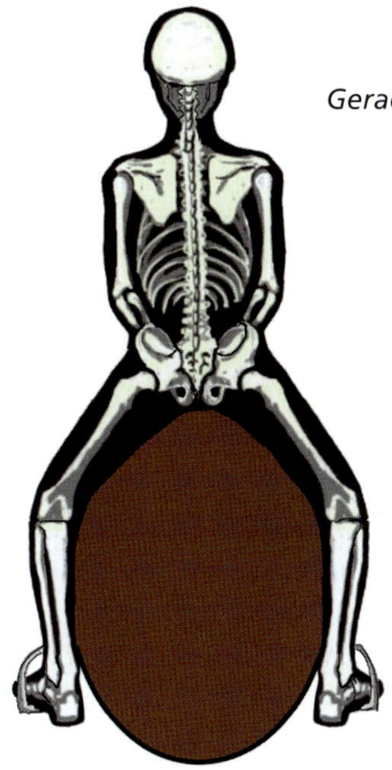

Gleichmäßige Gewichtsverteilung auf den Sitzknochen.
Gleiche Steigbügellänge.
Der Reiter sitzt zentriert auf dem Pferd.
Gute und gerade / symmetrische Ausrichtung des Skeletts.

langjährigem falschen (unbewusstem) Körpergebrauch mit unzweckmäßigen Bewegungsmustern. Sie brauchen möglicherweise Unterstützung von einem Osteopathen oder Chiropraktiker. Oder Sie müssen über Körperarbeit (Alexander-Technik, Feldenkrais oder andere) lernen, ihren Körper gerade zu richten und wieder funktionell zu nutzen. Dieser Umlern-Vorgang kann einige Zeit in Anspruch nehmen. Der bessere und gleichmäßigere Gebrauch des eigenen Körpers ist jedoch nicht nur für das Reiten von Nutzen, sondern auch für alle anderen Sportarten und im Alltag; vor allem aber ist er ihrer Gesundheit zuträglich.

Der Reitersitz

Der Reiter sitzt über der Wirbelsäule des Pferdes auf dessen sich bewegender Rückenmuskulatur; seine Beine umschließen die Rippen und die seitliche Rückenmuskulatur sowie die Serratus ventralis-Muskeln. Sein Gleichgewicht, seine Geschmeidigkeit und die Fähigkeit, in der Bewegung des Pferdes mitzugehen (in der Bewegung zu sitzen), beeinflussen das Gleichgewicht und die Bewegungen des Pferdes. Ein Reiter, der ausbalanciert im Sattel sitzt und sportlich entspannt ist, kann die Pferdebewegung durch seine geschmeidigen Gelenke absorbieren. Ein steifer, angespannter, sich festhaltender, schiefer Reiter, dem es an Gleichgewicht mangelt, kann die Bewegung des Pferdes nicht aufnehmen; stattdessen fällt er dem Pferd in den Rücken und stört es durch »Klammern« mit den Beinen und unruhige oder harte Hände. Das führt dazu, dass das Pferd sich anspannt, den Rücken wegdrückt und widersetzlich wird, seine Bewegungen werden noch steifer und schwieriger zu sitzen. Beides kann weder zufriedenstellend noch sportlich sein! Ein unabhängiger Sitz bedeutet, dass der Reiter seine Sitzposition und seine Balance halten kann, ohne für das Gleichgewicht in die Zügel greifen zu müssen; seine Arme und Hände sind »unabhängig« von seinem Sitz. Um einen unabhängigen Sitz zu erreichen, braucht es ein gutes Gleichgewicht, körperliche Losgelassenheit und vor allem viel »Zeit im Sattel«. Das Reiten an der Longe ohne Zügel und Steigbügel ist die herkömmliche Methode, einen unabhängigen Sitz zu entwickeln, aber auch Reiter, die gut ohne Sattel reiten, können einen sicheren, entspannten Sitz im Gleichgewicht entwickeln.

Ein Reiter hat drei Hauptgelenke, um die Stöße der Pferdebewegung aufzunehmen. Das sind die Fuß-, Knie- und Hüftgelenke. Der Oberkörper/Rücken des Reiters kann etwas Bewegung absorbieren, Becken und Beingelenke sollten jedoch die Hauptbewegung aufnehmen, um den Rücken zu schonen. Damit diese Gelenke funktionieren können, muss der Reiterkörper ausbalanciert sein, mit einer guten Ausrichtung des Skeletts. Alle Knochen müssen am »richtigen Platz« sein. Wie das Pferd sollte der Reiter »losgelassen«, jedoch nicht »schlaff« sein. Das bedeutet, dass seine Muskeln genug Muskeltonus haben, um stabil zu bleiben und seine Position auf dem Pferderücken zu halten, jedoch keine negative Spannung (Verspannung), die den Körper fest macht und die Gelenke versteift.

Das Becken und die Sitzknochen bilden die Basis des Sitzes, zusammen mit der Innenseite der Oberschenkel. Das Becken muss in einer neutralen Position sein, dabei sind die Hüftknochen über den Sitzknochen ausbalanciert. Da der Rücken mit dem Becken am Kreuzdarmbeingelenk verbunden ist, bringt selbst das geringfügige Neigen des Beckens nach vorne zum Schritt oder nach hinten zum Steiß den Reiter aus dem Gleichgewicht, was eine Belastung für den Rücken (den des Reiters und in der Folge den des Pferdes) bedeutet. Ein ausbalanciertes Becken macht den Reiterrücken lang, aufrecht und belastbar. Das bewegliche Becken nimmt die Bewegung des Pferdes auf und der Reiter kann »in der Bewegung sitzen«. Dieser Gleichgewichtssitz erspart Reiter und Pferd viel Unannehmlichkeit.

Um geschmeidig mit seinem Sitz den Pferdebewegungen folgen zu können, müssen die Gelenke des Reiters, insbesondere die Hüftgelenke, die vielen Bewegungen, die vom Pferderücken ausgehen, zulassen und aufnehmen. Die Bewegungen können vorwärts, rückwärts, vertikal, diagonal, lateral und rotierend sein. Im Schritt ist es einfach, die schwingenden Bewegungen des Pferderückens zu spüren. Im Trab gibt es nicht nur die offensichtliche Auf- und Ab-Bewegung, sondern auch ein abwechselndes seitliches Anheben und Absenken des Rückens, wenn das Pferd ein Hinterbein und dann das andere bewegt. Im Galopp, gibt es eine Kreisbewegung in eine diagonale Richtung, vom äußeren Hinterbein zum inneren Vorderbein, und zudem eine Schaukelbewegung. Je besser der Reiter ist, umso besser kann er diese Rücken-Bewegungen des Pferdes aufnehmen und »durch seine Gelenke« leiten, statt dass er sich stark mit seinem ganzen Körper bewegt. Der gute Reiter scheint »still« zu sitzen, tatsächlich fließt aber eine Menge an Bewegungsenergie durch seinen Körper. Gute Haltung des Reiters ist jedoch nie statisch, sondern bedeutet ein ständiges Neu-Ausbalancieren. Haltung kann man nicht »festhalten«, sondern muss sie ständig neu erarbeiten. Reiter, die versuchen, sich selbst in einer perfekten Haltung festzuhalten, werden letztendlich eher »hopsen«, als geschmeidig mit der Bewegung mitgehen.

Ein Reiter kann passiv die Pferdebewegung aufnehmen, was für das Pferd angenehm ist und es nicht stört. Er kann aber auch die Bewegung »formen«, indem er die von ihm gewünschte Bewegung zulässt und unerwünschte Bewegung blockiert. (Wenn der Reiter beispielsweise die Bewegung nach vorne und hinten, sowie ein wenig Aufwärts-Bewegung zulässt, wird das Pferd dazu angehalten, mit langen, flachen Trit-

Die Auswirkungen des Reitersitzes

Ein aktiver Sitz, um das Pferd vorwärts zu treiben.

Innehalten der Bewegung, um das Pferd anzuhalten.

ten zu gehen; den Fokus auf die Aufwärts-Bewegung zu lenken, unterstützt kürzere, höhere Tritte.) Ein Reiter kann Gewichtshilfen geben, indem er sein Gewicht verlagert, die Stellung des Beckens ändert oder einen Sitzknochen nach vorne bringt und vor allem, indem er seinen Körper selbst ausbalanciert. Es ist wichtig, dabei zu beachten, dass das Pferd nur auf die Gewichtshilfe reagieren kann, wenn sein Rücken »oben« ist; mit dem Sitz gegen einen weggedrückten Pferderücken zu arbeiten, wird das Hohlkreuz des Pferdes nur noch mehr verstärken.

Der Sitz muss sicher (stabil) und entspannt (= losgelassen) sein, so dass der Reiter harmonisch mit der Pferdebewegung mitgehen kann. Nur wenn Sie das Pferd in seiner natürlichen Bewegung begleiten, können Sie sich in die Bewegung integrieren, so dass eine gemeinsame Bewegung von »Reiter plus Pferd« entsteht. Erst dann können Sie die Führung übernehmen und die Bewegungen des Pferdes steuern.

Beine und Schenkelhilfen

Die Schenkelhilfen des Reiters wirken auf die äußeren schiefen Bauchmuskeln und die Rippenmuskeln. Diese sind mit dem Becken des Pferdes durch die untere Muskelkette verbunden; damit kommuniziert das Reiterbein auch mit dem Hinterbein auf der jeweiligen Seite. Der linke Schenkel des Reiters löst eine Reaktion in dem linken Hinterbein des Pferdes aus, und dasselbe geschieht auf der rechten Seite.

Gibt man eine Schenkelhilfe an der normalen Schenkellage, nahe am Gurt, bittet man das Hinterbein um mehr Schub oder um vermehrtes Untertreten. Man kann auch den Rippenbogen auffordern, seine leichte Bewegung nach außen hin zu verstärken. Gibt man die Schenkelhilfe ein klein wenig hinter der normalen Position, fordert man das Hinterbein auf, seitwärts zu gehen. Gibt man die Schenkelhilfe ein ganz klein wenig vor der normalen Position, in Richtung der gegenüberliegenden Schulter, fordert man das Pferd auf, seine Vorhand seitwärts weg von diesem Bein zu bewegen.

Um wirksame Schenkelhilfen zu erreichen, müssen diese leicht, knapp und präzise (auf die richtige Art und Weise und an der richtigen Stelle) gegeben werden. Genau wie bei den Halben Paraden reagiert das Pferd im Moment des Nachgebens. Wird die Schenkelhilfe ausgedehnt in ein langes, hartes »Zudrücken«, macht dies den Reiter steif und fest im Becken, und das Pferd drückt gegen oder ignoriert die Schenkelhilfe. Es ist besser, eine Schenkelhilfe durch einen Klaps mit der Gerte zu verstärken, als lang mit dem Schenkel zu drücken oder hart zu kicken.

Timing der Schenkelhilfen

Um die jeweils gewünschte Reaktion zu erhalten, muss die Schenkelhilfe zum richtigen Zeitpunkt gegeben werden. Wenn man beispielsweise eine Schenkelhilfe links gibt, während das Pferd sein linkes Hinterbein auf dem Boden hat, bittet man das Pferd, mit diesem Hinterbein energischer abzufußen. Möchte man das linke Hinterbein weiter vor oder zur Seite treten lassen, dann muss die Schenkelhilfe in dem Moment gegeben werden, wo das Hinterbein gerade angehoben ist. Das Pferd kann nicht weiter vortreten oder seine Beine überkreuzen, wenn dieses Bein sich gerade auf dem Boden befindet und belastet wird.

Der beste Weg, das richtige Timing zu ermitteln, ist, es zu fühlen. In manchen Gangarten ist es möglich, auf die Position der Pferdeschulter zu schauen, aber das ist sehr kompliziert und es verleitet den Reiter dazu, nach unten zu schauen.

Im Schritt kann man die Bewegung und das Auftreten der Hinterbeine leicht spüren, indem man der Bewegung des Rippenbogens und des Pferdebauches folgt. Die Rippen schwingen nach außen über das tragende Bein. Schwingen die Rippen nach rechts außen, ist das Gewicht des Pferdes über dem rechten Hinterbein und sein linkes Hinterbein schwingt nach vorne. Um im Schritt größere Schritte zu erhalten, oder das Hinterbein zur Seite gehen zu lassen, geben Sie eine Schenkelhilfe links, wenn die Rippen nach rechts schwingen, so als ob Sie die Rippen weiter zur Außenseite schieben möchten.

Beim Leichttraben können Sie die Bewegung der Diagonalen spüren. Wenn Sie auf dem linken Hinterbein leicht traben, dann ist das linke Hinterbein beim Aufstehen in der Luft, wenn Sie einsitzen ist es auf dem Boden und nimmt Gewicht auf. (Der Schwung aus dem inneren Hinterbein bringt das Gesäß aus dem Sattel.) Um einen größeren Tritt zu erhalten, oder das linke Bein zur Seite gehen zu lassen, geben Sie beim Aufstehen eine Schenkelhilfe. Sie können die Tritte des inneren Hinterbeins beim Leichttraben erkennen und dann die Schenkelhilfe mit demselben Timing beim Aussitzen anwenden.

Im Galopp ist das Nach-außen-Schwingen der Rippen fast so leicht zu erkennen wie im Schritt; geben Sie eine Schenkelhilfe, wenn die Rippen nach außen schwingen. Der Galopp hat zusätzlich eine Schaukelbewegung, die Sie beim Timing der Hilfen unterstützt. Werden Widerrist, Hals und Kopf angehoben, ist das äußere Hinterbein (in der Einbeinstütze hinten) am Boden und die anderen Beine springen nach vorne; dies ist der Moment, um mehr Engagement oder längere Sprünge zu fordern. Gehen Pferdekopf und Hals (in der Einbeinstütze vorne) nach unten, dann sind die Hinterbeine in der Luft; das Pferd kann seine Hinterbeine in diesem Moment nicht aktivieren. Wenn jedoch der Kopf nach unten geht und das Pferd die Hüfte anhebt, dann geht es in die Schwebephase; das ist der richtige Moment, in dem es einen fliegenden Wechsel ausführen kann.

Die Hand und die Zügelhilfen

Das Gebiss, die Zügel und die Hände, die sie halten, sind wichtig für die Einwirkung auf das Pferd. Kopf und Hals sind die Balancierstange des Pferdes; Haltung und Bewegungen von Kopf und Hals haben einen großen Einfluss auf Gleichgewicht und Bewegungsqualität des Pferdes. Ein Pferd braucht etwas Freiheit, um seinen Hals natürlich zu gebrauchen und seinen Kopf in die beste Position für sein Gleichgewicht und für harmonische Bewegung zu bringen. Ausrutschen oder Stolpern können eine starke Ausgleichsbewegung mit Kopf und Hals nötig machen, um das Gleichgewicht wieder zu erhalten. Wenn Zügel

Schenkelhilfen und ihre Auswirkungen

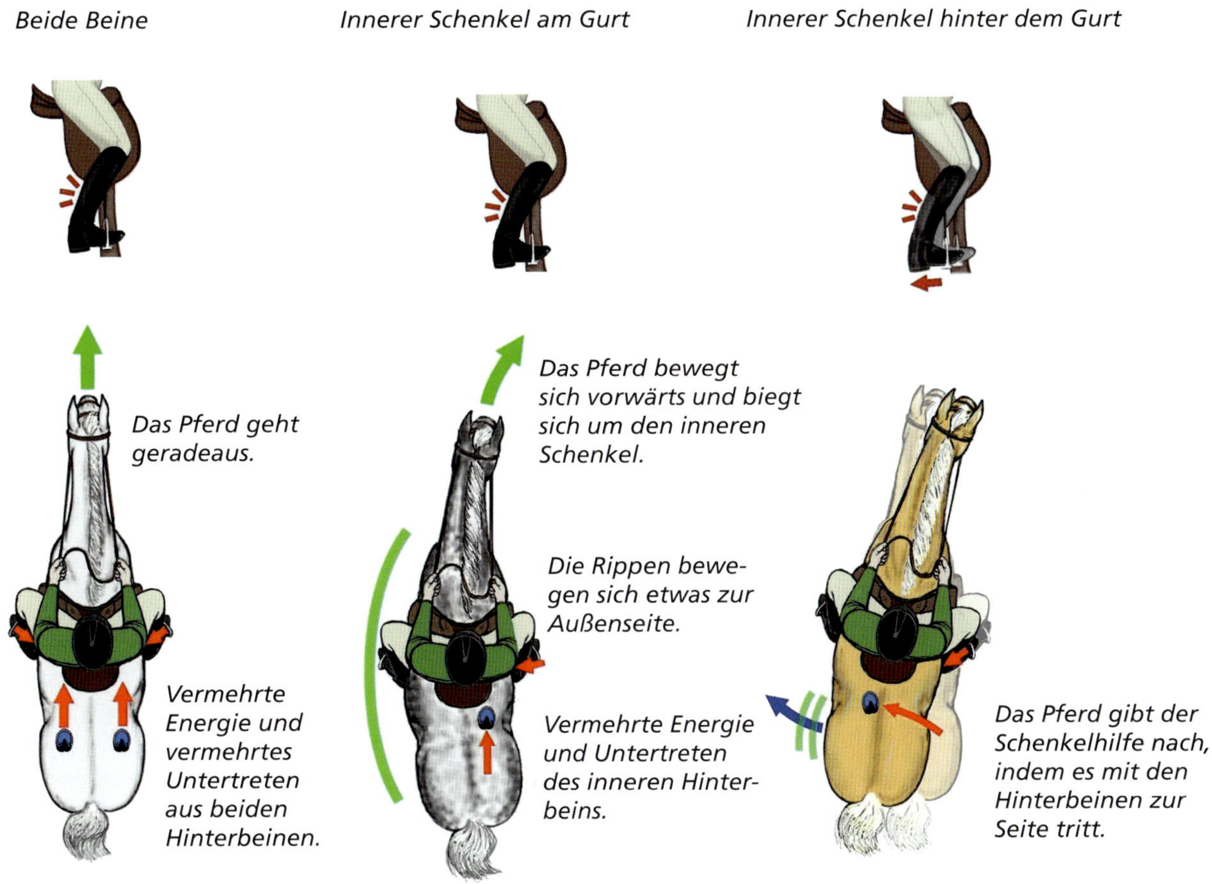

und Reiterhände die Bewegung von Kopf und Hals zu sehr begrenzen, schränken sie den Bewegungsspielraum und die Fähigkeit des Pferdes, sich gut auszubalancieren, deutlich ein. Wegen der Art und Weise, wie ein Pferdeauge scharf sehen kann, muss es seine Kopfhaltung anpassen können, um in die Nähe, auf mittlere Distanz oder in die Ferne sehen zu können. Um sich gut bewegen zu können, muss ein Pferd im Maul weich und entspannt bleiben. Es soll sich mit dem Gebiss und dem Einsatz der Zügelhilfen wohl fühlen. Akzeptiert es den Kontakt, so entspannt es Genick und Kiefer und kaut sanft; sein Kopf befindet sich in einer neutralen Haltung. Dies aktiviert die untere Muskelkette, welche zu seinen Hinterbeinen – seinem »Kraftzentrum« – führt. Versteift es sich jedoch in Genick und Kiefer, zieht im Protest seinen Kopf nach oben, ist es überzäumt oder legt sich aufs Gebiss, kann es seinen Muskelkreis nicht vollständig benutzen und bewegt sich deswegen schlechter. Manchmal versuchen Reiter, ihr Pferd zum Gehorsam zu zwingen, indem sie den Kopf mit den Zügeln in die gewünschte Haltung bringen, dies führt allerdings nie zu gutem Gleichgewicht oder harmonischer Bewegung. Manchmal missbrauchen Reiter auch unabsichtlich den Zügel, indem sie ihr Gleichgewicht durch Festhalten am Zügel zu halten versuchen

Wenn das linke Hinterbein auf dem Boden steht, wird die Hüfte links angehoben.

Bauch und Rippenbogen schwingen nach links.

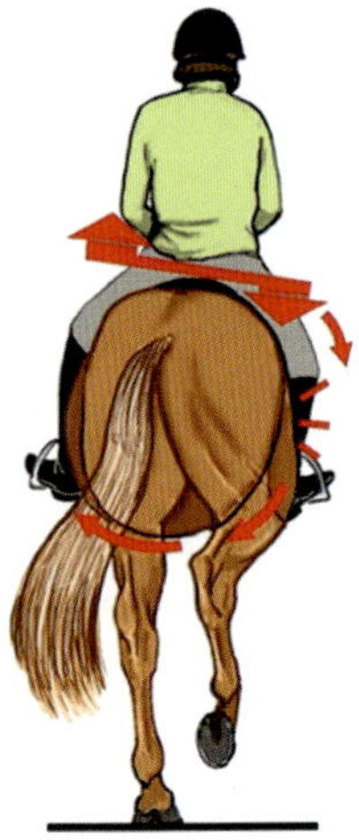

Das rechte Hinterbein schwingt nach vorne.

Der Reiter gibt einen Impuls mit dem rechten Bein, er fordert das Pferd auf, mit dem rechten Hinterbein einen größeren Tritt oder einen Tritt seitwärts zu machen.

Timing der Schenkelhilfen

Das Hinterbein kann keinen größeren Tritt machen oder seitwärts treten, wenn es auf dem Boden steht und Gewicht trägt.

Eine Schenkelhilfe, die eingesetzt wird, wenn das Hinterbein vom Boden abfußt, verlangt nach einem längeren Vortritt dieses Hinterbeines.

Beim Aufwärts-Springen des Galopps kann das Pferd als Reaktion auf die Schenkelhilfe vermehrt unter den Körper treten.

Für ein Seitwärts-Treten gibt man die Schenkelhilfe, wenn das innere Hinterbein abfußt.

Winkelung der Zügel und ihre Auswirkung auf das Pferd

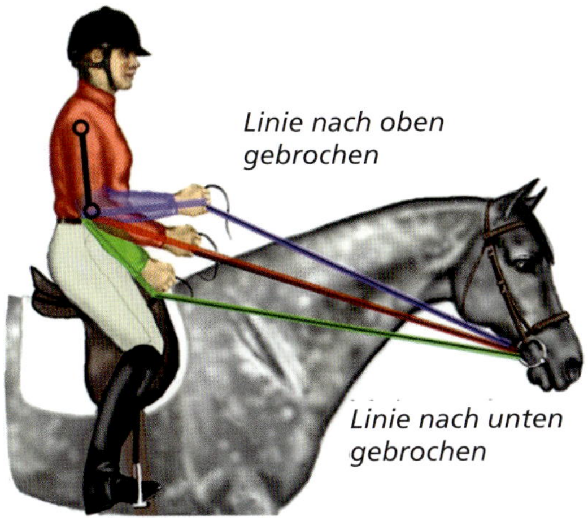

Gerade Linie

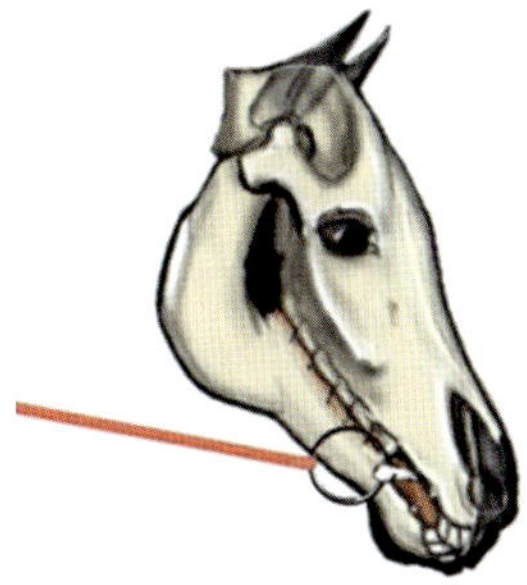

Das Gebiss wirkt neutral: gerade Linie vom Gebiss zum Ellenbogen des Reiters.

Aufwärts

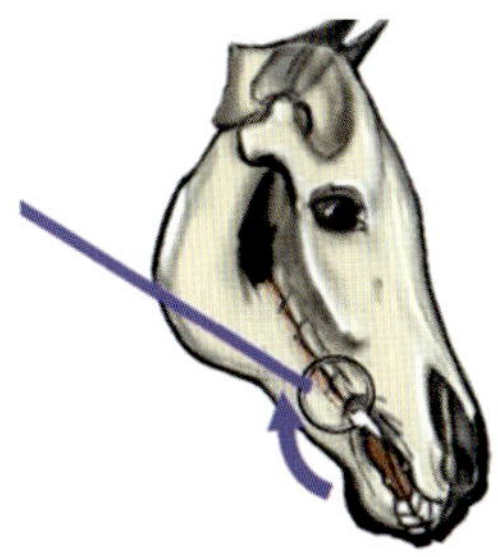

Das Gebiss nimmt den Druck von den Kinnladen und Zunge weg, Druck entsteht in den Maulwinkeln.

Nach unten

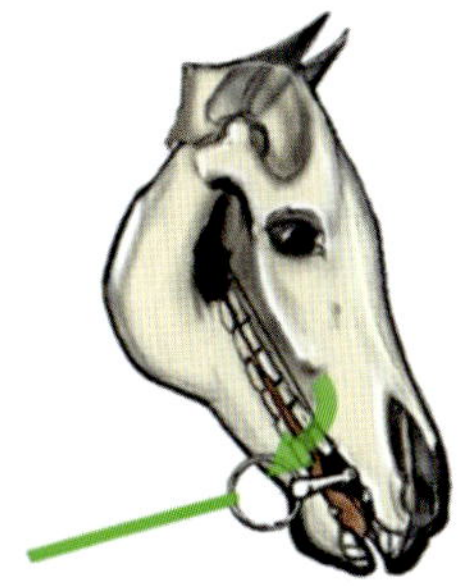

Druck auf Kinnlade und Zunge; gebrochene Gebissstücke »brechen« mit großem Druck über dem Unterkiefer.

oder schwer im Zügel hängen. Selbst wenn sie dies gar nicht wollen, verursacht dies dem Pferd Schmerzen. Es stumpft ab, wird widersetzlich, launisch und hart im Maul.
Die meisten Gebisse sind so geformt, dass sie korrekt wirken, wenn man eine direkte Linie vom Gebiss zum Ellbogen des Reiters führt. Dann wirkt das Gebiss neutral, es zieht weder nach oben, noch nach unten. Werden die Reiterhände oberhalb dieser Linie gehalten, wirkt das Gebiss nach oben; sind die Hände unterhalb einer geraden Linie, wirkt das Gebiss nach unten. Beides ändert die Wirkung des Gebisses, oftmals wirkt es schärfer. Indem man die gerade Linie vom Ellbogen zum Gebiss erhält, regt man das Pferd an, seinen Kopf und Hals natürlich zu halten und korrekt im Genick nachzugeben. Die Höhe der Reiterhand ist abhängig von der Höhe des Pferdekopfes. Hebt das Pferd seinen Kopf an, muss der Reiter seine Hand anheben, um eine gerade Linie beizubehalten; senkt sich der Kopf, dann sollten dies auch die Hände tun.

Reiten in Anlehnung

Pferde können am durchhängenden bzw. losen, am langen Zügel, am Zügel und in Anlehnung geritten werden. Die meisten Sportpferde werden in Anlehnung geritten und stehen am Zügel. Am durchhängenden oder langen Zügel werden sie nur in Momenten der Entspannung oder im Gelände (im Schritt) geritten. Ausnahme sind die Westernpferde; sie werden, wenn sie fertig ausgebildet sind, am losen Zügel mit einhändiger Zügelführung geritten. Wenn man mit leichter, ständiger Anlehnung reitet, bedeutet dies, dass sich Pferd und Reiter jederzeit spüren können, und der Reiter kann mit kleinen Änderungen der Zügelrichtung und des -kontakts auf sein Pferd einwirken. Um in Anlehnung zu reiten, muss ein Reiter einen sicheren und unabhängigen Sitz haben, ansonsten kann er aus Versehen dem Pferdemaul Schmerzen zufügen, wenn er seine Balance durch Ziehen am Zügel ausgleicht.

Um die Anlehnung zu erhalten, müssen Pferd und Reiter eine »Bein-zur-Hand-Verbindung« haben, das Pferd dehnt sich an die Zügelhand heran, anstatt dass der Reiter die Zügel nachfasst, um Kontakt mit dem Pferd zu erreichen. Und so funktioniert es:

- Der Reiter fordert das Pferd mit seinen Schenkelhilfen auf, mit gutem Antritt aus der Hinterhand vorwärts zu gehen.
- Dies aktiviert den Muskelkreis, wodurch das Pferd seinen

Rücken wölbt und sich mit Rücken, Kopf und Hals nach vorwärts-abwärts dehnt.

- Wenn es den Kopf nach vorne dehnt, nimmt das Pferdemaul über die Zügel Kontakt mit der Reiterhand auf. (Die Zügel müssen dafür die richtige Länge haben, damit das funktioniert.)
- Über seine Hände, Arme, Ellbogen, Schultern und seinen Rücken nimmt der Reiter Kontakt mit dem Pferdemaul (über die Zügel) auf und kann diesen auch regulieren.
- Das Pferd befindet sich »zwischen den Beinen und den Händen«, es nimmt die Schenkelhilfen und Zügelhilfen des Reiters an, und wölbt seinen Rücken, um den Reitersitz zu akzeptieren.

Wenn diese »Bein-zur-Hand-Verbindung« funktioniert, kann der Reiter mit passiver Anlehnung reiten, oder mit einer »mitgehenden Hand«, wobei er sämtlichen Bewegungen von Maul, Kopf und Hals des Pferdes folgt. Jeweils mit gleichmäßigem, leichtem Gefühl, ohne dabei den Kontakt zu verstärken, zu verringern oder zu verlieren. Um anzuhalten, das Tempo zu verringern oder abzuwenden, drückt er eine oder beide Hände kurz zu, um einen kurzen Moment den Kontakt zu verstärken, und löst den Druck wieder zur normalen Verbindung. Das Pferd reagiert, indem es weiche Übergänge ausführt, sein Maul entspannt oder im Genick nachgibt; das ist jedoch noch keine Versammlung. Eine passive Anlehnung ermutigt das Pferd, in natürlicher Balance mit einem gedehnten Hals zu gehen. Diese Art der Anlehnung wird benutzt, wenn man jungen Pferden beibringt, das Gebiss zu akzeptieren und der Reiterhand zu vertrauen, sowie für zwangloses Ausreiten; eine Fähigkeit, die jeder Reiter erlernen sollte, bevor er vom Pferd fortgeschrittene Übungen oder Biegung verlangt. Allerdings sollte man es nicht über einen zu langen Zeitraum benutzen, da es das Pferd ermutigen kann, auf der Vorhand zu gehen.

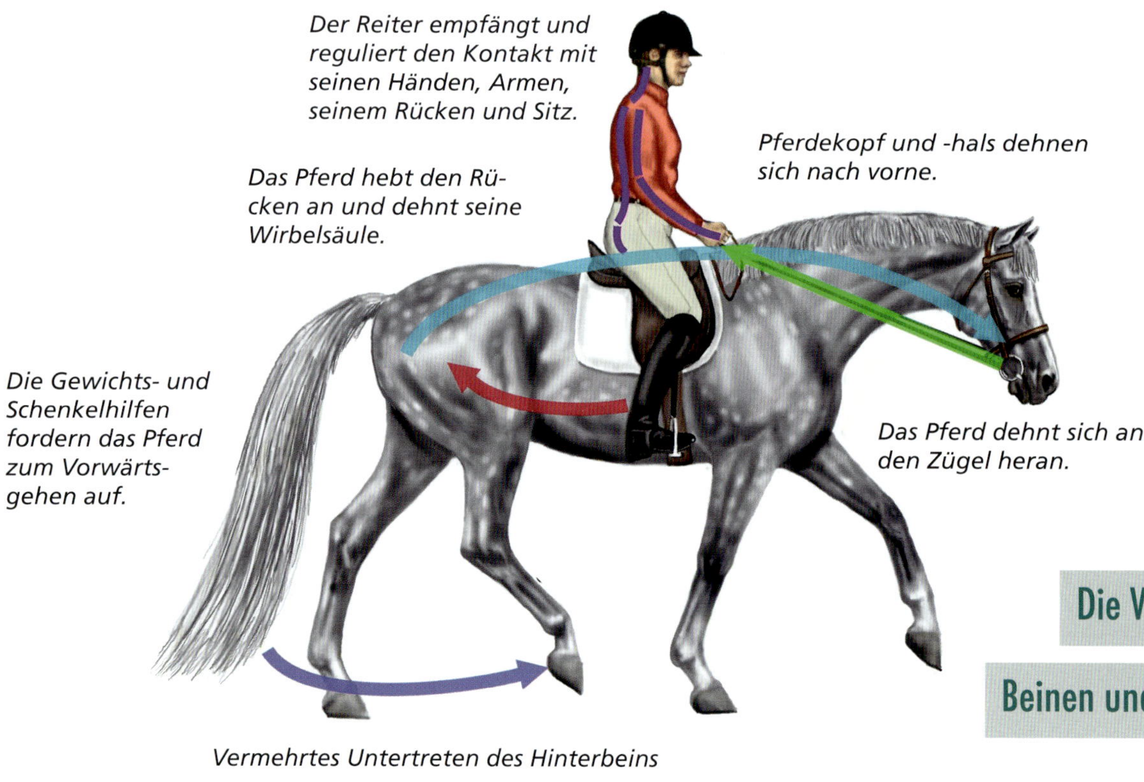

Die Verbindung zwischen Beinen und Händen herstellen

Mitgehende Hände
Wenn Pferdekopf und -hals nach vorne gehen, werden Hände und Arme des Reiters nach vorne gezogen.

Wenn Pferdekopf und -hals zurückkommen, gehen die Ellbogen des Reiters in ihre normale Position zurück. Der Reiter erhält den gleichen Kontakt aufrecht, während er der Bewegung folgt.

Am Zügel und über den Rücken reiten

Die nächste Stufe ist, das Pferd »am Zügel« zu reiten und »über den Rücken«, mit mehr Biegung und besserem Gleichgewicht. Der Reiter fordert das Pferd mit Gewichts- und Schenkelhilfen dazu auf, seine Hinterbeine zu aktivieren und sich nach vorne an die Hand heranzudehnen. Seine Hände lässt er »dabei stehen«, das bedeutet, dass die Hände weder nach vorne gehen, noch nach hinten ziehen, aber dem Nach-vorne-Dehnen des Pferdes gerade soviel Druck entgegensetzen, wie Druck vom Pferd ausgeht. Spürt das Pferd den sanften, aber dennoch bestimmten Widerstand der Reiterhand, dann sollte es nachgeben, sich entspannen und sanft kauen, während es sich im Genick und im Kiefer leicht macht. Die im Endeffekt erwünschte Reaktion ist dabei folgende: Das Pferd öffnet das Lumbosakral-Gelenk, senkt die Kruppe, hebt den Rücken an, verlagert sein Gewicht auf die Hinterhand und beugt die Hanken. Wenn das Pferd der Reiterhand nachgibt, seine Balance und seinen Rahmen verändert, dann wird der Kontakt leichter.

Durch das Reiten »am Zügel« und »über den Rücken« wird die Vorhand angehoben und leicht, der Hals gewölbt, das Pferd wird engagierter, runder und versammelt sich. Wenn es im Genick nachgibt, kommt die Nase mehr an die Senkrechte – jedoch nie hinter die Senkrechte. Das Genick sollte der höchste Punkt am Hals sein. Das Pferd sucht aktiv nach der Anlehnung an die Zügelhand; es wird sich nach vorwärts-abwärts dehnen, um den Kontakt zu erhalten, wenn der Reiter die Zügel verlängert. Dabei bleibt es im Gleichgewicht und kommt nicht auf die Vorhand. Man sagt, »das Pferd steht an den Hilfen«, wenn es sämtliche reiterliche Hilfen annimmt, ohne zu zögern und ohne Widerstand auf diese reagiert und »am Zügel steht«. Es arbeitet »über den Rücken«, da die Energie aus den Hinterbeinen durch seinen gedehnten und schwingenden Rücken durchgeleitet wird. Ist der »Spannungsbogen« mit der gedehnten Oberlinie intakt, so stimmt auch das Gleichgewicht des Pferdes.

Steht ein Pferd »an den Hilfen« (oder »am Zügel«), beeinflussen die Hilfen jeden Teil des Pferdes, nicht nur Maul, Kopf und Hals oder Beine. Das Pferd kann seinen Körper in einer gut abgestimmten Art und Weise einsetzen. Dadurch kann der Reiter verschiedene Arten der Balance innerhalb einer Gangart fordern – Mitteltempo, Versammlung oder Verstärkung. Als Reaktion auf eine Änderung des Zügelkontakts kaut das Pferd sanft auf dem Gebiss; dies aktiviert die Speicheldrüse und hält sein

Das Pferd geht am Zügel und gut über den Rücken.

Am Zügel

Das Pferd akzeptiert die reiterlichen Hilfen, es geht über den Rücken und am Zügel

Maul feucht und geschmeidig. Dieses entspannte Kauen bringt den Speichel zum Schäumen, so dass man ein wenig Schaum auf den Lippen sieht. Das ist nicht dasselbe wie beim aufgeregten Kauen, welches zuviel Schaum produzieren kann und kein Zeichen von Entspannung oder Geschmeidigkeit ist. Dehnt sich das Pferd an das Gebiss heran und kaut sanft, so ist dies ein Zeichen dafür, dass seine unter Muskelkette gut arbeitet.

Es ist wichtig, die Bezeichnung »am Zügel« nicht mit der reinen Kopfhaltung zu verwechseln. Manche Reiter denken fälschlicherweise, dass es genügt, die Nasenlinie irgendwie in die Senkrechte zu bekommen, um das Pferd »an den Zügel zu stellen«. Das ist alles andere als richtig – ein Pferd kann seine Nase in der Senkrechten haben und trotzdem im Hohlkreuz gehen. Es kann sich mit herabgedrücktem Widerrist bewegen, flach in der Kruppe sein, mit durchhängendem Bauch und inaktiven, nachschleppenden Hinterbeinen laufen – und die Nase ist trotzdem in der Senkrechten! Ziehende oder riegelnde Hände, die das Maul mit tiefer Hand herabzwingen, oder das Benutzen von Schlaufzügeln oder anderen Hilfsmitteln, um eine annähernd senkrechte Kopfhaltung (oder eine hinter der Senkrechten) zu erhalten, schaffen einen falschen Rahmen, der zuerst korrigiert werden muss, bevor sich das Pferd normal und funktionell bewegen kann. Ein solcherart zusammengezogenes Pferd ist weit davon entfernt »am Zügel« zu stehen. Hat ein Pferd einmal gelernt, sich zu fügen und in einer falschen Versammlung bzw. in einem falschen Rahmen zu gehen, fällt es später sehr schwer, es richtig an den Zügel herantreten zu lassen. Seien Sie nicht mit einer Täuschung zufrieden!

Das Vorwärts-Abwärts

Das Vorwärts-Abwärts ist sowohl ein Training für den Muskelkreis des Pferdes, als auch ein Test für richtige Anlehnung. Ein Pferd, das richtig an den Hilfen und am Zügel steht, wird sich willig nach vorwärts-abwärts dehnen, wenn der Reiter die Zügel verlängert. Es sucht den Kontakt zur Reiterhand und kaut mit einem entspannten, weichen Maul. Das nennt man »den Zügel aus der Hand kauen lassen«. Sein Hals senkt sich, bis die Nase auf Höhe der Brust ist, oder sogar noch tiefer. Die Ganasche sollte offen bleiben und es sollte sich nicht einrollen oder hinter die Senkrechte kommen.

Vorwärts-Abwärts

Das Pferd dehnt und wölbt seinen Rücken, es tritt aktiv mit den Hinterbeinen unter und benutzt den Muskelkreis.

Das Pferd dehnt sich vorwärts-abwärts.

Ein Pferd, das sich korrekt nach vorwärts-abwärts streckt, bleibt im Gleichgewicht, ist aktiv in der Hinterhand und benutzt seinen Muskelkreis. Sein Rücken wird angehoben und wölbt sich, seine Schultern bleiben jedoch leicht und beweglich. Es kommt nicht auf die Vorhand, oder macht den Rücken flach, es wird auch nicht schlapp oder faul in der Hinterhand. Richtiges Dehnen vorwärts-abwärts ist Arbeit!
Die Arbeit in korrekter Dehnungshaltung entwickelt die Muskulatur in der Oberlinie und im Muskelkreis in der richtigen Weise. Dabei sollte nicht vom Pferd erwartet werden, dass es sich vorwärts-abwärts dehnt und lange Zeit in einer tiefen Haltung verbleibt; stattdessen kann es sich allmählich vorwärts-abwärts dehnen, ein paar Tritte »lang« bleiben, um dann wieder in die normale Balance mit etwas kürzerem Rahmen zurückzukehren. Es ist wichtiger das Vorwärts-Abwärts öfter zu wiederholen, als es über eine längere Zeit zu halten.

Selbsthaltung

Die Selbsthaltung ist ein Gleichgewichts-Zustand, in welchem das Pferd seine Gangart, seinen Takt und das Gleichgewicht mit einem Minimum an Anlehnung oder sogar am hingegebenen Zügel halten kann. Selbsthaltung in der Versammlung ist ein Ziel des fortgeschrittenen Trainings und kann erreicht werden, wenn das Pferd alle grundlegenden Gangeigenschaften besitzt: Takt, Losgelassenheit, Kontakt und Anlehnung, Schwung, Geraderichtung und Gleichgewicht.
Selbsthaltung entwickelt sich, wenn das Pferd im Training fortschreitet und ausbalancierter wird, geschmeidiger und stärker im Rücken, in den Hinterbeinen und im Muskelkreis. Wenn es lernt, mit größerem Engagement der Hinterhand (mehr Versammlung) zu gehen, braucht es weniger Unterstützung durch die Reiterhand. In der Dressur wird die Selbsthaltung auf einem ziemlich hohen Niveau angestrebt. In anderen Disziplinen (wie beispielsweise beim Islandpferd oder im Westernreiten), findet das Pferd seine bestmögliche Balance, welche nicht so versammelt ist wie bei einem fortgeschrittenen Dressurpferd, in welcher sich das Pferd jedoch mit möglichst geringem Aufwand am besten bewegen kann.

Ein klassischer Test für die Selbsthaltung ist »Zügel überstreichen«. Der Reiter gibt kurzzeitig den Zügelkontakt auf, indem

Den inneren Zügel nachgeben: eine Überprüfung der Selbsthaltung.

Selbsthaltung

Zügel überstreichen: ein fortgeschrittener Test für die Selbsthaltung.

er mit seinen Händen bis zum Mähnenkamm vorgeht, nimmt dann die Hände ruhig wieder zurück in die normale Haltung und stellt wieder Anlehnung her. Ist das Pferd in Selbsthaltung, so bleiben beim Überstreichen Haltung, Balance und Takt erhalten. Fängt das Pferd an zu eilen oder kommt es aus der Balance, weiß der Reiter, dass es nicht wirklich in Selbsthaltung war: Der Reiter hat möglicherweise an den Zügeln gezogen oder dem Pferd erlaubt, sich auf die Hand zu legen. Während dieses Tests muss der Reiter seine eigene stabile Haltung bewahren und das Pferd mit treibenden Hilfen unterstützen, so dass Takt und Gleichgewicht erhalten bleiben.

Islandpferde werden auf ihre Selbsthaltung getestet, indem man einen ausbalancierten Tölt in guter Form am durchhängenden Zügel verlangt. Auch von ausgebildeten Westernpferden erwartet man, dass sie am losen Zügel in Selbsthaltung gehen, aber in einem weiteren Rahmen mit tiefer getragenem Hals und einem eher »waagerechten« Gleichgewicht.

Westernreiten: Loser Zügel und Neck Reining

Westernpferde werden traditionell mit Kandare am losen Zügel geritten, der in der linken Hand gehalten wird. Dadurch hat der Reiter die rechte Hand zum Arbeiten frei: Tore öffnen, Lassos werfen, um Kühe einzufangen oder auch eine Pistole abfeuern. Das Pferd verlangsamt, stoppt oder ändert sein Gleichgewicht auf die Gewichtshilfen des Reiters sowie leichte, kurze Impulse am Gebiss, die sofort wieder nachgegeben werden. Das Pferd lernt, gleichzeitig seine Hinterbeine zu aktivieren und sich zu versammeln, statt dies allmählich über mehrere Tritte hinweg zu tun. Dies ergibt sich aus der Notwendigkeit von schnellen Stopps, Wendungen und Übergängen während der Arbeit mit den Rindern.

Ein trainiertes Westernpferd wendet über das Neck-Reining. Der Reiter legt dazu den äußeren Zügel an den Hals des Pferdes an, indem er die Zügelhand in Richtung der beabsichtigten Wendung seitwärts bewegt. Wichtiger als der Zügelimpuls sind jedoch die Körpersprache und das Gleichgewicht des Reiters. Ein trainiertes Westernpferd reagiert hauptsächlich auf die Drehbewegungen des Reiterkörpers, der kurze Druck des Zügels gegen den Pferdehals ist lediglich Feinarbeit. Ein gut im Neck-Reining gerittenes Westernpferd bewegt sich in Selbsthaltung, kann anhalten, die Gänge wechseln, auf seinen Hinterbeinen abwenden und harmonisch in jede Richtung mit seinem Reiter gehen, alles am losen Zügel.

Auch Westernreiter haben Kontakt mit dem Pferdemaul – junge Pferde werden beidhändig auf Trense (Snaffle Bit) mit ähnlicher Anlehnung geritten wie junge Dressurpferde. Bei älteren, einhändig auf Kandare gerittenen Pferden kommt der feine Zügelkontakt über das Zügelgewicht des durchhängenden Zügels zustande (was tatsächlich nahe des Gebisses gemessen werden kann). Der Westernreiter hat jedoch keinen beständigen Kontakt wie der Dresssurreiter; das ist dem »Verwendungszweck« des Pferdes geschuldet. Das Pferd sollte das Gebiss mit einem entspannten Maul und Genick akzeptieren, sanft kauen, leicht im Kiefergelenk und im Genick nachgeben sowie die Sprunggelenke beugen.

Der angelegte äußere Zügel im Neck-Reining sollte nicht mit einem überkreuzenden Zügel verwechselt werden – einer groben Zügelhilfe, die von Springreitern und Polospielern für scharfe Wendungen in hohem Tempo benutzt wird. Hierbei zieht der Reiter den Zügel über den Hals und bringt damit einen nach hinten führenden Druck auf eine Seite des Gebisses. Dies bringt das Pferd dazu, seinen Kopf entgegen der Wendung zu stellen und zuerst mit der Schulter abzuwenden (die Schulter in die Wendung hineinzudrücken); diese grobe Einwirkung mit dem Zügel kann auch das Kandarengebiss im Pferdemaul kippen, so dass das Ende des Gebisses das Pferd in die Backe sticht und es dazu bringt sein Maul zu öffnen. Setzt man eine solche harte und unzweckmäßige Zügelhilfe bei einem gut im Neck Reining trainierten Western-Pferd ein, wird man dieses Training damit bald ruiniert haben.

Junge Westernpferde werden normalerweise mit einem Snaffle Bit ohne Hebelwirkung (vergleichbar mit dem Trensengebiss) oder einem manuellen Hackamore (dem Bosal) ausgebildet. Dabei werden die Zügel in beiden Händen gehalten und sie lernen die Grundlagen. Der innere Zügel zeigt dem Pferd den Weg in die Wendung und stellt es im Genick nach innen; der äußere Zügel wird immer ein wenig an den Hals gedrückt, so wird das Pferd schon mit der beidhändigen Zügelführung an das Neck Reining herangeführt. Nur wenn das Pferd sicher beständig auf die Körpersprache seines Reiters und den Neck Rein reagiert, kann der Reiter mit der einhändigen Zügelführung beginnen. Für Korrekturen wird er jedoch wieder beide Zügel aufnehmen. Deswegen gibt es Trainingszäumungen mit jeweils 2 Zügeln auf jeder Seite: Klappt alles, kann der Reiter mit dem Kandarenzügel reiten; funktioniert etwas nicht, so kann er mit dem »direkten« Trensenzügel korrigieren.

Selbsthaltung am losen Zügel

Von einem Westernpferd wird erwartet, dass es ab einem sehr frühen Ausbildungsstadium bereits in Selbsthaltung am losen Zügel geht. Das ist möglich, da es nicht soviel Schwung entwickeln muss oder mit so »großen« Bewegungen in engerem Rahmen gehen muss wie ein Dressurpferd.

Erzwungener Rahmen, falscher Knick, Hilfszügel und ihre Auswirkungen

Trainingsfortschritte sind nicht immer schnell und einfach zu erreichen, und einige Trainer suchen schnellere Ergebnisse durch künstliche Hilfsmittel oder Methoden, die den Pferdekopf und Hals in eine bestimmte Haltung bringen. Manche Trainer glauben, sie könnten ein Pferd sehr tief einstellen, einrollen oder hinter der Senkrechten reiten, und müssten es für das Turnier nur ein wenig loslassen damit es dann automatisch in einer »perfekten« Kopfhaltung geht. Andere wiederum denken, dass extremes »Tief-Einstellen« oder aggressive Trainingsmethoden notwendig sind, um ein schwieriges Pferd unter Kontrolle zu halten, ein Problem zu beheben oder eine spektakuläre Bewegung erreichen zu können, vor allem dann, wenn es damit auf dem Turnier gewinnt. Leider bezahlen deren Pferde den Preis für das extreme, unzweckmäßige Training: Überlastungsschäden, Verspannungen durch unnatürliche Bewegung und Verletzungsanfälligkeit führen häufig zu Ausfällen von derart trainierten Pferden.

Schlaufzügel: Kopf hinter die Senkrechte gezogen.

Hilfszügel

Manche Trainer glauben, dass sie nur den »Kopf einstellen« müssen, damit alles andere funktioniert. Sie bringen dem Pferd bei, den Kopf in einer bestimmten Position zu halten – normalerweise in oder hinter der Senkrechten. Sie gebrauchen Ausbinder, Aufsatz- oder Schlaufzügel, Martingale und andere Hilfsmittel, um Druck auf den Pferdekopf und das Maul auszuüben, bis das Pferd seine Nase in der erwünschten Position hält. Manche Reiter drücken die Hände herunter und ziehen nach unten, andere riegeln an den Zügeln, bis das Pferd nachgibt, oder sie strafen es durch Reißen am Gebiss, bis es sich nicht mehr getraut seine Kopfhaltung zu ändern.

Das Problem bei diesen ganzen unzweckmäßigen und bisweilen sogar tierquälerischen Methoden ist folgendes: Wenn man nur den »Kopf einstellt«, lernt das Pferd zwar, seinen Kopf in einer bestimmten Position zu halten, jedoch wird die Verbindung von Kopf und restlichem Körper dadurch gelöst. Mit dem Ergebnis, dass Gleichgewicht und Bewegungsqualität auf der Strecke bleiben.

Den Kopf in einer bestimmten Position »fest zu stellen«, bringt dem Pferd nicht bei, dass es seine Hinterbeine aktivieren soll, sein Lumbosakalgelenk öffnet oder seinen Rücken anhebt und wölbt. Viel wahrscheinlicher ist, dass man ihm dadurch beibringt, mit steifem, weg gedrückten Rücken und einem »falschen Knick« zu gehen (mit dem höchsten Punkt im 2. oder 3. Halswirbel oder noch weiter hinten, statt richtigerweise im Genick). Das Pferd arbeitet nicht richtig über den schwingenden Rücken und verspannt den Hals, es wird zum »Schenkelgänger« statt zum »Rückengänger«. Über die Zeit wird es falsche Muskulatur entwickeln: Bauch- und Rückenmuskeln verkümmern und die Unterhals-Muskeln werden stärker. Die gut gerundete Oberlinie verschwindet und das Pferd fällt ins Hohlkreuz. Wenn das Pferd dem Druck des Gebisses ausweicht (sich »hinter dem Zügel« verkriecht), wird es sich einrollen, den Hals mit einen falschen Knick starr »hinstellen« oder sich auf den Zügel legen statt sich zu versammeln und die Energie durch den Körper fließen zu lassen. Oft genug ist das Ergebnis ein Pferd, das vorne künstlich gerundet ist, hinten jedoch auseinander fällt.

Die Hyperflexion des Halses, auch »Rollkur« genannt, wird von der FEI als das Beugen des Pferdehalses durch extreme Gewalt definiert. Das Bundesamt für Lebensmittelsicherheit und Veterinärwesen BLV der Schweiz (FSVO) schreibt »Merkmale der Rollkur, einer vor allem bei der Dressur eingesetzten Methode der Hyperflexion, sind eine besonders tiefe Kopf-Hals-Einstellung und ein überspannter Rücken, die durch gewaltsame Einwirkung der Hand des Reiters oder mit Hilfsmitteln erzwungen wurden. Es kommt dadurch zu einer Art Einrollen des Kopfes.« Diese Methode, die von einigen Trainern immer noch prakti-

Köhlerzügel: Schlaufzügel, die in die Zügel eingehängt werden.

Halsverlängerer: falscher Knick am 3. Halswirbel.

Extrem eng verschnalltes Schwedisches Reithalfter mit Pullerriemen.

ziert wird, obwohl sie im Turniersport inzwischen verboten ist, wurde in der Schweiz als tierschutzrelevant eingestuft und verboten.

Ein Pferd, das in einen Rahmen gezwungen wird – sei es durch Hilfszügel, harte Zügeleinwirkung oder andere gewaltsame Trainingsmethoden – geht mit steifen, unnatürlichen Bewegungen; es muss sich für seine Bewegung mehr anstrengen, und trotzdem wird das Ergebnis schlecht sein. Manche extremen Show-Bewegungen, wie die übertriebene Verlangsamung z.B. in Western Pleasure-Prüfungen mit Gängen, die so langsam geritten werden, dass sich das Pferd nicht mehr taktklar bewegen kann, schief läuft oder der Kopf auf- und abschaukelt, überlasten den Rücken, die Sprung- und Kniegelenke und führen zu Schmerzen und sind langfristig gesehen gesundheitsschädlich. Eine andere Variante sieht man im spektakulären »Blender«, der mit weg gedrücktem Rücken und hoher Aufrichtung geht, die Vorderbeine in die Luft schleudert, hinten jedoch die Beine nachzieht (Auseinanderbrechen der Diagonale). Von einer gesunden Bewegung »über den Rücken« kann nicht die Rede sein. Diese Pferde mögen unwissende Beobachter beeindrucken, jedoch haben sie jede natürliche Eleganz ihrer Bewegung verloren und gehen unter Zwang. Außerdem wird ihre »Karriere« ziemlich früh zu Ende sein, weil sie diese Art von Training gesundheitlich nicht lange aushalten werden. Derart falsches Training darf nicht durch Erfolg auf dem Turnier belohnt werden. Und jeder vernünftige Besitzer mit etwas Tierliebe sollte besagten Trainern das Pferd wegnehmen, ganz egal wie erfolgreich sie im Sport sind.

Xenophon, der griechische Reitmeister, drückte es 500 vor Christus am besten aus: »Nichts, was durch Zwang beim Pferd entsteht, kann je schön sein, da es ohne Verstand geschieht. Es ist nicht schöner anzusehen, als ein Tänzer welcher mit Peitsche und Sporen zum Tanzen gebracht wird.« Als denkende Reiter und Trainer sollten wir die natürlichen Gänge unserer Pferde würdigen und im Training Gleichgewicht und Eleganz der Bewegungen fördern und verbessern. Wir sollten ihnen helfen, sich unter dem Reiter besser auszubalancieren und mit ihnen Lektionen trainieren, die sie stärker und gesünder werden lassen. Wir sollten unsere Pferde als gute Sport-Partner und Freunde betrachten und ihnen ihre Aufgabe, den Reiter zu tragen, so angenehm und leicht wie möglich machen. Ein glückliches Pferd ist das Ergebnis von wirklich gutem, pferdegerechten Reiten.

Erzwungene Rahmen ...

Erzwungener Rahmen, Auseinanderbrechen der Diagonale und Zehenklappen.

Rollkur bzw. Hyperflexion des Halses.

... und gewaltsames Training

Das Pferd wird durch groben Einsatz von Zügel und Sporen eingeschüchtert.

»Gebrochener« Viertakt-Lope mit unnatürlich tiefer Kopfhaltung.

15. Wie man die Bewegung des Pferdes verbessern kann

Die Art und Weise, wie sich ein Pferd bewegt, wird von seiner erblichen Veranlagung, von seinem Körperbau, seinem Typ, seiner Gesundheit und von seinem Bewegungspotenzial bestimmt. Man kann kein Pferd mit kurzen, flachen Bewegungen in ein Kutschpferd mit hoher Knieaktion verwandeln. Ein Pferd mit unbedeutenden Bewegungsmöglichkeiten wird niemals so spektakulär gehen können, wie ein Pferd mit einem herausragenden Körperbau und größeren sportlichen Möglichkeiten. Jedoch kann gutes Reiten und korrektes Training die Bewegung von jedem Pferd verbessern. Es kann geschmeidiger, ausbalancierter und symmetrischer werden, und damit leichter zu reiten. Es kann Muskulatur entwickeln, wodurch es hübscher und kräftiger wird und lange gesund bleibt.
Hier folgen einige Beispiele und praktische Ratschläge, die sie beherzigen können, um die beste Bewegung, derer ihr Pferd fähig ist zu erhalten, ganz egal welcher Rasse es angehört und welche Reitweise Sie bevorzugen.

Der Takt zuerst!

Dressurreiter sagen immer: »Takt zuerst« Sie meinen damit, dass ein Pferd sich erst dann gut, d.h. frei und entspannt bewegen kann, wenn es innerhalb der Gangarten ein gleich bleibendes Tempo gefunden hat. Ist der Takt unbeständig, d.h. das Tempo und die Trittlänge wechseln ständig zwischen schneller oder langsamer, kürzer und länger, ist das Pferd unberechenbar und schwierig zu reiten. Angespannte, aufgeregte Pferde werden oftmals »schleichend« schneller, bis sie viel zu eilig sind. Faule Pferde bewegen sich im Schneckentempo, beschleunigen für ein paar schnelle Tritte, wenn der Reiter ihnen auf die Schliche kommt, um dann wieder mit minimaler Anstrengung im Schneckentempo weiterzugehen. Nervöse oder abgelenkte Pferde wechseln zwischen zu schnell und zu verhalten und kommen nicht in eine entspannte Haltung mit losgelassenem Rücken.

Findet ein Pferd den Takt, in dem es gut arbeiten kann, so kann es im Gleichgewicht mit frei schwingenden Beinen gehen und Hals und Rücken entspannen. Es atmet gleichmäßig und kann länger arbeiten, ohne müde zu werden. Es ist leichter zu reiten. Zudem ist es weniger wahrscheinlich, dass das Pferd buckelt, Blödsinn macht oder scheut, da es hierfür zuerst seinen Takt unterbrechen und sich spannen müsste.
Der Reiter kann dem Pferd helfen, indem er sein eigenes Rhythmusgefühl entwickelt, den richtigen Wohlfühl-Takt beim Pferd findet und ihm dabei hilft, diesen zu halten. Am besten geht das im Leichttraben, funktioniert jedoch auch in den anderen Gängen.

Um ihr eigenes Taktgefühl und den Takt des Pferdes zu verbessern, versuchen Sie, die Schritte bzw. Tritte mitzuzählen. Wenn Sie musikalisch sind, können Sie summen, pfeifen oder aber auch laut im Takt mitsingen. Das verhilft Ihnen dazu, gleichmäßig zu atmen und ihr Pferd wird ein beständiges Tempo finden. Manche Reiter reiten gerne zur Musik vom Radio oder IPod. Andere gebrauchen »Taktperlen« (eine Perlenkette die um den Hals des Pferdes gelegt wird, und bei jedem Schritt rasselt) oder ein elektronisches Metronom, das so eingestellt werden kann, dass es die Geschwindigkeit des Pferdes in Schläge pro Minute misst, und dann dementsprechend ein akustisches Signal gibt.

Wenn Sie das Tempo beim Leichttraben verändern, wird ihr Pferd sein Tempo dem Ihren anpassen. Gehen Sie beim Leichttraben mit dem Takt der Musik und ihr Pferd wird dem folgen. Für ein schnelles Pferd gilt: Stehen Sie langsamer auf, als es traben möchte (das Aufstehen und Einsitzen muss dabei trotzdem gleichmäßig erfolgen!); das wirkt besser, als ihm im Maul zu ziehen, damit es langsamer wird. Sie können auch ihre äußere Hand beim Einsitzen zusammendrücken, um dann wieder mit normalem Kontakt zu reiten, sobald Sie aufstehen. Bei einem faulen Pferd benutzen Sie die Schenkelhilfen mit kurzen Impulsen im Rhythmus mit der Gangart.

Wenn Sie in der Lage sind, den jeweils optimalen Rhythmus und die optimale Geschwindigkeit für jede Gangart zu erkennen, können Sie Ihrem Pferd helfen, den Takt zu finden und zu halten. Erst dann kann es seine Muskeln gleichmäßig an- und abspannen, es lässt sich los und wird konstant. In der Folge wird es den ganzen Körper zweckmäßig für die Bewegung einsetzen.

Kontrollieren Sie Ihren Sattel

Viele Pferde sind durch einen schlecht sitzenden Sattel in ihren Bewegungsmöglichkeiten eingeschränkt. Stellen Sie sich vor, Sie müssten den ganzen Tag Schuhe tragen, die ihre Füße zusammendrücken! Das ist etwa vergleichbar. Pferde unterdrücken die Bewegung ihrer Rückenmuskulatur wenn der Sattel drückt; dies kann zu Muskelschwund führen (besonders hinter der Schulter) und Rückenschmerzen verursachen. Schmerzen im Rücken können zu widersetzlichem Verhalten führen: Das Pferd buckelt, geht durch, scheut, weigert sich, vorwärts zu gehen und beißt oder schlägt beim Satteln aus. Es ist unfair, ein Pferd zu bestrafen, das »Aua« sagt. Ein schlecht sitzender Sattel kann auch den Reiter aus dem Gleichgewicht bringen: Wenn weder Reiter noch Pferd sich mit dem Sattel wohl fühlen, hat das Pferd keine Chance, den Reiter »gut«, d.h. anatomisch richtig, zu tragen und der Reiter hat keine Chance, im Gleichgewicht zu sitzen.

Selbst wenn der Sattel dem Pferd passt, so muss er auch korrekt auf dem Rücken platziert werden. Liegt er zu weit vorne, drückt er auf die Pferdeschulter, was diese daran hindert, sich frei zu bewegen. Ist er zu weit hinten, drückt das Reitergewicht nach hinten auf den schwächsten Teil des Pferderückens, oder sogar auf die Lende, welche überhaupt kein Gewicht tragen sollte. Der Sattel sollte nicht weiter nach hinten kommen, als bis zur letzten Rippe.

Der Sattel muss für das Pferd bequem sein, ohne zu zwicken oder hin- und her zu schaukeln, ungleichmäßig aufzuliegen oder auf die Dornfortsätze zu drücken. Der Sattelbaum muss die richtige Weite und Form für den Pferderücken haben. Ein zu breiter Sattel liegt vorne zu flach auf und drückt auf den Widerrist, wo er Schmerzen und Druckstellen verursacht. Ein zu enger Sattel steht vorne zu weit hoch, setzt den Reiter zu weit zurück und drückt hinter der Schulter des Pferdes auf den Trapezmuskel. Ein Sattel muss so ausbalanciert sein, dass der tiefste Punkt die flachste Stelle in der Mitte des Sattels ist, damit kann der Reiter gut im Gleichgewicht sitzen; er darf den Reiter nicht nach vorne oder hinten kippen.

Sie können den Sattel kontrollieren, indem Sie den Sattel ohne Unterlage auf den Pferderücken legen. Der Sattel darf an keiner Stelle auf der Wirbelsäule aufliegen, und Sie sollten mindestens zwei Finger zwischen den Sattel und den Widerrist legen können, wenn Sie im Sattel sitzen. Der Wirbelkanal des Sattels sollte möglichst breit genug sein. Fahren Sie vorne unter dem Sattel mit ihrer Hand über das Schulterblatt des

Sattelanpassung

Korrekt angepasster Sattel: Der Sattel passt zur Form des Pferdes, mit deutlichem Platz über den Dornfortsätzen

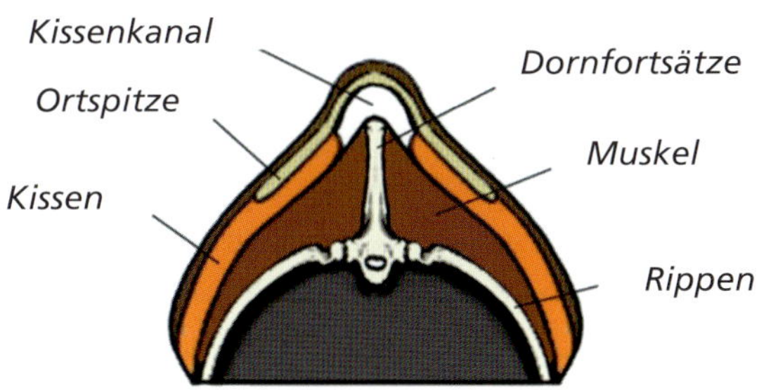

Unter dem Sattel muss sich dass Schulterblatt frei bewegen können.

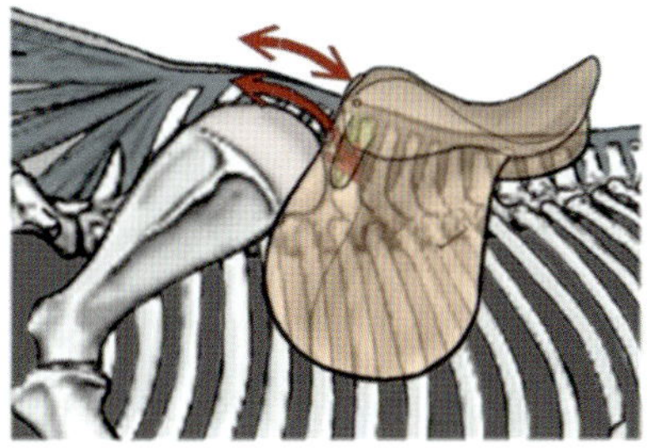

Sattel ist zu weit: Druck auf den Widerrist

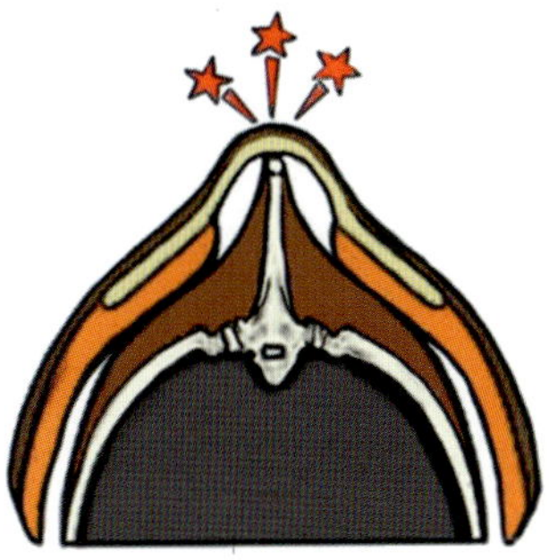

Muskeln, die unter dem Sattel und Gurt liegen:

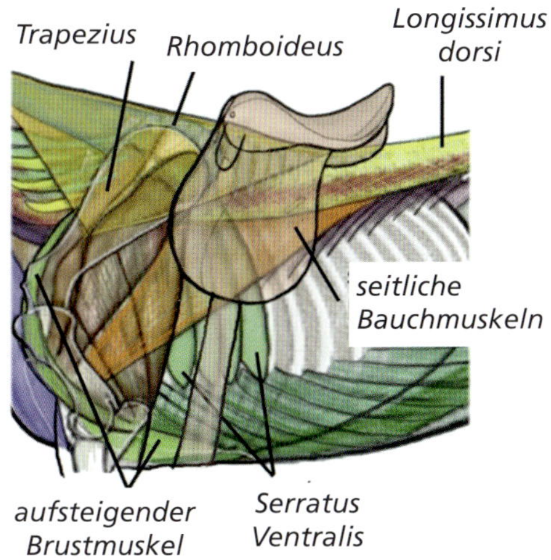

Der Sattel ist zu eng – die Ortspitzen drücken in den Schultermuskel

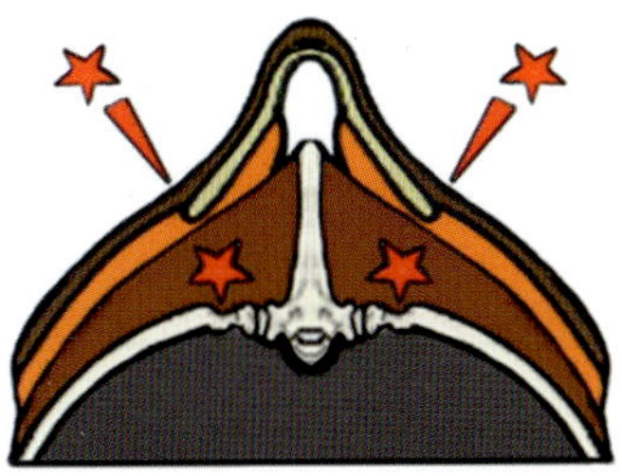

Eine Brücke – der Sattel drückt vorne und hinten, ohne Unterstützung in der Mitte.

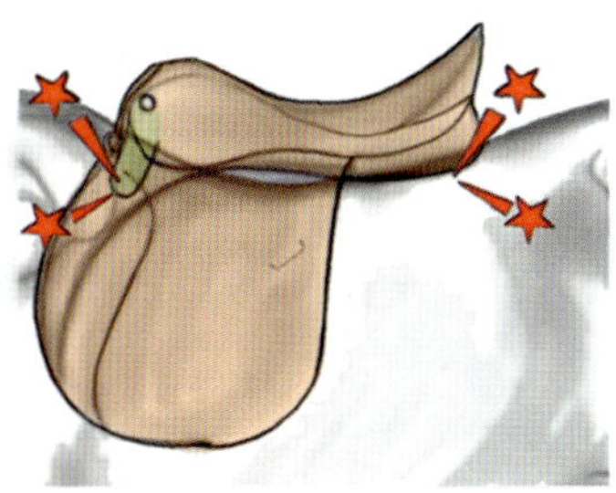

Pferdes; hier sollte der Sattel nicht in die Schultermuskulatur drücken oder kneifen. Fahren Sie mit ihrer Hand von vorne bis hinten unter dem Sattel entlang; er sollte auf dem Pferderücken mit gleichmäßigem Druck aufliegen, ohne zu wackeln. Wenn der Sattel zu lang oder sein »Schwung« zu flach für den Pferderücken ist, bildet er unter Umständen eine »Brücke«; hierbei verursacht der Sattel vorne und hinten Druckstellen und liegt in der Mitte hohl. Schauen Sie von der Seite auf das Gleichgewicht des Sattels – der tiefste Punkt muss in der Mitte sein. Der Sattel darf das Becken des Reiters weder nach vorne noch nach hinten kippen. Die Sitzknochen des Reiters müssen genügend Platz haben.

Kontrollieren Sie beide Seiten des Sattels (und des Pferdes). Manche Pferde haben auf einer Seite der Schulter oder des Rückens mehr Muskulatur als auf der anderen, und manche Sättel haben möglicherweise einen verdrehten oder schiefen Sattelbaum. Schauen Sie den Sattel ebenso von vorne und hinten an, dann sehen Sie ob er gleichmäßig aufliegt. Sie können auch die Kammerweite am Kopfeisen messen, indem Sie zwei gerade Stäbe oder Lineale benutzen; legen Sie einen gegen die Pferdeschulter und den anderen entlang des Kopfeisens an den vorderen Rand des Sattels. Sind die Stäbe nicht parallel, dann ist zumindest die Kammerweite nicht passend für diesen Pferderücken.

Bedenken Sie, dass die Form des Pferderückens sich mit seinem Alter, seiner Kondition, seiner Muskelentwicklung ändert. Insbesondere junge Pferde verändern ihre Form noch sehr stark. Der Sattel, welcher gepasst hat, als das Pferd regelmäßig gearbeitet wurde, passt unter Umständen nicht mehr, wenn es dünner, dicker wird, mehr Rückenmuskulatur entwickelt hat oder älter wird und an Muskelmasse verliert.

Der Sattel muss auch dem Reiter passen. Ein Sattel mit zu kleiner oder zu großer Sitzfläche, mit der falschen Form z.B. für die Beinlänge des Reiters oder einem nicht mittigen Schwerpunkt, kann den Reiter aus dem Gleichgewicht bringen. Er sitzt unbequem und arbeitet gegen die Bewegung des Pferdes.

Das Reiten in der Balance

Das vielleicht einzig wirklich Wichtige, was der Reiter für ungehinderte Bewegung seines Pferdes tun kann, ist, im Gleichgewicht zu reiten. Die meisten Reiter sind ein wenig aus der Balance, meist sind sie hinter der Bewegung. Das führt dazu, dass sie dem Pferd schwer »im Kreuz hängen« bzw. ihm schwer in den Rücken plumpsen, ohne es selbst wahrzunehmen. Die mangelnde Balance, bringt sie dazu, ihren Rücken fest zu machen und mit den Beinen zu klammern. Lehnt der Reiter sich zu weit nach vorne, kommt er vor die Bewegung, was dazu führen kann, dass das Pferd »abschaltet« oder auf der Vorhand läuft. Zudem kann es beim Reiter Rückenschmerzen verursachen. Mangelnde Balance des Reiters bedeutet für das Pferd immer Stress – in Form von Rückenschmerzen und der Angst, das eigene Gleichgewicht zu verlieren. Der unausbalancierte Reiter blockiert die Pferdebewegungen, weil er weder stabil noch losgelassen ist, und dem Pferd in den Rücken fällt oder es unkoordiniert im Maul zieht. Das Pferd reagiert, indem es den Rücken wegdrückt oder mit kurzen, flachen Bewegungen vorwärts geht, um sich vor Gleichgewichtsverlust zu schützen. Ist der Reiter nicht im Gleichgewicht, so kann das Pferd weder mit den Hinterbeinen untertreten, noch kann es den Rücken anheben und schwingen lassen oder seinen Muskelkreis funktionell einsetzen.

Hier sind einige Übungen um Ihr Gleichgewicht im Sattel zu entwickeln und zu verbessern:

- Sitzen Sie in die Mitte des Sattels, auf ihre Sitzknochen, beide Füße aus dem Steigbügel. Halten Sie ihren Körper aufrecht und groß, aber nicht steif, lehnen Sie sich langsam nach vorne, bis Sie auf dem spitzen, vorderen Teil ihrer Sitzknochen sitzen. Beugen Sie sich nicht in der Taille, sondern nur im Hüftgelenk. Lehnen Sie sich dann zurück, bis Sie senkrecht sitzen; lehnen Sie sich weiter zurück, bis Sie auf Ihren Gesäßbacken sitzen; dann kommen Sie wieder in die Senkrechte zurück. Wiederholen Sie dieses Vor- und Zurücklehnen und lassen Sie die Bewegung jedes Mal ein bisschen kleiner werden, bis Sie die Stelle finden, an der Ihr Oberkörper senkrecht ist, und Ihr Kopf genau über Ihren Sitzknochen ausbalanciert ist und Sie keiner-

lei Muskelspannung vorne oder hinten spüren können.
Diese Übung hilft Ihnen, die Teile Ihres Oberkörpers aufeinander abzustimmen und auszubalancieren, von Ihren Sitzknochen bis zum Kopf. Es hilft Ihnen auch zu spüren, ob Sie richtig auf ihren Sitzknochen sitzen.

- Es gibt zwei Arten, Ihren Schwerpunkt über ihre Füße zu bringen:
Beim **Aussitzen** müssen Sie Ihr Hüftgelenk öffnen, die vordere Oberschenkelmuskulatur lang werden lassen und dann bringen Sie Ihre Beine zurück unter ihren Schwerpunkt.
Im **Leichten Sitz oder im Entlastungssitz** müssen Sie den Winkel der Hüftgelenke etwas schließen und ihren Schwerpunkt nach vorne über ihre Beine bringen.
Beide Sitzarten erfordern die für den Zweck richtige Steigbügellänge. Sind die Steigbügel zu lang, rutschen Ihre Beine nach hinten und der Oberkörper kippt nach vorne. Sind die Steigbügel zu kurz, stützen Sie sich dagegen, was ihren Oberkörper nach hinten und ihre Beine nach vorne drückt.

- Benutzen Sie den Leichten Sitz, um ihr Gleichgewicht zu kontrollieren (wenn Sie in einem Western- oder Dressursattel sitzen, benutzen Sie einen abgewandelten Leichten Sitz, der etwas aufrechter ist). Wenn Sie im Leichten Sitz reiten können, ohne mit ihren Beinen zu klemmen, sich am Hals festzuhalten oder sich zu verspannen, sind Sie ausbalanciert. Sie sollten mit entspannten, federnden Fußgelenken, Knien und Hüftgelenken sitzen können. Wenn Sie diese Übung erlernen, halten Sie sich notfalls an einem Halsring oder an der Mähne fest; greifen Sie bitte niemals in die Zügel, um Ihr Gleichgewicht zu retten!
Kontrollieren Sie ihr Gleichgewicht in der Bewegung mit dem Leichten Sitz. Ist es schwierig aufzustehen, oder fallen Sie plötzlich in den Sattel zurück, so sind Sie hinter der Bewegung. Kippen Sie nach vorne, so sind Sie vor der Bewegung.

- Ihre Füße direkt unter ihren Schwerpunkt zu setzen, wird Ihr Gleichgewicht verbessern. Viele Reiter versuchen, ihre Absätze nach unten zu bringen, indem sie diese nach vorne drücken; dadurch wird der Steigbügelriemen nach vorne gedreht, was die Reiterbeine nach vorne bringt. Andere Reiter legen ihre Unterschenkel zurück und ziehen die Absätze hoch, da die Steigbügel zu lang sind. Oder sie ziehen ihre Absätze hoch, um eine Schenkelhilfe zu geben.

Um Ihre Beine unter dem Körper zu halten, stellen Sie sich vor, Sie wären ein Schlittschuhläufer: Ihre Schlittschuhe sind beim Fahren waagerecht, sie dürfen weder nach vorne noch nach hinten kommen, sonst fallen Sie hin. Wenn Sie beim Leichttraben Ihre waagerechten* Füße unter sich behalten, werden Sie in der Bewegung ihr Gleichgewicht finden und Ihr Pferd wird Sie problemlos tragen können. Sie können vielleicht spüren, wie es seinen Rücken anhebt und wölbt, und wie die Hinterbeine weiter vor treten. Fühlen Sie einen Augenblick, wie Ihre »Schlittschuhe« nach vorne oder hinten rutschen, dann bringen Sie sie sofort wieder unter sich.

Um Ihr Gleichgewicht an Ihren »Schlittschuh-Füßen« zu testen, traben Sie ruhig einmal »asymmetrisch« leicht: Bleiben Sie ab und zu einmal »zusätzlich oben«. Soll heißen, dass Sie im Leichttraben hin und wieder für zwei Tritte »oben bleiben«. Halten Sie dabei Ihr Gleichgewicht ohne zu klammern, nach vorne zu kippen oder in den Sattel zurück zu fallen, so hatten Sie in diesem Moment ein perfektes Gleichgewicht! Diese Übung wird Ihnen dabei helfen, Ihre Beine unter Ihrem Schwerpunkt zu lassen.

Lassen Sie die Bewegung des Pferdes durch Ihren Körper fließen

Manche Reiter sind angespannt und steif, mit verspannten Muskeln – manchmal aus Nervosität oder Angst, bisweilen aber auch schlicht und einfach, weil sie es »zu gut« machen

*da Sie auf Steigbügeln »stehen« und nicht auf Schlittschuhen, sind Ihre Füße nicht wirklich waagerecht, Ihr Absatz wird nach unten und zurück federn. Wenn Sie sich jedoch »eben« anfühlen, so sind die Füße direkt unter ihrem Schwerpunkt.

wollen und eine perfekte Position/Haltung »festhalten« wollen. Ein angespannter Reiterkörper macht es unmöglich, im Trab und Galopp richtig zum Sitzen zu kommen. Er macht es außerdem dem Pferd unmöglich, seinen Rücken frei zu bewegen, weil er die Energie aus der Hinterhand blockiert. Der Pferderücken wird in der Folge steif, verspannt und hohl.

Wenn Sie Ihren Sitz verbessern (lockern) wollen, kontrollieren Sie zuerst Ihr Gleichgewicht. (Ihr Körper kann unmöglich frei der Pferdebewegung folgen, wenn Sie nicht im Gleichgewicht sind, da sich Ihre Muskeln anspannen, um Ihr Gleichgewicht nicht noch mehr zu verlieren.) Dann atmen Sie tief durch die Nase ein und durch den Mund aus. Das befreit und entspannt Ihren Sitz und die Gelenke; in der Folge kann Ihr Körper mehr von der Bewegung des Pferdes spüren. Reiten Sie im Schritt ohne Steigbügel. Wenn jemand Ihr Pferd im Schritt führen kann, dann können Sie Ihre Augen schließen und sich ganz auf die reine Bewegung konzentrieren, ohne störende Außeneinflüsse.

Wenn Ihr Pferd im Schritt ist, fühlen Sie, wie die Bewegung seines Rückens Ihre Sitzknochen bewegt. Können Sie verschiedene Bewegungsarten und -richtungen spüren? Nach vorne und zurück, oben und unten, links und rechts? Sie können vielleicht Bewegung in Ihren Hüftgelenken spüren, in Ihrer Wirbelsäule, Ihren Schultern, den Beinen und in vielen anderen Körperteilen. »Überlassen Sie dem Pferd Ihre Sitzknochen« und erlauben Sie dem Pferd, Ihren Körper und Ihre Gelenke zu bewegen, während Sie die Bewegung auf- und wahrnehmen. Tief und regelmäßig zu atmen, wird Ihnen helfen, Verspannungen zu lösen und Ihre Gelenke frei beweglich zu halten, so dass die Bewegung durch Sie »hindurch gehen« kann.

Wenn Sie Ihren Körper und Ihre Gelenke besser wahrnehmen können, dann werden Sie vielleicht Stellen spüren, die angespannt und fest sind oder sich unangenehm anfühlen, oder solche, die eine Bewegung zu »stoppen« scheinen. Experimentieren Sie langsam und vorsichtig; oft ist ein Gelenk fest und blockiert, weil ein Körperteil ober- oder unterhalb

Vollsitz

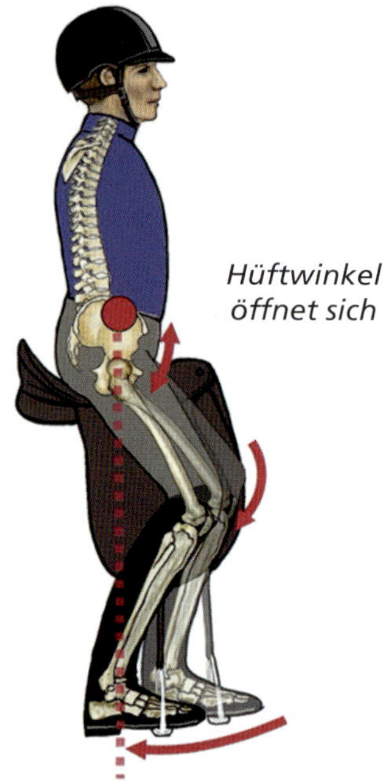

Füße und Beine unter dem Schwerpunkt

Leichter Sitz bzw. Springsitz

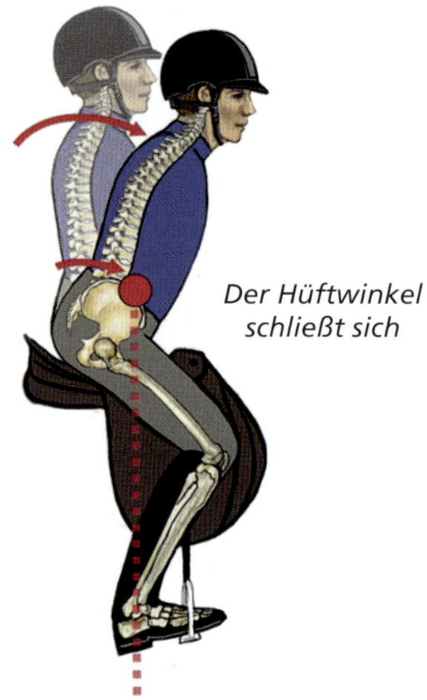

Der Schwerpunkt verlagert sich nach vorne über die Füße, wobei der Hüftwinkel sich schließt.

Gleichgewichtsübungen

»Rollerblade-Füße« unter dem Schwerpunkt

Kontrolle des Gleichgewichts mithilfe des Leichten Sitzes

(vielleicht der Kopf oder die Schulter) nicht im Gleichgewicht ist. Dieses blockierte Gelenk vorsichtig zu bewegen, oder es leicht zu schütteln, kann manchmal helfen einen angespannten Bereich des Körpers zu lockern.

Wenn Sie die Bewegung durch Ihre Gelenke fließen lassen, werden Sie vielleicht feststellen, dass ihr Pferd ruhiger wird, mehr Takt bekommt, seine Tritte verlängert und sich vermehrt über seine Rückenmuskulatur bewegt. Das ist ein Kompliment; es will Ihnen damit sagen, dass Ihr Sitz sich nun gut anfühlt und es seinen Körper freier bewegen kann.

Werden Sie sich der Bewegung des Schritts deutlich bewusst und lassen sie durch Ihre Gelenke fließen. Dasselbe Prinzip der Bewusstheit gilt für alle Gangarten, aber es braucht beim Aussitzen im Trab oder Galopp mehr Gleichgewicht und Können, um die Gelenke locker zu lassen und die Bewegung mit dem Körper aufzunehmen. Sitzübungen an der Longe können hierfür hilfreich sein. Sollten Sie sich in den anderen Gangarten verspannen, dann kommen Sie für ein paar Minuten zurück in den Schritt, um Ihren Sitz zu lockern und machen Sie dann in der jeweiligen Gangart wieder weiter.

Bewegung durchfließen lassen

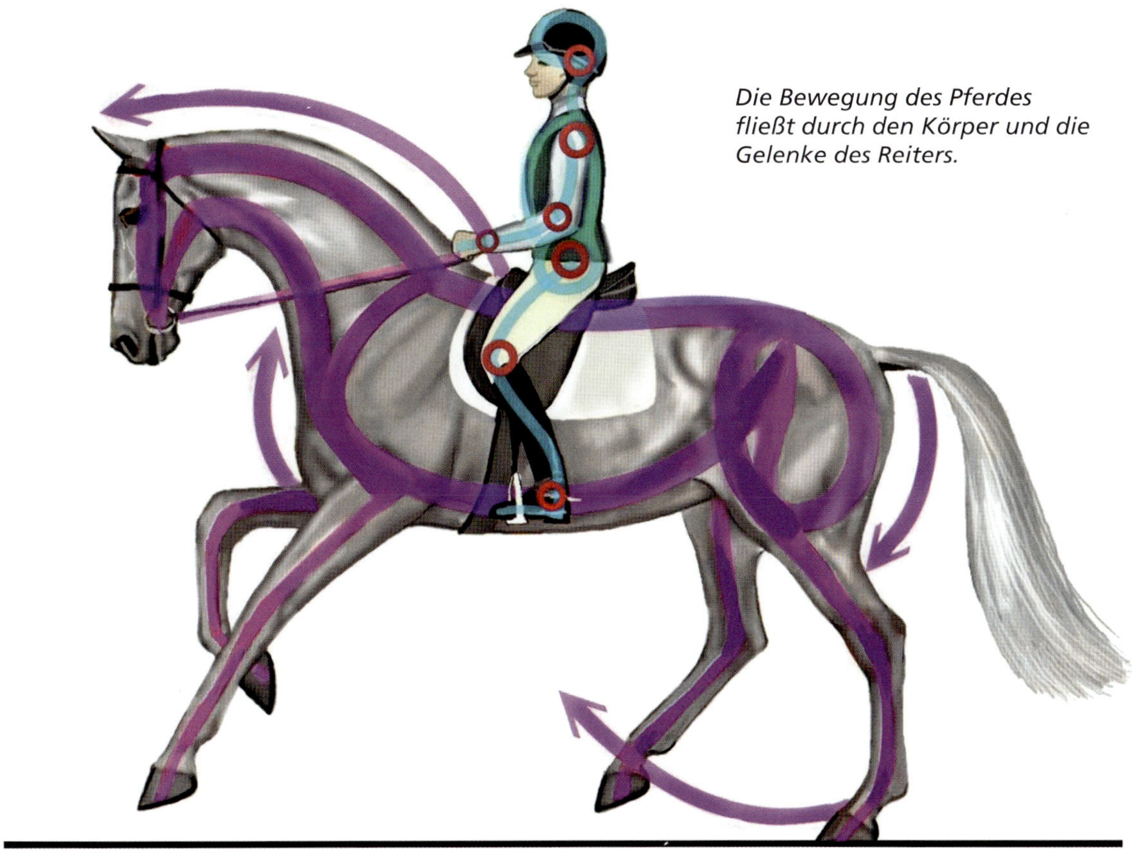

Die Bewegung des Pferdes fließt durch den Körper und die Gelenke des Reiters.

Gerade werden

Weder Pferde noch Menschen sind exakt gleichseitig. Wir haben alle eine stärkere Seite, die normalerweise auch fester und steifer ist, als die andere. Die Pferde bewegen sich schief und die Reiter sitzen asymmetrisch und geben die Hilfen auf einer Seite stärker. Manche Pferde sind extrem einseitig; sie können sich z.B. in eine Richtung nicht biegen oder auf einer Hand nicht galoppieren. Legen Sie den Fokus Ihres Bewusstseins auf das »Gerade-Werden«. Das kann Ihnen helfen, gerader zu sitzen, die Hilfen gleichmäßiger zu geben und eine bessere Balance in den Wendungen und Seitengängen zu erhalten.

Wenn die Balance des Reiters verfeinert wird, verbessert sich die Gangqualität des Pferdes

Um Ihr Pferd gerade zu richten, müssen Sie erst einmal sich selbst gerade richten. Wenn ein Spiegel zur Stelle ist, halten Sie ihr Pferd davor an und beobachten Sie sich. (Ohne Spiegel müssen Sie sich auf Videoaufnahmen, Fotos oder das Auge Ihres Reitlehrers verlassen.) Welche Schulter ist tiefer? Sieht es aus, als ob eine Hüfte höher steht? Sieht es aus, als ob ein Steigbügel länger ist? Sitzen Sie wirklich in der Mitte, oder ein bisschen zu einer Seite hin?

Ihre stärkere (und festere) Seite wird in der Regel die kürzere sein. Die Schulter auf dieser Seite ist tiefer und es kann sein, dass Sie diesen Steigbügel etwas kürzer haben. Vielleicht stehen Ihre Knie, Zehen und Ellbogen auf der stärkeren Seite ein wenig mehr ab. Ihre schwache Seite erscheint normalerweise länger; vielleicht angelt das Bein auf dieser Seite nach dem Steigbügel, und ihr Sitz rutscht auf diese Seite. Der Sattel hat die Tendenz zu Ihrer längeren, schwächeren Seite zu rutschen und es kann sein, dass Sie auf der Hand »verdreht« leicht traben.

Zuerst schauen Sie, dass der Sattel gleichmäßig über dem Pferderücken liegt und dass sich Ihre Sitzknochen gerade in der Mitte des Sattels befinden. Die Steigbügel sollten gleich lang sein, messen Sie nach, um sicher zu gehen. (Sie können sich ungleich anfühlen, wenn Sie die Gewohnheit haben, mit unterschiedlichen Steigbügeln zu reiten.) Ihr Pferd sollte ausbalanciert auf allen Vieren stehen.

Auf der kürzeren Seite heben Sie langsam Ihren Arm und Ihre Hand über ihren Kopf, die Handfläche nach innen. Schütteln Sie Ihren Arm ein klein wenig und atmen Sie tief ein. Das dehnt die Muskeln auf der kurzen Seite und es verteilt Ihr Gewicht gleichmäßiger über Ihre Sitzknochen und Steigbügel. Dann reiten Sie im Schritt mit über den Kopf gestrecktem Arm (auf Ihrer kurzen Seite). Das Pferd wird durch seine Bewegung Ihre verspannten Muskeln lockern und dehnen. Vielleicht spüren Sie bereits, dass Sie gleichmäßiger auf Ihren Sitzknochen sitzen. Wenn Sie koordinierter und gleichmäßiger werden, wird sich Ihr Pferd auf seiner steifen Seite ebenfalls freier bewegen.
Sie können Ihre verkürzte Körperhälfte dehnen, indem Sie Ihren Arm im Schritt, im Trab, im Galopp und sogar in den Seitengängen anheben. Bei der Bemühung, ihre Pferde seitwärts gehen zu lassen, machen sich viele Reiter auf einer Seite fest und werden schief. Ein Schulterherein mit einer Hand über dem

Schiefer Reiter (von vorne)

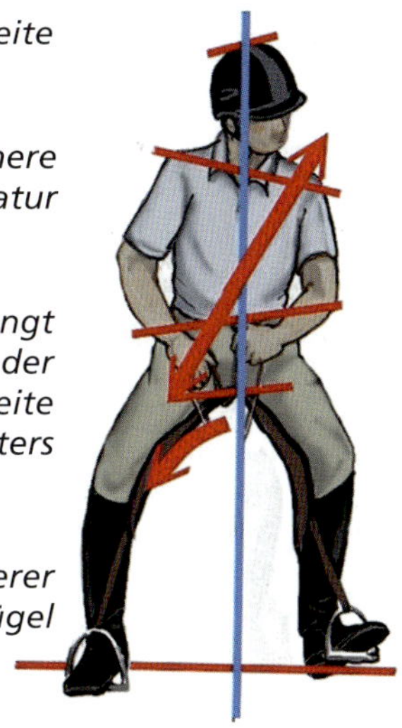

Um den Reiter gerade zu richten:

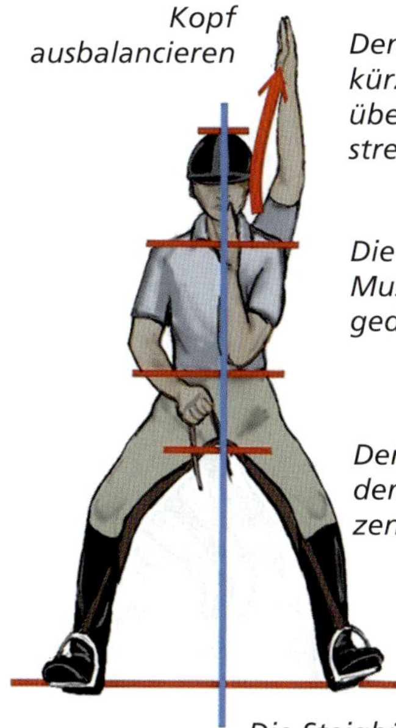

Schiefer Reiter (von hinten)

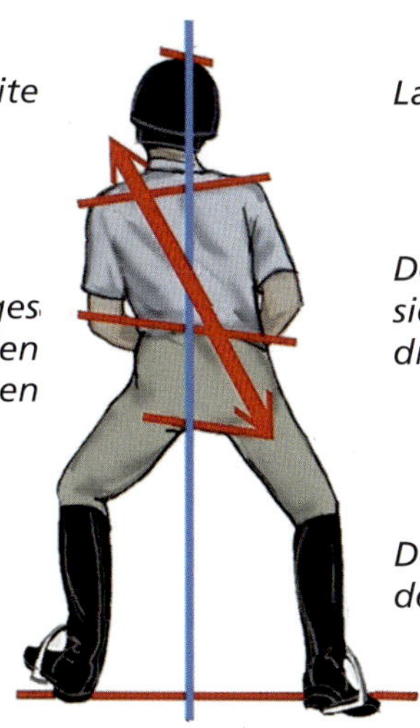

Gerader Reiter, gleichmäßige Einwirkung

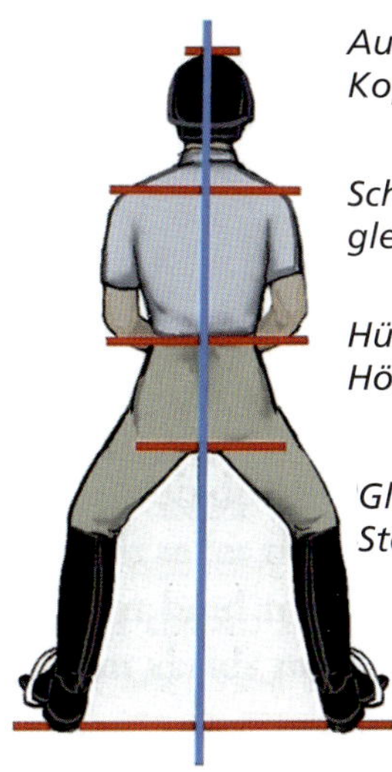

Den Reiter geraderichten

Kopf zu reiten, ist eine Herausforderung, welche diese Körperhälfte dehnen wird und Sie werden davon abgehalten, am inneren Zügel zu ziehen!

Das Ausbalancieren mit halben Paraden

Eine halbe Parade ist ein kurzer Impuls, der das Pferd zu Aufmerksamkeit und vermehrtem Engagement aus der Hinterhand auffordert; sie verbessert das Gleichgewicht. Sie verbessert auch das Gleichgewicht des Reiters und bringt ihn in diesem Moment in vermehrten Kontakt mit dem Pferd. Halbe Paraden werden eingesetzt, um das Pferd aufmerksam zu machen, um es auf eine bestimmte Bewegung vorzubereiten, um die Hinterhand zu aktivieren und dadurch das Gleichgewicht zu verbessern. Mit halben Paraden kann man unerwünschtes Verhalten korrigieren oder diesem vorbeugen – zum Beispiel verhindern, dass sich das Pferd auf den Zügel legt.

Um eine halbe Parade auszuführen, muss sich der Reiter für einen Augenblick selbst ausbalancieren, er bringt seine Beine mehr unter den Körper und lässt dann seine Wirbelsäule lang werden. Dies bringt die Beine an den Rippenbogen des Pferdes und führt zu einem tiefen Sitz; es aktiviert zudem seine Bauch- und Rückenmuskulatur, was den Reiter sicherer und stabiler macht. Das »Selbst-Ausbalancieren« des Reiters fordert das Pferd nicht nur dazu auf, sein Gewicht mehr auf die Hinterhand zu verlagern, es macht es dem Pferd auch einfacher, dies zu tun. Eine halbe Parade kann den Einsatz der Schenkelhilfen, einen kurzen Impuls mit den Sitzknochen oder einen kurzen Einsatz der Zügel unterstreichen. Jeglicher Zügeleinsatz muss unterstützt werden durch vortreibende Gewichts- und Schenkelhilfen. Der Reiter muss dabei aufpassen, dass er die Hilfen nicht »gegeneinanderprallen« lässt – sprich vorne zieht und hinten treibt.

Eine Halbe Parade ist immer nur ein kurzer Moment, gefolgt von einem sofortigen Nachgeben der aktiven Hilfengebung. Sie kann wiederholt, jedoch niemals verlängert werden. Ganz wichtig ist: Das Pferd reagiert auf eine halbe Parade in dem Moment des Nachgebens; wenn der Reiter also nicht nachgibt, gibt es keine halbe Parade. Versucht man für länger als einen Sekundenbruchteil zu drücken, zu halten oder vorwärts zu treiben, so wird der Reiter sich verspannen und das Pferd davon abhalten, korrekt zu reagieren; man wird Verspannung und Widerstand hervorrufen. Halbe Paraden sollten im Rhythmus mit der Gangart angewandt werden; wenn sie schnell, kurz und leicht sind, kann man sie bei jedem Tritt ausführen.

Hier eine gute Übung um den Einsatz von halben Paraden zu erlernen. Reiten Sie im Schritt ein Quadrat oder ein Rechteck, balancieren Sie sich vor und nach jeder Ecke aus. Beobachten Sie die Reaktion ihres Pferdes (falls es eine gibt) und sein Gleichgewicht in der Ecke. Es kann sein, dass es aufmerksamer wird, seine Schritte oder sein Gleichgewicht anpasst, oder sich selbst für einen Moment aufrichtet; all dies sind gute Reaktionen.

Dann versuchen Sie eine Reihe von halben Paraden im Rhythmus mit der Gangart, bei jedem Schritt oder bei jedem zweiten Schritt. Wenn Sie das »Vorwärts« durch einen kleinen Impuls mit dem Schenkel betonen, während Sie eine halbe Parade geben, dann können Sie vielleicht spüren, wie Ihr Pferd mehr Energie aufnimmt und sich für einen Übergang zu einer höheren Gangart vorbereitet. Wenn Sie Ihren Sitz ausbalancieren (versuchen Sie tief auszuatmen und dabei ihren Bauchnabel nach innen und hinten zu schicken, dabei stellen Sie sich vor, dass Sie größer werden), so können Sie vielleicht spüren, wie Ihr Pferd den Rücken und Widerrist anhebt und seine Balance anpasst.

Eine richtige halbe Parade geht hauptsächlich vom Körper des Reiters aus; die Hände und die Zügeleinwirkung sind nur das »i-Tüpfelchen«. Wenn Sie die halben Paraden üben und Ihr Pferd darauf besser anspricht, so werden Sie merken, dass es auf Ihr Ausbalancieren mit minimalem oder sogar ganz ohne Zügeldruck reagiert. Wenn Sie halbe Paraden »ohne Hände« geben können, so haben Sie Ihr eigenes Gleichgewicht und die Reaktion Ihres Pferdes auf das Feinste abgestimmt. Eine gute halbe Parade ist eine so kleine Bewegung, dass ein Beobachter (oder ein Richter!) nicht sehen wird, dass Sie überhaupt etwas machen. So erreichen gute Dressurreiter, dass Ihre Pferde mit »unsichtbaren Hilfen« gehen.

Benutzen Sie halbe Paraden immer dann, wenn Sie spüren, dass Ihr Pferd beginnt, zur Seite zu kippen, sein Gleichgewicht verliert oder schwer auf die Vorhand kommt, oder wenn es zu schnell wird. Halbe Paraden fordern seine Aufmerksamkeit und bereiten es auf Übergänge oder eine geforderte Lektion vor. Mit halben Paraden können Sie kleine Korrekturen vornehmen, um das Pferd auszubalancieren, bevor es zu einem größeren Problem kommt. Halbe Paraden (das Ausbalancieren) benutzen Sie, um das Pferd zu versammeln, um die Balance in Wendungen, zwischen Sprüngen oder beim Bergabreiten zu verbessern.

Sensibilisieren Sie Ihr Pferd auf feinere Hilfen

Pferde sollten unverzüglich auf leichte, kurze Schenkelhilfen reagieren; das macht die Zusammenarbeit von Reiter und Pferd leichter, präziser und effektiver. Manche durch schlechtes Reiten abgestumpfte Pferde lernen alles zu ignorieren, bis auf die heftigste Schenkelhilfe; wenn der Reiter dann seine Beine immer stärker und stärker benutzt, damit das Pferd überhaupt reagiert, wird das Problem immer größer. Sinnvoller wäre, dem Pferd beizubringen, wieder auf sanftere Schenkelhilfen zu reagieren. Ein Pferd kann eine Fliege auf seinen Rippen spüren, also kann es auch eine sehr sanfte Schenkelhilfe spüren. Es muss nur lernen, dass es darauf sofort und »richtig« reagieren soll.
Testen Sie zuerst die Reaktion Ihres Pferdes auf Ihre Schenkelhilfe. Geben Sie eine Schenkelhilfe (erstmal nur eine) um es vorzubereiten; kommt keine Reaktion, drücken, stupsen oder kicken Sie soviel wie nötig, um es vom Schritt in den Trab zu bekommen. Diese von Ihnen benutzte Schenkelhilfe werten Sie auf einer Skala von null bis zehn. Null bedeutet: Das Pferd trabt an, ohne überhaupt berührt zu werden; zehn bedeutet die maximale Anstrengung. Hat es eine Sechs gebraucht, um das Pferd anzutraben, so ist Ihr Ziel, es auf eine kleinere Zahl reagieren zu lassen – eine Drei oder eine Vier.

Im Schritt geben Sie nun eine Schenkelhilfe zur Vorbereitung und dann sofort einen einzigen leichten Schenkelimpuls (eine 3 oder 4) um es antraben zu lassen. Trabt es nicht sofort an, so verstärken Sie nicht Ihre Schenkelhilfe oder verlängern sie etwa. Stattdessen wiederholen Sie die leichte Schenkelhilfe und tippen Ihr Pferd sofort danach hinter Ihrem Bein mit der Gerte an. Damit es funktioniert, müssen Sie die Gerte innerhalb einer Sekunde nach der Schenkelhilfe gebrauchen, und das Antippen muss deutlich genug sein, damit es überrascht ist und antrabt. Passen Sie auf, dass Sie das Pferd nicht im Maul ziehen wenn, es antrabt (evtl. für diese Aktion die Gerte in eine Hand nehmen und die Zügel in die andere), und loben Sie es unverzüglich und klopfen Sie seinen Hals, sobald es trabt. Dann wiederholen Sie es; geben Sie eine Schenkelhilfe zur Vorbereitung, und nur eine leichte Hilfe zum Antraben. Wenn es sofort antrabt, klopfen und loben Sie es, wenn es jedoch die Hilfen ignoriert oder langsam in der Reaktion ist, dann tippen Sie es sofort mit der Gerte an. Es hat die Lektion verstanden, sobald es sofort mit der sanfteren Schenkelhilfe (eine 3 oder eine 4) antrabt. Schwingen Sie nie die Gerte oder bedrohen es damit - Sie möchten, dass das Pferd auf sanfte, knappe Schenkelhilfen reagiert, nicht, dass es Angst vor der Gerte bekommt. Schrauben Sie Ihre Hilfenintensität nicht wieder hoch zu einer 6 oder höher, bestehen Sie auf seiner Aufmerksamkeit für sanftere Hilfen (3 oder 4).

Reagiert Ihr Pferd gut auf eine mittlere Schenkelhilfe (eine 3 oder 4), wiederholen Sie das Vorgehen, und benutzen Sie nur eine 2. Mit einer gelegentlichen Erinnerung durch die Gerte kann Ihr Pferd lernen, immer auf sanftere Schenkelhilfen (1 bis 4) zu reagieren, statt dass es Sie solange ignoriert, bis Sie eine 10 benutzen.

»Vorwärts und Raus«

Wenn Ihr Pferd die Ecken abkürzt, in die Mitte des Reitplatzes kommt, oder in den Wendungen hereinkippt, muss es lernen auf eine Schenkelhilfe »vorwärts und raus« zu gehen. Dies verhindert das Ecken-Abkürzen und gibt eine Grundlage für das Biegen und die Seitengänge. Ihr Pferd kann hierbei auch lernen, seine Hinterbeine besser zu gebrauchen, seinen Rücken zu wölben und anzuheben und sich ans Gebiss heran zu dehnen. Um Ihrem Pferd das »Vorwärts-und-Raus« beizubringen, halten Sie parallel zum 1. Hufschlag auf dem 2. Hufschlag an, etwa 3 Meter von der Bande entfernt. Sie fordern es nur mit dem inneren Schenkel auf, vorwärts zu gehen, angewandt mit normalen kurzen Impulsen, an der normalen Schenkellage nahe am Gurt. (Nehmen Sie Ihren Schenkel nicht nach hinten, das kann Ihr Pferd verwirren.) Reiten Sie ohne Anlehnung; die Zügel sollten leicht durchhängen. Wenden Sie zuerst Ihre Schenkelhilfe isoliert an und lehren Sie Ihr Pferd lediglich, auf den inneren Schenkel zu reagieren, ohne Zügel oder Gewichtshilfen dazu zu nehmen.

Die perfekte Antwort auf Ihre innere Schenkelhilfe wäre, wenn das Pferd im Schritt losgeht, seine Rippen leicht zur Außenseite hin bewegt und beim ersten Schritt leicht nach außen tritt. Der erste Schritt ist der einzige der zählt – es muss nicht weiter seitwärts gehen. Bewegt sich Ihr Pferd »Vorwärts-und-Raus«, selbst wenn es beim ersten Schritt nur ganz wenig ist, loben Sie es und lassen Sie es im Schritt weitergehen. Benutzen Sie den inneren Schenkel nicht mehr – die erste Reaktion, der erste Schritt, ist wichtig. Setzen Sie Ihre Zügel nicht mehr als nötig ein: Sie möchten, dass ihr Pferd lernt, auf die innere Schenkelhilfe zu reagieren, nicht auf den Zügel. Drücken Sie Ihr Pferd nicht mit dem Schenkel seitwärts; und hängen Sie den Oberkörper nicht zur Seite. Loben Sie Ihr Pferd sofort und großzügig, wenn es das richtig gemacht hat.

Zunächst macht das Pferd vermutlich Fehler. Statt dass es gleich beim ersten Schritt »Vorwärts-und-Raus«, geht, kann es sein, dass es sich nur geradeaus ohne einen Seitwärtstritt bewegt, oder dass es nur seitwärts geht und nicht nach vorne, oder dass nach innen gegen Ihren Schenkel drückt. In diesem Fall halten Sie an und wiederholen die Übung; möglicherweise müssen Sie die Zügel unterstützend einsetzen, um es nach außen zu führen, oder es mit die Gerte direkt hinter Ihrem Schenkel antippen. Geben Sie viele »kleine« Schenkelhilfen statt einer langen, groben. Seien Sie vorsichtig, dass Sie nicht die Hand rückwärts ziehen oder anderweitig mit dem Zügel die Bewegung einschränken; das »Vorwärts« ist genauso wichtig wie das »Nach-Außen«. Wiederholen Sie die Übung, bis Ihr Pferd mühelos in beide Richtungen »Vorwärts-und-Raus«, geht.

Wenn das Pferd einmal gelernt hat, aus dem Stehen »Vorwärts-und-Raus«, zu gehen, dann kann es dies auch in der Bewegung lernen. Beobachten Sie, wie im Schritt sein Bauch und die Rippen von Seite zu Seite schwingen. Wenn die Rippen nach außen schwingen, geben Sie auf dieser Seite eine kurze Schenkelhilfe mit dem inneren Bein (linkes Bein, wenn die Rippen nach rechts schwingen), so als ob Sie die Rippen weiter zur Seite schieben wollen. Das Pferd sollte mit seinem inneren Hinterbein einen größeren Schritt machen, wenn seine Rippen auf Ihren Impuls hin dem inneren Bein nach außen ausweichen. Erlauben Sie dem Pferd dabei, Kopf und Hals nach vorne zu dehnen; dies ist ein gutes Zeichen.

Wenn Sie im Trab auf der üblichen Diagonale leicht traben (mit dem Vorgehen der äußeren Schulter aufstehen), benutzen Sie das innere Bein, wenn Sie aufstehen. Dann ist das innere Hinterbein in der Luft und kann weiter vor und nach außen treten. Bleiben Sie im Takt; viele Pferde denken, dass eine Schenkelhilfe bedeutet »Beweg' deine Beine schneller«. Sie müssen Ihrem Pferd stattdessen klar machen, dass diese Schenkelhilfe bedeutet »Mach einen größeren Schritt mit deinem inneren Hinterbein und schiebe deine Rippen zur Seite«.

Kann Ihr Pferd mühelos in beide Richtungen das »Vorwärts-und-Raus«, so können Sie diese Übung auch mit Anlehnung ausführen, besonders wichtig ist der Kontakt mit dem äußeren Zügel. Das ermöglicht Ihnen eine feinere Kontrolle der äußeren Schulter, des Takts und des Gleichgewichts.

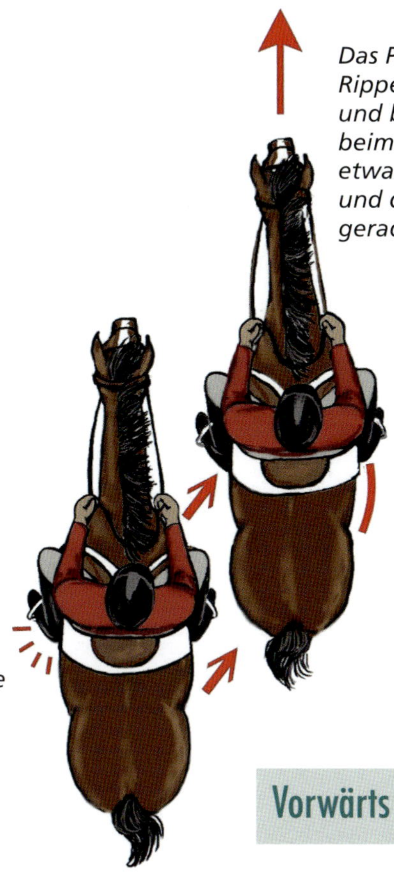

Vorwärts und Raus

Diese Übung hilft dem Reiter, seine Schenkelhilfen korrekt zu geben (in dem Moment, wo das Pferd problemlos darauf reagieren kann) und lehrt das Pferd, korrekt mit dem inneren Hinterbein darauf zu reagieren, indem es weiter untertritt. Das vermehrte Untertreten bringt es dazu, Wirbelsäule und Hals zu dehnen und sich nach vorne an den äußeren Zügel heran zu dehnen. Die kleine Bewegung nach außen nimmt etwas Gewicht von der inneren Schulter weg und die Verlagerung seiner Rippen nach außen zeigt ihm, dass es sich leicht um das innere Reiterbein herum biegen kann. Die äußere Seite wird dabei gedehnt und das Pferd schaut leicht nach innen. Das korrekte »Vorwärts-und-Raus«, ist die Grundlage sowohl für richtige Biegung als auch die Hankenbeugung in den Hinterbeinen. Einrollen des Halses oder »Hinter-dem-Zügel-Gehen« wird vermieden, wenn das Pferd sich nicht zu sehr auf die Zügel und das Gebiss konzentriert, sondern mehr auf Gewichts- und Schenkelhilfen des Reiters achtet.

Häufige Übergänge

Gut ausgeführte Übergänge können das Gleichgewicht des Pferdes, seinen Hinterhandeinsatz, seine Losgelassenheit und die Reaktionsfähigkeit verbessern. Es ist wichtig, das Pferd für jeden Übergang gut vorzubereiten, indem man halbe Paraden gibt, sowie beim Übergang von einer Gangart zur nächsten im Gleichgewicht zu bleiben. Lehnt der Reiter sich nach vorne oder fällt hinter die Bewegung zurück, kickt mit den Beinen oder zieht am Zügel, werden die Übergänge schlechter statt besser.

Eine hervorragende Übung ist der Trab-Schritt-Trab-Übergang: Das Pferd trabt 10 Tritte, geht nur 2 Schritte Schritt und trabt dann unverzüglich wieder an. Jedes Mal wenn das Pferd vom Trab in den Schritt geht, muss es seine Hinterbeine aktivieren, sein Gewicht nach hinten verlagern, und die Hinterbeine, insbesondere die Sprunggelenke beugen. Wenn es unverzüglich wieder antrabt, kommt der Trab mit mehr Schwung direkt aus dieser Beugung und den aktiven Sprunggelenken. Diese Übung nutzt dieselben Muskeln, die im Galopp gebraucht werden. Daher fördert sie ein ausbalanciertes Angaloppieren.

Um »Trab-Schritt-Trab« zu reiten, starten Sie mit 10 Tritten Arbeitstrab, Sie traben leicht. Während der letzten 5 oder 6 Tritte bereiten Sie den Schritt vor (denken Sie jedoch daran, dass Sie danach nahezu sofort wieder antraben werden.) Wenn das Pferd den ersten Schritt im Schritt macht, fordern Sie es auf, wieder flott anzutraben. Zuerst kann es sein, dass das Pferd es nicht versteht, wenn Sie die Übung jedoch wiederholen, wird es lernen sein Gleichgewicht im Trab zu halten, damit es nach ein paar Trabtritten wieder zum Schritt durchparieren kann.

Zudem muss es den Schwung im Schritt erhalten, da es direkt danach wieder antraben soll. Wenn diese Übung korrekt geritten wird, wird Ihr Pferd sich wie ein Sportwagen anfühlen – mit promptem, kraftvollem Antritt aus der Hinterhand und weichem »Zurückschalten« in den Schritt. Dann können Sie die Übung »Trab-Schritt-Galopp« beginnen. Ist das Pferd noch nicht genug trainiert oder stark genug, um aus dem Schritt anzugaloppieren, üben Sie »Trab-fast Schritt-Galopp«. Daraus resultiert ein gut ausbalanciertes Angaloppieren und üblicherweise ein viel besserer Galopp.

Seitengänge für das Gleichgewicht und die Losgelassenheit

Richtig ausgeführte Seitengänge helfen beim Geraderichten, machen das Pferd geschmeidiger und verbessern die Balance. In den Seitengängen nehmen die Hinterbeine aktiv Last auf und treten über; dadurch aktivieren die Hüftmuskeln (Glutealis-Muskel), die in den langen Rückenmuskel (lonigssimus dorsi) übergehen, alle Rückenmuskeln. Um koordiniert vorwärts-seitwärts zu treten, muss das Pferd sich ständig neu ausbalancieren, d.h. seine Balance den Veränderungen von Bewegungsrichtung und Haltung anpassen. Fortgeschrittenere Seitengänge, wie Schulterherein, Travers und Renvers entwickeln die Versammlung. Schulterherein aktiviert das innere Hinterbein und lässt es vermehrt Gewicht aufnehmen; das kann eingesetzt werden, um ein schwächeres Hinterbein zu kräftigen, ein schiefes Pferd gerade zu richten – und so beide Körperhälften des Pferdes gleichmäßig zu entwickeln. Alle Seitengänge machen das Pferd aufmerksamer auf die reiterlichen Hilfen. Um eine bessere Bewegung zu bekommen, müssen Sie die Seitengänge vorsichtig reiten. Der Reiter muss im Gleichgewicht sitzen und dem Pferd Zeit geben, die Hilfen zu verstehen. Das Pferd braucht Gleichgewicht, Geschmeidigkeit und schon etwas Kraft in der Hinterhand für die Seitwärtsbewegungen. Der Reiter muss dem Pferd zeigen, was es tun soll und wie es seinen Körper am besten koordiniert; das kann bedeuten, dass man zuerst langsam vorankommt. Hat ein Pferd Probleme mit dem Seitwärts-Gehen, so zwingen oder treiben Sie es nicht an, sondern fordern Sie es auf, eine einfachere Version der Bewegung zu machen – vielleicht mit weniger Biegung oder in einer langsameren Gangart. Es ist besser, wenn das Pferd nur ein paar Tritte mit eventuell wenig Abstellung und nur leichtem Übertreten fließend ausführt, als zu viele Schritte einer schwierigeren Form zu verlangen, die dann schleppend und verspannt ausgeführt werden. Nach einer Seitwärts-Bewegung reiten Sie immer vorwärts, so dass das Pferd den Vorwärts-Willen behält. Im Folgenden sind Übungen aufgeführt, die Seitwärts-Tritte beinhalten, die Ihr Pferd geschmeidiger machen und seine Bewegung verbessern.

- **Vorhandwendung:** das Pferd tritt mit seinen Hinterbeinen um die fast auf der Stelle stehenden Vorderbeine herum. Das innere Hinterbein muss energisch abfußen und vor das stützende Hinterbein treten. Diese Übung kann an der Hand geübt werden; sie kann aus dem Stehen entwickelt werden oder aus dem Schritt. Es ist wichtig, dass die Hinterbeine abfußen und nicht über den Boden gezogen werden.

- **Schenkelweichen:** das Pferd bewegt sich vorwärts und seitwärts; die Wirbelsäule bleibt dabei gerade; das Pferd ist leicht im Genick entgegen der Bewegungsrichtung gestellt. Vorder- und Hinterbeine kreuzen jeweils vor dem stützenden Bein. Das Pferd muss sein Gleichgewicht leicht nach hinten verlagern, um seitwärts zu gehen. Die Vorhand sollte vorausgehen. Wenn das Pferd den Hals zu weit seitwärts abstellt, kann es über die äußere Schulter ausfallen. Das kann halbe Paraden am äußeren Zügel notwendig machen, um das Pferd in sich gerade zu halten und die äußere Schulter etwas »warten« zu lassen. Schenkelweichen kann im Schritt oder Trab entlang der Bande ausgeführt werden, von der Viertellinie nach außen zur Bande hin oder auf einer diagonalen Linie.

- **Zirkel vergrößern (auf dem Zirkel schneckenförmig nach außen reiten):** das Pferd beginnt auf einem Zirkel mittlerer Größe und bewegt sich nach vorwärts und außen. Durch eine einseitige Schenkelhilfe innen bei jedem Tritt wird der Zirkel allmählich größer. Ist der Zirkel groß genug, stoppen die äußeren Hilfen die Seitwärtsbewegung und das Pferd bewegt sich auf einem größeren Zirkel vorwärts. Diese Übung ist eine Weiterentwicklung der »Vorwärts-und-Raus«-Übung und lehrt das Pferd, sich zu biegen, sich aufgrund des Impulses mit dem inneren Schenkel des Reiters an den äußeren Zügel heranzudehnen und Gewicht von der inneren Schulter weg zu nehmen. Zirkel vergrößern ist eine gute Korrekturmethode für Pferde, die über die innere Schulter fallen und eine Vorübung für das Schulterherein.

- **Zirkeln verkleinern (auf dem Zirkel schneckenförmig nach innen reiten):** Das Pferd beginnt auf einem größeren Zirkel und es bewegt sich bei jedem Tritt nach vorne und innen, ausgehend vom äußeren Schenkel (direkt hinter dem Gurt) des Reiters. Wenn der Zirkel klein genug ist, sollte es nicht weiter nach innen gehen, sondern auf dem kleineren Zirkel vorwärtsgehen. Das innere Bein erhält die Biegung. »Zirkel verkleinern« ist schwieriger, als »Zirkel vergrößern«, da das Pferd in die Richtung gehen muss, in die es gebogen ist. Es muss sich mehr versammeln, wenn der Zirkel kleiner wird. Wichtig ist, den Takt, die Harmonie, den Bewegungsfluss und die Aktivität in den Hinterbeinen zu erhalten. Es ist besser nur wenig Biegung einzufordern und nur ein geringen Grad an seitlicher Bewegung, bis das Pferd die Übung fließend macht. Diese Übung bereitet das Pferd auf Travers, Renvers und Hinterhandwendungen vor.

- **Schulterherein:** Im Schulterherein bleiben die Hinterbeine des Pferdes auf der Spur, während die Vorderbeine leicht nach innen gebracht werden, so dass sich das Pferd auf 3 Hufspuren bewegt (siehe auch die Beschreibung vom Schulterherein auf Seite xx.) Das Pferd biegt sich um das innere Bein des Reiters und bewegt sich entgegen der Bewegungsrichtung. Der äußere Zügel kontrolliert die Schulter, den Takt und das Gleichgewicht. Das innere Hinterbein muss aktiv treten und vermehrt Gewicht aufnehmen; Widerrist und Vorhand sollten angehoben und damit leichter und beweglicher werden.
Schulterherein ist eine gute Übung, um die Hinterbeine des Pferdes unter den Körper zu bringen und die Vorhand zu entlasten. Es wird gerne von Islandpferdereitern benutzt, um das Pferd für den Tölt vorzubereiten. Es kann auch zur Verbesserung der Gangqualität und der Versammlung eingesetzt werden sowie für einen runderen Galopp und um ein schiefes Pferd gerade zu richten.

- **Schultervor:** Schultervor ist eine Übung ähnlich dem Schulterherein, jedoch mit weniger Biegung und weniger seitlicher Abstellung und deswegen weniger Versammlung. Es ist die Vorübung zum Schulterherein.
Ein verbreiteter Fehler im Schulterherein ist, das Pferd durch Ziehen am inneren Zügel zu »verbiegen«. Dies erzeugt nur einen falschen Knick im Hals und lehrt das Pferd, über die äußere Schulter zu fallen. Zudem blockiert es das innere Hinterbein und hält es davon ab, gut unterzutreten. Das Pferd wird durch das innere Reiterbein vorwärts und seitwärts geschickt und nicht durch die Zügel. Das Pferd darf seine Hinterbeine im Schulterherein nicht nach außen schwingen; damit verliert es die Biegung und aus dem Schulterherein wird ein schlecht ausgeführtes Schenkelweichen. Weitere Reiterfehler sind: zur Seite hängen; den Oberkörper kippen oder verdrehen, um das Pferd mit seinem Sitz seitwärts zu drücken; zur Außenseite hin sitzen; das Pferd zuviel nach innen stellen. Es ist sehr nützlich einen erfahrenen Reitlehrer zu haben, der einen korrigiert, wenn man Seitengänge übt.
Gute, richtig gerittene Seitengänge (besonders das Schulterherein) verbessern Hinterhandaktivität, Geraderichtung und Gleichgewicht. Schlecht gerittene Seitengänge können jedoch viel Schaden anrichten. Werden die Seitengänge falsch, d.h. unter Zwang, steif, und unkoordiniert, ausgeführt, so macht das Pferd seinen Rücken fest statt ihn anzuheben und über den Rücken zu gehen. Erzwungene Seitengänge erzeugen schädliche Drehkräfte in den Gelenken der Hinterbeine, speziell in den Sprung- und Kniegelenken. Dadurch können Beschwerden im Rücken und in den Gelenken auftreten; in der Folge kann zu Gelenkschäden oder Zügellahmheit kommen. Ein schiefes Pferd, das sich nicht wohlfühlt, wird Widerstand aufbauen, um sich den Anforderungen des Reiters zu entziehen. Statt geschmeidiger und beweglicher wird es immer steifer und fester

Übertreten mit den Hinterbeinen

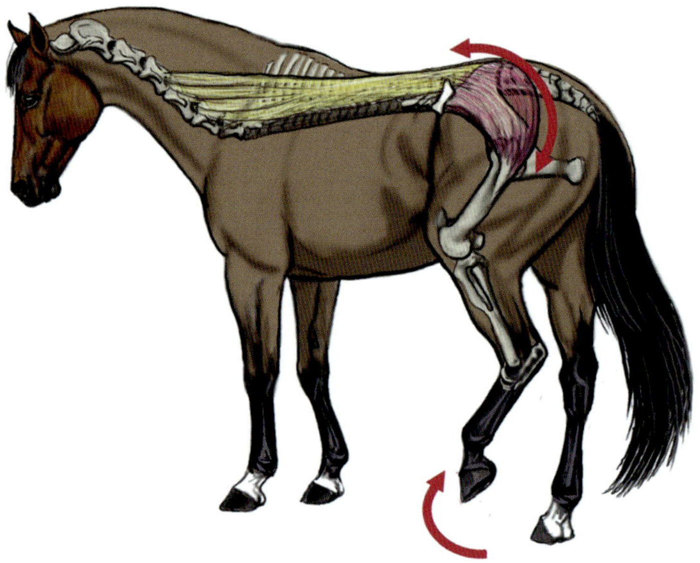

und schwieriger zu reiten. Daher gilt für Seitengänge die Regel »Mach es richtig oder gar nicht«. Sind Sie nicht sicher, wie Sie Schulterherein oder eine andere Seitwärtsbewegung reiten, oder wie Sie es Ihrem Pferd beibringen bzw. es korrigieren, dann brauchen Sie professionelle Hilfe eines Trainers. Sogar Reiter mit viel Erfahrung in den Seitengängen brauchen oft ein erfahrenes Auge am Boden, um zu verhindern, dass sich kleinere Fehler in größere Probleme verwandeln.

Vorwärts-Abwärts Dehnen

Das Vorwärts-Abwärts-Dehnen ist eine der besten Übungen. um den Pferderücken mit guter Oberlinie und aktivem Muskelkreis zu entwickeln. Diese Übung lehrt das Pferd, der Reiterhand zu folgen und die Anlehnung zu suchen, und stellt eine hervorragende »Heilgymnastik« dar für Pferde, die angespannt

Zirkel verkleinern und vergrößern

Zirkel vergrößern

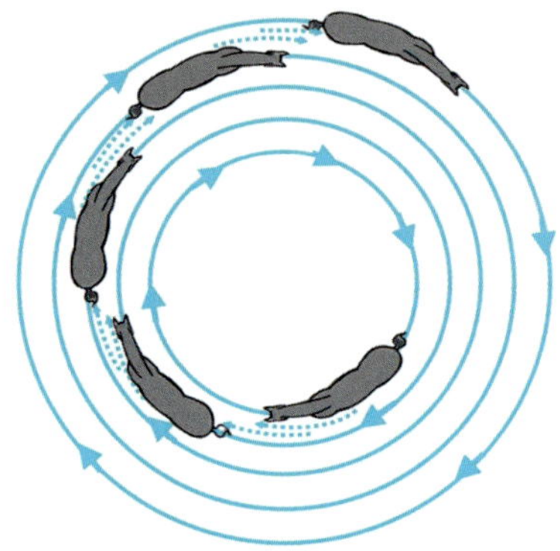

Vergrößert man den Zirkel, bewegt sich das Pferd entgegen der Richtung, in die es gebogen ist. Diese Übung ist eine Vorbereitung für Schulterherein

Zirkel verkleinern

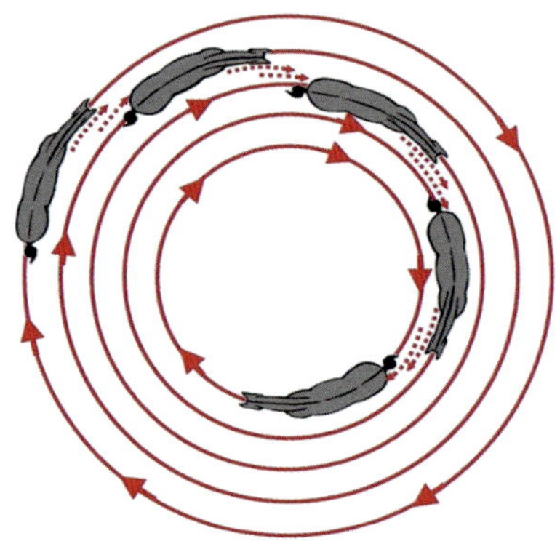

Verkleinert man den Zirkel, bewegt sich das Pferd in die Richtung, in die es gebogen ist. Diese Übung erfordert Versammlung; es ist eine Vorbereitung für Travers (und Traversale)

Schulterherein

Schulterherein, von vorne betrachtet

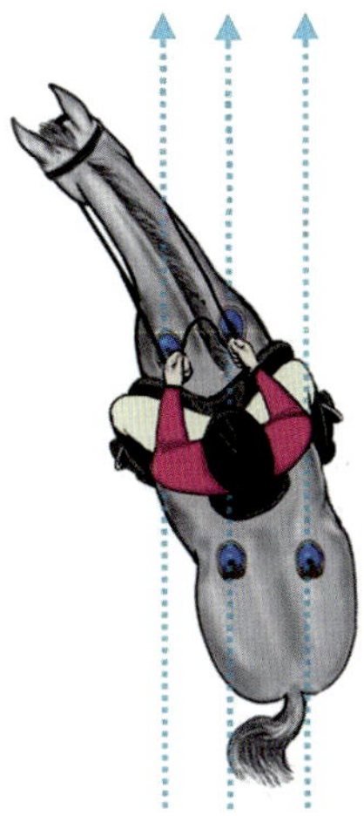

Beim Schulterherein bewegt sich das Pferd auf drei Hufschlaglinien, es biegt sich entgegen der Richtung, in die es sich bewegt

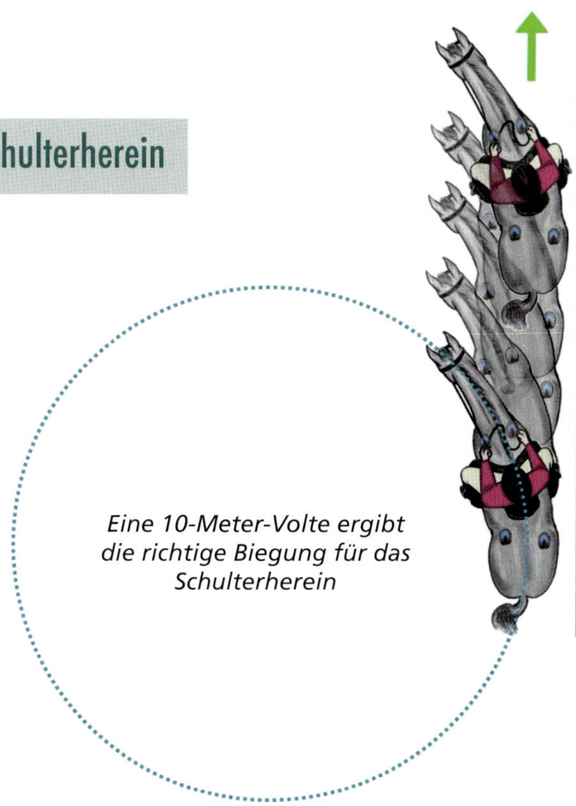

Eine 10-Meter-Volte ergibt die richtige Biegung für das Schulterherein

oder im Hohlkreuz bzw. den Unterhals mit hoch getragenem Kopf herausdrücken. Es kann bei einem Pferd, das krankheitsbedingt Muskeln verloren hat oder aufgrund von falscher Bewegung, falschem Reiten oder einem unpassenden Sattel an Muskelschwund leidet, dazu benutzt werden, die Oberlinie und die Rückenmuskulatur wieder aufzubauen. Dehnt sich ein Pferd willig vorwärts-abwärts am Ende eines Rittes, so ist dies ein Beweis von guter Arbeit. Es zeigt, dass es entspannt ist und seinen Körper und seine Muskulatur gut eingesetzt hat.
Auch Vorwärts-Abwärts-Dehnen muss korrekt ausgeführt werden, wenn es von Nutzen sein soll. Vorwärts-Abwärts-Dehnen ist kein »auf die Vorhand legen« oder den »Kopf am durchhängenden Zügel nach unten strecken«. Stattdessen muss das Pferd seinen Muskelkreis aktivieren, mit seinen Hinterbeinen gut unter den Körper treten, ausbalanciert, im Takt und leicht in der Schulter bleiben. Die Ganaschen sollten frei sein, und die Nase sollte sich bis zum Buggelenk nach unten strecken, oder sogar tiefer. Das Pferd darf sich nicht einrollen oder hinter die Senkrechte kommen. Während es sich nach unten dehnt, sollte es sanft auf dem Gebiss kauen; das beweist, dass die untere Muskelkette aktiviert ist.

Um richtiges Vorwärts-Abwärts zu erreichen, traben Sie leicht auf einem 20m-Zirkel. Benutzen Sie Ihren inneren Schenkel bei jedem Tritt, um die Rippen nach außen zu bewegen und das Pferd dazu zu bringen, an den äußeren Zügel heranzutreten. Nimmt das Pferd den Kontakt mit dem äußeren Zügel an, erlauben Sie ihm allmählich ihre Arme und Hände nach vorne und unten in Richtung Gebiss zu »ziehen«; wenn Ihre Arme gestreckt sind, können Sie die Finger öffnen und die Zügel allmählich durch Ihre Finger gleiten lassen. Lassen Sie das Pferd so weit nach unten wie es möchte. Sie müssen dabei Ihr

Schulterherein – richtig und falsch

Schulterherein (korrekt)

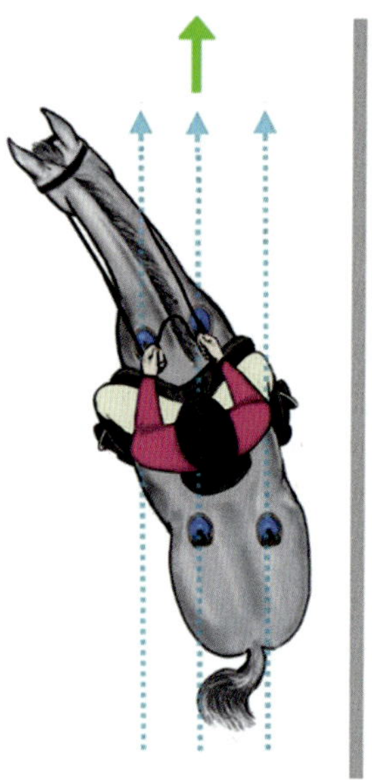

Das Pferd bewegt sich auf drei Hufschlaglinien

Schultervor (korrekt)

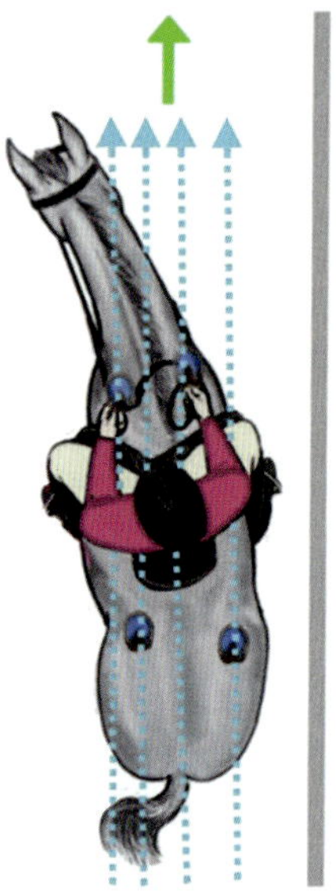

Das Pferd bewegt sich auf vier Hufschlaglinien, mit weniger Biegung

Schenkelweichen (falsch)

Das Pferd ist nicht gebogen und die Hinterbeine weichen nach außen zur Bande.

Zuviel im Hals gebogen (falsch)

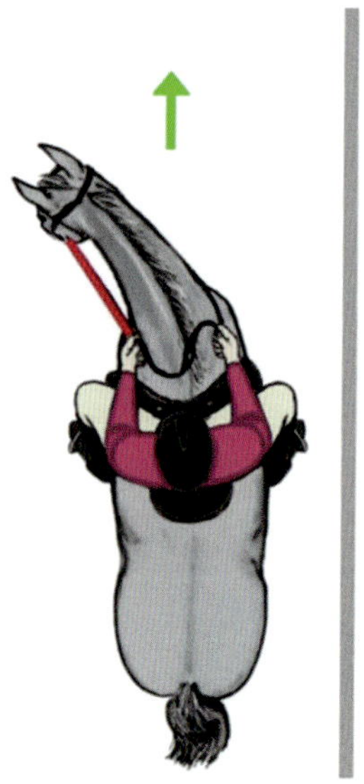

Das Pferd biegt sich nur im Hals.

Vorwärts-Abwärts-Dehnen – richtig und falsch

Richtiges Dehnen

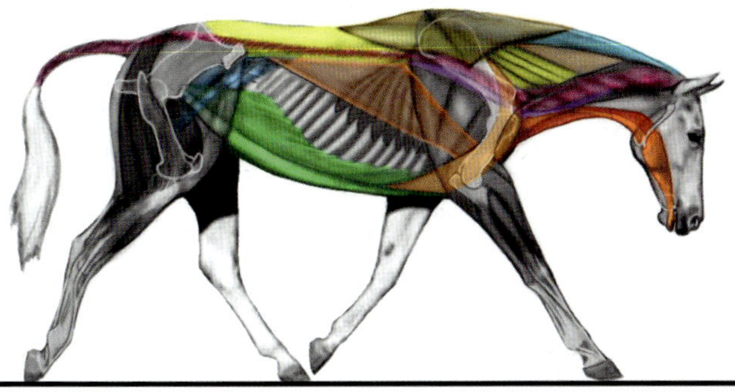

Die Hinterhand ist aktiv, der Rücken angehoben und gedehnt; Widerrist und Brust sind angehoben; die Bauchmuskeln sind aktiv; der Muskelkreis arbeitet harmonisch

Falsch: Das Pferd dehnt sich nicht, es läuft auf der Vorhand.

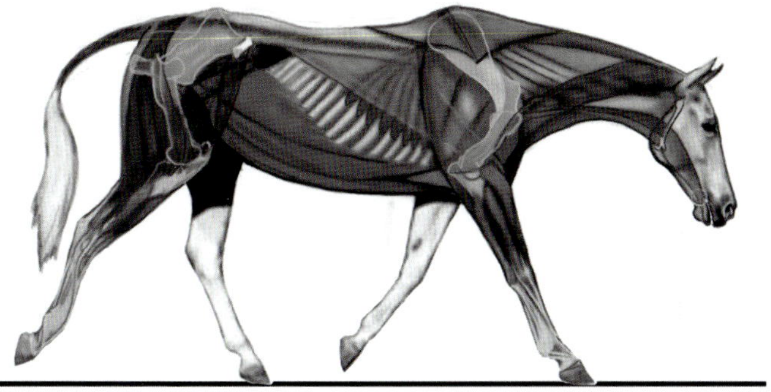

Das Pferd läuft auf der Vorhand und »lässt sich hängen«; die Hinterbeine arbeiten nach hinten heraus; es geht im Hohlkreuz, der Brustkorb ist gesenkt, die Bauchmuskeln sind schlaff.

Gleichgewicht halten, ohne nach vorne zu kippen. Ihre Schenkelhilfen (besonders die innere) fordert das Pferd weiterhin auf, seine Hinterbeine zu benutzen. Hat es sich soweit gedehnt, wie es möchte, nehmen Sie allmählich und sanft die Zügel wieder auf und verkürzen sie, bis es sich wieder im normalen Gleichgewicht befindet.

Manche Pferde lernen das Vorwärts-Abwärts besser, wenn sie es zuerst im Schritt machen. Ob im Schritt oder im Trab – es ist wichtig den Kontakt zu erhalten, wenn sich das Pferd dehnt, und den Zügel geschmeidig und sanft wieder zu verkürzen.

Cavaletti-Arbeit

Das Training mit Cavalettis und Bodenstangen ist seit langem die Grundlage fürs Springreiten. Es kann auch die Bewegungsmöglichkeit von Pferde verbessern, von welchen nicht erwartet wird, zu springen.

Cavaletti sind eine Reihe von Bodenricks, die in gleichmäßigem Abstand auf den Boden gestellt werden. Man spricht auch von einer Gymnastikreihe. Sie regulieren die Tritte des Pferdes, wenn sie korrekt aufgebaut sind. Das Pferd muss seine Trittlänge an die Zwischenräume der Stangen anpassen. Es muss über den Stangen seine Beine besser anheben und die Gelenke mehr beugen, und es braucht zusätzlichen Schwung um z.B. höher gestellte Cavaletti im Trab zu überwinden. Cavaletti-Arbeit ermuntert das Pferd, seine Hinterhand aktiv einzusetzen, seinen Hals vorwärts-abwärts zu dehnen und seinen Rücken in einer Bascule anzuheben. Das kräftigt Hinterbeine, Bauch- und Rückenmuskulatur und entwickelt Kraft, Aktivität und Bewegungsfreiheit in den Vorder- und Hinterbeinen. Es lehrt das Pferd auch da hinzuschauen, wo es hingeht und darauf zu achten, wo es hintritt. Cavaletti oder auch einfach auf den Boden gelegte Stangen können im Schritt, Trab oder Galopp geritten werden.

Cavaletti-Arbeit

Der Abstand der Cavaletti und Bodenstangen zueinander ist sehr wichtig. Das Pferd sollte ohne Taktverlust genau in die Zwischenräume treten können. Für ein Durchschnittspferd mit 1,62 m Stockmaß sollten die Trabstangen ca. 1,30 m auseinander liegen. Für den Schritt haben sie 90 cm bis 1 m Abstand und für den Galopp ca. 3,40 m. Diese ungefähren Richtmaße müssen an die normale Trittlänge des jeweiligen Pferdes angepasst werden. Ein Helfer am Boden sollte die Tritte des Pferdes über die Cavaletti beobachten und die Abstände dann solange anpassen, bis sie passen. Zur Sicherheit sollten einfache Stangen auf Haltern aufgestellt sein (Cavaletti haben sowieso seitliche Kreuze, mit denen sie höher gestellt werden können), so dass sie nicht unter die Hufe rollen. Und das Pferd sollte Boots oder Bandagen zum Schutz tragen.

Cavaletti-Arbeit kann mit dem geführten Pferd im Schritt über ein bis drei Stangen begonnen werden, später kann man das Pferd darüber longieren, und die Anzahl der Stangen auf 3 bis 5 erhöhen, dann kann man mit Trab beginnen. Der Trainer muss mit dem Pferd gehen, so dass es in gerader Linie über die Cavalettis gehen kann. Ein ruhiger, gleichmäßiger Takt und ein losgelassen schwingender Rücken sind wesentlich; hetzt das Pferd mit erhobenem Kopf und weg gedrücktem Rücken über die Cavaletti, verbessert es seine Bewegung nicht und kann sich dabei verletzen.

Über den Cavaletti sollte der Reiter leicht traben oder einem ausbalancierten Entlastungssitz oder Leichten Sitz einnehmen, um den Pferderücken frei zu machen. Er muss dem Pferd erlauben, seinen Hals nach vorne und unten zu dehnen und er

Cavaletti-Arbeit im Gelände.

muss das Pferd in einem gleichmäßigen Takt halten. Nur fortgeschrittene Dressurreiter mit einem sehr guten Sitz sollten über den Cavalettis aussitzen, da ein schlechtes Aussitzen dem Pferderücken schadet.

Cavaletti-Arbeit ist anstrengend, daher müssen die Pferde allmählich dafür aufgebaut werden. Starten Sie mit drei bis fünf Stangen und nur ein paar Durchgängen über diese Gymnastikreihe im Schritt oder Trab. Zuerst sollten die Stangen auf dem Boden liegen, sie sollten nur stufenweise angehoben werden, nachdem das Pferd bereits fünf oder sechs Mal mit den niedrigen Stangen gearbeitet wurde. Cavalettis sollten für die Trabarbeit nicht höher als 0,25 m gelegt werden. sogar diese Höhe erfordert mehr Schub und Beugung der Gelenke. Die Arbeit über angehobene Cavalettis (3 oder 4 Durchgänge) ist eine gute Ergänzung beim Aufwärmen, wenn das Pferd gelernt hat, wie es sich beim Übertreten Entspannen und Dehnen kann.

Arbeit im Freien

Das Training im Gelände ist eine der angenehmsten Arten die Bewegung ihres Pferdes zu verbessern. Das Reiten draußen frischt sowohl Reiter als auch Pferd auf und bewahrt sie davor, sich auf dem Platz zu langweilen. Es ist die natürlichste Form der Bewegung für das Pferd. Pferde die draußen trainiert werden, sind meist kräftiger, geschickter und feinfühliger als Pferde, deren Training auf den Reitplatz beschränkt ist.

Beim Ausreiten ermutigen Sie Ihr Pferd mit langen, raumgreifenden Schritten zu gehen. Ein guter Schritt ist ein Vergnügen zu reiten und er wird die Muskulatur Ihres Pferdes, seinen Rücken und die Fähigkeit, mit den Hinterbeinen unterzutreten, verbessern, ohne dass Sie explizit trainieren müssen. Gehen Sie in der Bewegung mit, und verlangen Sie lange Schritte in einem klaren, beständigen Viertakt. Durch lange Zügel ermutigen Sie es, den Hals und Rücken zu strecken, erlauben Sie ihm allerdings nicht, mit durchhängenden, schlackernden Zügeln zu bummeln.

Hügeliges und sanft geschwungenes Gelände sind ideal um eine gute Bewegung zu entwickeln. Bergauf zu reiten stärkt den Pferderücken und die Hinterhand; bergauf Traben entwickelt Muskeln, bringt Herz-Kreislauf in Schwung und fördert die Schwungentwicklung. Bleiben Sie vom Pferderücken weg, indem Sie im Entlastungssitz oder im Leichten Sitz bergauf reiten. Halten Sie Ihrem Pferd den Rücken frei, damit es ihn gut für die Balance einsetzen kann. Wenn Sie bergab reiten, geben sie halbe Paraden um ihr Pferd langsamer zu machen und das Gleichgewicht zu halten, so verkürzt es seinen Rahmen, wölbt den Rücken und aktiviert die Hinterbeine. Zu schnelles Bergab reiten, schief oder mit weg gedrücktem Rücken kann sich schädlich auf die Gelenke auswirken. Ein gutes Gleichgewicht im Gelände ist nicht nur eine gute Übung, sondern auch sicherer für Pferd und Reiter.

Sie können Naturhindernisse nutzen, um das Pferd zu biegen, Wendungen und Richtungswechsel vorzunehmen. Islandpferde in Island werden trittsicher, indem sie über welligen Boden mit unebener Oberfläche, die von Vulkanausbrüchen übrig geblieben ist, geritten werden. Folgen Sie einem gewundenen Pfad, oder reiten Sie Schlangenlinien um Bäume herum. Gebrauchen Sie Ihr inneres Bein, um das Pferd zu biegen und halten Sie es so davon ab, Ihr Bein an Bäumen zu streifen; so werden Sie

Training in hügeligem Gelände

auch das »Vorwärts-und-Raus« üben. Das Überwinden von Baumstämme oder Wurzeln ist der Cavaletti-Arbeit ähnlich. Ihr Pferd sollte dabei seinen Hals nach unten dehnen, seinen Rücken wölben und die Beine heben. Halten Sie seinen Rücken im Entlastungssitz frei um es zu unterstützen.

Viele Pferde sind im Gelände motivierter als in der Bahn; das ist eine gute Gelegenheit um im Trab die Tritte zu verlängern. Halten Sie Ihr Pferd im Gleichgewicht und in seinem besten Arbeitstempo; lassen Sie es nicht in ein »Renntempo« und auf die Vorhand fallen, selbst wenn es sich wie ein kraftvoller Trab anfühlt. Sie wollen das nicht als Gewohnheit haben, wenn Sie eine Trabverstärkung fordern!

Das Galoppieren im Freien und ein gelegentlicher Jagdgalopp sind gut um einen freien, vorwärts gesprungenen und ausbalancierten Galopp zu entwickeln. Seien Sie sich des Gleichgewichts und des Takts bewusst, besonders wenn Sie dem Pferd erlauben, seine Sprünge in einen Cross-Country-Galopp zu verlängern. Ein guter Galopper scheint flacher zu werden und seine Sprünge werden länger und kraftvoller, jedoch nicht eiliger. Selbst im Renngalopp sollte ihr Pferd im Gleichgewicht bleiben und nicht kopflastig werden. Das macht es einfacher, auf wechselnden Untergrund zu reagieren oder zu springen, die Sprünge zu verkürzen und zum Schritt durchzuparieren. Ein Pferd so schnell werden zu lassen, wie es kann, macht es heiß und verrückt, es fördert weder Raumgriff noch die Balance, also halten Sie es unter Kontrolle. Das Verhalten Ihres Pferdes zeigt Ihnen, ob sie es ruhiger arbeiten müssen. Regt es sich auf, dann vermeiden Sie das schnelle Training.

Reiten im Gelände.

Mit dem Pferd wie verwachsen sein, seine Bewegungen spüren und fließend mitvollziehen: So macht Reiten Spaß. Zu diesem Ziel führt Sally Swift auf lockere, körperbewusste Weise. Denn wer sich gut fühlt, sitzt auch gut im Sattel. »Haben Sie sich schon einmal vorgestellt, Sie seien ein Pferd und müssten einen Reiter auf dem Rücken tragen?« fragt Sally Swift. »Das kann so angenehm sein wie ein gut gepackter und ausbalancierter Rucksack, aber auch so unbequem wie einer, der nachlässig gepackt und schlecht angeschnallt ist.« Vorstellungen sind entscheidend. Auf das Einfühlungsvermögen kommt es an. Erst dann runden sich die reiterlichen Regeln und Techniken zur Harmonie, wird Reiten aus der Körpermitte heraus für Mensch und Tier zum entspannten Vergnügen.

Das von Sally Swift entwickelte Reiten aus der Körpermitte (»Centered Riding«) verhilft dem Reiter mit der richtigen Körperhaltung, dem richtigen Einfühlungsvermögen und mentaler Vorstellungskraft zu Einheit und Harmonie mit seinem Pferd. Im Zentrum des ersten Buches stehen die imaginären Bilder ihrer Ausbildungsmethode. Der zweite Band ist ein erweitertes Arbeitsbuch, das die ganzheitlichen Bewegungslehren des ersten Bandes, z.B. der Alexandertechnik, ausführlich erklärt.

Band 1 · 192 Seiten, 200 Bilder
€ 29,90 / € (A) 30,80
ISBN 978-3-275-01796-6

Band 2 · 256 Seiten, 169 Bilder
€ 34,90 / € (A) 35,90
ISBN 978-3-275-01795-9

Stand April 2016
Änderungen in Preis und Lieferfähigkeit vorbehalten

Überall, wo es Bücher gibt, oder unter
WWW.MUELLER-RUESCHLIKON.DE
Service-Hotline: 0711 / 78 99 21 51

Müller Rüschlikon